深圳华侨城都市娱乐投资公司资助出版

# 华侨城湿地生态修复示范与评估

## Demonstration and Evaluation on Ecological Restoration of Wetlands in Overseas China Town

昝启杰　谭凤仪　等　编著

海洋出版社

2015年·北京

## 内容简介

本书以深圳湾华侨城湿地修复为主要研究内容，探讨了华侨城湿地历史演变、功能定位及生态修复的紧迫性、必要性和可行性。详述了华侨城湿地生物资源、生态状况。重点从湿地恢复关键因子，修复技术及其示范，修复工程实施前、中、后生态监测，以及经营管理模式等方面研究了华侨城湿地修复技术，包括水环境修复，植物修复，鸟类栖息生境修复，经营管理模式等。结合具体生态修复工程实施措施，通过对修复前后8年的生态监测数据，分析评估示范区修复的成效，提出了湿地修复的华侨城模式。全书内容全面，数据翔实，理论与实践密切结合，技术成果创新性强，提出湿地修复的新思路、新技术、新方法，具有重要的科技理论指导性和实践应用价值。

本书可供海洋、工程、生态、环境、生物、管理等多个学科的大中专师生和科研机构人员参考，也可作为工程设计、环境保护专业技术人员的学习用书，同时，还可作为海洋湿地、林业管理、旅游产业、环境保护等部门作为保护、管理滨海湿地的科技指导用书。

**图书在版编目(CIP)数据**

华侨城湿地生态修复示范与评估 / 昝启杰等编著.
—北京：海洋出版社, 2016.1
ISBN 978-7-5027-9357-9

Ⅰ. ①华… Ⅱ. ①昝… Ⅲ. ①沼泽化地－生态恢复－研究－深圳市 Ⅳ. ①P942.653.78

中国版本图书馆CIP数据核字(2016)第019388号

责任编辑：杨传霞　鹿　源
责任印制：赵麟苏

海洋出版社 出版发行
http://www.oceanpress.com.cn
北京市海淀区大慧寺路 8 号　邮编：100081
北京旺都印务有限公司印刷　新华书店北京发行所经销
2016年1月第1版　2016年1月第1次印刷
开本：787mm × 1092mm　1 / 16　印张：17
字数：415千字　定价：96.00 元

发行部：62132549　邮购部：68038093　总编室：62114335

项目资助单位：国家海洋局（公益性行业科研专项）
深圳华侨城都市娱乐投资公司（自筹项目）

项目完成单位：香港城市大学深圳研究院
中山大学
深圳大学
深圳市绿九洲园林绿化有限公司
广东荣佳园林建设工程有限公司
深圳市观鸟协会

# 《华侨城湿地生态修复示范与评估》编著人员名单

**编著人员**（按姓氏笔画排序）

王英永　韦萍萍　田婷婷　田穗兴　石俊慧　刘莉娜　孙延军
许会敏　李凤兰　李　荔　李喻春　李　瑜　昝启杰　昝　欣
胡长云　胡章立　郝文龙　徐桂红　黄立南　黄建荣　曾　敏
曾　琳　雷安平　廖文波　谭凤仪

# 序

湿地与森林、海洋并称为全球三大生态系统，具有独特的生态功能，是关系国家和区域生态安全的战略资源。湿地生态系统因其强大的生态服务功能和多种效益，被称为“天然水库”、“地球之肾”、“生物超市”、“天然的生物基因库”、人类文明的摇篮。保护湿地，维持湿地生态功能的正常发挥，科学管理和合理利用湿地，对于改善我国生态现状，维护水资源安全，促进经济社会可持续发展，具有重要意义。

自1992年1月3日我国政府加入国际《湿地公约》以来，按照公约的有关决议精神和要求，先后出台了一系列湿地保护政策，并采取各种措施加强湿地保护，取得了显著成绩，意义深远。今天我们比以往任何时候都关注生态、关注湿地，由湿地破坏引发的一系列生态问题已经引起人们的极大关注，全社会加强湿地保护的呼声越来越高。人们越来越趋于一致地认为，湿地是可为全球提供可观的社会、经济和环境利益的极为重要的生态系统。但是，面对人口的急剧膨胀，对土地的需求不断增加，对湿地的不合理开发和利用仍然是中国天然湿地减少的重要原因，湿地数量、质量、功能和效益逐步下降的趋势还没得到根本遏制，因此，保护湿地、修复湿地、科普湿地、研究湿地的工作仍处于“革命尚未成功，同志仍需努力”的境况。

2014年1月国家林业局公布的第二次全国湿地资源调查结果显示，全国湿地总面积$5360.26 \times 10^4 hm^2$，其中滨海湿地，由于处于海岸带与海水活动相连接的复杂而开放的环境，是湿地生态系统中结构、功能更为复杂，人为活动干扰方式更多样，生态更为敏感的类型，其面积约占湿地总面积的10.8%，约$579.59 \times 10^4 hm^2$。滨海湿地又可细分为浅海水域、珊瑚礁、岩石性海岸、潮间淤泥海滩、红树林沼泽、海岸性咸水湖、海岸性淡水湖、河口水域、三角洲湿地等12种类型。华侨城湿地属海岸性咸水湖，是由深圳湾潮间淤泥海滩围堰造地留下的与深圳湾潮水相连通的半自然半人工的滨海湿地。《中国湿地保护行动计划（2004—2030年）》、《全国湿地保护工程规划》（2003年）明确警示，我国滨海湿地面临的主要问题是过度利用和浅海污染等，导致赤潮频发，红树林减少，海洋生物栖息地和繁殖地减少，生物多样性降低；提出了湿地规划建设重点为“……建立良性循环和生态经济增值的湿地开发利用示范区，以生态工程为技术依托，对退化海岸湿地生态系统进行综合整治，恢复与重建湿地……”。近十年来，滨海湿地保护、利用、修复等工程越来越多，但对湿地生态系统的改造和利用中有很多失败的教训，例如：大兴安岭沼泽地排水造林，松嫩平原盐泡改造，两湖围垦，红树林基围改鱼虾养殖塘等。其失败原因是没有弄清湿地生态系统生态过程的本质，改造过程以经济因素为出发点，而忽略湿地本身的生态机制、生态过程等基本原理。因此，湿地的改造、修复、利用等工程不应只是良好的愿望和决心的展示，更应遵循湿地科学、湿地生态的基本原理，在生态科学技术的指导下慎重地实施，对滨海湿地尤其应当如此。

华侨城湿地生态系统修复工程，是国家海洋局于2009—2012年间启动实施的国家海洋公益性科研专项“新兴经济区滨海湿地生态系统修复技术研究与工程示范”项目深圳课题组与深圳华侨城都市娱乐投资公司合作完成的经典成功案例，课题组成员全程参与修复工程的规划设计、方案制定、工程实施、项目验收等，贯彻执行“保护、修复、提升”的生态治理方针，坚守“保护生物多样性、发挥湿地综合效益”的原则，保障修复工程遵循湿地生态过程、生态机制的自然规律，圆满达到湿地生态系统修复的目标。

本专著从华侨城湿地的历史，修复前后的生态与环境状况，修复技术应用，修复工程实施，修复前、中、后期的生态监测与评估等方面，把华侨城湿地生态系统修复的新技术、研究的新成果、工程修复的成效全面呈现出来，内容丰富，涉及面广，涵盖了海洋学、生态学、环境学、工程学、植物学、动物学等多个学科，既有基础现状生境调查，又有专项科学问题的研究；既有技术研发的理论研究，又有技术应用的示范实践；既有工程前期的目标预期，又有工程实施后监测评估；不失为滨海湿地修复生态学及相关学科和修复工程领域的一部值得学习借鉴的好书。

本书还总结出一套湿地修复的创新模式，即湿地修复工作全部由企业牵头、出资、实施、管理，科研院所全程参与，打造非营利的公众教育平台的管理模式，这在中国可能尚属首次，是一个极有意义的创新。华侨城湿地修复案例是一个极其成功的、值得借鉴的、可持续发展的、公益和公共服务意识强烈的精品案例，它将会带动更多的企业参与湿地保护、修复、提升工作，对全国滨海湿地保护和发展将产生积极、深远的影响。

欣闻此书付印之际，谨略撰数语为序。

中国科学院院士 [签名]

2015年6月28日

# 前 言

湿地是世界上生产力最高的生态系统之一，更是野生动物赖以生存的栖息地，是生物多样性的发源地，是重要的生物遗传基因库。湿地生态系统具有维持生物多样性、提供天然产品、为珍稀濒危生物提供栖息生境、吸纳与净化污染物、蓄洪防旱、调节气候、防止自然灾害等多种功能，而城市湿地还在发展城市旅游业等方面发挥着重要作用（潮洛蒙等，2003）。

滨海湿地是最重要的湿地类型之一，占我国湿地面积的8.7%（赵学敏，2005）。由于近30年来，我国经济社会高速发展，城市化的进程飞速推进，人们日益关注自己的生活水平，想尽办法提高生存环境质量的同时，却忽略了维系自然平衡的“地球之肾”——湿地（李继峰，2006），致使其在相当长的时间内，面临着过度利用、浅海污染等威胁，赤潮频发、红树林减少、海洋生物栖息地和繁殖地减少、生物多样性降低等不良趋势仍难以得到根本遏制。因此，对受损滨海湿地进行生态修复，提升其生态承载力及服务功能日益受到政府、企业、学者及公众的高度重视。

滨海湿地生态修复指根据滨海地区的土地利用规划，将受干扰和破坏的滨海土地恢复到具有自然生产力的状态，确保该土地保持稳定的生产状态，环境不再恶化，并与周围环境的景观（艺术欣赏性）保持一致（任海等，2001）。深圳湾湿地是我国受到高度城市化发展影响的最有代表性的湿地之一。过去30多年，深圳湾湿地面积减少了30%以上；深圳湾冬季候鸟数量10万只以上的壮观情景多年未再现，也许永远不会再现；深圳湾海水水质持续恶化，已经多年处于劣四类海水，氮、磷等指标超过国家海水四类标准10倍以上；非法捕捞、人鸟抢食的现象屡禁不止，湿地环境受损相当严重。与此同时，深圳湾作为国际化大都市的生态载体和生态品质的代言作用日渐凸显，公众对深圳湾生态环境的需求趋于高涨，到深圳湾休闲、观光、康体及生态旅游的人次年均达1500万～2000万，深圳湾湿地的生态修复工作刻不容缓，各界对此寄予厚望。

华侨城欢乐海岸项目由华侨城湿地和南湖组成，位于深圳湾北岸中心地带，紧邻福田国家级红树林自然保护区和绵延15km长的深圳湾公园。华侨城湿地和欢乐海岸南湖是深圳湾湿地的重要组成部分，海洋生物、鸟类共存于一个生态系统。深圳湾滨海湿地已是全世界高度城市化中心区域内的滨海湿地的典型代表，其高楼林立的城市背景、鱼塘湖景、红树林、海岸滩涂、万鸟群飞等多个景观共天一色，其壮观、其浩荡、其多彩、其秀美、其灵气、其现代……在国际上绝无仅有，堪称稀世之宝。

2007年华侨城集团受深圳市政府委托代管华侨城湿地，开启华侨城湿地治理、修复、保护、发展之旅。华侨城集团勇担重担，秉承“环保大于天，保护性修复”的理念，立足于“环保、生态、节能、减排”的绿色原则，坚持“保护生物多样性优先、发挥综合效益”的目标，长达3年时间的修复技术研究论证，18个月的修复工程施工，8年的生态监测，耗资2亿多元，实施8项修复工程，将生态环保理念与健康生活概念贯穿于项目每个角落、每个细节，真正实现项目独特的滨海健康与绿色生态特色，华侨城湿地已经以其原生态的环境资源、优美的植被景观成为城市中心绿肺，湿地修复工作取得了显著的综合效益。

在国家海洋局和深圳市海洋局的大力支持下，我们于2009—2012年启动实施国家海洋公益性科研专项“新兴经济区滨海湿地生态系统修复技术研究与工程示范”深圳子项目，将华侨城湿地修复工程与深圳子项目紧密结合，通过专家指导、科技研发、工程示范、生态监测与工程实施方案、规划设计无缝隙对接，深入研究华侨城湿地历史形成过程、生态服务功能、生态现状优势与不足以及其周边生态空间规划与发展后，确定生态修复的基本目标为：通过综合整治，恢复湿地的基本生态功能，保护生物多样性，提高海岸带湿地的自净能力和防风减灾功能，提升深圳湾滨海生态服务产业、科普教育大众化的发展水平，丰富民众的自然、生态、文化的消费方式。

本书作者主要将国家海洋公益性科研专项研究成果和深圳华侨城都市娱乐公司自筹研究项目的成果，结合华侨城湿地修复工程的做法，修复技术的示范，修复工程实施前、中、后的生态监测数据及评估分析以及华侨城都市娱乐投资公司经营管理华侨城湿地理念的创新等内容，进行综合、系统、全面的梳理、归纳和总结，融为一体，形成本专著。

本专著总体策划、构架设置、内容选取以及前言部分，由昝启杰、谭凤仪、李喻春完成，全书统稿由昝启杰、曾琳完成。第1章由胡长云、昝启杰完成；第2章由曾琳、昝欣、胡长云完成；第3章由曾琳完成；第4章由田婷婷、李凤兰完成；第5章由昝启杰、韦萍萍、昝欣完成；第6章由廖文波、许会敏、韦萍萍完成；第7章由王英永、曾琳、昝启杰完成；第8章第1节由徐桂红、昝欣完成，第8章第2节和第4节由黄立南完成，第8章第3节由田婷婷、石俊慧完成，第8章第5节的高等植物与植被部分由廖文波、许会敏、孙延军完成，浮游植物部分由雷安平、胡章立、郝文龙、曾敏完成，第8章第6节由胡章立、雷安平、李荔完成，第8章第7节由黄建荣、刘莉娜完成，第8章第8节由王英永、田穗兴完成，第8章第9节由昝启杰、谭凤仪完成；第9章由田婷婷、昝启杰、韦萍萍完成；第10章由昝启杰、曾琳完成；参考文献及附录6和附录7由胡长云、昝欣完成；附录1至附录5由石俊慧完成。在本书统稿、校稿、格式检查及文献收录查证等方面得到曾琳、李凤兰、石俊慧等同学的大力协助，在此表示衷心感谢。

由于编写时间和编著者水平的限制，本书错误与疏漏在所难免，恳请同行专家和读者批评指正。

昝启杰　谭凤仪

2015年8月18日于深圳

# 目　录

## 第7章 华侨城湿地鸟类栖息生境修复



## 第8章 华侨城湿地修复前后的生态监测与评估



## 第9章 华侨城湿地管理模式



## 第10章 华侨城湿地生态修复的效益评价

# 第1章 华侨城湿地的历史演变

## 1.1 华侨城湿地的由来

### 1.1.1 深圳湾填海造陆的变化

深圳湾是深圳的三大海湾之一，位于珠江口的东部，经纬度范围为22°24′18″—22°32′12″N，113°53′06″—114°02′30″E。海湾北接深圳特区，南邻香港特别行政区，西南—东北向伸展，向西南开口与珠江口相通，经济地理位置优越，所以一直是深圳填海造地的重点区域（图1-1）。深圳湾是一个内宽外窄的半封闭型浅水海湾，海湾湾长17.5 km，平均宽度约7.5 km，湾宽各处不等，最宽处位于深圳大学到坑口村，水面宽度10 km；最窄处位于中部的东角头至白泥之间，断面宽仅为4.2 km。深圳湾口门外与伶仃洋东槽矾石水道—暗士敦水道相接，海湾水域面积约90.8 km$^2$，平均水深2.9 m，最大水深不超过5 m（王琳，2001）。深圳湾东北部分布着大面积的泥滩和红树林，是华南地区具有国际意义的最重要的湿地生态系统之一，其核心部分是深圳一侧的福田红树林鸟类国家级自然保护区和香港一侧的米埔自然保护区。

1986年，深圳市还是个荒凉的边陲农业型小镇，面积327.5 km$^2$，东西长49 km，南北平均宽7 km，呈狭长地形。1984年年底常住人口191474人，共分为南头区、上埗区、罗湖区、沙头角区、蛇口区五个行政区（规划简介，1986）。全市以山地丘陵地貌为主，平原只占26.45%（黄镇国，1983）。深圳市大规模的围海造地始于20世纪80年代，通过遥感图像显示了深圳湾填海造陆的变化（图1-2），填海形成的陆地主要分布在海湾的西北部和北部。1988—1994年期间，深圳湾填海造地规模不大，表现出“小分散”的特点；填海陆地的土地利用类型主要为对外交通用地、商业用地等，如南部赤湾外侧、蛇口东角头南部沿海处，友联船厂（蛇口）有限公司、蛇口集装箱码头等均是修建在这期间填出来的陆地上（图1-2b）。自1995—2000年，填海陆地的土地利用类型出现多样化，表现出“大成片”的特征，集中分布在深圳湾北部，从后海西岸起，先自南向北，然后自西向东一直延伸至红树林鸟类自然保护区的西部，在深圳湾写了一个显目的横躺着的大写“L”（图1-2c）（宋红，2004）。主要有工业用地、商业用地、居住用地、道路用地等，如后海北部的高新技术产业园区、南山商业文化中心区、滨海大道等均全部或部分依托于这期间填海形成的土地。深圳湾畔的滨海大道全长9.66 km，其中7.6 km是建在填海筑堤而成的土地上，道路面积达61 hm$^2$（罗澍，2000）；滨海大道以北，留下了一片约125 hm$^2$的原深圳湾的滩涂没有填，涨潮时成为一个大湖区（图1-2c）；南山商业文化中心区占地151 hm$^2$，其中填海90 hm$^2$。土地利用类型多样化特点的出现反映了深圳湾填海造地正在深圳发展中占据着越来越重要的地位。2000年以后，深圳湾的填海进程一直在继续着，两个大的涉及填海的工程项目有西部通道建设工程和深圳湾海滨休闲带的建设。按《深圳市城市总体规划（1996—2010）》，之后深圳湾的填海集中在北部的后海（深圳市规划国土局，1997）。

深圳湾的填海造地在给深圳带来巨大经济、社会效益的同时，也改变了海湾的形状，缩小了海湾的面积，进而可能对海湾水生态系统产生多方面的影响（宋红，2004）。红树林是深圳湾海岸生态系统的宝贵资源，通常红树林对于一般的环境扰动和不平衡具有相当大的抵抗力和耐受力，但是红树林植物对于过度淤积、水的停滞和一些油类的污染相当敏感。过度围垦一方面直接造成红树林的大面积减少，另一方面使得沿岸水环境质量下降，湾内湾外水体交换能力降低，污染物中的有害物质积聚在水体或沉积物中，对沿岸的湿地生态系统造成严重的灾害（朱高儒，2011）。

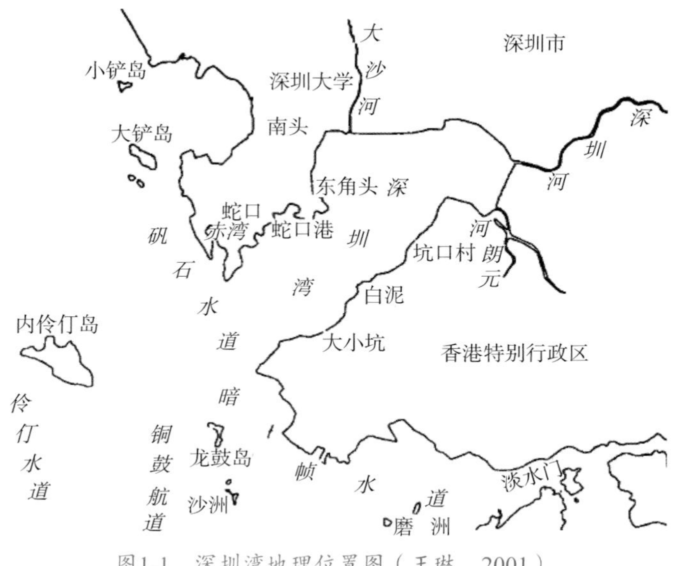


图1-1　深圳湾地理位置图（王琳，2001）

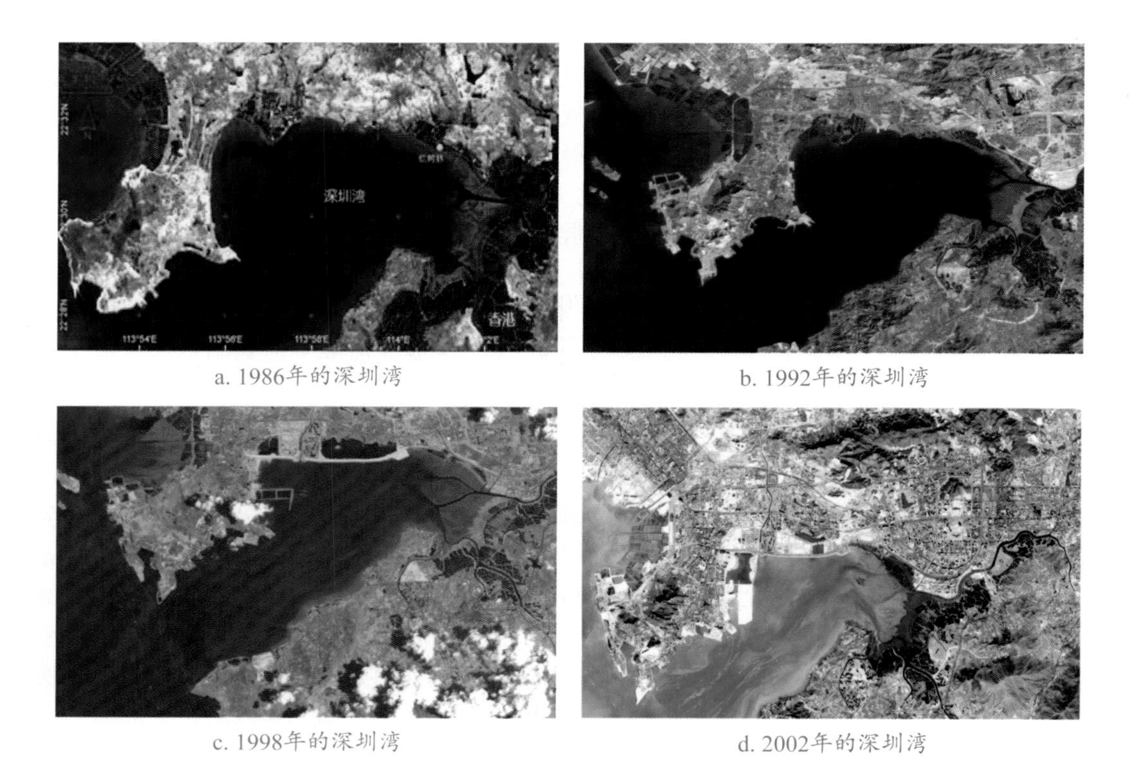


a. 1986年的深圳湾　　b. 1992年的深圳湾

c. 1998年的深圳湾　　d. 2002年的深圳湾

图1-2　深圳湾填海造陆的变化

## 1.1.2 华侨城湿地的形成

20世纪90年代，深圳湾填海造陆时，在现在的滨海大道以北、华侨城世界之窗、东方花园、锦绣中华、民俗村以南，深湾三路以东，侨城东路以西，留下约125 $hm^2$的原深圳湾的滩涂没有填，涨潮时成为一个大湖区。这125 $hm^2$的大湖区，由后来修建的白石路分为南北两湖，其中北湖约69 $hm^2$，南湖约56 $hm^2$（图1-2d；图1-3）。北湖过去为深圳湾海岸及滩涂，生长有10 $hm^2$的红树林，沿海岸有大量的海滨湿地草木、灌木及海岸防护林乔木；而南湖因为滩涂低、潮水较高，退潮时为光滩，涨潮时海水较深。2000年以后，该片区的填海工程基本停止，滨海大道、白石路相继通车，深圳湾周边地区建设规模加大，整个深圳湾湿地面积相对稳定，面积不再减少。

图1-3　华侨城湿地区位图

北湖由于水土流失、污染排放等原因，导致滩涂淤积加快，北湖部分区域慢慢开始陆地化，当深圳湾涨潮时，北湖陆地化的滩涂会出现大量的候鸟（图1-4）；并且，北湖红树林在2000—2003年间出现了1500～3700个鹭鸟鸟巢，成为深圳湾最重要的鸟类繁殖区，一时吸引了大量的观鸟爱好者（图1-5）。2004年以后，入侵植物薇甘菊大肆繁殖生长，危害红树林，北湖滩涂陆地化加重、水污染加剧，红树林大量死亡，鸟类繁殖区不断丧失。但滩涂淤积仍在继续，仍有大量冬季候鸟出现在北湖栖息觅食，成为深圳湾候鸟最多的区域之一，吸引大量观鸟爱

图1-4　华侨城湿地陆地化的滩涂

好者到北湖观鸟；观鸟爱好者在谈及观鸟地时，就把华侨城外面的北湖或内湖，称为华侨城湿地，后来慢慢就简称为侨城湿地。华侨城湿地，溯其源，仍是深圳湾天然滨海湿地，只是人为填海形成的，其水源补充、水生生物交流及鸟类栖息环境仍隶属深圳湾生态系统，它具有水面、自然滩涂、红树林等重要结构，其本质是自然湿地，只是一个受到人为干扰较大的自然湿地。根据《拉姆萨尔湿地公约》、《湿地国际》关于湿地概念的定义和分类，华侨城湿地是典型的滨海湿地。

图1-5　华侨城湿地红树林鹭鸟繁殖区（右 欧阳勇摄）

## 1.2　华侨城湿地的名称由来

侨城湿地一词最早见于2004年。2004年12月5日深圳新闻网率先报道了两篇关于小沙河污染的新闻：《乱排污防洪渠变污水沟 管理者不作为（视频）》、《侨城湿地美景不再 污水肆意威胁红树林(视频)》。报道中提到："不少市民报料，称红树林附近水域环境污染越来越严重，他们不希望漂亮的内湖（观鸟者称之为侨城湿地）变成无可救药的臭水潭。""记者来到位于深圳华侨城南侧，滨海大道以北，白石路边红树林一带。正陪家人游玩的彭先生告诉记者，他在红树林附近居住了两年时间，过去这里环境非常好，但从2004年上半年开始，湖水开始变黑，气温高的时候还散发出阵阵恶臭，湖面上开始出现死鱼等现象，而且白鹭等鸟类也比过去少了不少。"2004年12月6日，《深圳特区报》、《晶报》、《深圳晚报》分别以专题形式，对小沙河防洪渠变污水沟、污染侨城湿地、威胁红树林进行了报道。从这些报道可以看出，侨城湿地是指白石路边、东方花园、世界之窗、锦绣中华南侧的红树林湿地，也就观鸟者所说的北湖区域，即现在的北湖，观鸟者称之为侨城湿地。侨城湿地（即北湖）和南湖水体连通，密不可分，因此，南湖、北湖、侨城湿地三个概念使用混乱，筹建期间将北湖称为北地块，将南湖称为南地块，时有将南湖和北湖都称为侨城湿地，时有侨城湿地仅指北地块，指向范围易相混。但根据访谈及大量的报道可证实：所谓的侨城湿地即是指北湖。华侨城集团接管之后，为后期使用、管理以及游客称呼起来方便明了，取消北湖、北地块的叫法，统一称之为华侨城湿地，即侨城湿地的全称。

## 1.3　2005年华侨城湿地状况

华侨城湿地形成之初，分布有典型的滨海湿地植物，栖息着大量的珍稀濒危鸟类。华侨城湿地生长着深圳湾代表植被群落——红树林，其红树植物主要有10种。红树林是对滨海生态变化最敏感的植物群落之一，被认为是海岸带生态关键区。红树植物能对流

经水体中的有机物和污染物进行过滤，大大减少有毒物质通过食物链向人类传递的程度，同时，在防浪护堤方面，红树林还可起到很好的消浪、固沙、促淤作用。

华侨城湿地是深圳湾鸟类和底栖生物重要的栖息地，自然资源宝贵，也是国际候鸟的中转站，具有重大国际影响。根据以往记录，华侨城湿地是深圳湾鸟类多样性最高的区域。根据深圳市观鸟协会在华侨城湿地记录到的鸟类中，国家二级保护鸟类10种，中国濒危物种红皮书易危、濒危鸟类7种，广东省重点保护鸟类8种，有繁殖记录的受保护鸟类6种。根据深圳湾鸟类物种组成、种群数量和栖居状况，可以确定华侨城湿地在深圳湾处于非常重要、不可或缺的地位。深圳湾鸟类目前共记录约200种，其中华侨城湿地超过160种，占深圳湾鸟类种数的80%之多。除走禽（鸵鸟类）类外，鸟类的6大生态类群即游禽、涉禽、攀禽、猛禽、陆禽和鸣禽均可见于华侨城湿地。华侨城湿地是深圳湾涉禽鸟类高潮期重要的栖息地。每到沿海滩涂被潮水淹没时，大量涉禽鸟类飞抵湿地栖居，因此，记录涉禽有60种之多，包括深圳湾明星鸟种——黑脸琵鹭（*Platalea minor*）。华侨城湿地沿湖植被类型丰富，环境组成复杂，栖息着包括国家二级重点保护野生鸟类褐翅鸦鹃（*Centropus sinensis*）、鹗（*Pandion haliaetus*）、黑耳鸢（*Milvus lineatus*）、普通鵟（*Buteo buteo*）和雕鸮（*Bubo bubo*）等林鸟种类近80种，是深圳湾林鸟种类最多的区域。华侨城湿地是深圳湾鸟类的重要繁殖地，包括彩鹬（*Rostratula benghalensis*）、黑翅长脚鹬（*Himantopus himantopus*）、长尾缝叶莺（*Common Tailorbird*）、黑领椋鸟（*Sturnus nigricollis*）、暗绿绣眼鸟（*Zosterops japonica*）等夏候鸟和当地留鸟（昝启杰等，2013）。

华侨城湿地拥有宽阔的水面、茂盛的芦丛荡、郁郁葱葱的红树林、自然滩涂、珍稀鸟群，在深圳特区内具有唯一性、景观品牌性，具有塑造为生态名片、品牌名片的价值。华侨城湿地作为一处自然湿地，其对于生物多样性保护、宣传教育、生态保护示范等方面具有较高的价值。但是，华侨城湿地地处脆弱的生态敏感区，具有生态脆弱性特点。随着深圳湾的开发建设，特别是华侨城湿地南侧（含东南区滨海医院、西南区房地产的开发）以及白石路车流量的增加、滨海休闲带的建设和投入运营，华侨城湿地四面楚歌，受到干扰的程度日益加大，其生态系统抗干扰的承载力明显不足，特别是鸟类在华侨城湿地与深圳湾之间的迁徙受阻隔的影响日益加大，华侨城湿地变得日益脆弱，显现生物多样性减少、生态系统结构单一化、湿地功能降低的现象，湿地生态系统表现脆弱特征。因此，华侨地湿地本质是自然湿地，为一处受到人为干扰较大的、脆弱的自然滨海湿地（图1-6）。

图1-6　华侨城湿地（张万极 摄于2005年）

# 第2章 华侨城湿地的功能定位

## 2.1 湿地与湿地生态功能

### 2.1.1 湿地的定义与分类

湿地是水陆相互作用形成的特殊自然综合体（刘兴土，2005），是地球上重要的生物生存环境，与森林、海洋一起被列为全球三大生态系统。湿地是陆地、流水、静水、河口和海洋系统中各种沼生、湿生区域的总称。按国际《湿地公约》定义，湿地系指无论其为天然或人工、长久或暂时之沼泽地、湿原、泥炭地或水域地带，带有静止或流动、或为淡水、半咸水或咸水水体者，包括低潮时水深不超过6 m的水域。湿地的研究活动则往往采用狭义定义。美国鱼类和野生生物保护机构于1979年在《美国的湿地深水栖息地的分类》一文中，重新给湿地做定义为：湿地是指从陆地系统向水系统过渡的地带，其地下水位通常是处于或接近地表，或整个地带被浅水覆盖。至少具备以下三项特征中的一个：①至少间歇性地支持以湿地植物为主的植被；②基层主要是未被排水的湿地土壤；③如基层不是土壤，则在每年植物生长期的一段时间内处于饱和状态或被浅水所覆盖。定义还指湖泊与湿地以低水位时水深2 m处为界，按照这个湿地定义，世界湿地可以分成20多个类型。这个定义被许多国家的湿地研究者接受（殷康前和倪晋仁，1998）。我国的科学工作者总结和提出了符合我国湿地自然特性的概念，认为湿地具有3个相互制约的特征：地表经常过湿或有薄层积水；必须生长有湿生植物；土层严重潜育化或有泥炭的形成和积累（李洪远和孟庆伟，2012）。

据资料统计，全世界共有自然湿地$855.8\times10^4$km$^2$，占陆地面积的6.4%。我国现有湿地$3848\times10^4$hm$^2$，占国土总面积的3.77%，其中天然湿地$3620\times10^4$hm$^2$（雷昆和张明祥，2005）。湿地的类型多种多样，《湿地公约》执行局所公布的国际重要湿地名录，将湿地生境类型分为海洋、海岸湿地，内陆湿地及人工湿地三大类共35种（林业部，1994）。按照《中国湿地保护行动计划》分类的标准，将中国的湿地分为五类：沼泽湿地，湖泊湿地，河流湿地，浅海、滩涂湿地、滨海湿地，人工湿地（国家林业局，2000）。

### 2.1.2 湿地生态系统功能

湿地生态系统是陆地、水域共同与大气相互作用、相互影响、相互渗透，兼有水陆双重特征的特殊生态系统（陈声明等，2008）。滨海湿地生态系统是沿海地区的湿地生物与其环境所构成的生态系统，是陆地地表水、地下水和海水互相作用形成的具有独特生境和生物群落分布的湿地（马振兴，1998）。

生态系统服务功能是生态系统与生态过程所形成及所维持的人类赖以生存的自然环境条件与效用（欧阳志云等，1999），即通过生态系统的功能直接或间接得到的产品和服务，包括提供人类生活需用的产品和保证人类生活质量的功能（孙刚等，1999）。它

不仅包括各类生态系统为人类所提供的食物、医药及其他工农业生产的原料，更重要的是支撑与维持了地球的生命支持系统，维持生命物质的生物地球化学循环与水文循环，维持生物物种与遗传多样性，净化环境，维持大气化学的平衡与稳定（Daily，1997）。湿地的生态系统服务功能是人类生存与现代文明的基础（欧阳志云等，1999）。因此，湿地生态系统服务是指湿地生态系统及所属物种所提供的能够维持人类生活需要的条件和过程，即湿地生态系统发生的各种物理、化学和生物过程为人类提供的各项服务（傅娇艳和丁振华，2007）。

湿地在所有生态系统中具有最强大的生态、经济和社会服务功能；虽然湿地仅占地球陆地面积的6%，却为世界上20%的生物提供了生境。湿地是许多珍稀濒危物种繁衍生息，特别是濒危珍稀鸟类季节性“飞行繁殖的基地”，科学界至今对这一点还没有完全研究清楚。我国自然湿地面积占国土面积的3.77%，却为约50%的珍稀鸟类提供了栖息繁殖的场所，是众多珍稀濒危水禽完成生命周期的必经之地（陈声明等，2008）。湿地的生态服务功能分类系统将主要服务功能类型归纳为产品提供、调节、文化和支持四个大功能组（图2-1）。产品提供功能是指生态系统生产或提供的产品(Goods)；调节功能是指调节人类生态环境的生态系统服务功能；文化功能是指人们通过精神感受、知识获取、主观印象、消遣娱乐和美学体验从生态系统中获得的非物质利益；支持功能是指保证其他所有生态系统服务功能提供所必需的基础功能；区别于产品提供功能、调节功能和文化服务功能，支持功能对人类的影响是间接的或者通过较长时间才能发生，而其他类型的服务则是相对直接的和短期影响于人类。

湿地具有较高的生物生产力，能直接或间接地为人类提供各种物质产品；湿地具有巨大的环境净化功能及元素循环功能，被誉为“地球之肾”；湿地具有巨大的食物网及生物多样性，被看做“生物超市”；湿地还具有调节气候、涵养水源、调蓄洪水、抵御自然灾害以及旅游观光、科研教育等社会功能，具有较高的生态系统服务价值（鄢帮有，2004）。

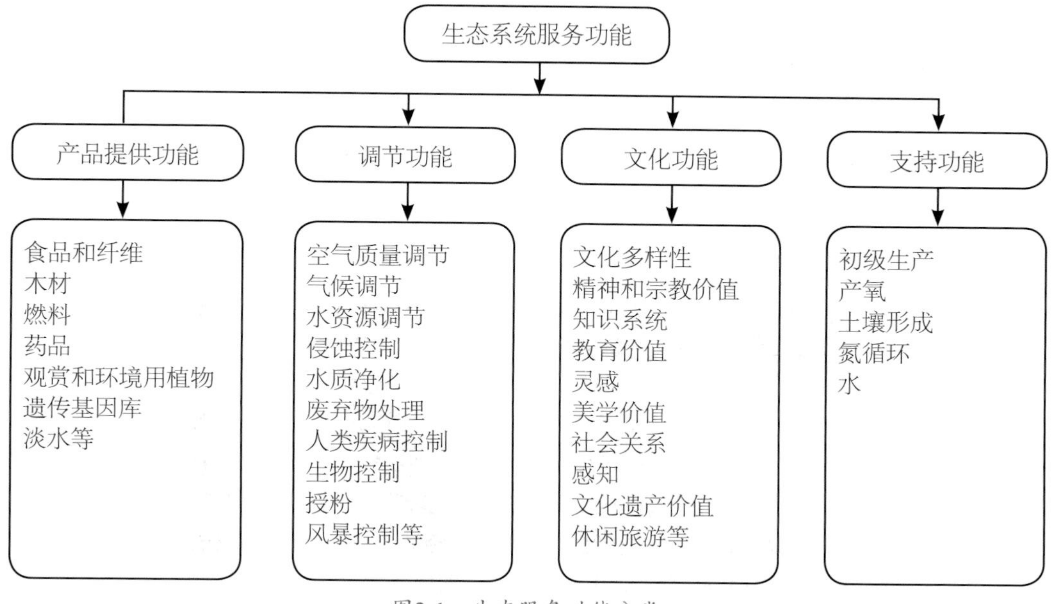


图2-1　生态服务功能分类

## 2.2 华侨城湿地的自然条件

### 2.2.1 华侨城湿地的地质情况

深圳南山区除大沙河河谷为第四纪沉积物覆盖外，其余的高丘陵、低丘陵、台地皆为丰富至中等的花岗岩岩隙地下水区。据已测地质资料，华侨城湿地的地层以填土和海陆交互相沉积层为主，主要有杂填土、淤泥、中砂层、砂质黏土层；其中前两者为不良地层，淤泥可能分布较普遍，填土分布规律性较差。湿地区域清淤范围内埋藏的第四纪地层自上而下为：海积淤泥层、砾砂（混淤泥质）层及残积砾质黏土层。其中，海积淤泥层厚度2.0～4.5 m，具有高含水量、高有机质含量和低强度等特点，具有腥臭味。海积淤泥层根据状态性质还可以分为流泥和淤泥两层。其中湖底面层分布0.5 m左右厚度的流泥，沉积年代不超过10年，含水量超过100%，黑色，呈流动状，该土层重金属、有机质污染严重。流泥以下为淤泥层，含水量约为80%，灰黑色，呈流塑状。淤泥层以下为砾砂（混淤泥质）层及残积砾质黏土层。在湖区的沿湖岸局部地段，分布有垃圾、淤泥质砂层等。

### 2.2.2 华侨城湿地的气候特征

深圳地处北回归线以南，属南亚热带海洋性季风气候区，长夏短冬，气候温和，夏季长达6个月，春秋冬三季气候温和，日照充足，全年无霜。属于东亚季风区，受季风环流控制，冬半年和夏半年气流明显交替，影响到四季的气候变化，海洋对本市气候影响较大，年降雨量大，雨量丰沛，大气温度高。因海岸山脉等地貌带的存在，使得冬季气温南北差异较大，风速自南向北递减。降雨量空间分布深受地貌支配，迎风坡与背风坡降雨量有明显差异，局部地区降雨量较多。降水从成因上分析，由台风带来的台风雨量在全年的降水量中所占比重较大。

深圳市年平均降水量为1966.5 mm，地域分布自东向西减少，东南部年平均雨量达2200～2300 mm，西北部地区只有1300～1500 mm。夏季多，冬季少，每年4—9月为雨季，其降雨量占全年的85%。年平均气温为22.4℃，最高为36.6℃，最低为1.4℃。常年主导风向为东南风，夏秋季的台风因受山峦阻挡，直接袭击深圳特区平均每年不到1次。

### 2.2.3 华侨城湿地的水文特征

华侨城湿地隶属于深圳湾及珠江口水系，位于滨海潮间带。流域内地表水以海水为主，海水通过滨海大道的过路箱涵与深圳湾内湖发生水力联系。地下水与海水具有水力联系，水量较丰沛，属孔隙潜水类型；基岩中尚有一定量的裂隙水，微具承压性。地下水主要靠大气降水补给，并与海水有互补关系，水位因潮水位变化而变化。潮流的主体流向与海湾走向平行，基本上呈往复流。涨、落潮的历时基本相等，平均约6 h 25 min。

### 2.2.4 华侨城湿地的社会经济概况

华侨城位于深圳经济特区的深圳湾畔，面积4.8 km$^2$（不含欢乐海岸1.25 km$^2$用地），由华侨城集团公司开发、建设和管理。华侨城以“规划科学合理，功能配套齐全，城区环境优美，风尚高尚文明，管理规范先进”为规划、建设和管理的目标，经过10多年的努力，现已建成为一个现代海滨城区，被誉为深圳湾畔的一颗明珠。

华侨城城区旅游项目现已超过20个，形成了以文化旅游景区为主体，其他旅游设施配套完善的旅游度假区。目前，华侨城正以“处处是景观，人人是导游”为目标，努力

将华侨城建成为独具特色的、世界一流的旅游城。华侨城景区，包括“锦绣中华民俗文化村”、“世界之窗”和“欢乐谷”等主题公园，集中华传统文化、中国民俗文化与世界文化精华于一体，融自然景观、人文景观于一炉，并采用声、光、电等现代科技表现手段，配之以东方“百老汇”式的歌舞演出，动静结合，花样翻新，令人流连忘返。

华侨城湿地位于华侨城景区与欢乐海岸建设用地（南地块）之间，是生态侨城的联系纽带，是跃动侨城的静谧片区。

深圳是一座滨海城市，滨海及海域范围内具有优越的地质地貌和丰富的海洋资源。30多年来，改革开放推动深圳经济和社会取得了巨大的发展，其中深圳海洋产业也快速发展，已经成为深圳重要的主导产业，形成了以海洋交通运输、滨海旅游、海洋油气、海洋渔业和滨海工业五大行业为主体的产业群。华侨城滨海湿地体现了美丽的海滨旅游城市资源特点，具有非常好的滨海旅游价值。

## 2.3 华侨城湿地的生态功能

华侨城湿地过去为深圳湾海岸滩涂，生长有10 $hm^2$红树林，沿海岸有大量的海滨湿地草木、灌木及海岸防护林，是深圳湾最重要的滨海鸟类繁殖区及候鸟较多的区域，也是深圳湾红树林湿地生态系统的重要组成部分。由于华侨城湿地与深圳湾的连通性，其生态服务功能与深圳湾湿地息息相关，具有维持生物多样性、作为生物栖息地、净化水体环境、固定碳释放氧气、参与营养物质积累及循环、维持土壤、控制侵蚀、调节气候、休闲旅游、科研教育等多重功能。

### 2.3.1 维护生物多样性

生物多样性与生态系统的合理结构、健全功能和结构功能的稳定性存在正相关性，在自然生态系统中似乎是多样性的增加导致稳定（Mark Rees, 1995; Macvntyre et al., 1995）。构成某一生态系统物种数较少，在一定程度表明其较为脆弱，而种类组成繁多的系统即普遍较稳定（黄培祐，1998）。物种的消失，特别是那些影响水和养分动态、营养结构和生产能力的物种的消失，会削弱生态系统的功能。物种的减少往往使生态系统的生产效率下降，抵抗自然灾害、外来物种入侵和其他抗干扰的能力下降（Chapin et al., 1997）。红树林湿地是海岸带生态关键区，是对维持生物多样性或资源生产力有特别价值的生物活动高度集中的地区（张乔民和隋淑珍，2001）。红树植物有多种生长型和不同的生态幅度，各自占据着一定的空间，为生物群落中的各级消费者提供重要的栖息和觅食场所（林鹏，1997）。它的层次越复杂，鸟类及各种水生生物的种类则越丰富。

根据野外调查，到2011年年底华侨城湿地植物种类已达到162种，鸟类142种。共鉴定出浮游动物25种，种类最多的是纤毛虫，有11种；轮虫次之，为6种；桡足类为5种；肉足虫3种；没有检测到枝角类。另外还检测到多毛类、软体动物面盘幼虫、担轮幼虫及短尾类幼虫等4类浮游幼虫。调查共鉴定藻类有5门11属14种，其中硅藻门7种，绿藻门2种，蓝藻门2种，甲藻门1种，裸藻门1种。调查中共鉴定44种底栖无脊椎动物，以软体动物腹足类为主。其中环节动物门寡毛类8种，占种类总数的18.2%。软体动物门29种，占种类总数的65.9%，其中腹足类26种，占种类总数的59.1%；节肢动物门7种，占种类总数的15.9%。

2.3.1.1　植物多样性

华侨城湿地的植物可分为红树林群落、入侵植物群落、乡土植物群落、人工常绿林群落4个类型，又可以根据不同的种类组成情况和分布区域划分为43个植物群落。华侨城湿地生长着深圳湾代表植被群落——红树林（图2-2），现存面积约5 hm$^2$，其自然分布的真红树植物有6科6属9种，分别为秋茄（*Kandelia candel*）、白骨壤（又称海榄雌）（*Avicennia marina*）、桐花树（*Aegicera corniculatum*）、老鼠簕（*Acanthus ilicifolius*）、木榄（*Bruguiera gymnorrhiza*）、卤蕨（*Acrostichum aureum*）、海桑（*Sonneratia caseolaris*），无瓣海桑（*Sonneratia apetala*）等。半红树植物3科4属4种，分别为海漆（*Excoecaria agallocha*）、许树（*Clerodendrum inerme*）、黄槿（*Hibisicus tiliaceus*）等。红树植物伴生种主要有海刀豆（*Canavalia maritima*）、文殊兰（*Crinum asiaticum*）、血桐（*Macaranga tanarius*）等。华侨城湿地中除了红树林植物之外，还分布有其他乡土植物，零星散布于环湖路及湖心岛（图2-3）。入侵植物可分为乔木、灌木、草本3种生活型，主要种类为银合欢（*Leucaena leucocephala*）、马缨丹（*Lantana camara*）、薇甘菊（*Mikania micrantha*）、五爪金龙（*Ipomoea cairica*）、龙珠果（*Passiflora foetida*）、巴拉草（*Brachiaria mutica*）、美洲蟛蜞菊（*Wedelia trilobata*）、钻形紫苑（*Aster sublatus*）、白花鬼针草（*Bidens pilosa* var. *radiata*）等（图2-4）。华侨城湿地东面环湖路局部地段出现有几类人工林群落，面积不大，但很明显，零星分布于环湖路，也可称之为人工林层片（图2-5），主要包括椰林群落、黄槿群落等。

图2-2　华侨城湿地红树林群落

图2-3　华侨城湿地乡土植物群落

图2-4　华侨城湿地外来入侵植物群落

图2-5　华侨城湿地人工林群落

华侨城湿地植被的多样性为湿地鸟类提供了优良的栖息环境，华侨城红树林湿地系统，与福田红树林自然保护区、香港米埔自然保护区共同组成完整的深圳湾红树林湿地生态系统，为候鸟从西伯利亚至澳大利亚南迁北徙提供“歇脚地”（图2-6）。红树林是生长在热带、亚热带隐蔽潮间带的独特植物群落（Banijbatana，1957），具有防浪护岸、维持海岸生物多样性、净化水质、调节区域性水平衡、美化环境等重要的生态功能。

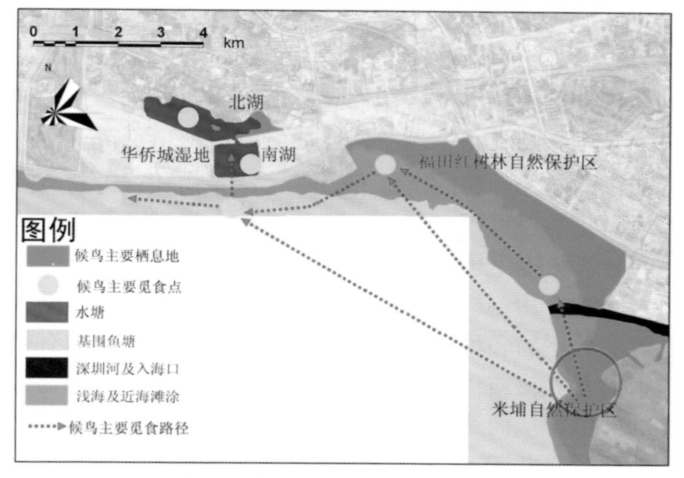


图2-6　鸟类在深圳湾的觅食路线

#### 2.3.1.2 鸟类多样性

湿地是濒危鸟类、迁徙候鸟以及其他野生动物的重要栖息繁殖地。据统计，我国国家一级保护鸟类约有一半生活在湿地中（王浩等，2008）。华侨城湿地作为一个典型的滨海湿地，是深圳湾鸟类重要的栖息地，也是深圳湾鸟类多样性最高的区域，占深圳湾鸟类种数的80%以上。在华侨城湿地栖息的鸟类覆盖鸟纲的11目38科142种，其中留鸟43种，候鸟106种，涉及游禽、涉禽、攀禽、猛禽、陆禽和鸣禽六大类别，每天栖息鸟类数量2000～4000只，瞬时最高鸟类数量超过10 000只（图2-7）。

图2-7 华侨城湿地的鸟类（欧阳勇 摄）

### 2.3.2 净化水体

湿地在全球和区域性的水循环系统中起着重要的净化作用。当受污染的水体携带过量的化肥、农药、重金属和其他污染物流经湿地时，湿地植被可以减缓水流速度，有利于对附着毒物和营养物的悬浮颗粒的沉降和吸附，营养物和有毒物沉降以后，通过植物的吸收，经化学和生物化学过程而存储、固定和转化，起到滞留污染物功能，同时湿地的微生物对污染物的分解与转化起到净化水质的作用。

红树林生态系统是一个由红树林—细菌—藻类—浮游动物—鱼虾蟹贝类等生物群落构成的多级净化系统。林下的多种微生物能分解排入林内污水中的有机物、吸收有毒的重金属，而释放出来的营养物质供给生态系统内各种生物吸收或毒物被植物吸收后固定在不易被动物取食的部位，从而达到净化海洋环境的作用。实验表明，木榄、秋茄和桐花树等幼苗的根，能大量富集$^{90}Sr$，尤其桐花树幼苗，所吸收的$^{90}Sr$有97.7%集中在根部

（任海，2009）。2007年，华侨城湿地拥有近30亩（2 $hm^2$）原生红树林，并与深圳湾水体相通，对深圳湾水域的净化起了一定的积极作用。同时，芦苇等其他湿地植被对水质的净化也起着重要的作用。

### 2.3.3 调节气候

湿地是碳的汇集地区，湿地生态系统气候调节价值主要指湿地植被通过光合作用和呼吸作用与大气交换$CO_2$和$O_2$，维持大气中$CO_2$和$O_2$平衡作用的能力，并通过固定大气中的$CO_2$而减缓地球的温室效应；在区域尺度上，生态系统可通过植物的蒸腾作用直接调节区域气候；在更小的空间尺度上，森林类型和状况决定林中的小气候。华侨城湿地位于城市腹地，四周为现代建筑群，湿地内丰富的植物群落，其$CO_2$的吸收及$O_2$的释放作用不可替代。

### 2.3.4 营养物质积累与循环

红树植物群落的生产力固定C，结合H和吸收N的能力较强，红树林每年从水体和土壤吸收大量的动物难以利用到的C、H、N元素，又将这些元素的大部分归到水体中供动植物再利用。70年生的天然红海榄群落C、H、N现存量分别为14117.7g/$m^2$，1446.4g/$m^2$和158.5g/$m^2$，群落年净固定C为798.51g/$m^2$，结合H 86.31g/$m^2$和吸收N 12.33g/$m^2$（郑文教等，1995）。由于华侨城湿地红树林与深圳湾红树林生态系统的同源性，华侨城湿地红树林在元素循环方面的功能对深圳湾红树林生态系统和整个近海海岸生态系统意义重大。

### 2.3.5 旅游观光及科普教育

湿地具有独特的自然景观，有较大的旅游观光潜力，适度地开展湿地的生态旅游是湿地旅游资源开发和保护的最佳途径（吴翠等，2008）。华侨城湿地在整个深圳市和深圳湾的区域地理位置特殊，第三产业定位特色鲜明，宣传和弘扬滨海湿地文化和海洋文化的优势地位突出，而且公众对滨海观鸟的需求较强烈，为市民在闲时出行和假日出游提供了一个独具特色的胜地。同时，华侨城湿地作为具有较高的生物多样性的湿地，是开展生物多样性研究的重要基地，也是进行环境教育的场所，将极大地丰富滨海湿地科普和教育的内容，促进滨海湿地文化建设。

其中，红树林是极为特殊的自然生态系统，是热带、亚热带海岸的一种独特景观，如奇特的胎生“现象”，适应潮汐，抗盐耐旱，蟹虾成群，白鹭齐飞。红树林旅游是海岸带生态旅游重要内容之一（张春霞和林群，2000）。红树林区集观赏、娱乐、知识和教育等多方面的功能于一身，是不可多得的海洋生态旅游资源，也是在不破坏红树林前提下利用红树林的重要途径（范航清，2000）。随着生态旅游的兴起，华侨城湿地在生态旅游及科研教育中都具有十分重要的作用。

## 2.4 华侨城湿地的定位

2005年起，在深圳市委市政府政策引导下，华侨城集团组织了多次专家研讨会，展开对华侨城湿地生态保护修复的探讨；2005年10月召开“华侨城欢乐海岸项目环境生态保护研讨会”；2007年3月和6月召开“欢乐海岸项目水体交换及净化研讨会”和“侨城湿地生态景观环境研讨会”；经论证，制定了“保护、修复、提升”的生态治理路线方针。2007年4月18日，华侨城集团正式从深圳市政府手中接管华侨城湿地，成为中国首个受托承担公益性管理城市湿地的企业。为了保护好华侨城湿地的自然生态资源，增强其生态功能，华侨城集团凭借着“生态保护大于天”的建设理念，义无反顾地承担起这片湿地的修复管理工作。

目前，随着深、港经济圈的快速发展，对华侨城湿地生态系统价值的需求迅速增加，而且一些价值需求已经超过了湿地生态系统的供给能力，也将改变湿地持续提供这些生态价值的能力。因此，完善湿地生态资源保护和开发利用规划，确定合理的湿地管理措施，提高对湿地综合管理能力是非常必要的。通过对华侨城湿地的调研及分析，针对华侨城湿地的现状特点，提出湿地的建设需遵循“保护优先，合理利用”的原则，须以湿地的保护与修复为重点，首先要着重重构湿地水循环系统，在此基础上进行湿地的生态修复，然后在湿地规划模式指导下，合理利用已有优势及机会进行资源的整合和开发，走生态旅游发展路线，使华侨城湿地成为一个有限度开放的生态教育、生态监测、鸟类观赏和亲近自然湿地的生态品牌示范基地，实现高品质、高品位、高效率的生态保护与可持续发展的统一。

### 2.4.1 保护生物多样性，维护湿地生态功能

作为深圳湾畔稀缺的自然湿地，华侨城湿地不仅是深圳湾红树林湿地系统的重要组成部分，更是深圳湾鸟类栖居环境不可或缺的部分，同时也是受人为干扰严重的脆弱滨海湿地。所以，华侨城湿地的首要目标是生态保护。秉承“生态保护大于天”的建设理念，华侨城集团在欢乐海岸成立专业部门、邀请专家团队，历时4年、斥资近2亿元，开展了一系列的生态修复工程。按照“保护、修复、提升”的治理技术路线，通过湿地封闭管理、水环境改善工程、湿地生境恢复三步，实现生态修复目标。主要保护及利用对策包括：通过截排截污保护湿地水环境，通过清走非法居住人员、建立围网封闭管理来减少人为干扰，通过对外来入侵植物的防除与控制、补种原生湿地植物、招鸟引鸟措施等增加湿地生物多样性，通过建设湿地展览馆传播滨海湿地科普知识，为市民提供一个独具特色的生态胜地。

华侨城集团于2006年配合水务局进行了管网清源行动，对主要污染源——小沙河流域的错接乱排进行了清理，截断了部分污染源，从而减轻了小沙河对湿地的污染。同年5月又对华侨城湿地北侧巡逻道的11个排污点进行了管网改造，将污水引入北侧巡逻道上的市政污水管。为恢复华侨城湿地的生态功能，提升湿地的生态价值，启动468 m长的小沙河出海口段污水截排、1.45 km的生态围堰修建、6.3 km的外引水工程、20.6 $hm^2$的清淤还湖等工程。华侨城湿地水质改善工程完成后，湿地湖心水质由劣三类海水达到三类海水标准，湿地的鱼类及沙蚕、螺等底栖生物种类数量增加10%以上。

对华侨城湿地进行封闭管理，在湿地的四周，修建了总长3.3 km的钢板网围墙，利用现有植被，构造出由乔木、灌木组成的生态保护隔离带。通过清走非法居住人员、搬迁占地经营单位、禁止无关人员进入等措施，杜绝了向湿地倾倒垃圾现象的发生，有效保护了湿地内动植物的生长，尽可能减少湿地周边的人类活动对湿地生态系统的干扰，以改善和提升湿地的生态环境。

在湿地封闭管理的同时，欢乐海岸在湿地周边营造水生生物通道和空中生物通道，保障华侨城湿地与深圳湾正常的水体交换和潮汐影响，并为鸟类在华侨城湿地与深圳湾之间正常的迁飞提供便利。

在尽量保留现状生长良好的原生植被及采用深圳湾自然分布物种的基础上，对湿地植被进行合理配置。通过对2 $hm^2$的薇甘菊等入侵植物的清除与防治、近4 $hm^2$的红树林补植、8 $hm^2$的湿地植被恢复等生态提升工程，对保护物种多样性、调节气候、降解污染物、美化湿地环境等方面起到了积极的作用，成功地重现了华侨城湿地的生机与活力。华侨城湿地修复完成后，植物种类由162种增加到180种。目前，已有13种鸟类在湿地筑巢繁殖，鸟类数量逐渐增多。

通过修建和布置华侨城湿地展览馆，建立鸟类监测系统，实现华侨城湿地鸟类集中繁殖地的实时远程视频监控，通过互联网远程操作，让在展厅内的公众看到华侨城湿地真正的保护成果，使华侨城湿地不仅为观鸟者提供一个观鸟场所，而成为更加大众化的、真正意义上的科普教育基地。

### 2.4.2 科学合理利用湿地，发挥湿地社会效益

湿地的开发利用，是一项综合性很强的生态系统工程，应遵循自然规律，根据其功能类型，因地制宜地综合开发，使人类生产经济活动与可更新的自然资源之间维持平衡（国家林业局，2009）。并且，还应把“保护和利用”两者有机结合起来，本着“保护优先、合理利用”的首要原则，将环境保护教育融入湿地的开发利用过程中，切实维护湿地良好的生态环境，以利于湿地的可持续发展与利用。因此，华侨城湿地将被定位为集生态保护、科普教育、生态监测、鸟类观赏及生态品牌示范为一体的高档次、高品质、高水平管理的重要湿地，创建企业主导下以亲近自然、享受生态及科普教育为主要内容的生态新模式，树立现代都市人与自然和谐共存的典范，打造成深圳市的城市生态品牌。

华侨城湿地实施严格控制游客数量、预约进入、免费开放的制度，并尽量减少游客在湿地留下的痕迹。为了方便游客进入湿地后能够近距离地观赏鸟类、感受自然的气息，同时又不影响湿地的生态系统，在华侨城湿地绿树掩映中修建了4个观鸟屋。它们均采用木质颜色的材料，外部均有攀爬植物覆盖，观鸟窗也隐蔽于植物之中，与环境融为一体，这样可以防止鸟的撞击，更好地保护生态环境。进入屋内，游客还可以通过观鸟窗和望远镜近距离地观赏鸟类，亲近大自然。

湿地原有的边界巡逻道被改为生态步道，宽2.5 m左右，总长5 km。选用环保材料——生态混凝土及生态透水砖铺设而成，这些材料不但可以增加雨水的下透性、有效还水于土，还能促进土壤的自然水体循环，改善湿地植物的生长环境。环湖路临湖一侧通过种植乔木、灌木、湿地植物形成隔离带。“低碳、自然、生态、简洁、朴实”的理念在湿地中处处体现。

对华侨城湿地的3座历史岗亭也进行了简单的修缮，不仅将其作为历史的珍贵见证保存了下来，还将其中一处岗亭改造成华侨城湿地的观鸟屋，成为湿地内一道特别的风景。华侨城湿地修建了3处亲水木栈道，让游客在湿地中可以近距离地亲近水、观察水生生物，同时也增加了华侨城湿地的体验性及趣味性（图2-8）。

图2-8　华侨城湿地的教育设施

作为中国唯一地处现代化大都市腹地的滨海红树林湿地，华侨城湿地拥有奇根异花、胎生果实、虾蟹鹭鸟的奇特景观，是城市喧嚣中的一片静谧之处，成为都市人闲时赏景、观鸟、游憩的最佳场所。红树林是极为特殊的自然生态系统，红树林旅游是滨海生态旅游重要内容之一。红树林湿地不单纯是自然旅游资源，同时也是人文景观旅游资源。红树林区生态旅游以生态和环保为特色，集观赏、娱乐、知识和教育等多方面的功能于一体，是不可多得的生态旅游资源，也是在保护红树林的前提下合理利用红树林的重要途径。在观赏鸟类和湿地植被美景的同时，激发游客保护野生动植物和生态环境的热情，增强保护自然的意识和责任感。

世界自然基金会香港分会环境保护经理文贤继说："湿地有着丰富的生态及野生动植物资源可供大家了解和学习，开展宣传教育是对湿地资源长远而有效的保护方法。"因此，宣传教育对于湿地保护非常重要。通过提供具有教育元素的休闲活动，带领游客亲身体验大自然，使游客在领略湿地自然风光的同时，学习丰富的生态文化知识，感受大自然的清新与野趣，从而提高游客保护湿地环境的生态责任感。

### 2.4.3　构建公众教育平台，发挥自然科普的窗口作用

利用打造华侨城湿地教育基地，与华基金、WWF（世界自然基金会）、义工联等非政府组织合作，通过创建自然学校、自然课堂等多种形式，培训自然教育师资力量和志愿者队伍，传播自然科普教育的种子，普及湿地保护、湿地教育、湿地意识，构建全国有影响力的公众自然科普教育平台。

依托丰富的生态资源，在华侨城湿地因地制宜修建了亲水栈道、生态教育基地、生态教室等设施；而且还在华侨城湿地建立了湿地展览馆，开展系列生态教育培训。通过专业、生动的"导览讲解"、"生态导识"等，将科普性、趣味性、教育性有机融合。

规划中的OCT生态教育基地，也将开展实地环保教学，响应生态环保号召，实现最贴近公众和市民的常年环保互动。开展宣教工作，吸引更多的社会力量参与湿地保护也是建设湿地的核心之一。并且，湿地可以与当地政府、院校和群众建立互利互惠的合作关系。高等院校在湿地进行一系列科研活动的同时可以为湿地提供环境监测数据，而通过实地教育项目亦可提高学生对湿地的认知和兴趣，使他们了解到湿地保护的重要性。湿地周边社区的居民也可参与生态旅游，并从中受益，从而不断提高当地居民的湿地保护意识（图2-9）。

经过统一、规范的运营管理，华侨城湿地将按照“保护、提升、亲近、传递”的工作理念，成为严格控制游客数量、预约进入、免费向公众开放的城市公益性休憩空间。它将丰富深圳生态旅游的文化内涵，与周边的华侨城主题公园、滨海长廊和红树林保护区一起，形成规模宏大的城市生态旅游区域，并通过与教育机构、专业协会、各级政府的合作与联动，建成国家一流的滨海湿地保护基地和生态科普教育基地，开展最贴近公众和市民的常年环保互动，进一步提升深圳城市建设和市民生活的生态含义，成为观赏鸟类、亲近自然、享受生态的乐园，成为野生鸟类的乐园、生物多样性的保护基地和国内外一流的科普教育基地，成为深圳全新的“生态名片”（图2-10）。

图2-9　华侨城湿地生态教育基地

图2-10　华侨城湿地全景

# 第3章 华侨城湿地修复前的生态与环境状况

2007年以前，即华侨城集团托管华侨城湿地以前，由于长期疏于管理，华侨城湿地生态状况逐年恶化，几乎完全丧失了作为城市腹地内湖的景观价值和生态价值。主要表现在四个方面：①通往深圳湾的箱涵淤塞而成为一个封闭内湖，其上游小沙河水质污染严重，同时有11个排污口将城市污水直接排入湖中，湖水污染严重，臭气熏天。②由于湿地水体与深圳湾海水交换不畅的原因，湿地淤积情况严重，几近成为死水区，许多地方已经陆地化，湿地严重退化。③成为建筑垃圾堆放场和非法居住人员“自留地”。建筑垃圾堆放、乱搭乱建和滥捕滥捞等破坏活动，不仅蚕食湖岸，使湖岸、植被遭到严重破坏，亦使湖区陆地化及淤积加速，导致湖面缩小，湖水变浅，水生生物资源日益萎缩。④薇甘菊、蟛蜞菊、五爪金龙、红火蚁等外来入侵物种大量涌入，尤以薇甘菊、五爪金龙、蟛蜞菊危害最大。这些外来入侵植物扩张迅猛，是陆地化进程的先锋物种，不仅占领了阳光充沛的草地灌丛，还编织起“绿色大网”，覆盖在红树林及其他乔木之上。

## 3.1 华侨城湿地修复前的水环境状况

### 3.1.1 输入性污染严重

华侨城湿地与周边环境关系密切，它所涉及的水域包括深圳湾、南湖、1号箱涵、2号箱涵、3号箱涵及设于巡逻道上的若干排水管（图3-1）。华侨城湿地隶属于深圳湾及珠江口水系，位于滨海潮间带。流域内地表水以海水为主，海水通过滨海大道的过路箱涵与深圳湾内湖发生水力联系。

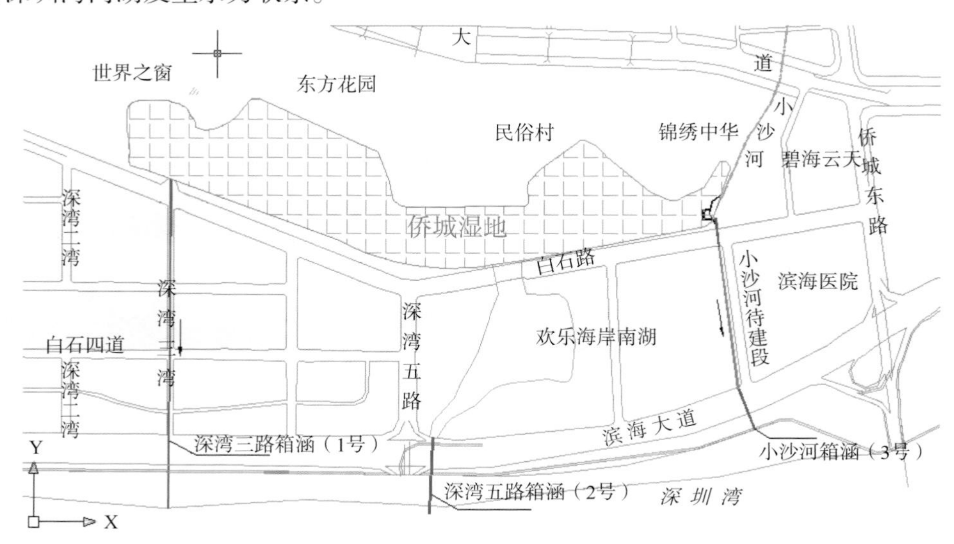


图3-1　华侨城湿地与周边环境

从2000年开始，华侨城湿地开始受到各种污染，水质逐渐变差，至2004年上半年，污染非常严重，湖水变黑，尤其在高温的夏季，还散发出阵阵恶臭，湖面开始出现死鱼，白鹭、苍鹭、牛背鹭等鸟类比过去明显减少。

深圳市水务规划设计院的调查报告表明，华侨城湿地周边有3个主要直接流入华侨城湿地的污水源，包括华侨城湿地东北角小沙河污水、北岸11个污水口污水（图3-1）、东侧排出的污水和湿地西侧的生活污水以及深圳湾污水等外源污水的输入（图3-2）。其中，小沙河是华侨城湿地最主要的污染源。

a. 小沙河污水排入口

b. 湿地北岸哨所附近的排污口

c. 湿地北岸民俗文化村附近的排污口

图3-2　排入华侨城湿地的污水源

d. 湿地北岸锦绣中华附近的排污口　　e. 湿地西侧排污口

图3-2　排入华侨城湿地的污水源（续）

#### 3.1.1.1　小沙河排污

小沙河位于南山区华侨城东侧，全长2287 m，从北环路起，穿越汕头街、开平街、泉州街、深南大道、锦绣中华，最后汇入华侨城湿地，先后穿越深南大道和滨海大道，在滨海大道南侧汇入深圳湾，河道上游部分已经暗渠化。其中，箱涵长度约为1521 m，明渠长度约为766 m。2005年以前，虽然流域内的市政污水管网已经很完善，但是由于历史原因内部错接乱排严重，导致大量污水直接入河，小沙河污染极其严重。小沙河流域污染源主要来自于华侨城开发区、华侨城工业区和侨香路南北两侧的工业废水及生活污水，每天流入小沙河及华侨城湿地的污水达$1\times10^4$ $m^3$左右。

另外，小沙河经过华侨城湿地的一段，即白石路到深圳湾这段称为“小沙河出海口段”，总长约468 m，这一段没有开通，这导致小沙河在雨季时不具有向深圳湾泄洪功能，片区所有的雨水都直接排入华侨城湿地，而华侨城湿地的调蓄和排洪功能有限，影响了湿地及河道周边区域的防洪安全；同时，小沙河旱季漏排污水只能通过华侨城湿地进入深圳湾，造成湿地水质恶化，影响周边生态环境。

#### 3.1.1.2　深圳湾海水污染较重

深圳湾位于深圳经济特区的西南面，为珠江口伶仃洋东侧中部的一个外窄内宽的半封闭海湾。海湾湾长17.5 km，湾宽各处不等，湾中腰最宽，自北岸深圳大学至南岸坑口村，水面宽达10 km；东角头至白泥断面最窄，水面宽为4.2 km（王琳和陈上群，2001）。

深圳湾正好处于罗湖区、福田区和南山区3个主要中心城区的南面，其跨越的周围区域是一个典型的海滨区域代表地（李秋霞等，2007）。但人口密集的深圳市对其造成的环境压力相对严重，各种排海污染物以及随大气尘降、地表径流或降雨等的污染物进入近岸水体（黄向青等，2005）。20世纪80年代末至2007年，是深圳湾建设开发最为迅速的时期，城市建设不断推进，深圳湾海岸线不断外移，海湾面积呈不断缩小的趋势；工业和其他污水排放量逐渐增加，海域综合污染指数有逐年上升的趋势。深圳湾流域水环境严重恶化，深圳湾水质属严重污染级别。

深圳湾是深港两地污染源的集纳区，废水通过深圳河、大沙河、福田河、新洲河、

凤塘河以及香港一侧的元朗河、锦田河、洪水桥河和屏山河等进入深圳湾（图3-3）。其中，福田河上游流经笔架山一带非法居住人员聚集之地，垃圾遍地，污水横流，禽畜类粪便及大量污水直接流入福田河，中下游汇集沿岸如黄木岗食街等处的生活污水，监测点水质监测显示，有机污染严重，劣于国家水质五类标准，总氮、氨氮、总磷、五日生化需氧量（$BOD_5$）严重超标。深圳河是特区与香港的界河，由于大量未经处理的养禽养畜废水、生活废水和部分工业废水排入河中，其已遭受严重污染，除航运外，深圳河水已无法利用。新洲河河口水质污染最为严重，所有8项指标全部超标，水质属严重污染，水体发黑发臭。上游河段阻塞严重，下游断面悬浮物浓度高达924.4 mg/L，超标6倍以上。

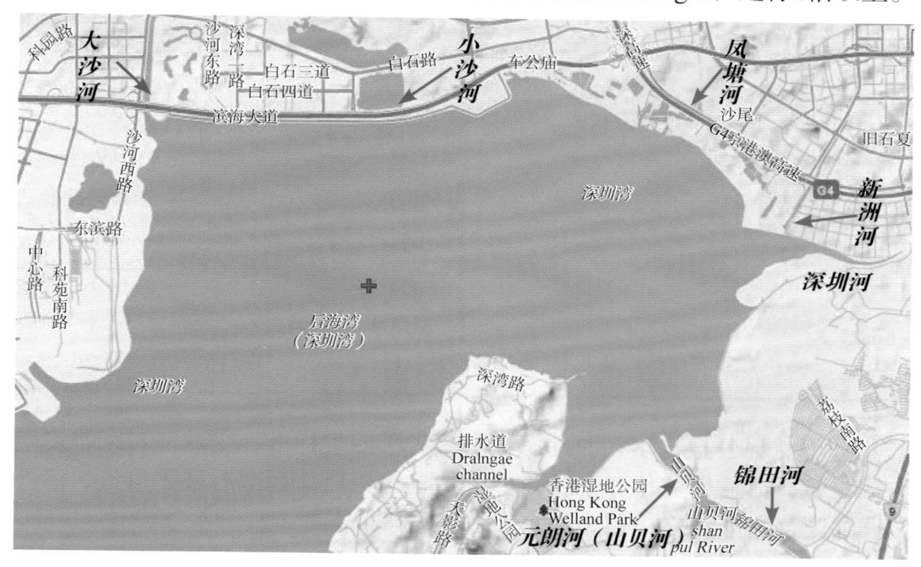


图3-3　深圳湾支流示意图

深圳湾水系均属雨源型河流，不下雨时流量很小，排入的污水量甚至超过河水天然径流量，加之海湾河流属潮汐河流，潮汐对河流中、下游的影响大，使污染物在河道中长时间滞留，更加剧了河水的污染程度（李艳和胡先琼，2008）。至2011年，布吉污水厂正在修建中，滨河污水厂正在改造扩建中，深圳湾水质现状较差，特别是近岸水域，各项指标超标，造成区域的环境承载能力急剧下降。近几年的水质调查显示，深圳湾的污染程度已超过其自然分解能力。

2003年环境状况公报结果：深圳湾西部海域水质受到生活污水污染，主要污染物是无机氮和活性磷酸盐，劣于四类标准，与上年相比，活性磷酸盐浓度有所上升，无机氮浓度有所下降，整体水质略有下降。

2004年环境状况公报结果：西部海域水质污染较为严重，劣于四类标准，主要污染物是无机氮和活性磷酸盐，与上年相比，大肠菌群浓度明显上升，活性磷酸盐浓度明显下降，无机氮浓度基本稳定，整体水质基本保持稳定。

2005年环境状况公报结果：西部海域水质劣于四类标准，主要污染物是无机氮、活性磷酸盐和大肠菌群。与上年相比，东部海域水质基本保持稳定，西部海域水质明显下降。

2006年环境状况公报结果：西部海域主要污染物是无机氮、活性磷酸盐和大肠菌群，这3项污染物的年平均值均超过国家海水水质四类标准，其他各项污染物年平均值均符合四类标准（表3-1）。

表3-1　2006年深圳湾出口水质监测结果年度统计

| 水质指标 | 平均值 | 超标值（%） |
|---|---|---|
| 化学需氧量COD（mg/L） | 1.38 | 0.0 |
| 五日生化需氧量$BOD_5$（mg/L） | 1.27 | 0.0 |
| 活性磷酸盐（mg/L） | 0.110 | 100.0 |
| 无机氮（mg/L） | 1.669 | 100.0 |
| 汞（mg/L） | 0.000 10 | 0.0 |
| 铜（mg/L） | 0.0033 | 0.0 |
| 铅（mg/L） | 0.0023 | 0.0 |
| 镉（mg/L） | 0.000 10 | 0.0 |
| 石油类（mg/L） | 0.02 | 0.0 |
| 大肠菌群（个/L） | 58 000 | 66.7 |
| 悬浮物（mg/L） | 9.9 | 33.3 |
| 综合指数 | 1.32 | |

2007年环境状况公报显示：西部海域水质劣于四类标准，受珠江口来水影响，主要污染物为无机氮、活性磷酸盐和大肠菌群。与上年相比，西部海域无机氮、活性磷酸盐和大肠菌群浓度分别下降16.9%、20.6%、81.3%。

从2003—2007年公布的环境状况年报来看，2006年的污染是这几年中最严重的，根据监测结果，2006年深圳湾出口主要污染物污染指数结果见如表3-1所示。

监测结果显示，整个西部海域年均值超标的项目有活性磷酸盐、无机氮和大肠菌群，监测值超标的项目还有悬浮物、溶解氧、非离子氨、汞和石油类，其主要污染物浓度明显上升，化学需氧量、活性磷酸盐、无机氮、石油类浓度分别上升了14.4%、94.0%、35.6%和12.0%，综合污染指数明显上升，水质明显下降。深圳湾出口近海水质类别为劣四类，水质受到重度污染。

#### 3.1.1.3　华侨城湿地水质污染状况

引用2005年《华侨城欢乐海岸建设项目环境影响报告书》中对湿地保留区进行水环境采样的监测结果。监测点见图3-4，结果见表3-2。

2005年华侨城湿地水质监测结果表明，悬浮物、$BOD_5$、石油类、无机氮等指标基本达到国家海水三类标准，而COD、粪大肠菌群、活性磷酸盐等在内的多项指标已经超过海水四类标准，其中活性磷酸盐浓度超过标准近20倍。可以看出，华侨城湿地的水环境状况较差。将该数据与深圳湾的监测资料进行比较可知，整体上华侨城湿地区域的水质由于直接受到来自小沙河的污水及周边小区未经处理的生活污水的影响，加之其交换条件比较差，其水质严重劣于深圳湾水质。

图3-4 华侨城湿地保留区水质监测布点图

表3-2 华侨城湿地水环境监测结果（2005年）

| 水质指标 | 1# | | 2# | |
|---|---|---|---|---|
| pH值 | 7.65 | 7.67 | 7.79 | 7.74 |
| 悬浮物（mg/L） | 62 | 184 | 40 | 54 |
| COD（mg/L） | 4.58 | 5.23 | 5.84 | 5.18 |
| $BOD_5$（mg/L） | 2.84 | 4.74 | 2.52 | 4.99 |
| 石油类（mg/L） | 0.09 | 0.13 | 0.16 | 0.22 |
| 粪大肠菌群（个/L） | $4.6\times10^4$ | $5.4\times10^5$ | $4.9\times10^4$ | $\geqslant2.4\times10^6$ |
| 活性磷酸盐（mg/L） | 0.941 | 0.583 | 0.654 | 0.372 |
| 氨（mg/L） | 3.599 | 1.327 | 3.309 | 1.164 |
| 硝酸盐（mg/L） | 0.136 | 0.707 | 0.278 | 1.179 |
| 亚硝酸盐（mg/L） | 0.568 | 1.199 | 0.57 | 0.475 |

### 3.1.2 华侨城湿地底泥及面源污染状况

华侨城湿地成湖10余年，由于不断排入污水以及湿地水体与深圳湾海水的交换不畅的原因，并且周边陆域泥沙入湖，湿地淤积情况严重，几近成为死水区，日益淤积的淤泥逐渐使湿地陆地化，丧失了湿地的功能，退化严重（图3-5），湿地内红树林亦所剩无几。当时，华侨城湿地平均水位0.75 m，湖底泥面标高-0.11 ~ 1.2 m，已有近1/5湖底高于平均水位，成为泥滩。华侨城湿地东侧原有潮间带大面积丧失，约$4\times10^4$ $m^2$，缩小了喜欢在退潮后的滩涂上觅食和活动的鸻鹬类等小型涉禽的觅食地和活动空间，使得前来湿地活动的该类鸟数量减少。华侨城湿地受污水排放带入的泥沙淤积、附近工地泥头车司机非法填土与建筑垃圾的肆意堆放以及非法居住人员带来的生活垃圾的影响，造成华侨城湿地湖面不断萎缩，正常水位时已有较大面积湖底泥面露出（图3-6），并且由于大部分区域的水深较浅，湖水的清洁透明度差，影响到湖区的景观和周边的环境，水体表现出底泥高含水量、高有机质含量，且普遍受重金属离子污染的状况，为维持湿地一定的水体面积，改善水体环境及周边环境，生态修复工作非常迫切。

图3-5　东侧退化的湿地

图3-6　华侨城湿地低水位湖面

### 3.1.2.1　非法填土，湿地面积减少

1999—2004年，华侨城湿地附近工地上的许多泥头车司机把华侨城湿地当成了“渣土受纳场”（图3-7），把淤泥渣土倒进湿地，华侨城湿地受到建筑垃圾的肆意蚕食，湿地面积不断减少。华侨城湿地东北侧小沙河入口处有一堆建筑垃圾（主要为黄泥土）倾倒在湖边，填埋出一片坑坑洼洼的陆地，面积约有5000 ~ 6000 $m^2$，比现存的滩涂湿地高出1 m多。

图3-7　华侨城湿地成“渣土受纳场”

沿巡逻路西行100多米的拐弯处，有一个非常大的建筑垃圾堆（图3-8）。正常情况下，巡逻道只能过一辆轿车，但堆放了大量建筑垃圾并经推平后，这个地段至少可以同时并排走6辆公交大巴，像个大停车场。堆放的建筑垃圾品种很多，既有泥土、石块，也有废弃的水泥块和砖头，有些废弃的水泥管个头很大，长达三四米。

木材、塑料制品也非常多，这些建筑垃圾直接填掉了数千平方米的沼泽地，导致大面积湿地丧失。

图3-8　华侨城湿地的建筑垃圾

### 3.1.2.2　垃圾遍地，面源污染严重

除了建筑垃圾外，华侨城湿地北岸有两处生活垃圾堆，发出阵阵恶臭。在华侨城湿地西北角岸边，还隐藏着一个规模庞大的“拾荒部落”，居住了几十名非法居住人员，非法居住人员搭建起连片的铁皮房，从事着废品收购、日杂百货、三轮车拉客、加工生产以及在水面上撒网捕鱼等营生，废品经过翻拣后，会有些无回收价值的垃圾积存下来，废品站的人干脆在附近直接焚烧掉，排放出又黑又臭的浓烟。其中一家甚至还从事加工生产，周边垃圾遍地，环境十分恶劣（图3-9，图3-10）。

图3-9　华侨城湿地的非法居住人员聚集地

图3-10　华侨城湿地生活垃圾污染

#### 3.1.2.3 华侨城湿地底泥理化性质

受污水排放带入的泥沙淤积、附近工地泥头车司机非法填土与建筑垃圾的肆意侵蚀及非法居住人员带来的生活垃圾的影响，华侨城湿地湖面不断萎缩，底泥亦受到严重污染。因此，对华侨城湿地的排污口、红树林区、芦苇区及湖中心4个样点以及不同剖面上底泥的各理化因子含量进行监测和比较（表3-3）。

表3-3 华侨城湿地底泥监测结果

| 深度（cm） | 站位 | pH值 | $NH_4^+$-N（mg/kg） | $NO_3^-$-N（mg/kg） | TN（mg/kg） | TOC（%） | TP（g/kg） | TK（mg/kg） |
|---|---|---|---|---|---|---|---|---|
| 0 ~ 3 | Q1 | 7.5 | 38.03 | 55.53 | 4711.62 | 14.96 | 0.04 | 22.96 |
| | Q2 | 6.0 | 73.26 | 79.80 | 10851.14 | 31.24 | 0.05 | 46.95 |
| | Q3 | 7.1 | 78.40 | 55.07 | 6444.73 | 9.84 | 0.03 | 53.29 |
| | Q4 | 7.5 | 30.33 | 56.47 | 1847.70 | 2.69 | 0.04 | 124.95 |
| 3 ~ 6 | Q1 | 7.5 | 50.63 | 46.20 | 5493.74 | 16.22 | 0.06 | 23.20 |
| | Q2 | 5.7 | 77.00 | 89.13 | 9739.40 | 27.09 | 0.09 | 42.47 |
| | Q3 | 6.1 | 74.67 | 47.60 | 6965.89 | 12.39 | 0.04 | 66.45 |
| | Q4 | 7.6 | 35.00 | 51.33 | 1829.64 | 2.88 | 0.04 | 114.44 |
| 6 ~ 9 | Q1 | 7.4 | 66.50 | 39.67 | 6596.42 | 15.87 | 0.06 | 24.55 |
| | Q2 | 6.0 | 56.47 | 49.00 | 5408.39 | 12.76 | 0.14 | 47.63 |
| | Q3 | 5.5 | 76.07 | 82.13 | 8316.34 | 15.49 | 0.03 | 80.17 |
| | Q4 | 7.5 | 31.27 | 28.00 | 2106.79 | 3.24 | 0.03 | 122.71 |

取样点：Q1为排污口，Q2为红树林区，Q3为芦苇区，Q4为湖中心附近。

数据显示，各水质指标随着采样点的差异变化较大，从排污口、经过红树林和芦苇区至出水口，普遍表现出先升后降的趋势。主要原因可能是受污染的水流经过种有芦苇和红树林区域时，污染物得到一定的沉积，浓度逐渐增加；之后到达出水口浓度较低，可能是植物吸收污染物中的氮、磷及有机物质，转化为自身的营养物质，从而对污染的环境有着一定的净化作用。华侨城湿地底泥含水率最高区域可达77.06%，而含水率与水体溶解氧（DO）呈显著负相关。降低底泥含水率和其再悬浮程度，可间接增大水体DO，使底泥中营养元素不易在上覆水间重新进行分配，从而减弱水体的富营养化程度。湿地底泥有机质含量非常高，范围为62.5 ~ 475.0 g/kg之间，有机碳含量（TOC）最高为31.24%，处于红树林区域，严重超过了标准含量，急需治理。湿地底泥中总氮的含量为1.80 ~ 10.85 g/kg，说明氮污染比较严重，而全磷的含量为0.03 ~ 0.14 g/kg，作为滨海湿地，与国内其他城市（郊）湖泊相比，其底泥中全磷含量不高。考虑到底泥中的营养物质会随着时间的推移，慢慢释放到水体中，引起水体的富营养化，使湿地的水环境恶化，所以，在截污的同时，进行底泥疏浚工程是必要的、紧迫的。

## 3.2 华侨城湿地修复前的生物多样性

华侨城湿地原为深圳湾滨海红树林湿地的一部分，由于深圳的城市化建设与发展被

分隔成湖后，东北侧仍保留了大面积的红树林，环湖有大片的泥质滩涂，环湖陆岸形成复杂多样的植被群落，另外还有湖心岛及芦苇丛两个部分，但各个组成部分面积较小，结构简单，抗干扰的功能较差。华侨城湿地与沙嘴鱼塘、下沙鱼塘一样，是深圳湾水鸟和林鸟的栖息地之一，尤其是为大量深圳湾水鸟提供了高潮期的临时停歇场所，凸显其不可或缺的重要生态地位。其鸟类数量仅次于福田红树林鸟类自然保护区，同时也是2009—2011年期间发现的黑翅长脚鹬（*Himantopus himantopus*）在深圳的唯一繁殖地。华侨城湿地为自然湿地，生物多样性较丰富，该区域还生活有各种鱼类、浮游生物及底栖动物等。但在2009—2011年间，由于城市开发建设、水环境的严重污染及外来入侵植物的蔓延，华侨城湿地生物多样性遭受威胁，生态系统已经遭到严重的破坏，该湿地正面临着巨大的危机。

## 3.2.1 植被状况

### 3.2.1.1 植被调查及入侵植物面积计算方法

2009—2011年，参考《植物群落学实验手册》（王伯荪，1996），按照常规生态调查方法采用样带法对整个华侨城湿地的沿湖岸及由水面向陆地岸边逐一设置样方，调查植物种群和植物群落分布，详细记录入侵种在样方中的盖度、频度等指标，最后求得各样方入侵总盖度作为整个湿地的入侵植物总面积。根据林鹏（1984）及王文卿和王瑁（2007）对红树林划分，并对所有生物物种进行标本鉴定（陈封怀，1991；邢福武和余明恩，2000；胡嘉琪，2002）。

### 3.2.1.2 植物多样性

华侨城湿地共有植物种类60科23属162种。其中禾本科种类最多，有21种；菊科也较多，有18种；大戟科9种，苋科7种，锦葵科、桑科分别有6种；还有茜草科、豆科、桑科、莎草科、红树科等；同时，还发现了一种野生兰花线柱兰（*Zenxine strateumatica*）。其中，红树植物主要有秋茄（*Kandelia candel*）、木榄（*Bruguiera gymnorrhiza*）、海漆（*Excoecaria agallocha*）、卤蕨（*Acrostichum aureum*）等。红树植物伴生种主要有文殊兰（*Crinum asiaticum*）、血桐（*Macaranga tanarius*）等。除此之外，还有许多常见海岸的植物，如芦苇（*Phragmites australis*）、水蔗草（*Apluda mutica*）、羊角拗（*Strophanthus divaricatus*）、木麻黄（*Casuarina equisetifolia*）、乌桕（*Sapium sebiferum*）等。华侨城湿地岸上荒草丛生，灌木生长茂盛；海岸和丘陵台地上还生长着高大乔木（为人工种植的绿化树种）等。周边的植被覆盖度50%～70%，特别是在东片区植被分布较集中。

### 3.2.1.3 红树林

红树林群落是华侨城湿地的重要特色之一，是该湿地生态系统的重要组成部分。组成的物种包括草本、藤本红树。它生长于陆地与海洋交界带的滩涂浅滩，是陆地向海洋过渡的特殊生态系（林鹏，1984）。华侨城湿地自然分布的真红树植物有6科6属8种，半红树植物3科4属4种（表3-4）。2005年之前的分布面积为10 $hm^2$，主要分布于东北区域，2005—2011年间受外来入侵植物的影响，红树植物残余面积不足2 $hm^2$，以秋茄群落为主，约占1.65 $hm^2$，群落组成较为单一，冠层整齐，以秋茄为主，平均树高约7 m，胸径为17 ~ 45 cm；林内郁闭度约85%，林内透视良好，林下灌木稀少，林缘分布有许树（*Clerodendrum inerme*）、卤蕨（*Acrostichum aureum*）、老鼠簕（*Acanthus ilicifolius*）及秋茄小苗。外来红树植物无瓣海桑和海桑也有零星分布，由于对海桑和无瓣海桑是否划入入侵植物之列，尚有争议，在没有确切证据证明其入侵危害之前，暂列为外来种（杨琼等，2014）。华侨城湿地没有半红树植物苦槛蓝分布，曾试图引进，但未获成功（Xu HM et al., 2014）。

表3-4　华侨城湿地红树植物种类

| 科名 | 种名 | 类型 | 生活 | 高度（m） |
|---|---|---|---|---|
| 海桑科 Sonneratiaceae | 海桑*Sonneratia caseolaris* | 真红树 | 乔木 | 3 |
| 海桑科 Sonneratiaceae | 无瓣海桑*Sonneratia apetala* | 真红树 | 乔木 | 3 |
| 红树科 Rhizophoraceae | 木榄*Bruguiera gymnoihiza* | 真红树 | 小乔木 | 5.5 |
| 红树科 Rhizophoraceae | 秋茄*Kandelia candel* | 真红树 | 乔木 | 8 |
| 马鞭草科 Verbenaceae | 白骨壤*Avicennia marina* | 真红树 | 小乔木 | 5 |
| 紫金牛科 Myrsinaceae | 桐花树*Aegiceras corniculatum* | 真红树 | 小乔木 | 5 |
| 爵床科 Acanthaceae | 老鼠簕*Acanthus ilicifolius* | 真红树 | 灌木 | 0.5 |
| 卤蕨科 Acrostichaceae | 卤蕨*Acrostichum aureurm* | 真红树 | 草本 | 0.7 |
| 大戟科 Euphorbiaceae | 海漆*Excoecaria agallocha* | 半红树 | 小乔木 | 5 |
| 锦葵科 Malvaceae | 黄槿*Hibiscus tiliaceus* | 半红树 | 乔木 | 6 |
| 锦葵科 Malvaceae | 杨叶肖槿*Thespesia populnea* | 半红树 | 乔木 | 6 |
| 马鞭草科Verbenaceae | 许树*Clerodendrum inerme* | 半红树 | 灌木 | 2 |
| 豆科 Leguminosae | 鱼藤*Derris trifoliata* | 伴生植物 | 藤本 | 2 |
| 豆科 Leguminosae | 海刀豆*Canavalia maritima* | 伴生植物 | 藤本 | 2 |
| 百合科 Liliaceae | 文殊兰*Crinum asiaticum* | 伴生植物 | 草本 | 1 |
| 大戟科 Euphorbiaceae | 血桐*Macaranga tanarius* var. *tomentosa* | 伴生植物 | 小乔木 | 4 |

在调查中发现，该秋茄群落可能正处于演替后期的退化阶段，将来可能会发生群落结构的演变，最南面的群落里发现秋茄幼苗较少，未见桐花树及白骨壤幼苗，木榄小苗最多，有16株（在2m × 2m样方内），因此，木榄可能会替代秋茄，最终发生秋茄群落的更新。

在湖心岛分布的主要有木榄＋海漆—白骨壤群落、许树群落，其中木榄＋海漆—白骨壤群落集中分布于湖心岛的边缘，成条形分布，面积约为300 m$^2$，长约30 m，宽约10 m；群落明显分为2层，第一层为木榄＋海漆，高约7 m，海漆平均胸径约45 cm，木榄平均胸径约30 cm。许树群落集中分布于湖心岛的南岸，面积约400 m$^2$；群落外貌整齐，整体上较为均一，平均高约50 cm，群落中有鱼藤、无根藤、老鼠簕、五爪金龙、牛筋草等混生。

1999—2004年，因受非法滥倒建筑垃圾的蚕食、废水污染的侵蚀和外来入侵物种的围剿等原因，华侨城湿地的红树林一直成片死亡，华侨城湿地目前仅有两片红树林，一片位于东北部，一片位于湖心岛。在东北部的红树林，薇甘菊编织起一张张“绿色大

网”，将一株株红树植物覆盖得严严实实（图3-11），密不透风，有的红树林被绞杀得只剩枯枝残桩。在红树林的旁边，有一块约5000～6000 m²的湿地，完全被外来入侵植物五爪金龙所覆盖（图3-12）。

图3-11　薇甘菊绞杀红树林

图3-12　五爪金龙覆盖红树林

#### 3.2.1.4　入侵植物

外来物种（Alien species）是指那些出现在其过去或现在的自然分布范围及扩散潜力以外（即在其自然分布范围以外或在没有直接或间接引入或人类照顾之下而不能存在）的物种、亚种或以下的分类单元，包括其所有可能存活、继而繁殖的部分、配子或繁殖体。当外来物种在自然或半自然生态系统或生境中建立了种群，改变或威胁本地生物多样性的时候，就成为外来入侵种（Alien invasive species）（李振宇和解焱，2002）。

根据野外调查以及李振宇和解焱（2002）对中国外来入侵种的划分，同时参考王芳等（2009）广东外来入侵植物的调查现状，发现华侨城湿地的外来植物有30种，约占该区域湿地植物的15%，其中入侵种有13科24属27种（表3-5），且主要为草本植物和藤本植物，其入侵能力较强，如薇甘菊（*Mikania micrantha*）、假臭草（*Praxelis clematidea*）、钻形紫苑（*Aster sublatus*）、白花鬼针草（*Bidens pilosa* var. *radiata*）等。这些外来种及入侵种分布较为集中，主要分布于华侨城湿地的北湖东北区域，面积约8.5 hm²，这个区域原有的红树林严重受损。

表3-5　华侨城湿地的外来种及入侵种

| 科名 | 属名 | 种名 | 原产地 | 生活型 | 生境 | 频度 |
| --- | --- | --- | --- | --- | --- | --- |
| 豆科 Leguminosae | 含羞草属 *Mimosa* | 含羞草 *Mimosa pudica* | 热带美洲 | 草本 | 岸边 | 多见 |
| 豆科 Leguminosae | 含羞草属 *Mimosa* | 无刺含羞草 *Mimosa invisa* var. *inermis* | 热带美洲 | 草本 | 岸边 | 多见 |
| 豆科 Leguminosae | 含羞草属 *Mimosa* | 光荚含羞草 *Mimosa bimucronata* | 热带美洲 | 灌木或小乔木 | 岸上 | 大片分布 |
| 马鞭草科 Verbenaceae | 马缨丹属 *Lantana* | 马缨丹 *Lantana camara* | 热带美洲 | 灌木 | 岸上 | 大片分布 |
| 西番莲科 Passifloraceae | 西番莲属 *Passiflora* | 龙珠果 *Passiflora foetida* | 安地列斯群岛 | 藤本 | 攀援植物上 | 大片分布 |

续表3-5

| 科名 | 属名 | 种名 | 原产地 | 生活型 | 生境 | 频度 |
|---|---|---|---|---|---|---|
| 雨久花科 Pontederiaceae | 凤眼莲属 *Eichhornia* | 水葫芦 *Eichhornia crassipes* | 巴西 | 藤本 | 中低潮位 | 大片分布 |
| 禾本科 Gramineae | 臂形草属 *Brachiaria* | 巴拉草 *Brachiaria mutica* | 非洲 | 草本 | 岸上 | 大片分布 |
| 禾本科 Gramineae | 红毛草属 *Rhynchelytrum* | 红毛草 *Rhynchelytrum repens* | 南非 | 草本 | 岸边 | 多见 |
| 禾本科 Gramineae | 狼尾草属 *Pennisetum* | 象草 *Pennisetum purpureum* | 非洲 | 草本 | 岸边 | 多见 |
| 禾本科 Gramineae | 稗属 *Echinochloa* | 稗 *Echinochloa crusgalli* | 欧洲和印度 | 草本 | 岸边 | 多见 |
| 禾本科 Gramineae | 黍属 *Panicum* | 铺地黍 *Panicum repens* | 巴西 | 草本 | 中高潮位 | 多见 |
| 禾本科 Gramineae | 雀稗属 *Paspalum* | 两耳草 *Paspalum conjugatum* | 热带美洲 | 草本 | 中高潮位 | 少见 |
| 锦葵科 Malvaceae | 赛葵属 *Malvastrum* | 赛葵 *Malvastrum coromandelium* | 美洲 | 灌木 | 岸上 | 少见 |
| 大戟科 Euphorbiaeae | 大戟属 *Euphorbia* | 飞扬草 *Euphorbia hirta* | 热带美洲 | 草本 | 岸上 | 多见 |
| 玄参科 Scrophulariaceae | 野甘草属 *Scoparia* | 野甘草 *Scoparia dulcis* | 热带美洲 | 草本 | 岸上 | 少见 |
| 旋花科 Convolvulaceae | 甘薯属 *Ipomoea* | 五爪金龙 *Ipomoea cairica* | 欧洲或美洲 | 藤本 | 攀援植物上 | 大片分布 |
| 豆科 Leguminosae | 合欢属 *Leucaena* | 银合欢 *Leucaena leucocephala* | 热带美洲 | 乔木 | 岸上 | 大片分布 |
| 菊科 Compositae | 鬼针草属 *Bidens* | 白花鬼针草 *Bidens pilosa* var. radiata | 热带美洲 | 草本 | 岸上 | 大片分布 |
| 菊科 Compositae | 假泽兰属 *Mikania* | 薇甘菊 *Mikania micrantha* | 热带美洲 | 藤本 | 攀援植物上 | 大片分布 |
| 菊科 Compositae | 蟛蜞菊属 *Wedelia* | 美洲蟛蜞菊 *Wedelia trilobata* | 热带美洲 | 草本 | 岸上/岸边 | 大片分布 |
| 菊科 Compositae | 紫菀属 *Aster* | 钻形紫菀 *Aster subulatus* | 北美 | 草本 | 岸上 | 大片分布 |
| 菊科 Compositae | 泽兰属 *Eupatorium* | 假臭草 *Praxelis clematidea* | 南美 | 草本 | 岸上 | 少见 |
| 菊科 Compositae | 泽兰属 *Eupatorium* | 胜红蓟 *Ageratum conyzoides* | 墨西哥及邻近地区 | 草本 | 岸上 | 少见 |
| 苋科 Amaranthaceae | 苋属 *Amaranthus* | 皱果苋 *Amaranthus viridis* | 热带美洲 | 草本 | 岸边 | 少见 |
| 苋科 Amaranthaceae | 苋属 *Amaranthus* | 绿穗苋 *Amaranthus hybridus* | 热带美洲 | 草本 | 岸边 | 少见 |
| 苋科 Amaranthaceae | 莲子草属 *Alternanthera* | 空心莲子草 *Alternanthera philoxeroides* | 巴西 | 草本 | 低潮位 | 大片分布 |
| 茄科 Solanaceae | 茄属 *Solanum* | 水茄 *Solanum torvum* | 美洲加勒比海地区 | 灌木 | 岸上 | 多见 |

在这27种入侵植物中，入侵植物分布面积较大、危害性较重的是美洲蟛蜞菊（*Wedelia trilobata*）、五爪金龙（*Ipomoea cairica*）、薇甘菊（*Mikania micrantha*）、巴拉草（*Brachiaria mutica*）和银合欢（*Leucaena leucocephala*）等，在分布地形成了大面积的单优势种群（图3-13～图3-19），对当地本土植物物种以及整个生态系统都造成了极为严重的危害。其中薇甘菊和五爪金龙为危害的先锋种，可以将红树植物秋茄、桐花树、老鼠簕等全部覆盖，最终致死，将一片树林从大树转变为平地。除了红树植物之外，它们还会侵占本地湿地草本植物的生存空间，如空心莲子草不断向湖心水面蔓延，侵占前沿草本海雀稗的生长空间。

图3-13　外来入侵植物美洲蟛蜞菊群落

图3-14　外来入侵植物五爪金龙群落

图3-15　外来入侵植物薇甘菊群落

图3-16　外来入侵植物巴拉草—美洲蟛蜞菊群落

图3-17　外来入侵植物白花鬼针草群落

图3-18　外来入侵植物钻形紫菀群落

图3-19　外来入侵植物银合欢群落

各入侵植物的分布状况具有明显不同的特点，分布面积最大的是美洲蟛蜞菊、五爪金龙、薇甘菊、巴拉草和银合欢等（图3-20），这些物种往往混生在一起，形成几类入侵优势群落。其中藤本入侵植物五爪金龙、薇甘菊分布面积比直立草本巴拉草、空心莲子草、钻形紫苑、白花鬼针草及灌木、小乔木类的入侵植物分布面积明显大很多，这可能与藤本类的攀爬能力和竞争性较强有关。

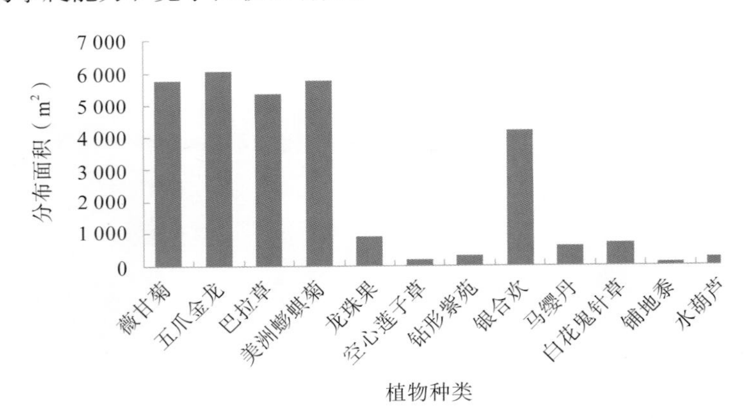


图3-20　华侨城湿地主要外来入侵植物的分布面积比较

## 3.2.2　鸟类分布状况

华侨城湿地为深圳湾红树林湿地的重要延伸部分，每年有数万只从西伯利亚和澳大利亚飞过来越冬、过夏的世界珍稀候鸟（图3-21）。20世纪，华侨城湿地常年都有成群的野生鸟类翩翩起舞，其中不乏珍稀鸟类，这里是黑翅长脚鹬在深圳的唯一繁殖地，每年冬季，上百只黑翅长脚鹬在此汇集，鸟声啾啾，翅影翩翩（图3-22）。同时，此地也是被列入极度濒危物种——黑脸琵鹭的栖息地，冬天数量约有70～80只（图3-23）。在华侨城湿地，经常能看到成群的白鹭在滩涂上觅食、嬉戏的美景（图3-24）。得益于华侨城湿地，华侨城区域大雁纷飞，中国民俗文化村白鹭盘旋，城区鸟鸣啾啾，整个华侨城生

态环境处于良性循环之中。

然而，随着华侨城湿地周边人口急剧增长，大量生活污水和工业污水径直排入华侨城湿地。加之这块湿地当时只能依靠滨海大道下面的一个12 m宽的涵洞与深圳湾交换海水，海水交换量严重不足，“生物通道”匮乏，湿地的承载能力已不堪重负。一旦华侨城湿地水质富营养化超过警戒线，鱼、虾等小动物无法生存，鸟类的“食物链”就会断裂，鸟类将被迫迁居他处。

图3-21　华侨城湿地的鸟群

图3-22　黑翅长脚鹬在华侨城湿地

图3-23　华侨城湿地觅食的黑脸琵鹭

图3-24　华侨城湿地的小白鹭

#### 3.2.2.1　鸟类调查方法

华侨城湿地鸟类调查方法采用路线统计和高位定点统计相结合的观察方法。调查时间为每月选取1天做调查，每次调查上午1小时，下午1小时。记录内容：种类，数量，栖居环境，迁飞本调查区的鸟类需记录种类、数量及迁飞方向。

样带调查：由2组、每组2人共同完成沿湖岸步道对华侨城湿地沿湖一周的样带调查。一组负责西侧湖区调查，一组负责东侧湖区调查。调查行进速度约为1.5 km/h。记录沿途所见鸟类；对于飞行鸟类，只记录与前进方向相反的飞行鸟类。

样点调查：调查地点选择以能够覆盖全湖为前提，初步确定3个观测点，把华侨城湿地分为A、B、C、D4个区（图3-25）。选择80 cm水深出现大面积裸地时调查。根据潮汐情况选择观测最佳时间；观测范围内对于飞行鸟类，只记录单向飞行个体，如只记录西飞和北飞的，不记录东飞和南飞的；由区外飞入本区鸟类单独记录，除数量种类外，还需记录大概的高度和飞来方向。

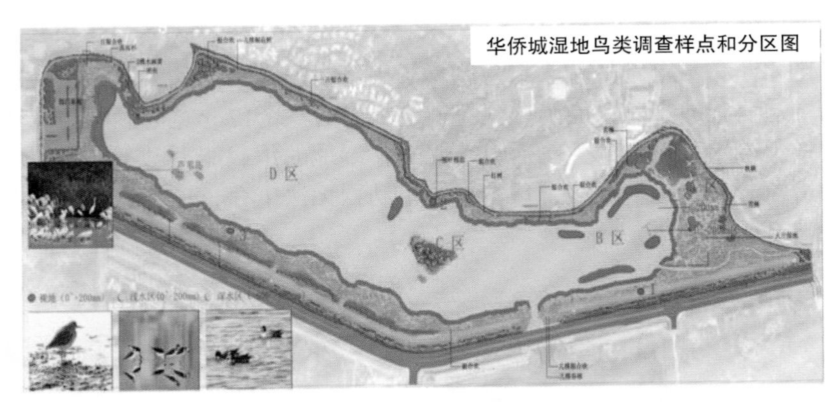


图3-25　华侨城湿地鸟类调查样点和分区图

### 3.2.2.2　鸟类种类、数量及其分布

深圳市观鸟协会在华侨城湿地记录到的鸟类中，国家二级保护鸟类10种，中国濒危物种红皮书易危、濒危鸟类7种，广东省重点保护鸟类8种，有繁殖记录的受保护鸟类6种。

华侨城湿地鸟类优势种非常明显。2007年所记录的77种共6 945只鸟类中，位列种群规模前12种的鸟类共计5 685只，占当年统计总数的81.9%（表3-6）；根据鸟类的生活方式和结构特征，大致可分为6个生态类群，即游禽、涉禽、猛禽、攀禽、陆禽和鸣禽。华侨城湿地2007年的纪录显示涉禽与鸣禽种群最多（图3-26），其中涉禽30种，游禽7种，计水鸟（涉禽+游禽）共37种，占总数的48.1%。其余鸣禽、猛禽、陆禽和攀禽等非水鸟方面共40种，占总数的51.9%。

表3-6　华侨城湿地2007年鸟类优势种群统计

| 种群量最大的前12种鸟类 | 种群规模（只） |
|---|---|
| 青脚鹬 *Tringa nebularia* | 1 002 |
| 黑翅长脚鹬 *Himantopus himantopus* | 996 |
| 林鹬 *Tringa glareola* | 853 |
| 小白鹭 *Egretta garzetta* | 805 |
| 泽鹬 *Tringa stagnatilis* | 447 |
| 黑水鸡 *Gallinula chloropus* | 358 |
| 金眶鸻 *Charadrius dubius* | 329 |
| 赤颈鸭 *Anas penelope* | 314 |
| 苍鹭 *Ardea cinerea* | 243 |
| 大白鹭 *Casmerodius albus* | 147 |
| 琵嘴鸭 *Anas clypeata* | 100 |
| 普通鸬鹚 *Phalacrocorax carbo* | 91 |
| 合计 | 5685 |
| 占当年记录鸟类总量的百分比（%） | 81.9 |

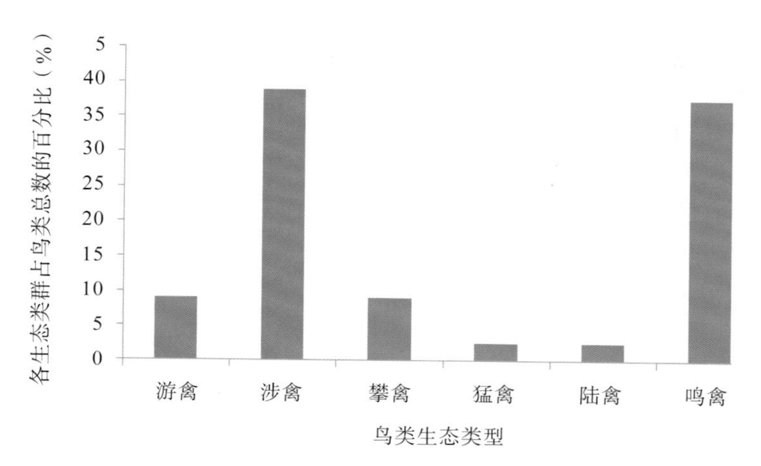


图3-26　2007年华侨城湿地鸟类生态类型

华侨城湿地与下沙鱼塘、沙嘴鱼塘一样，是深圳湾水鸟和林鸟的栖息地之一，尤其是华侨城湿地的大片泥质滩涂，为大量深圳湾水鸟提供了高潮期的临时停歇场所，为深圳湾鸟类多样性的提升创造了环境和物质条件。因此，与同步调查的其他3个调查点——下沙鱼塘、凤塘河口和生态公园进行比较。结果发现，华侨城湿地鸟类种群略多于其他3个调查点，湿地鸟类多样性最丰富。在鸣禽、猛禽、陆禽和攀禽等非水鸟方面，湿地显著多于其他3个调查点，表明湿地生境更加多样，有利于更多类型鸟类在此栖居。但由于华侨城湿地面临的干扰日益增大，华侨城湿地的生态环境也由于各种污染变得日益脆弱，鸟类在华侨城湿地与深圳湾之间的迁徙受阻隔的影响也日益增大，鸟类的生存与栖息环境日益恶劣，急须对华侨城湿地进行生态修复。

## 3.2.3　入侵生物红火蚁

### 3.2.3.1　红火蚁的危害

红火蚁（*Solenopsis invicta*）是火蚁的一种，原分布于南美洲巴拉那河流域。它是一种农业及医学害虫，被农业部列入我国进境植物检疫性有害生物和全国植物检疫性有害生物（刘冬莲等，2008）。红火蚁工蚁多型，体长2.4 ~ 6 mm，上颚4齿，触角10节，身体红色到棕色，柄后腹黑色。蚁巢向外突起呈丘状，直径一般小于46 cm。

红火蚁极具攻击性，侵略倾向非常明显，可连续叮咬和螫刺目标物。当蚁丘受到破坏时，红火蚁将异常愤怒。其可用后腹部的尾刺进攻入侵者，注射毒液对入侵者造成危害。成虫食性广泛，其捕杀昆虫、蚯蚓、青蛙、蜥蜴、鸟类和小哺乳动物，也取食作物的种子、果实、幼芽、嫩茎与根系，给农作物造成了相当程度的伤害。红火蚁的入侵往往会带来严重的生态灾难，是生物多样性保护和农业生产的大敌。人体被其叮螫后会有火灼伤般的疼痛感，其尾刺排放的毒液可引起过敏反应，对人类健康产生危害，甚至导致人类死亡。入侵红火蚁同时也啃咬电线，经常造成电线短路甚至引发小型火灾，还会成群侵扰电力设备，如冷气机、交通灯箱、电力和公用设施组件等，造成巨大的经济损失（蒋冬荣等，2007）。红火蚁已被列为国家有害生物防治名单，也是深圳市公园、农业用地上最重要有害生物的防治对象之一。

#### 3.2.3.2 红火蚁的分布

危险的外来入侵生物红火蚁在华侨城湿地周边陆地分布较广。初步统计，华侨城湿地红火蚁的蚁巢超过100个，特别是北岸的湖边陆地上分布的蚁巢较多，密度较大，南岸东侧沿途分布较为松散，一旦叮咬到人，可能会有生命危险。当红火蚁入侵时，会打破自然环境中原有的生态依存状态——食物链，从而对华侨城湿地生态系统造成侵害，须及时进行治理与防护。

### 3.2.4 浮游生物

#### 3.2.4.1 浮游植物

浮游植物一般是指在水中以浮游生活的微小植物，由蓝藻门（Cyanophyta）、甲藻门（Dinophyta）、硅藻门（Bacillariophyta）、绿藻门（Chlorophyta）、裸藻门（Euglenophyta）、隐藻门（Cryptophyta）、黄藻门（Xanthophyceae）和金藻门（Chrysophyceae）等组成。作为水生态系统中的初级生产者，浮游植物是很多浮游动物和底栖动物的直接饵料。然而，有些种类在海洋中能大量繁殖并引发赤潮，如骨条藻、海链藻等硅藻和原甲藻、夜光藻等甲藻；有些种类在淡水湖泊中能大量繁殖，暴发水华，如微囊藻、鱼腥藻、束丝藻等蓝藻，对水环境造成巨大的生态威胁。浮游植物是水环境状况的直接体现者，许多种都有各自的存在环境，能对水体营养状态及外界条件的改变做出反应，因此浮游藻类被广泛用作水体营养状态的指示生物（黄玉瑶，2001）。

#### 3.2.4.2 浮游植物的种类及分布

华侨城湿地调查共鉴定到5门11属14种藻，其中硅藻门7种，绿藻门2种，蓝藻门2种，甲藻门1种，裸藻门1种，等。结果显示，华侨城湿地的浮游植物的种类数远远少于福田红树林保护区所观察到的种类数，仅为保护区种类数的10%。其中，硅藻占绝对优势，又以骨条藻、茧形藻和小环藻出现频率最高，一般认为，在半咸水和海水环境中，硅藻是主要的优势种。而华侨城湿地除了有大自然降水及生活污水以外，深圳湾的海水也会在高潮期流入。

浮游植物的生长与水体中的营养状况密切相关，因此可根据浮游植物的生物量等来评价湖泊营养程度。藻类数量的分级标准为：贫营养：藻类个数小于300个/mL，叶绿素a含量小于4 μg/L；中营养：藻类个数300 ~ 1000个/mL，叶绿素a含量4 ~ 10 μg/L；富营养：藻类个数大于1000个/mL，叶绿素a含量大于10 μg/L（金相灿和屠清瑛，1990）。此次调查的浮游植物的数量大于1000个/mL，按照藻类数量的分级标准，华侨城湿地属于富营养状态。依据叶绿素a含量判断，华侨城湿地湖中央和出水口的水质已经达到富营养化水平，但进水口和桥外水质比其他两个采样点水质好，处于中营养水平。

多样性（Diversity）表示了群落结构的复杂程度，反映两方面的内容：一是群落内的种的数量（Richness）；二是各个种内包括的个体数的均等性（Equitability），即种数越多，而且各个种的个体数相等，多样性就越大。按照Shannon-Wiener多样性指数分级标准，$H'>3$表示清洁；$2<H'<3$，表示轻污染，$1<H'<2$表示中等污染，$0<H'<1$表示重污染，$H'=0$表示严重污染（王凤娟等，2007）。4个采样点的Shannon-Wiener多样性指数（表3-7）在1.58 ~ 1.72之间。属于中度污染水体向富营养化水体转化之间。

表3-7　华侨城湿地浮游植物的叶绿素a含量和多样性指数

| 指标 | 进水口 | 北湖中央 | 出水口 | 桥外 |
| --- | --- | --- | --- | --- |
| 叶绿素a含量（μg/L） | 3.95 | 10.60 | 11.86 | 8.50 |
| Shannon-Wiener指数 | 1.58 | 1.63 | 1.72 | 1.67 |

### 3.2.4.3　浮游动物

浮游动物是一类经常在水中浮游，本身不能制造有机物的异养型无脊椎动物和脊索动物幼体的总称，在水中营浮游性生活的动物类群。它们或者完全没有游泳能力，或者游泳能力微弱，不能做远距离的移动，也不足以抵拒水的流动力。它们的身体一般都很微小，要借助显微镜才能观察到。浮游动物个体较小，但数量极多。作为水生环境食物链中重要的消费者，浮游动物群落结构变化与其他水生生物如浮游藻类、鱼虾类、底栖动物等有密切的关系，它们既是水生动物如鱼、虾、贝类等直接或间接的天然饵料，也是水生态系统中有机体和无机能量交换、新陈代谢、物质循环不可缺少的重要环节，对保持水体生态平衡、组成食物链（网）和调节水体的自净能力均起着重要作用。另外，由于浮游动物对环境的适应能力存在明显的种间差异，浮游动物在不同水平上（亚细胞、细胞、种群和群落）常被用于水环境质量的评价和监测。其用于指示生物来进行水质污染的评估已有相当长的历史。

### 3.2.4.4　浮游动物的种类及分布

在华侨城湿地共鉴定出浮游动物25种，种类数最多的是纤毛虫，有11种；轮虫次之，为6种；桡足类为5种；肉足虫3种，没有检测到枝角类。另外还检测到多毛类、软体动物面盘幼虫和担轮幼虫及短尾类幼虫4类浮游幼虫。

利用生物多样性指数对水质进行评价已被国内外学者广泛应用（Duggan, 2001; Fernando, 2002）。Shannon-Wiener多样性指数不仅考虑了生物的种类数和总个体数，还考虑到各种群数量在总数量中的分配。一般来说，Shannon-Wiener多样性指数$H'$越小，表明水质污染越重；多样性指数越大，则水质越好。如有学者认为，$H'$值在0～1之间为重污染，1～3为中污染，大于3为轻污染或无污染。均匀度指数$J'$指的是水体中各个物种个体数分布的均匀程度，每个物种的个体数越接近，均匀度指数就越高，反之就越低。均匀度指数也是反映水质污染程度的一个重要指标，与生物多样性指数一样，均匀度指数越大，水质越好，均匀度指数$J'$在0～0.3为重污染，0.3～0.5为中污染，0.5～0.8为轻污染。表3-8表示各个采样点的浮游动物群落生物多样性指数，结果显示总体水平不高。各个采样点浮游动物Shannon-Wiener指数$H'$值在0.648～1.414之间，均匀度指数在0.295～0.879之间，除基围鱼塘物种丰富度指示较高外，其余各个采样点的Shannon-Wiener指数和物种均匀度指数都较低，因此，从浮游动物生物多样性指数和均匀度指数来讲，各个采样点水体水质都不容乐观。

浮游动物大部分是异养的，因此，浮游动物数量与水体中食物的种类和数量有密切的关系，一般而言，随着水体营养水平程度和初级生产者生物量的上升，在一定的范围内，浮游动物的丰度相应增加，也就是说，低营养水平水体浮游动物丰度比较低，在富营养化程度较高的水体中，浮游动物的密度较高。调查中发现，华侨城湿地湖中心的后生浮游动物密度特别高，达1467 ind./L，其中轮虫密度达1252 ind./L。因此从浮游动物密度角度来讲，华侨城湿地湖中心水体已经达到富营养型水体水平，急须治理。

表3-8　华侨城湿地浮游动物生物多样性指数

| 采样点 | 丰富度 $d$ | Shannon-Wiener指数 $H'$ | 均匀度 $J'$ |
|---|---|---|---|
| 进水口 | 1.59 | 1.414 | 0.879 |
| 湖中心 | 1.097 | 0.648 | 0.295 |
| 基围鱼塘 | 2.006 | 1.354 | 0.616 |
| 凤塘河 | 1.176 | 1.015 | 0.631 |

## 3.2.5　底栖动物

### 3.2.5.1　底栖动物

底栖动物是一个生态学范畴的概念，可界定为生活史的全部或大部分时间生活于水体底部或其他基质上的水生动物群。在实际研究中，按个体大小，底栖动物可以划分为大型底栖动物、中型底栖动物和小型底栖动物。一般将不能通过0.5mm（约40目）孔径筛网无脊椎动物，体长大于等于1mm的个体，称为大型底栖动物，包括扁形动物（涡虫）、部分环节动物（寡毛类和水蛭）、部分线形动物（线虫）、软体动物和甲壳动物；中型底栖动物指体长介于0.5 ~ 1mm的个体，主要由部分个体较小的寡毛类（如仙女虫科的毛腹虫属）、自由生活的线虫和部分甲壳类等组成；小型底栖动物指个体小于等于0.5 mm的动物，如营底栖生活的原生动物、轮虫、枝角类和桡足类等。

### 3.2.5.2　底栖动物的种类及分布

华侨城湿地中孕育着多种多样的底栖动物类群，它们是湿地生态系统的重要组成部分，在湿地食物链中起重要的作用。很多底栖动物能促进湿地中有机质分解、营养物质的转化、污染物的代谢以及能量的流转和加速自净过程等，并参与对枯枝落叶的粉碎、细化及分解作用。它们作为消费者既取食浮游生物、底栖藻类和有机碎屑等，同时本身又被其他更高层次的消费者如鱼类和鸟类所取食，直接影响其他物种的生存和繁殖，是湿地生态系统能量流动和物质循环的关键组成部分。由于底栖动物在湿地沉积物中的造穴运动，改善了沉积物的通气条件。底栖动物群落特征及空间分布往往能够反映出该湿地的许多特征，如土壤理化性质、水文条件、植被情况、气候条件等，所以了解底栖动物的多样性对进行湿地的环境评价有重要的意义（刘立杰，2010）。

调查显示，各个采样点底栖动物密度在8 ~ 267 ind./$m^2$之间，生物量总体水平较低，在0.084 ~ 1.982 g/$m^2$之间，其中红树林采样点生物量最高，湿地湖中央和进水口采样点最少。如表3-9所示，各个采样点的物种丰富度指数在0.695 ~ 2.389之间，Shannon-Wiener指数在0.718 ~ 1.172之间，均匀度指数在0.421 ~ 0.712之间。各个采样点中，芦苇区的物种丰富度指数、Shannon-Wiener指数较其他采样点高，红树林区最少，总体来

讲，各个采样点的物种丰富度指数、Shannon-Wiener指数和物种均匀度指数都不高。

表3-9　华侨城湿地底栖动物生物多样性指数

| 采样点 | 丰富度 *d* | Shannon-Wiener指数 *H'* | 均匀度 *J'* |
|---|---|---|---|
| 芦苇区 | 1.438 | 0.875 | 0.421 |
| 北湖进水口及滩涂 | 1.082 | 0.987 | 0.712 |
| 红树林区 | 0.695 | 0.718 | 0.518 |

底栖动物是滨海湿地鸟类的主要食物来源，有报道显示香港米埔红树林1994年泥滩上有机碳的生产量为27.8 t，而同期鸟类消耗量达16.9 t，说明深圳湾鸟类有50%以上食物来源于底栖动物（Lee, 1998）。湿地的修复和水质的改善可以为底栖动物提供更多的生存空间，丰富的底栖动物可以为鸟类提供大量的食物来源，同时，还为鸟类提供了栖息、繁殖的场所，湿地鸟类的物种多样性必然增高。因此，华侨城湿地修复过程中在改善湖水水质的同时，应多开辟一些滩涂草地和长有水草浅水区域，在提高底栖动物的多样性的同时，同样可以提高鸟类对湿地资源的利用率，增加鸟类的多样性（林清贤，2003）。

华侨城湿地的鱼类共发现8种，隶属8目8科8属。具体为：

**海鲢**（图3-27）　*Elops saurus*，海鲢目，海鲢科。

为最原始的硬骨鱼之一，体延长而侧扁。被小圆鳞，具银色光泽，头部无鳞。口大，位于吻端，下颌突出。侧线显著而直走。背鳍，臀鳍基底有鳞鞘。背鳍单一，在腹鳍起点略后，最后鳍条不延长。

为暖水性中上层鱼类，栖息于近海，也常进入河口。游泳速度快，性凶猛，贪食。肉食性，以小鱼为主。为珠江口重要经济鱼类。

在华侨城南湖和北湖数量多，是优势鱼类。

图3-27　海鲢

**花鰶**（图3-28）　*Clupanodon thrissa*，鲱形目，鲱科。

体侧扁，略呈长卵圆形。腹缘有锯齿状棱鳞。口大，端位，上颌前端有显著的缺口。脂眼睑发达。无侧线。背鳍最后一根鳍条延长呈丝状，甚长；腹鳍短小。体侧上方鳃盖之后有4～7个圆斑。暖温性中上层鱼类，摄食浮游生物，藻类为主。

产量较高，6—7月为产卵盛期。个体不大，一般体长120mm，大者200mm。分布于东海和南海。

在华侨城南湖和北湖数量多，是优势鱼类。

图3-28　花鰶

**中颌棱鳀**（图3-29）　*Thryssa mystax*，鲱形目，鳀科。

体长形，侧扁。腹缘较背缘略凸。头中等大。吻圆钝。吻长短于眼径。眼大，前侧位。口稍大，口裂倾斜。上颌前端长于下颌。上颌骨向后伸达胸鳍基。两颌、犁骨、腭骨和舌上均具细牙。鳃孔甚大。有假鳃。鳃盖膜彼此相连。偶鳍基部有肥大的腋鳞。背鳍位于吻端与尾鳍基之间。臀鳍基部很长。胸鳍低位。腹鳍小。尾鳍深叉形。体呈银白色，背缘绿青色。靠近鳃盖后上角有一黄绿色大斑。系浅海中上层小型鱼类。产量不大。

分布于朝鲜、印度、缅甸、马来西亚、泰国、越南、菲律宾、印度尼西亚以及南海、东海、黄海等海域，主要生活于浅海。

在华侨城南湖和北湖数量一般。

图3-29　中颌棱鳀

**鲻鱼**（图3-30）　*Mugil cephalus*，鲻形目，鲻科。又名：乌支、九棍、葵龙、田鱼、乌头、乌鲻、脂鱼、白眼、丁鱼、黑耳鲻。

体延长，前部近圆筒形，后部侧扁，一般体长 20 ~ 40 cm，体重500 ~ 1 500 g。全身被圆鳞，眼大、眼睑发达。牙细小呈绒毛状，生于上下颌的边缘。背鳍两个，臀鳍有8根鳍条，尾鳍深叉形。体、背、头部呈青灰色，腹部白色。

鲻鱼是温热带浅海中上层优质经济鱼类，广泛分布于大西洋、印度洋和太平洋。在华侨城南湖和北湖数量较多。

图3-30　鲻鱼

**长棘银鲈**（图3-31）　*Gerres filamentosus* 鲈形目，银鲈科。

体卵圆形，侧扁。背缘弓状弯曲，背面狭窄，腹部钝圆。眼大。吻短。口小，端位。上颌两端游离，颌齿绒毛带状。背鳍基部长，第二根鳍棘呈纸状延长。胸鳍尖长；腹鳍胸位。体侧有8～10条由黑点组成的纵带。

为暖水性鱼类。栖息于近海及河口咸淡水水域，偶尔进入淡水。一般体长100～200 mm。

分布于南海近海及河口。在南湖和北湖数量多，是优势鱼类。

图3-31　长棘银鲈

**罗非鱼**（图3-32）　*Tilapia*，俗称非洲鲫鱼，鲈形目，丽鱼科。该属原产于非洲。

罗非鱼是中小型鱼类，它的外形、个体大小有点类似鲫鱼。广盐性鱼类，海淡水中皆可生存；耐低氧，一般栖息于水的下层，但随水温变化或鱼体大小改变栖息水层。

罗非鱼食性广泛，大多为以植物为主的杂食性，甚贪食，摄食量大；生长迅速，尤以幼鱼期生长更快。罗非鱼生长与温度有密切关系，生长温度16～38℃，适温22～35℃。现在它是世界水产业的重点科研培养的淡水养殖鱼类，且被誉为未来动物性蛋白质的主要来源之一。它有很强的适应能力，且对溶氧较少的水有极强的适应性。绝大部分罗非鱼为杂食性，常吃水中植物和碎物。此鱼在面积狭小的水域中亦能繁殖，甚至在水稻田里也能够生长。

在华侨城南湖和北湖数量多，是优势鱼类。

图3-32 罗非鱼

**舌虾虎鱼**（图3-33） *Glossogobiuss giuris* 鲈形目，鰕虎鱼科。

体圆，粗壮，后部侧扁，尾柄细长。头长，平扁。吻尖突。口稍大，近端位，下颌略突出。舌游离，前端分叉。鳃盖上方被小鳞；体被较大的弱栉鳞。背鳍分离；腹鳍胸位，愈合成长圆形吸盘；尾鳍略圆。

生活在浅海及江河口咸淡水区域，也进入淡水。食小鱼虾、甲壳动物等。在同类中体型较大。分布于东海、南海及台湾各河口。

图3-33 舌虾虎鱼

**青弹涂鱼**（图3-34） *Scartelaos viridis*，鲈形目，弹涂鱼科。

体延长，前部亚圆筒形，后部侧扁。头大，圆钝。吻颇短，前端圆钝，向下倾斜。眼小，两眼互相靠近，位于头前1/3处。下眼睑发达。口中大，亚前位。上颌稍突出。上颌牙一行，犬牙状，尖锐，垂直；下颌牙一行，尖锐，末端无缺刻。下颌腹面两侧里缘各有一行细小短须。鳃孔窄而斜列。体及头部被细小退化鳞片。背鳍2个，第一背鳍高，鳍棘呈丝状延长；第二背鳍及臀鳍基部长。胸鳍基部宽大，具臂状肌柄。左右腹鳍愈合成一心形吸盘，后缘完整。体背蓝黑色，第一背鳍末端灰黑色，尾鳍具4～5条黑色横纹。暖水性近岸小型鱼类。栖息于海水及半咸水中，常匍匐于河口附近滩涂上。

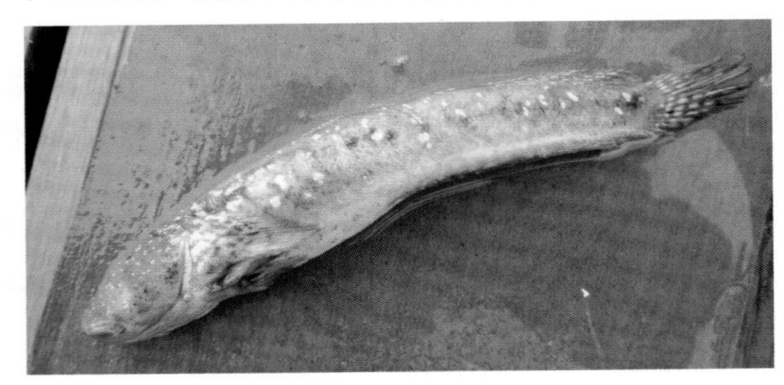

图3-34 青弹涂鱼

产量大，肉供食用，有一定经济价值。分布于东海、台湾海峡、南海；印度洋北部沿岸、澳大利亚、朝鲜、日本。弹涂鱼在进化上具有较大的科学研究价值，对于科学解释鱼类进化具有重要的意义（Xinxin You et al., 2014）。

## 3.3 华侨城湿地修复前的管理状况

### 3.3.1 非法捕捞，人鸟争食

人为因素对华侨城湿地造成越来越大的破坏，除了非法填土、肆意倾倒建筑垃圾外，越来越多的非法居住人员利用鱼钩、渔网、虾笼、竹排等工具常年在华侨城湿地水域捕捞鱼虾，跟水鸟争食（图3-35）。鱼虾长年遭到滥捕，加上日益严重的污染，致使大量的水生生物死亡，引起食物链中断，破坏了鸟类觅食环境和周围生态平衡，导致湿地自然功能和生态效益大大下降。

图3-35　华侨城湿地的捕鱼者（张万极 摄）

### 3.3.2 海水补给趋少，湿地功能退化

华侨城湿地作为一个填海形成的内陆湖，除了需要吞纳上游受污染的河水外，只能借助下游深圳湾的潮水倒灌与深圳湾进行海水交换。据历史资料查证，在滨海大道建设填海时，给华侨城湿地设计预留3个与深圳湾相通的箱涵，利用潮动力，以保持海水与湖水进行水体自然交换，但目前海水与湖水交换能力很差。主要原因是1号、2号箱涵有大量污泥淤积，导致华侨城湿地与海水水位差仅0.2 m左右，而3号箱涵是一个“半拉子工程”，原规划的与深圳湾海域相距数百米的箱涵尚未施工，无法发挥水体交换的作用（图3-36）。海水补给量的减少，使得华侨城湿地的生态用水得不到满足，水体无法正常交换，即便湖水及水草、红树有一定的自我净化能力，但无法阻止侨城湿地湖区的水质的日益恶化，湿地功能逐渐弱化，甚至退化。

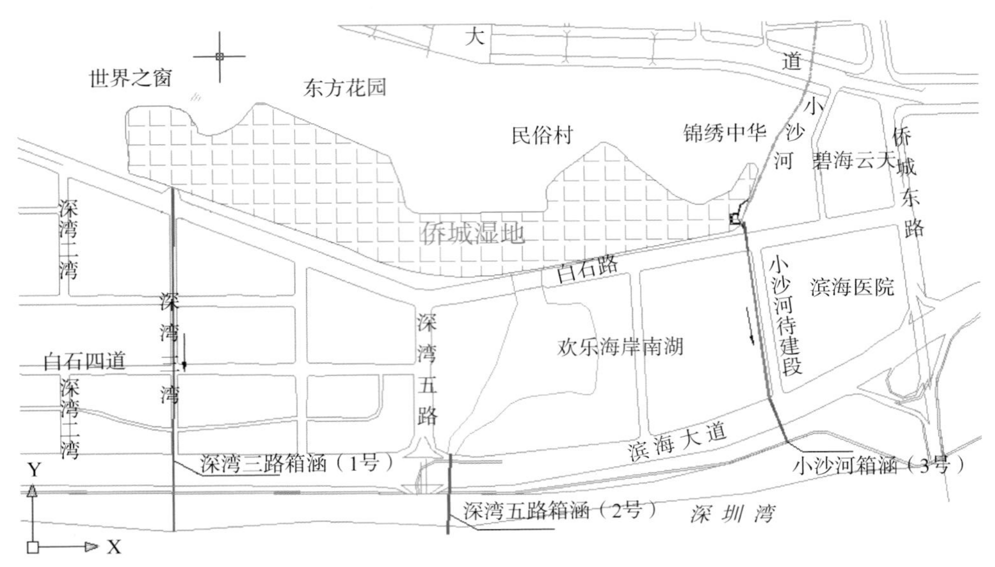


图3-36　华侨城湿地箱涵示意图

### 3.3.3　湿地无人管理，人为干扰极大

在华侨城湿地未托管以前，无人管理，非法居住人员众多，人为干扰极大。非法居住人员搭建起连片的铁皮房，从事着废品收购、日杂百货、三轮车拉客等营生，其中一家还在从事加工生产，周边垃圾遍地，环境十分恶劣；施工建设单位的员工冲凉房的污水直接排入湿地，严重污染湖水（图3-37）。另外，非法居住人员还擅自圈占水面，进行水产养殖。近距离、大量的人为活动，对湿地的动植物生长产生了不良影响，特别是非法养殖放置的渔网，成为戕害鸟类的“隐形杀手”（图3-38）。

图3-37　建筑施工企业占地排放污水口

图3-38　非法养殖放置的渔网

# 第4章 华侨城湿地水环境修复

## 4.1 水环境修复概述

水环境是指自然界中水的形成、分布和转化所处空间的环境，是指围绕人群空间及可直接或间接影响人类生活和发展的水体，其正常功能的各种自然因素和有关的社会因素的总体（GB/T50095-98）。在地球表面，水体面积约占地球表面积的71%。水在地球上处于不断循环的动态平衡状态。水环境主要由地表水环境和地下水环境两部分组成。地表水环境包括河流、湖泊、水库、海洋、池塘、沼泽、冰川等，地下水环境包括泉水、浅层地下水、深层地下水等。水环境是构成环境的基本要素之一，是人类社会赖以生存和发展的重要场所，也是受人类干扰和破坏最严重的领域。水环境的污染和破坏已成为超越国界的全球性问题。我国水环境调查表明，75%的湖泊、90%以上的城市河流和50%以上的地下水都受到不同程度的污染（张维昊和张锡辉，2003）。根据2004年《中国水资源公报》，在对全国229个省界断面的水质进行的评价中，水质符合和优于地表水三类标准的断面数占总评价断面数的39.3%，水污染严重的劣五类占34.5%。总体来看，我国整体水质状况不容乐观，对水环境进行生态修复刻不容缓。

所谓生态修复是指对生态系统停止人为干扰，以减轻负荷压力，依靠生态系统的自我调节能力与自组织能力使其向有序的方向进行演化，或者利用生态系统的这种自我恢复能力，辅以人工措施，使遭到破坏的生态系统逐步恢复或使生态系统向良性循环方向发展；主要指致力于那些在自然突变和人类活动影响下受到破坏的自然生态系统的恢复与重建工作，恢复生态系统原本的面貌。生态修复是在生态学原理指导下，以生物修复为基础，结合各种物理修复、化学修复及各种工程技术措施，通过最佳优化组合，使之达到最佳效果和最低耗费的一种污染环境综合修复方法（周启星等，2005）。

### 4.1.1 水环境修复目的

水环境生态修复是利用生态系统原理，采取各种措施修复受损伤的水体生态系统的生物群体及结构，重建健康的水生生态系统，修复和强化水体生态系统的主要功能，并使生态系统实现整体协调、自我维持、自我演替的良性循环（李明传，2007）。

水环境生态修复的目的是恢复水体原有的生物多样性、连续性，充分发挥资源的生产潜力，同时达到保护水环境的目的，使水生态系统进入良性循环，达到经济和生态同步发展。水环境生态修复主要作用是通过保护、种植、养殖、繁殖适宜在水中生长的植物、动物和微生物，改善生物群落结构和多样性。增加水体的自净能力，消除或减轻水体污染；生态修复区域在城镇和风景区附近，应具有良好的景观作用，生态修复具有美学价值，可以创造城市优美的水生态景观。湿地的水环境生态修复一般需要经过较长一段时间才能趋于稳定并发挥其最佳作用。治理工作必须立足长治久安，遵循生态学基本规律。

### 4.1.2 水环境修复的任务

（1）改善水质：消除或减轻水体污染，使水体在质量方面满足水生生物生长的条件，满足经济社会发展和人们的生活需求。

（2）改善水文条件：采用合理的调度模式，使水体在水量、水位和流速等方面满足水生生物生长的条件。

（3）恢复或修复水生生物栖息地：维持水体表面面积，防止水土流失，促进水生植被的恢复，使水生生物栖息地不再退化。

（4）维持生物多样性的稳定：避免引入、控制和清除对生态系统、栖息地、物种可能造成威胁的外来物种，改善生物栖息和觅食环境，重建和恢复水环境生态系统。

（5）景观和生态环境的改善：恢复水环境生态系统的结构与功能，建立生态景观工程，美化环境。

### 4.1.3 水环境修复技术

生态修复一般分为人工修复、自然修复两类。生态缺损较大的区域，以人工修复为主，人工修复和自然修复相结合，人工修复促进自然修复；现状生态较好的区域，以保护和自然修复为主，人工修复主要是为自然修复创造更良好的环境，加快生态修复进程，促进稳定化过程。

目前国际上采用的生态修复技术主要有三类：一是物理方法，即通过工程措施，进行机械除藻、底泥疏浚、引水稀释、水力调度等，但往往治标不治本，只能作为对付突发性水体污染的应急措施。二是化学方法，如化学除藻、沉淀净化、加入石灰脱氮等，但花费大，并易造成二次污染。三是生物—生态方法，如生物调控、生物过滤技术、微生物技术、构建人工湿地和水生植被（李明传，2007）。

水生态修复技术包括“控源减污、基础生境改善、生态修复和重建、优化群落结构”四项技术措施。水体生态修复不仅包括外源性污染物质的控制，也包括开发、设计、建立和维持新的生态系统，还包括生态恢复、生态更新、生态控制等内容，同时充分利用水力调度手段，使人与环境、生物与环境、社会经济发展与资源环境达到持续的协调统一。

### 4.1.4 水环境修复技术进展

从20世纪70年代开始，美国就开始了有关受损水环境修复的研究，1990年提出并实施了庞大的生态恢复计划，计划在2010年之前恢复受损河流$64\times10^4$ km$^2$，湖泊$67\times10^4$ km$^2$，湿地$400\times10^4$ km$^2$（Nat Acad Press, 1992; Davenport, 1999）。欧洲一些国家也从20 世纪70年代开始水环境治理和修复工作，并取得明显成效。德国首先推行重新自然化的水环境保护策略，随后周边国家也开始效仿，力争将水环境恢复至自然状态（张维昊和张锡辉，2003）。日本从1980年开始积极推进不断地恢复自然状态的水边环境建设，在确保河流防洪、水资源利用功能的同时，创造出优美、和谐的自然环境（Hu, 2002）。我国在水环境生态修复方面的研究起步较晚，是近20年才发展起来的。南京的玄武湖和云南的滇池、草海等富营养化治理过程中采用过底泥疏浚技术，但目前对其利弊尚有争议（郭怀成和孙延枫，2002）。并且，滇池应用了外水域引水工程、湖岸截污工程及生态环境恢复等水环境修复手段。利用水生植物控制技术，有目的地引种

优良水生植物或使原有已被破坏的植物重新恢复起来，利用生态浮床技术治理污染水体等方面也有了一定的研究。李少华等针对沧州湿地水资源短缺、面积萎缩、水质恶化、生物多样性下降及淤积严重等问题，采用调水补水、雨洪资源补水、生物调控等技术措施对沧州湿地进行水环境修复，取得了很好的效果。

## 4.2 华侨城湿地水环境现状

### 4.2.1 湿地周边情况

华侨城湿地是深圳湾填海工程完成后形成的内湖，是华侨城欢乐海岸项目的北地块，为深圳市政府委托华侨城集团代管的湿地。欢乐海岸项目位于滨海大道北侧，华侨城主题公园南侧，与深圳湾滨海休闲带及红树林保护区隔路相望。华侨城湿地地块面积近69 $hm^2$，水域面积约为50 $hm^2$，与周边地块的环境密切，它所涉及的水域包括深圳湾、南湖、1号箱涵、2号箱涵、3号箱涵及设于巡逻道上的若干排水管（图3-1）。它的污染负荷主要来自于小沙河和湿地西侧排污管，它的水体与欢乐海岸南湖连通，密不可分，因此，对它的修复必须和周边环境因素一起作为一个生态系统整体考虑。

#### 4.2.1.1 小沙河

小沙河位于南山区华侨城东侧，全长2.287 km，原河道上游段由于城市建设的原因现已改变其汇水范围。现从北环路起，穿越汕头街、开平街、泉州街、深南大道、锦绣中华，最后汇入华侨城湿地，先后穿越深南大道和滨海大道，在滨海大道南侧汇入深圳湾，河道上游部分已经暗渠化。其中，箱涵长度约为1.521 km，明渠长度约为0.766 km。

小沙河可分五段叙述如下。

（1）侨香路以北的上段：上游有两处支流汇入，均为箱涵。

（2）华侨东部工业区明渠口至锦绣花园箱涵入口段：此段为梯形明渠段，长0.5 km，沿河两岸5 m范围内无建筑物，河道两侧有护栏，河岸杂草丛生，渠底宽约5.0 m，边坡为1∶1，护坡为砌石结构，面批水泥沙浆，护底为混凝土，护坡、护底保存较好，在明渠中段、末段设有多级跌水。

（3）锦绣花园箱涵入口至锦绣中华箱涵出口段：锦绣花园至深南大道段长约0.4 km，为双孔箱涵，单孔净宽为3.5 m，净高为2.5 m，河水颜色较黑，多垃圾漂浮物，有臭味，穿过深南大道小沙河段至锦绣中华箱涵出口段长0.2 km，为双孔箱涵，单孔净宽为5.5 m，净高为3.0 m。

（4）锦绣中华箱涵出口至华侨城湿地：在锦绣中华段为一段明渠，长约0.36 km，渠宽约5 ~ 7 m。

（5）华侨城湿地段（即白石路到深圳湾段）：这一段称之为“小沙河出海口段”，这一段尚未建成，总长约468 m。

#### 4.2.1.2 3条箱涵

1号箱涵（图4-1）：2孔，单孔断面尺寸为1.8 m × 1.8 m，华侨城湿地一端的底部标高0.505 m，深圳湾一端的底部标高-0.1 m；它起于湿地西侧，穿越白石路，沿深湾三路，再穿越滨河大道，最后通向深圳湾，现已贯通，但淤塞较为严重，且迎海面闸门腐蚀严重，不能使用。

图4-1　1号箱涵口

2号箱涵（图4-2）：3孔，单孔断面尺寸为3.5 m × 2.2 m，南湖端底标高−0.55 m，深圳湾端底标高−0.217 m；它起于欢乐海岸南湖西侧，穿越滨河大道，通向深圳湾。

图4-2　2号箱涵口

3号箱涵（图4-3）：位于华侨城湿地东侧，仅有跨白石路和滨河大道的箱涵已建好，都为3孔，单孔断面尺寸为3.5 m × 2.2 m，其中白石路端底标高0.33 m，滨河大道端底标高−0.217 m；白石路与滨海大道间的一段尚未建成，迎海面闸门同样腐蚀严重，不能使用。

图4-3　3号箱涵口

华侨城湿地和欢乐海岸南湖通过白石桥连接，然后通过2号箱涵通向深圳湾，湿地的泄洪及与深圳湾海水的交换主要靠这条通道完成。由于3条箱涵的状况，深圳湾与华侨城湿地之间的水体交换量很小，华侨城湿地潮间带面积减小，潮间带生态系统受到很大的影响，直接影响华侨城湿地的水生态。

#### 4.2.1.3　深圳湾水

深圳湾位于深圳经济特区的西南面，为珠江口伶仃洋东侧中部的一个外窄内宽的半封闭海湾（图1-1）。随着深圳城市建设和经济的发展，深圳湾面积不断缩小，污水排放量逐渐增加，水污染日益严重。深圳湾是深港两地污染源的集纳区，废水通过深圳河、大沙河以及香港一侧的元朗河等进入深圳湾。水质调查显示，深圳湾水质较差，特别是近岸水域，各项指标超标，造成区域的环境承载能力急剧下降。

### 4.2.2　片区原有规划

根据深圳市规划局2007年12月编制的《深圳市排水管网规划——深圳湾流域》的规划，华侨城湿地被规划为自然湿地保护区。华侨城湿地通过3条箱涵与深圳湾水连通。在3条箱涵的箱涵口设置闸门，涨潮时开闸，落潮时通过不同闸门的开闭，让内湖水能循环流动进行交换。排水规划：华侨城湿地北片区污水通过湿地北岸的一根DN800的污水管道收集，向西排入白石洲泵站，提升后，进入南山污水处理厂；华侨城湿地以北片区雨水通过现有雨水管渠排入湿地；小沙河流域来水，通过3号箱涵排入深圳湾。

### 4.2.3　湿地水环境存在的问题

华侨城湿地水环境存在的主要问题如下。

（1）水质问题

深圳湾受污染的海水、小沙河流域的污水、湿地西侧的污水、湿地北岸景区及生活小区的生活污水，这些外来污水都未经过任何处理直接排入湿地，导致湿地水质下降。另外，水体滞留时间过长，缺乏外来水源，水量补给不足，是导致水体恶化的重要原因。由于不断排入的污水以及湿地水体与深圳湾海水交换不畅的原因，湿地淤积情况严重，几近成为死水区，许多地方已经硬化。湖中多年沉积的大量受污染的底泥可能将污染物质重新释放从而加重湖水的污染。

（2）防洪问题

由于小沙河出海口段未建成，小沙河的雨水及周边区域的雨水都直接进入华侨城湿地，而湿地向深圳湾泄洪仅仅依靠2号箱涵，片区防洪存在隐患。另外，随着欢乐海岸项目的实施，片区防洪系统发生了改变，南北湖在防洪功能中的作用也发生了变化，大大降低了片区的防洪能力。

（3）水源问题

在片区的截污治污完成之后，华侨城湿地的水源会存在问题，片区水体交换的量会减少，北湖潮间带的面积会减小，进而会影响湿地生态系统。

（4）生态问题

随着深圳城市化的进程及发展，华侨城湿地面临水质污染、潮间带减少、人为干扰严重等情况，这些因素导致湿地水质恶化，环境恶化，湿地面积逐渐减少，红树林面积日渐退化，湿地动植物的数量也逐年减少，湿地生物多样性不断降低，湿地生态功能逐步退化。

（5）管理问题

在华侨城湿地，因缺乏管理，人为干扰极大。啤酒瓶、塑料袋、包装泡沫等生活垃圾俯首皆是，湖边的两处生活垃圾堆，发出阵阵恶臭。在湿地西北角湖边，非法居住人员搭建起连片的铁皮房，从事着废品收购、日杂百货、三轮车拉客等经营活动，有的还在从事加工生产，周边垃圾遍地，环境十分恶劣。还有人在水面上撒网捕鱼，搞起了水产养殖。

面对如此现状，改善水质、解决片区防洪问题及湿地生态修复工作迫在眉睫。

## 4.3 华侨城湿地水环境修复总体思路

### 4.3.1 修复目标

华侨城湿地是自然湿地，是深圳湾红树林湿地系统的重要组成部分，是深圳湾鸟类栖息、觅食的重要区域，也是小沙河及其上游城市雨水的承泄区。对华侨城湿地最主要的目标是保护，对华侨城湿地进行封闭管理，尽可能地减少人为干扰，通过一系列的生态修复手段使湿地的水质得到改善，使湿地的防洪泄洪能力大大提升，使湿地的水体交换更频繁，保证湿地“流水不腐”。水质的改善也在一定程度上有利于水体景观和水生生态环境的改善。整治后的华侨城湿地应该成为对市民有限开放的“城市之肾”，湿地将呈现出水更清、树更密、鸟更欢的和谐景象，成为深圳生态旅游和科普教育的基地。

### 4.3.2 修复标准

华侨城湿地承载着片区防洪、水质净化、生物栖息地、景观美化等生态功能，因此，确定遵循以下五个标准的原则进行修复的规划设计。

防洪标准：本片区防洪工程采用50年一遇标准设计，100年一遇的标准校核。

治污标准：旱季和雨季时，保证片区污水和初期雨水不入华侨城湿地，保护华侨城湿地水生态。

水质标准：基本达到海水水质三类标准，个别指标优于海水水质四类标准。

生物多样性标准：水位变化宜于鸟类栖息，特别是候鸟类的栖息。

景观标准：华侨城湿地要能够与周边环境相协调，满足片区的景观要求。

### 4.3.3 修复原则

华侨城湿地治理严格遵循“保护、修复、提升”的治理原则：

治污为本：对排入湿地的污水予以彻底截排，痛下决心截污治污。

生态优先：遵循“重生态、轻景观；重保留、轻建设；重鸟类、轻游人；重远观、轻近赏；重本土、轻引进”的原则，原生态保护优先，保护现有生态系统，充分利用现有的生态、驳岸系统，同时进一步强化湿地、水陆交错带对水质的改善作用。

### 4.3.4 修复技术路线

#### 4.3.4.1 水体循环整体思路

通过对华侨城湿地水环境现状的分析，深圳市水务规划设计院进行了水体循环

交换的数学模型研究，并结合华侨城项目开发的经验，确定了水体循环的整体思路（图4-4）。

另外，考虑到欢乐海岸南地块和华侨城湿地密不可分，华侨城都市娱乐公司决定将欢乐海岸项目规划、建设与华侨城湿地规划及生态修复工程纳入统一计划，通盘规划，欢乐海岸项目建设保证按照环保优先的原则进行绿色施工、生态施工，最大限度降低建设过程中对包括湿地在内的周边环境的影响，并保证欢乐海岸项目建设期间深圳湾海水与华侨城湿地顺利交换。

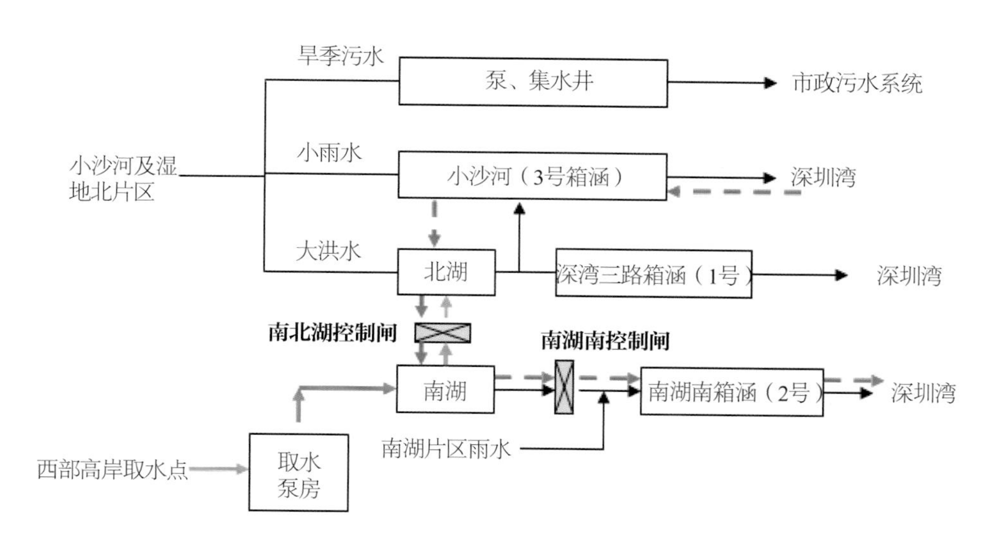


图4-4　水体循环总体思路

### 4.3.4.2　水环境修复方案

华侨城湿地水环境修复总体方案是：去除外来污染（清除建筑垃圾，生活垃圾）→封闭管理（建立围网，杜绝外来干扰）→周边污水截排治污（湿地北侧、西侧，小沙河）→修建临时生态围堰（保证施工期湿地与深圳湾的水体交换）→清淤、控制水位（营造新的潮间带）→生态景观改造→引水、生态修复→维护与管理。

综合整治涵盖的内容有五个方面：强化管理、截污治污、防洪整治、水体交换和生态修复。具体实施的各项工作的关系如图4-5所示。

这些工程措施中，小沙河出海口段工程是实现湿地水体交换和水污染根治的重要工程，此工程首先是将小沙河污水截流至附近污水管网，其次以明渠形式连通小沙河白石路到滨海大道河段，并预留侧堰以及闸门，远期则待深圳湾的海水水质改善后，开启侧堰上的闸门，将海水引进湿地对其进行补水。

外引水工程是提升湿地水质的重要手段，是通过F1摩托艇世锦赛深圳站赛场工程补水系统及15 km深圳湾滨海休闲海水输水管道，将深圳湾西部优质海水引向华侨城湿地，以维持与提升湿地原生态系统。

清淤工程是将东边小沙河附近受污染底泥清走，以方便日后通过小沙河对湿地进行补水，另外可以制造更多的潮间带，为鸟类提供更好的栖息环境。

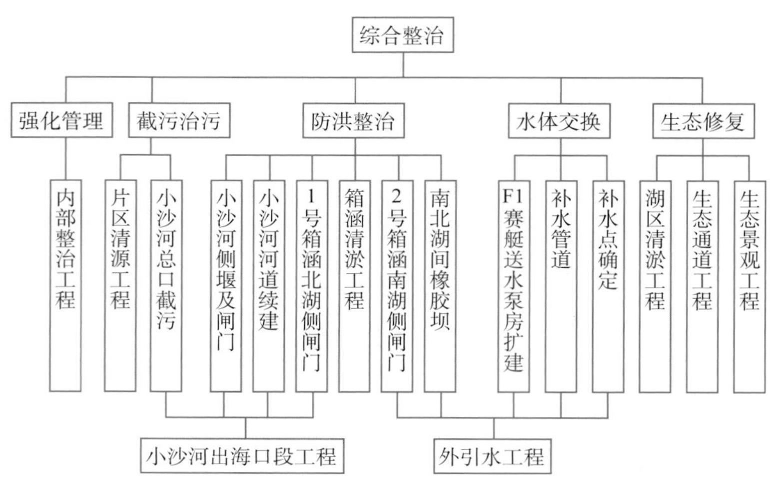


图4-5　华侨城湿地生态修复各项工作的关系

## 4.4　华侨城湿地水环境修复工程

华侨城湿地水环境修复技术工程包括五个方面：内部整治工程，小沙河出海口段工程，防洪整治工程，清淤还湖工程，外引水工程。

### 4.4.1　内部整治工程

在华侨城湿地托管以前，由于管理责任主体不明确，占地经营的单位以及非法居住人员对华侨城湿地造成了极大的污染，华侨城集团接手管理后，整治内部环境，清理非法占地现象，以保证湿地土地不被侵占。

#### 4.4.1.1　清除非法占地人员

华侨城湿地托管之前，湿地西侧近百名外来人员非法居住此地（图4-6，图4-7），这些人生产生活所排出的污水及垃圾对华侨城湿地造成极大污染。2007年6月，清除了湿地南侧13处违章建筑，清理了长期滞留在湿地的非法居住人员，控制住了人为面源污染。

图4-6　非法居住人员的居所

图4-7　清理非法居住人员

#### 4.4.1.2　搬迁非法占地经营单位

与湿地西侧的多家外来占地经营单位沟通（图4-8），解决了被长期占用的2万多平

方米土地的历史遗留问题。2007年9月拆除了直接将污水排入湿地内湖的洗手间和冲凉房，消除了非法占地单位的生活污染源。

图4-8　非法占地经营单位

图4-9　冲凉房拆除前

图4-10　冲凉房拆除后

#### 4.4.1.3　建立钢板网围墙

为了保障多年受侵扰的华侨城湿地慢慢地恢复，2007年8月修建了3.3km长的钢板网（图4-11，图4-12），对湿地进行了隔离维护，实施封闭，同时安排多名保安日夜巡逻，杜绝无关人员进入，有效保护了湿地内动植物的生长，杜绝了向湿地倾倒垃圾现象的发生。

图4-11　华侨城湿地南侧钢板网围墙

图4-12　华侨城湿地北侧钢板网围墙

### 4.4.2　小沙河出海口段工程

将原规划的3号箱涵续建工程完善为小沙河出海口段工程，位于白石路至滨海大道之间，为明渠，长度为468 m（图4-13）。

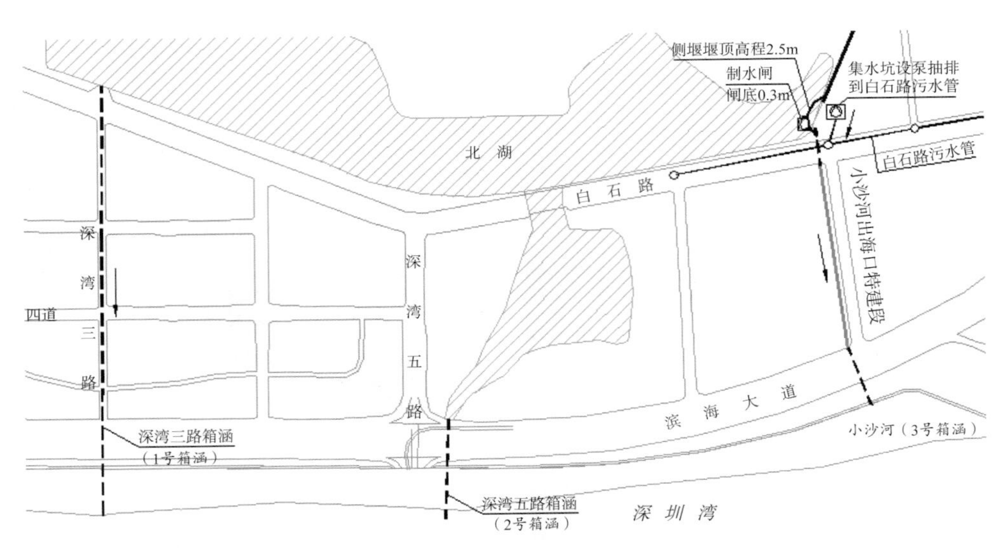


图4-13 小沙河出海口段工程总体布置图

河道东岸挡墙距离河道东侧规划道路红线1 m，采用钢筋混凝土直立式挡墙，墙面采用压膜水泥的方式，与水相融。墙顶采用水泥仿石压顶，外挑5 cm；西岸采用阶梯式浆砌石驳岸，表层石头露缝。渠底考虑清淤方便，采用原土基开挖至设计高程（图4-14，图4-15）。明渠设计底宽11.0 m，顶宽16.0 m，设计渠深4.6 m，一级阶梯式放坡后设计渠宽14.0 m，二级阶梯式放坡后设计渠宽16.0 m。

图4-14 小沙河出海口段现场图

图4-15 小沙河出海口段建成图

规划道路与明渠交叉位置处的典型断面如图4-16所示：西岸一级平台高程按两年一遇潮位标准，能满足通行要求，兼顾远期修桥的需要进行设计。一级平台距河底2.3 m，绝对高程高于深圳湾多年平均高潮位2.12 m；二级平台距一级平台1.3 m；二级平台距岸顶1 m；河道深度4.6 m。

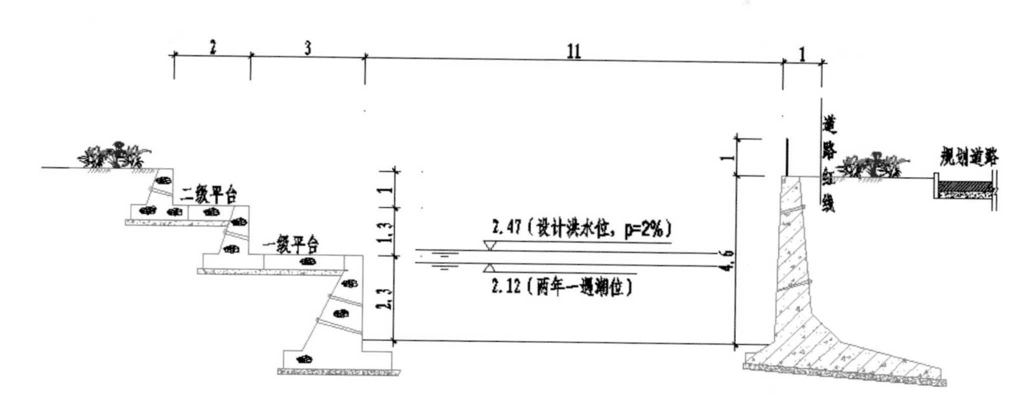


图4-16　小沙河出海口段工程典型横断面（单位：m）

一级平台距离渠底2.3 m，宽3 m，铺以结缕草，种植小叶紫薇。二级平台宽2 m，供人行走，距离岸顶1 m，让人在河边小道上行走时不感到压抑，同时又有围合感。

东岸栏杆：栏杆为景观栏杆，讲求耐久美观，同时还要求空间通透，所以选用水泥仿石栏杆。

阶梯式放坡：主要布置在明渠两头，以人工固坡。

步行道：步行道铺以红色透水砖，红绿相映，意趣横生。在遇到栈桥的地段设台阶上升至地面。

植物种植：东边的市政道路行道树拟种木棉，干直、冠美、花艳。西边拟建的滨海医院旁高大乔木种植木麻黄，耐盐碱且生长快。外围边的挡土墙上种红背桂，木麻黄姿态潇洒，枝叶稀疏，陪衬以红背桂，枝繁叶茂，色彩丰富，疏密结合。更有桂花、栀子芳香植物的衬托，香气四溢，视觉嗅觉两全其美。渠边下级平台种植小叶紫薇，花开点点，美化景观。其他地方再种植相应的植物，打造名副其实的花溪涧。

交叉建筑物：河道上设人行桥一座，人行桥宽度为3 m，长14.8 m，采用钢架结构的钢化玻璃栈桥，轻巧而飘逸，同时栈桥的栏杆也采用相似的风格。

### 4.4.3　截污治污工程

为了确保华侨城湿地水体水质良好，须做好小沙河上游、湿地西侧以及湿地北片区的污水收集截排。

#### 4.4.3.1　湿地污水排放点治理

华侨城湿地水质污染的一个重要原因是来自湿地北岸景区及生活小区的生活污水，经委托专业公司于 2005年4月进行详细探查，《探查技术报告》显示：沿北侧巡逻道有11个排污点，在旱季有污水排放现象。2006年5月，对华侨城湿地北侧沿湖巡逻道的11个排污点实施管网改造，使污水排入北侧巡逻道上的市政污水管。至2009年年底，全部完成湿地西侧住宅区的污水截排（图4-17），并且，为防止流经湿地周边生活区及绿化带的雨水进入湿地，沿岸设置了排水沟（图4-18）。

图4-17　西侧排水沟截污前后对比图

图4-18　华侨城湿地北岸排水沟

#### 4.4.3.2　小沙河排放口截污治污

据华侨城湿地污染源分布特点，对其进行管网清源行动。首先对主要污染源——小沙河流域的错接乱排进行清理，截断部分污染源，从而减轻小沙河对华侨城湿地的污染（图4-19）。打通小沙河与深圳湾的连通，将小沙河下游段修成明渠，使华侨城湿地与深圳湾能通过小沙河下游段进行海水和水生生物的交换，同时解决小沙河下游的防洪防涝问题。

图4-19　小沙河截污前后对比图

（1）在小沙河现状末端建集水井一座，对排入小沙河的漏排污水设泵进行提升（图4-20）。采用潜水排污泵，1用1备。污水经泵抽升并经竖管式跌水井（竖管式混凝土跌水井），消能后排入白石路市政污水管网。为便于管理和检修，集水井处设岗亭式值班管理房一座。岗亭内预留检修平台和配电柜。

（2）侧堰及闸门。

为防止小沙河污水进入湿地，在小沙河与湿地连接段处修建侧堰（图4-21）。侧堰顶部绝对高程为2.5 m，超过该高度的洪水溢流至华侨城湿地；同时侧堰设箱涵连通湿地及小沙河，箱涵在湿地侧设控制闸门，箱涵为2孔（宽 × 高 = 2 m × 1.5 m），箱涵纵向长度4.5 m，箱涵底板绝对高程为0.3 m（图4-22）。退潮后，湿地洪水通过开启侧堰闸门通过小沙河出海口段排至深圳湾。

图4-20　小沙河末端潜污泵

图4-21　小沙河—华侨城湿地连接段

图4-22　小沙河侧堰及其箱涵

#### 4.4.3.3　小沙河四种工况设计

小沙河流域内的市政污水管网基本完善，河流的污染主要是流域内工业企业将污（废）水错排、偷排造成的。因此，对小沙河流域进行了管网清源行动来消除小沙河污染，并取得了一定成效。

但是，由于历史的原因，小沙河流域的错接偷排问题难以得到根治，因此，决定将原规划的3号箱涵续建工程完善为小沙河出海口段工程，并一揽子解决以下问题：彻底解除小沙河对湿地的污染，同时减轻小沙河对深圳湾的污染并解决小沙河下游防洪不达标的问题。在小沙河出海口段工程中，分为旱季、小雨、大雨及潮水四种工况进行设计。

（1）旱季

在小沙河近出海口段前设置集水井，通过潜污泵将旱季上游汇集的混流污水提升至白石路污水管道中，通过市政污水管道输送至南山污水处理厂进行处理后排放，确保旱季小沙河流域的混流污水不进入湿地。

（2）小雨

在降小雨过程中，小沙河河道内水位上升，为了阻止初期雨水及小雨雨水进入湿地，在小沙河出海口段工程中，于小沙河及湿地连接段设置侧堰，确保在小雨过程中，小沙河流域产生面源污染的初期雨水不进入湿地而直接流入深圳湾。

（3）大雨

在降大雨过程中，面源污染严重的初期雨水在降雨初期由小沙河流入深圳湾，面源污染相对较轻的雨水通过侧堰进入湿地，随着小沙河河道水位的降低，湿地滞洪部分的水体通过设计侧堰及水闸泄洪，湿地水质受到部分污染，因存在超标的洪水才启动滞洪功能，这样的情况出现次数少，基本不影响湿地的水质，详见图4-23。

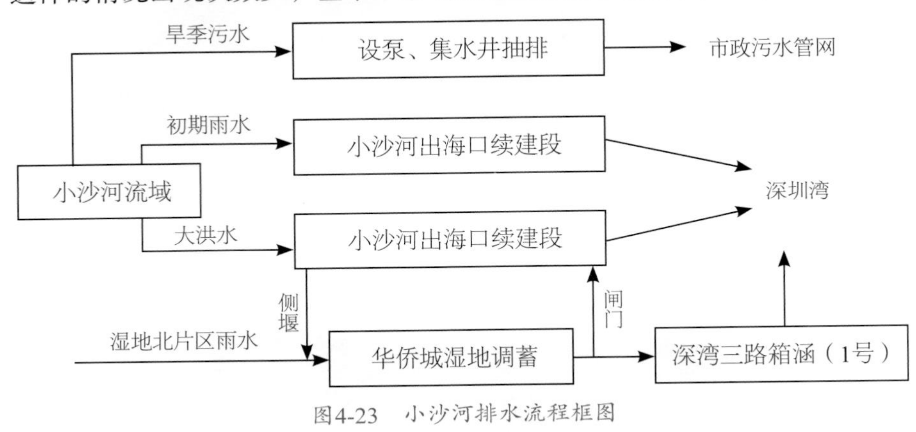

图4-23　小沙河排水流程框图

（4）潮水

深圳湾水质近期水质较差，侧堰除了可以阻挡小沙河的污水以外，也用来阻挡深圳湾的潮水，防止深圳湾潮水通过小沙河出海口段进入湿地。

## 4.4.4　防洪整治工程

原有小沙河泄洪排水经过华侨城湿地、南湖后，通过2号箱涵进行泄洪，随着欢乐海岸项目的实施，片区防洪系统发生了改变，南北湖在防洪功能中进行了功能转换，原有的南北湖连接段及2号箱涵泄洪等功能都发生了改变。因此，对华侨城湿地的防洪整治，也须包括对南湖的防洪整治（图1-3）。

### 4.4.4.1　小沙河防洪

小雨经小沙河通过其出海口段直接排入深圳湾，大雨则经侧堰进入华侨城湿地，湿地调蓄后由1号箱涵及小沙河出海口段同时排至深圳湾。

### 4.4.4.2　南北湖片区防洪

根据南北湖地势情况，对南北湖防洪范围进行分区，北湖停蓄北片区及小沙河上游

产生的洪水后通过小沙河出海口段（3号箱涵）及1号箱涵泄洪；南湖用于收集南湖片区的洪水，经过调蓄后，在深圳湾退潮时通过2号箱涵泄洪。因此，须在南北湖之间的白石桥处设水闸，在洪水来临时分隔南北湖水域，水闸采用橡胶坝，平时卧于水下，工作时充水达到设防标高。

根据景观水体及南北湖现有及规划的地面标高、水体循环的水面面积和库容，结合小沙河洪水水面计算，南北湖景观水位设计标高为1.0 m，也就是滞洪起调水位。由于南北湖滞洪范围不同而对南北湖设定不同的滞洪水位。在100年一遇的洪水情况下，小沙河在白石路箱涵处水位为2.63 m，考虑河堤安全水位超高及影响，结合深圳湾50年一遇的最高潮位［为2.96 m，深圳市防洪（潮）规划（修编）报告］，为了保障南湖不受高潮位影响，南北湖间的水闸高程定为3.20 m。南湖仅仅滞洪南湖的洪水，根据南湖陆地与水域面积比例（2：1），即使在100年一遇的降雨情况下，南湖水位提高至1.9 m左右，仍能通过2号箱涵随着落潮泄洪。因此在南湖南侧的2号箱涵及南北湖之间设置闸门，通过闸门的调度使得防洪达标。

#### 4.4.4.3 联合调度

欢乐海岸项目片区防洪联合调度方案如下（图4-24）。

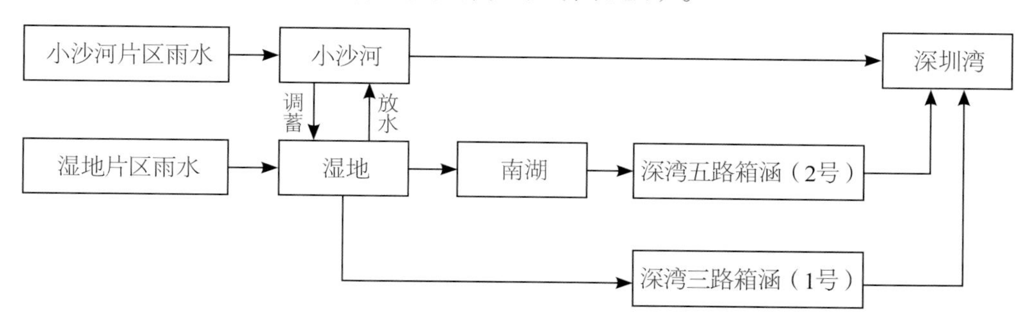


图4-24　防洪联合调度方案示意图

小洪水时，小沙河流域雨水经过小沙河出海口段排至深圳湾，华侨城湿地自身以及其以北片区雨水经北湖调蓄后由1号箱涵排至深圳湾，南湖自身雨水经南湖调蓄后由2号箱涵排至深圳湾。

较大洪水时，小沙河流域雨水通过小沙河新建侧堰溢流至华侨城湿地，与湿地北片区雨水联合通过小沙河出海口段及1号箱涵排至深圳湾，南湖自身雨水经南湖调蓄后由2号箱涵排至深圳湾。

大洪水时，南北湖间橡胶坝升起坝，华侨城湿地调蓄湿地片区及小沙河流域上游的洪水，待深圳湾潮位下降后，湿地湖水由小沙河出海口段以及1号箱涵泄洪；南湖调蓄南湖片区雨水，待深圳湾潮水位下降后开启2号箱涵水闸泄洪。

在降雨超过100年一遇的情况下，南北湖联合滞洪南北片区的洪水，在深圳湾退潮后共同通过1号箱涵、2号箱涵以及小沙河出海口段（3号箱涵）泄洪，发生这种工况时，南湖部分岸线被淹。

本次防洪整治主要包括1号和3号两条箱涵的清淤、小沙河出海口段的续建以及相关侧堰闸门的建设。由于片区防洪联合调度中南北湖滞洪水位的不一致和南湖景观水位要求基本稳定的需要，要求在白石桥下及1号箱涵湿地端、2号箱涵北侧设置水闸，控制水位及水流方向（图4-25）。

图4-25　1号箱涵湿地端水闸

2号箱涵水闸：主要用来控制南湖向深圳湾泄洪，平时阻挡外海潮水，在外海涨潮时防止外海潮水倒流，在暴雨时退潮后，开启闸门进行泄洪，因其作用单一，并且位于南湖的出海口，选择平板闸，根据2号箱涵尺寸，平板闸规格设置为3.5 m × 2.2 m，采用钢筋混凝土结构，在闸顶设置门梁，采用手动、电动两用启闭机进行启动。

白石桥水闸：由于南湖防洪的需要，结合现有的白石桥，采用对景观影响最小的橡胶坝（图4-26）。橡胶坝平时卧于水底，不影响景观及南北湖水体交换，洪水时，橡胶坝充水达设计坝高3.2 m，设计内压比1.35，设计坝长58.80 m（其中直线段50.00 m，两侧边墙段长共8.80 m）。底板及边墙采用钢筋混凝土结构，底板顺水流方向长度16.0 m（考虑坝袋双向塌落），边墙为1：1斜墙。橡胶坝坝袋采用双线螺栓压板锚固，坝袋及锚固件均要求能适应海水环境。

图4-26　白石桥橡胶坝塌落（左）与升起（右）的状态

### 4.4.5　清淤还湖工程

据华侨城湿地湖区的钻探资料，湖底之下海相沉积的淤泥层厚度为2.0 ~ 4.5 m，具有含水量高、强度低等特点，属于超软弱的淤泥。本次清淤总面积约20.6 $hm^2$，清淤总量约$21 \times 10^4$ $m^3$，为了保护红树林，红树林保护范围内不清淤。清淤后的滩涂从地形标高0.8 ~ 1.6 m处依次升高，有利于各种红树林及湿地植物生存，利于增加湿地的植物多样性和生态环境的多样性。为了解决淤泥外运困难并解决运输过程对环境造成污染的问题，并做到物尽其用，清淤后的淤泥将运到湿地南侧，用于对现状路基硬地的美化和堆

山造景（图4-27 ~ 图4-31）。

图4-27　陆地化湿地的清淤

图4-28　湿地水域的清淤

图4-29　华侨城湿地东区清淤前后对比图

图4-30　用于造景的疏浚泥

图4-31　疏浚泥绿化后的景观

#### 4.4.5.1 清淤的必要性

为了华侨城湿地生态系统的自我维持和健康运行，对湖区进行清淤是必要的。华侨城湿地清淤工程是增加水域面积、修复湿地生态功能、归还湿地生态价值的重要举措。

（1）湿地水污染防治的需要

据湿地底泥监测结果，湿地底泥表现出高含水量、高有机质含量的性质，而且普遍受重金属离子的污染。外源性污染源对湿地的影响，其中一条重要的途径是通过形成底泥然后再将污染物释放到水体中。湿地底泥聚集了历年排放的污染物，成为重要的内部污染源。按照深圳市水环境治理规划及实施步骤中“截污治污、清淤疏浚、护岸防洪、引水补源、绿化造景、重建生态”的思路，对湿地进行适当的清淤也是深圳市河流水系环境整治的需要，与所在区域河道环境整治目标是一致的。

（2）环境整治的需要

华侨城湿地岸线的水位变动线范围内，泥沙和垃圾堆积情况严重，湖边污染严重，同时由于水深太浅，湖水的清洁透明度差，影响了湖区的景观和周边的环境。进行清淤整治是必要的。

（3）保护水体面积的需要

目前，华侨城湿地受泥沙淤积的影响，湖面萎缩，正常水位时已有较大面积湖底泥面出露，低水位时大部分湖底泥面出露。按年淤积量2 cm/a计算，预计5～10年内，大部分湖面将会消失。所以为维持湿地有一定的水体面积，定期清淤是必要的。

（4）湿地功能恢复的需要

华侨城湿地是小沙河及湿地北片区的滞洪区，湿地东侧的淤积不利于滞洪，清淤是非常必要的。并且，清淤可将湿地东侧标高0.8 ～1.3 m之间的地带调整为标高0.8 ～1 m的缓坡地带，使这片退化的湿地恢复湿地功能，清淤后湿地东侧的潮间带面积达到3 $hm^2$左右，为鸟类觅食和活动提供了足够的空间。

#### 4.4.5.2 清淤的范围和深度

1）清淤范围

清淤范围要满足以下条件：①保证船坞及航道通航要求；②保证红树林保护区范围不清淤；③鸟岛周边及湖区周边鸟类栖息地宜放缓坡；④尽量保证码头周边的清淤，以保证维护管理船只可以靠近。

结合以上条件，以清淤范围分界线及现状水岸线为放坡坡顶线，按一定坡率放坡，进行清淤。

2）清淤深度

应满足小型机动游船通航，达到不泛起湖底浮泥的要求。同时要满足绝大部分湖面水体有良好清洁透明度的要求。

（1）巡护船的水深需求

湖水水深的最低要求应该满足：湖正常水位时，湖区大部分地段能够通行中型维护船（艇）（用于打捞漂浮物、湖区水面管理巡护等用船）。其设计水深为设计船型的满载吃水加富余水深（中型船吃水深约0.8～1.0 m），小型船长10 m以下，吃水深度小于0.8 m，中型船一般长10～18 m，吃水深度0.9～1.0 m。由此可以推算正常水位时，湖水

水深不得小于1.5 m。

（2）景观水深

从景观上看，湖水深度大，湖水的清洁透明度好，但清淤量大时经济上难以承受。一般景观湖水深1.3 ~ 2.5 m。如西湖1999年清淤后水深达到2.15 m，北京太平湖2006年重建水深1.3 m。对于北湖，由于淤泥质湖底，而且近期水质条件较差，取较大的水深较为有利。

（3）设计水深

建议华侨城湿地设计水深取1.75 m（富余0.25 m）。在规划要求通航的湖区范围内，经过清淤后，湖区通航水位高程为1.0 m时，湖水深度1.75 m。该水深能够满足中型船（船长度18.0 m以内）的航行水深要求，同时具有较好的景观水深条件。

#### 4.4.5.3 清淤方案设计原则

（1）清淤的方式不得大面积搅混湖水，影响深圳湾水质；

（2）清淤机械不得产生噪声、废弃物排放影响周边环境；

（3）清淤不得影响现有鸟类的栖息；

（4）清淤的晾晒、就地填埋及利用需满足现状工程条件；

（5）清淤应该具有可控性，形成的边坡稳定，湖底较平整；

（6）清淤方案须具有较好的经济性和可操作性；

（7）清淤船机必须符合华侨城湿地现状条件。

#### 4.4.5.4 清淤总体方案

1）对湿地湖区底部淤泥采用真空预压软基处理（图4-32）

在不挖运内湖底的淤泥的情况下，将淤泥平均压缩0.82 m，达到了清淤以加大水深的目的；提高淤泥的抗压强度，以达到满足未来大型机具施工要求的目的；不破坏原始底泥结构，用砂对淤泥进行覆盖，达到了生态和环境保护的目的。

图4-32 真空预压技术

2）清淤施工方案

（1）清淤方法

按方格网控制，分区分块确定清淤的范围和清淤深度，在清淤场地插标杆和其他标志指明浮箱挖机清淤的作业范围和清淤深度（图4-33）。浮箱挖掘机自行至预定清淤地点后，根据设计清淤深度，水下挖淤，装入靠近停泊的自航泥驳船（图4-34），装满之后运至临时码头，由停在码头的挖掘机将淤泥装入等待的汽车（图4-35），然后运至邻近的晾晒淤泥场地。

图4-33　华侨城湿地清淤工程全景图

图4-34　挖掘机挖泥装入自航泥驳船

图4-35　挖掘机将自航泥驳船中淤泥转入卡车

（2）作业方式

根据浮箱挖掘机作业宽度和行走特点，采用条形清淤的方式作业，每台挖掘机作业宽度8.0 m，挖掘机在清淤作业面前退行，泥驳船在已清淤区跟进。

（3）投入机械

挖掘机容量0.8～1.0 $m^3$，作业半径不小于5.0 m，每台班挖淤量500 $m^3$，每日挖淤量1000 $m^3$。建议配置浮箱挖掘机3台，每日总挖淤量3000 $m^3$。

每台挖掘机配置2～3艘柴油动力自航泥驳，驳船长10.0～12.0 m，宽5～6 m，吃水1.0 m，载重量50 t（约30 $m^3$淤泥）。共计投入泥驳9艘。

每个临时码头投入挖掘机2台，转运用8 t汽车4台，共计投入挖掘机4台，中型汽车8台。

（4）施工顺序

总体施工顺序为：清理淤泥晾晒场地→修建码头与便道→设置清淤标志→清淤施工→检测质量→验收。

3）淤泥晾晒及利用

湖底清出的淤泥经过晾晒之后，大部分就地填埋，少部分根据场地内工程需要进行利用。由于湖中清出的淤泥含水量较大，不便于填埋和工程利用，需要经过一段时间的晾晒后，才能就地利用或者填埋。规划的淤泥临时晾晒和填埋场地只有白石路路基和北湖之间宽约30 m、长约2 000 m条状地带，面积6.0 $hm^2$。

（1）临时码头设计

临时码头需满足车辆调头以及2台挖掘机同时装卸作业的要求，临时码头宽度15 m，码头地面标高2.0 m，码头前沿水深大于2.0 m（图4-36）。

临时码头采用钢板桩拉锚结构，采用每延米板桩截面系数为2 037 $cm^3$的Q235钢板桩，钢板桩桩长9.0 m，拉锚采用背拉锚碇。码头填方采用填石渣和填土，同时修建一段便道至晾晒淤泥场地。

码头范围先填土，形成作业平台，打设钢板桩，然后开挖港池和航道。清淤工程完成后，建议钢板桩回收。

图4-36　临时码头

（2）淤泥的晾晒

淤泥晾晒铺填的厚度1.0～1.5 m，晾晒时间约2周。为了节约开支，结合景观的需要，大部分淤泥经过晾晒之后，就地填埋形成规划需要的地形。根据初步规划，就地填埋淤泥约$14.0\times10^4$ $m^3$（图4-37）。

淤泥晾晒和堆放场地主要设置在北湖的南侧白石路路基与湖岸之间地带，2座临时码头分别设置在北湖南岸白石桥的东侧和西侧。

图4-37 淤泥的晾晒

（3）淤泥的利用

淤泥指定堆放在白石路和湖岸之间的空地，经过晾晒之后，大部分就地填埋。需要就地填埋或利用的淤泥，经过一段时间的晾晒后应该能够达到不流淌的状态。就地填埋的淤泥含水量偏大时，填土面整平后按1.5 m × 1.5 m间距铺设塑料排水板，以促进排水。铺设排水板应连续，端部导出填土区外。

少量暂时不能填埋的淤泥，经晾晒后，根据场地工程需要就地利用或采用堆山造景的方式消纳剩余的淤泥。

### 4.4.6 外引水工程

在对华侨城湿地上游实施截污的同时，也截走了部分基流，减少了水体原有的环境容量，使水生生态环境更加脆弱。所以在截污治污后，进行生态补水，提高环境容量是华侨城湿地水生态修复、恢复健康的必要手段。补水是有效的增容措施之一。

根据2006—2008年《深圳市环境质量报告书》近海海水水质评价结果，2006—2008年深圳湾中和深圳湾出口近海水质类别均为劣四类，水质受到重度污染。而通过水质监测数据可知，深圳湾西部离岸涨潮和退潮时海水除无机氮、活性磷酸盐指标之外，DO、$BOD_5$、$COD_{Mn}$值基本上能够满足三类海水的要求。因此，考虑到深圳湾近岸的海水水质近期尚不乐观，仅仅依靠深圳湾海水和湿地水体进行交换，华侨城湿地和欢乐海岸南湖的水质均难以保证，所以决定采用外引水的方案，在深圳湾西部离岸取水点抽取水质较好的海水作为南北湖的补水水源，保障湿地和南湖水质、维持良好的生态景观。西部离岸海水经提升后从补水泵房输送到南湖，沿深圳湾滨海休闲带铺设6.2 km的直径1 m的补水管道，在南北湖周边布置补水交水点进行补水。南湖通过白石桥与华侨城湿地相连，南湖水体经白石桥进入华侨城湿地，通过1号箱涵，排至深圳湾（图4-38，图4-39）。这个方案需扩建取水泵房、外引电源、补水管道等。

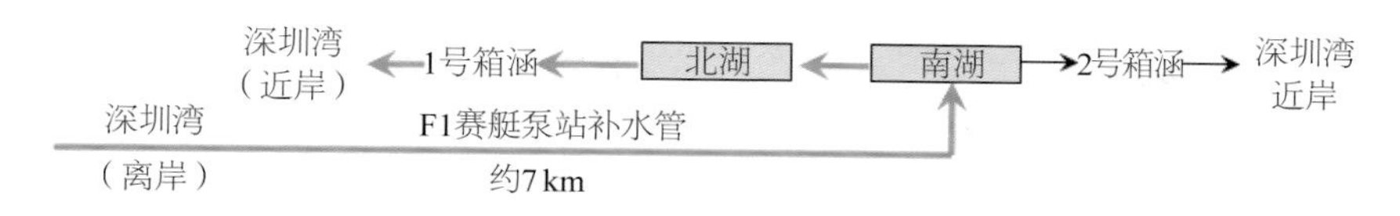


图4-38　外引水方案工艺流程图

图4-39　外引水示意图

#### 4.4.6.1　补水水质

2008年3月，对深圳湾取水点的海水进行水质监测，监测点如图4-40所示。表4-1显示，通过连续3天深圳湾涨潮和退潮时水质的分析发现，深圳湾海水除无机氮、活性磷酸盐之外，其余指标基本能够满足三类海水标准的要求。因此，F1赛艇补水泵房取水口处海水水质能够满足华侨城湿地及南湖高标准的水质要求。

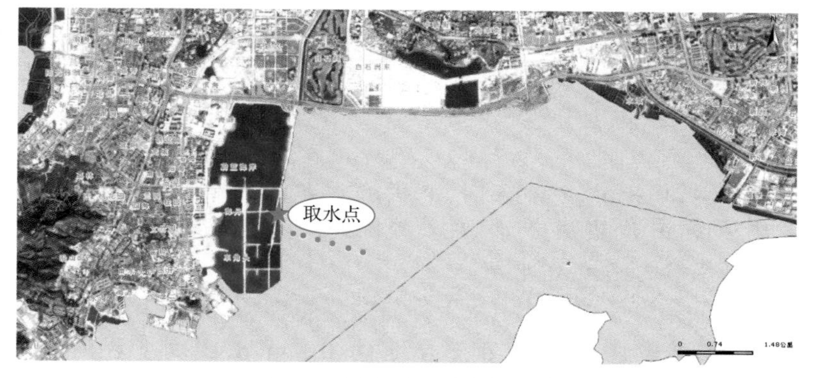


图4-40　深圳湾取样点位置图

表4-1 取样点水质一览表

| 检测项目 | 结果 | | | | | | 单位 | 三类标准 |
|---|---|---|---|---|---|---|---|---|
| | 2008—03—24涨潮（12：45） | 2008—03—24退潮（15：56） | 2008—03—25涨潮（09：30） | 2008—03—25退潮（14：47） | 2008—03—27涨潮（09：50） | 2008—03—27退潮（14：20） | | |
| pH值 | 6 | 6.8 | 6.8 | 6.9 | 7 | 6.8 | / | 6.8～8.8 |
| 盐度 | 30 | 25 | 28 | 27 | 26 | 29 | ‰ | --- |
| SS | <4 | <4 | <4 | <4 | <4 | <4 | mg/L | 人为增加量≤100 |
| 溶解氧 | 5.97 | 6.29 | 5.86 | 4.44 | 2.85 | 2.61 | mg/L | >4 |
| $COD_{Mn}$ | 3.16 | 2.16 | 2.04 | 2.12 | 1.71 | 1.94 | mg/L | ≤4 |
| $BOD_5$ | <2 | <2 | <2 | <2 | <2 | <2 | mg/L | ≤4 |
| 无机氮 | 1.053 | 1.662 | 1.4902 | 2.2814 | 1.6407 | 2.2075 | mg/L | ≤0.40 |
| 活性磷酸盐 | 0.13 | 0.28 | 0.16 | 0.16 | 0.19 | 0.19 | mg/L | ≤0.030 |
| 大肠菌群 | 6 | 13 | 240 | 240 | 540 | 540 | MPN/100ml | ≤10000 |
| 粪大肠菌群 | 6 | 6 | 240 | 240 | 240 | 240 | MPN/100ml | ≤2000 |
| 溶解性总固体 | 27948 | 23268 | — | — | — | — | mg/L | — |
| 氯化物 | 13090 | 10944 | — | — | — | — | mg/L | — |
| 钙 | 251 | 231 | — | — | — | — | mg/L | — |
| 镁 | 863 | 799 | — | — | — | — | mg/L | — |
| 锰 | 0.026 | 0.15 | — | — | — | — | mg/L | — |
| 总铁 | 0.292 | 0.292 | — | — | — | — | mg/L | — |
| 密度 | 1.02 | 1.02 | 1.02 | 1.02 | 1.017 | 1.017 | mg/L | — |
| 水温 | 22 | 21.5 | 18.5 | 18.9 | 21 | 21.8 | ℃ | |

4.4.6.2 补水规划

（1）近期补水

南湖水域面积20 $hm^2$，底高程-1.0 m，水面高程0.8～1.0 m，水体体积$18.07\times10^4$～$20\times10^4$ $m^3$。按照3～4天的交换周期，且留有适当富余，通过水动力模型模拟，最终确定补水量为$10\times10^4$ $m^3/d$。

为节约投资，欢乐海岸项目外引水工程与F1赛艇赛场工程共用部分设施，F1赛艇取水头部和取水量从原来的$10\times10^4$ $m^3/d$ 扩大到$20\times10^4$ $m^3/d$，取水口至F1赛艇赛场内湖补水泵房取水管由原来的两根DN1000的管道扩建为两根DN1200的管道（图4-41）。

图4-41　外引水工程管道铺设现场

（2）远期补水规划

在小沙河侧堰上设箱涵及闸门，近期可以在深圳湾退潮的时候排北湖的水，远期在深圳湾水质好转的情况下，通过水闸调度，引深圳湾海水进入北湖，进行水体自然循环交换。

#### 4.4.6.3　外引水工程构造

外引水工程包括取水头部、提升泵站、海底及陆地输水管，另外南北湖橡胶坝以及2号箱涵水闸也包含其中。

（1）取水头部

取水头部位于深圳湾内，控制坐标为A（$X$-14 640.238，$Y$-104 172.633）、B（$X$-14 638.741，$Y$-104 174.86）、C（$X$-14 642.644，$Y$-10 4175.734）、D（$X$-14 643.19，$Y$-104 173.294），占地面积3.5 m × 4.8 m = 16.8 $m^2$。在取水头部设计中，充分考虑深圳湾落潮的影响，保证在落潮情况下能按设计规模取水。取水头部底高程为-6.8 m，顶0.25 m，高于现状河床（-2.3 m）2.55 m。为了检修方便，在距离现状河床高程1 m处设检修孔。结合原有F1赛艇赛场取水口设计，将原设计的F1赛场取水规模$10 \times 10^4$ $m^3/d$扩大到$20 \times 10^4$ $m^3/d$。取水口埋设在现有的海底约1 m处。

（2）提升泵站

设置于望海路的东侧，占地面积41.5 m × 17.7 m =734.5 $m^2$，泵房顶高程为10.6 m，底高程为-4.0 m。补水规模为$10 \times 10^4$ $m^3/d$，选用3台补水泵，扬程25 m，单台泵流量0.39 $m^3/s$，无备用泵。

（3）输水管道

外引水工程的管道包括海底取水管以及陆地补水管两部分。

海底取水管考虑到抗浮的因素，采用钢管，与F1赛艇赛场取水管合建，为2根DN1200，埋设在现有的海底下约1 m处，长约为360 m。

陆地补水管沿深圳湾滨海休闲带涵敷铺设至补水点，主要采用HDPE管，在部分埋深比较大的地方采用钢管。

（4）补水点的确定

为使补水对水体产生最佳交换效果，对补水点位置及水量进行了水动力模拟，通过对水动力模型计算结果的分析，决定在南北湖设4个补水点，补水点水量分配如表4-2所示。

表4-2　最佳补水量分配　　单位：m³/s

| 编号 | Q1 | Q2 | Q3 | Q4 |
|---|---|---|---|---|
| 水量分配方案A | 0.307 | 0.200 | 0.450 | 0.200 |
| 水量分配方案B | 0.257 | 0.200 | 0.500 | 0.200 |
| 水量分配方案C | 0.207 | 0.225 | 0.500 | 0.225 |

本设计选择方案C作为推荐方案，南北湖内部补水点根据欢乐海岸南湖内部建筑布置进行设计。

4.4.6.4　水体交换

项目南北湖之间以及南湖南侧新建水闸，正常情况下，南湖南侧水闸关闭，南北湖之间水闸敞开，经输水管道补充进入南湖的海水经由南北湖之间的白石桥流入北湖，北湖水再通过深湾三路箱涵回流入深圳湾，完成水体交换（图4-42）。

可见，在不断进行水体交换的情况下，项目南北湖水质最终将变为取水点海水水质。

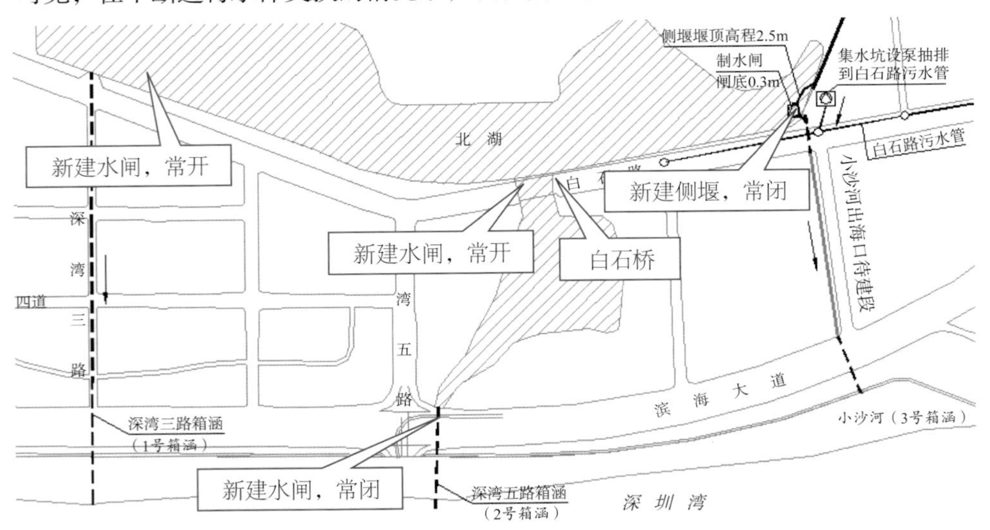


图4-42　欢乐海岸片区水体交换总体布置图

# 第5章 华侨城湿地生物通道恢复

自然界中各个物种之间、生物与周围环境之间都存在着十分密切的联系，自然保护仅仅着眼于对物种本身进行保护是远远不够的，往往也是难以取得效果的，要拯救珍稀濒危物种，不仅要对所涉及的物种的野生种群进行保护，而且还要保护好它们的生境。建立生物廊道是解决当前人类剧烈活动造成的生境破碎化以及随之而来的众多环境问题的重要措施。

生物廊道的建设，为附近生存环境遭到破坏的物种的栖息和迁移营造绿色通道，绿色廊道所提供的食物、栖息地、水源等是野生动植物迁移的基础保障，能够有效地提高动物迁移过程的成活率。华侨城湿地生物廊道的建设，是实现湿地与深圳湾斑块的连接通道，促进不同区域内物种基因的有效交流，改善动植物生存环境，实现基因多元化和物种多样化，为动植物提供适宜的生境，为鸟类提供自由迁徙的生物通道，为湿地周围动植物的迁移、栖息、觅食提供足够的生活空间及生存条件。

## 5.1 生物通道

### 5.1.1 生物多样性和生境破碎化

生物多样性（biodiversity）是人类生存的基础。目前，人类对自然的过度利用导致生物多样性的大量、快速消失，保护生物多样性成为人类实现可持续发展过程中面临的首要任务。生物多样性是所有生物种类、种内遗传变异和它们的生存环境的总称，包括所有不同种类的动物、植物和微生物，它们所拥有的基因以及它们与生存环境所组成的生态系统。

生境（habitat）一词是由美国Grinnell在1917年首先提出的，其定义是生物出现的环境空间范围，一般指生物居住的地方，或是生物生活的生态地理环境。生物总是以特定的方式生活于某一生境之中，同时生物的各种行为、种群动态及群落结构都与其生境分不开，所以生境也可以说是指生物个体、种群或群落的组成成分能在其中完成生命过程的空间。生境破碎化（habitat fragmentation）是指由于自然或人为因素的干扰，原来连续的景观要素经过外力作用后变为许多彼此隔离的不连续的斑块镶嵌体或嵌块。生境破碎化主要表现为斑块数量增加而面积减少，斑块形状趋于不规则，内部生境面积缩小，廊道被截断以及斑块彼此隔离。生境破碎化是生物多样性面临的最大威胁。生境的重新连接是景观生态规划的重要切入点，建立生物通道，可以把不同地方的生境构成完整的生态网络（王春平，2009）。

### 5.1.2 生物通道概念

生物廊道（Biological corridor）意即穿越的通道，原意为在遭切割而分散零碎的栖息地之间，以人为的方法建构通道，连接两地的动物栖息地，减少因为道路切割造成的隔离，导致物种基因交流减少。生物廊道是具有一定宽度的条带状区域，除具有廊道的一般特点和功能外，还具有很多生态服务功能，能促进廊道内动植物沿廊道迁徙，达到连接破碎生境、防止种群隔离和保护生物多样性的目的（李正玲等，2009）。

根据生物廊道的建设尺度以及廊道的内部组成等因素，生物廊道又可分为生境廊道( habitat corridor) 和生物通道( wildlife crossing) 两种类型（李玉强等，2010）。通常生境廊道的长度和范围要比生物通道大得多，生境廊道主要指适应生物移动或栖息的通道，可以将保护区之间或与之隔离的其他生境相连，从而减小生境片段化对生物多样性的威胁。《自然保护区名词术语》将其定义为：连接破碎化生境并适宜生物生活、移动或迁移的通道。生物通道主要针对野生动物活动过程中的公路、铁路、水渠等大型人为建筑所设置的，有路上式、路下式、涉水涵洞和高架桥等形式（国家林业局，2007）。

所谓生物通道，顾名思义，就是人类在开发建设水利工程项目时为生物的通行而规划和设计的道路（王宏艳等，2007），是指有一定宽度的、免除人类活动影响的、供生物迁徙穿越的通道。这种通道把道路两侧的农田、山地和城市内绿地联系起来，使两侧的生物得以交流，以维持其原来的生活习性（陈清华等，2011）。生物通道是联系斑块的重要桥梁和纽带。通道很大程度上影响着斑块间的连通性，也影响着斑块间物种、营养物质和能量的交流。通道最显著的作用是运输，同时还可以起到保护作用。对于生物群体而言，通道具有隔离带和栖息地等多种功能。在生态城市的规划中，应十分重视绿色生物通道的建设，因为生物通道的生态服务功能可以使城市景观系统中的廊道与廊道、廊道与拼块、拼块与拼块之间相互支撑和密切联系，成为一个整体。

### 5.1.3 生物通道类型

从尺度上来看，可分为大尺度生物通道和中小尺度生物通道。大尺度生物通道是自然生态空间中具有跨区域性和区域首要的通道，是生物进行长距离、大规模活动和生态联系的通道和纽带（王春平，2009）。

根据生物通道所处位置，可分为水中生物通道、陆地上的生物通道和鸟类飞行通道。鱼道是水中生物通道的主要研究方向，是指供鱼类洄游通过水闸或坝的人工水槽（图5-1）。

图5-1 连江第一座鱼道

来源：http://blog.163.com/cyxzjw@126/blog/static/39501396201011310502721 7/

根据位置、形状、材料等又可将陆地上的动物通道分为：管状涵洞、箱式涵洞、桥梁路下式通道和路上式通道（王云才，2007）（图5-2）。

图5-2 桥梁路下式通道和路上式通道

来源：http://wenku.baidu.com/view/2c85b4d6c1c708a1284a44e0.html

## 5.1.4 生物通道恢复的必要性

城市（含道路）建设在占用土地时，把剩余生物生存空间划分为孤立的、更小的斑块，在这样狭小的空间里，生物的食物来源、种群数量、必要的活动或迁徙都受到限制。当空间小到一定程度时，将会导致该区域内许多生物群体的灭亡（曹则贤，2003）。因此，生物通道是生态城市建设的基本条件之一。利用生物通道把分散的农田、山地和城市内绿地之间联系起来，把孤立的、狭小的生物生存空间连通成较大的、远远大于物种临界生存空间的地域。在城市生态规划设计中，应因地制宜地利用城市现有的资源( 如河流、湖泊、公园、绿地等)，注重建设具有一定宽度的生物通道或对生物通道的残缺框架进行修复，使"物种流"顺畅流动，可维持景观系统内能源、物流的畅通，并且具备动植物流栖息、暂息和暂时停留的功能。 通过建立生物多样性保护廊道，将分离的斑块连接起来，形成一个区域网络，有利于提高生物抵抗局部干扰的能力。同时，也为生物多样性的长期保存提供了重要保障（甘宏协和胡华斌，2008）。

### 5.1.4.1 水中生物通道恢复的必要性

20世纪50年代，国际大坝组织在东南亚修建了一座拦河大坝，由于未考虑生物通行的问题，更谈不上设计什么生物通道，大坝修成之后，结果是上下游生物不能通过，对该河上下游生物的生存和繁殖造成了严重的影响（王宏艳等，2007）。

我国的葛洲坝也造成了生物的生存危机问题。每年夏初，长江中生存的洄游生物特别是成年中华鲟离开东海和黄海，顺江而上，经过宜昌，穿越长江三峡上溯，经过半年时间之后在金沙江中找到属于自己的产卵场，产卵繁殖后再返回海洋。而葛洲坝截流之后，下游的中华鲟上不来，大量的中华鲟在大坝下的急流中撞死或累死在坝下，给中华鲟造成了严重的生存悲剧，令人为之悲哀和遗憾（王宏艳等，2007）。

鱼类洄游（fish migration）是指鱼类因生理要求、遗传和外界环境因素等影响，引起周期性的定向往返移动。洄游是鱼类在系统发生过程中形成的一种特征，是鱼类对环境的一种长期适应，它能使种群获得更有利的生存条件，更好地繁衍后代。在动物界中，类似的活动非常常见，在昆虫则称为"迁飞"，在鸟类则称为"迁徙"，在哺乳动物则称为“迁移”。对鱼类而言，由于觅食、繁殖、越冬等原因，按照自然习性大多数鱼类要在上、下游河道自由游动，修建大坝后，由于存在大坝拦截河道的客观因素，鱼类无法越过大坝自由游动，阻碍鱼类洄游到水库上游的产卵场进行产卵，阻碍部分鱼类回归大海，这对鱼类的生长繁殖产生了严重的影响，其中以对洄游、半洄游鱼类的影响最大（涂志英等，2011）。构建水中生物通道为鱼类提供洄游的通道，使鱼类在上下游自由游动，对鱼类及其他水生生物的生存起到至关重要的作用。

#### 5.1.4.2 鸟类的迁徙行为

鸟类迁徙是鸟类随着季节变化进行的、方向确定的、有规律的和长距离的迁居活动。影响鸟类迁徙的因素有很多，其中既有外在的气候、日照时间、温度、食物等因素，也有鸟类的内在生理因素。①温度不仅仅影响了鸟类本身的感受，同时也会影响鸟类的食物来源，当高纬度地区温度降低时，鸟类便会迁徙，而由于地形等因素的影响，中高纬度地区也会有一些区域会保持相对较高的温度，生活在这里的候鸟就有可能转变为留鸟。②有研究表明，鸟类迁徙开始时间与日照时间有关，当日照时间达到一定长度以上或以下之后，会触发鸟类体内的某种反应机制，诱发其迁徙行为。③食物状况是影响鸟类迁徙一个重要因素，有学者认为，由于鸟类是恒温动物，本身对环境温度的变化较不敏感，因而温度因素对鸟类迁徙的影响主要就是通过食物来实现的，温度降低不仅使食物本身的活动停止，而且鸟类的觅食活动也受到很大限制，正是这一因素迫使鸟类开始迁徙。④迁徙是鸟类生命本能的一部分，受到其内在生理因素的调节。[①]

鸟类的迁徙通道是指由越冬地到营巢地所经过的地方。鸟类的迁徙通道是自然选择的结果，它主要是鸟类对自然气候、地理障碍和自然环境的适宜程度选择而形成的。在迁徙图上一般将环志地点和收回环志的地点用直线连接，此线就成为理论的或理想的迁徙路线。其实没有一种鸟是直线迁飞，主要是由于受地面构造、景观类型、植被、食物及天气等各种因素影响的结果。人们根据某甲地区繁殖的鸟大都迁往某乙地区越冬的基本规律总结出了一些大多数鸟途经的路线，称之为鸟类迁徙“通道”。

目前，全球有8条候鸟迁徙路线（图5-3）。其中经过我国的主要有3条路线：一个是西太平洋，主要是从阿拉斯加到西太平洋群岛，经过我国东部沿海省份；第二条路线是东亚、澳洲的迁徙路线，主要是从西伯利亚至新西兰，经过我国中部省份；第三条路线是中亚、印度的迁徙路线，主要是从中亚各国到印度半岛北部，实际是从南亚、中亚各国到印度半岛北部，经过西藏，翻越喜马拉雅山，经过青藏高原等西部地区。

迁徙是鸟类生命周期中风险最高的行为，受到体能、天敌等多种因素的制约，而人类的活动常常有意无意地破坏鸟类迁徙的补给站点，而给它们的迁徙制造更大的困难，有时甚至对某些物种的存续产生严重影响。人类活动的干扰，城市工程的建设，在鸟类的飞行路线中增加了许多障碍，在这种情况下，鸟类可能会迷失方向，或者生存受到威胁甚至造成族群更高的死亡率。维持鸟类的迁徙路线或生物廊道的畅通是保持鸟类生态特性、降低鸟类迁徙中的死亡率、保护物种多样性的重要途径。

---

①http://zh.wikipedia.org/wiki/%E9%B8%9F%E7%B1%BB%E8%BF%81%E5%BE%99。

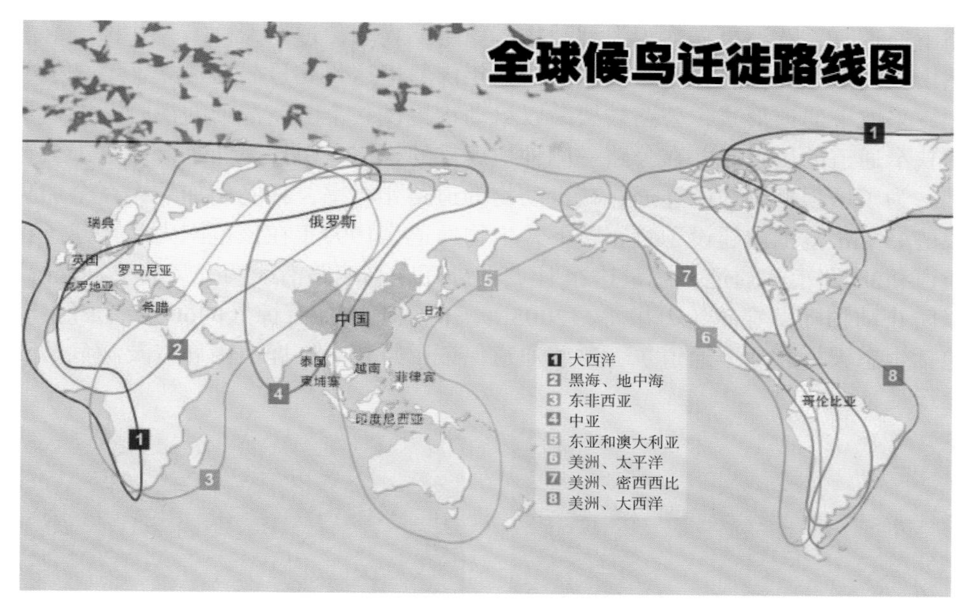


图5-3　全球候鸟迁徙路线图

## 5.2　生物通道恢复研究的进展

20世纪五六十年代，欧洲一些国家已开始设计和使用野生动物通道以保护有限的生物多样性资源，如何减少“动物车祸”，并为破碎的动物栖息地修建“野生动物通道”的研究与应用也迅速开展起来，而国内对生物通道的研究起步较晚。近年来，生物多样性保护廊道或生态通道在生物多样性保护中的作用受到了广泛关注（Haddad et al. , 2003; Damschenet al., 2006），使其成为了生物多样性保护和管理的一个重要手段（甘宏协，2008）。生物通道的建立，不仅不会为国家建设带来额外负担，对生物多样性的保护却是卓有成效的。

### 5.2.1　国外研究进展

Merriam和Lanoue（1990）在农业区进行的研究表明，一些小哺乳动物确实利用廊道来进行散布。Kupfer和Malanson（1993）发现通过廊道连接的斑块有利于树种的扩散，尤其是对于借助重力扩散的树种。Ferenc（2000）认为，廊道能够将当地的小种群连接起来并使之在斑块间迁移，增加种群间的基因和物种交流，降低种群的灭绝风险。Joshua等（2002）在美国萨凡纳河附近开辟了8块50 $hm^2$的研究区，试验结果表明，通过廊道连接的斑块，蝴蝶迁移、授粉与结实率及被鸟类携带的种子的迁移率都分别高于无廊道连接的斑块，证明了廊道对于生物的迁移、繁殖有关键性的作用。著名的中美洲生态大走廊(MBC)自建成至今22年来，对当地的生物多样性保护起了很大作用（Jocelyn, 2001）。

道路建设时，尤其是全封闭高速公路，应在一定距离内设立路面下的、宽度大于10 m的自然状态下的通道，使两侧的生物得以交流。这种方法在西欧国家已实行多年，有效地减少了国家交通高速发展对地面上生物多样性的破坏。其中，北美偏好为野生动物挖“路下通道”，欧洲更喜欢为大型动物搭建路上式的“过街天桥”，并种植草木，模拟自然山坡地形，并称之为“绿桥”。1994年佛罗里达州46号公路建立了第一条“黑熊通道”，采取下通道形式，公路被架高以给动物提供一个明亮清晰的视野，以减少动物对黑暗狭窄通道的畏惧，并在公路一侧种植成排的松树，引导黑熊进入通道（王春平，2009）。为了增强栖息地的连通，减少动物的道路死亡率，1986年加拿大在全加高速路班夫段的45 km 范围内建设了11座路下式生物通道，1997年在该范围内又增建了11座路下式通道和2座路上式通道，总量达24 座，此外还在高速路沿线两旁竖立了2.4 m 高的栅栏，以防止动物随意穿越（万敏等，2005）。荷兰境内拥有惊人的600多个野生动物通道（包括生态天桥和地下通道），这些通道保证了野猪、红鹿、獐鹿以及濒危的欧洲獾的安全迁徙（图5-4）。

a. 加拿大班夫国家公园野生动物天桥

b. 荷兰A50高速上的沃思特霍夫生态通道

c. 德国A20高速上的绿色通道

d. 美国蒙大拿州动物天桥

e. 法国生态通道

f. 澳大利亚圣诞岛国家公园红蟹天桥

图5-4 世界各国生态通道

水中生物通道的鱼道在西欧已有上百年历史，1883年苏格兰柏思谢尔地区泰斯河支流上的胡里坝，建成了世界上第一座鱼道。1909—1913年间，比利时工程师丹尼尔进行了长达30年的实验和研究，创造了内部设置减少流速的独具形式的鱼道，称之为“丹尼尔型鱼道”（宋德敬等，2008；王春平，2009）。

世界上水头最高、长度最长的鱼道分别是美国的北汉坝鱼道（提升高度60.0 m，全长2700.0 m）和帕尔顿鱼道（提升高度57.5 m，全长4800.0 m）。美国和加拿大建有各种过鱼建筑物200多座，欧洲100座左右，日本约35座，比较著名的有美国的邦纳维尔坝鱼道、加拿大的鬼门峡鱼道以及英国的汤格兰德坝鱼道等（华东水利学院，1982）。

### 5.2.2　国内研究进展

国内在生物通道方面的研究和应用较晚。2004年12月通车的河南驻马店至信阳高速公路南段由于经过董寨国家级鸟类自然保护区27 km，并需经过豫鄂交界处一处生存着国家级自然保护动物白冠长尾雉、金钱豹等野生动物的浅山，专门特设了数个专用生物走廊，成为国内首个基于野生动物角度而专门设置动物走廊的高速公路，也使得河南高速公路在对动物保护方面走在全国前面（王春平，2009；陈志展和蔡荣坤，2011）。

青藏铁路工程中，为了沟通被分割的高原生境和野生动物迁徙路径，设置野生动物通道33处，通道形式有桥梁下方、隧道上方及缓坡平交三种形式，其中桥梁下方式通道13处、缓坡平交通道7处、桥梁缓坡复合通道10处、桥梁隧道复合通道3处（图5-5）。2004年至2007年对野生动物通道的监测数据表明，三种类型的通道对沿线野生动物种群交流均起到了积极的作用（付鹏等，2011）。

西双版纳小勐养高速公路首创野象专用通道，济晋高速公路通过架桥、修隧道洞的方式为猕猴开辟特别通道。奥林匹克森林公园中的生态廊道坐落于北京中轴线上，横跨穿越公园的北五环路，外形像一座过街天桥，与公园南、北两区浑然一体（王春平，2009；陈志展蔡荣坤，2011）。

野牛是西双版纳热带森林系统中的代表性物种，由于人类干扰的加剧，野牛的生境逐渐缩小、彼此分割，其生存条件渐渐恶化，野牛面临着绝迹的威胁。甘宏协和胡华斌（2008）在GIS的支持下，基于野牛对生境的选择，研究在西双版纳境内的2个国家级自然保护区之间构建生物多样性保护廊道，为西双版纳境内其他自然保护区之间的廊道设计提供依据。在该区域进行廊道设计时，应该考虑的因素有植被类型、海拔和坡度。

图5-5　青藏铁路生物通道

来源：http://news.hexun.com/2008-04-23/105499887.html

至20世纪80年代，水利部门相继建成了安徽裕溪闸鱼道、江苏浏河鱼道、江苏团结河闸鱼道、湖南洋塘鱼道等40多座过鱼建筑物。2000年在巢湖闸水利枢纽工程改建时，将原来的池堰式鱼道改造成开底孔的垂直竖缝式隔板结构（宋德敬等，2008；王春平，2009）。

在珠海横琴岛开发时，考虑到随着大开发的开始，鸟类的生活空间势必受到影响，鸟类将面临巨大的生存压力。因此，为不打扰鸟类的“两栖生活”，保证鸟类空中通道的连贯性，在《关于预留珠江口西岸鸟类空中通道的提案》中别开生面地提出，尽量少建高层建筑，减少使用玻璃幕墙及太鲜艳的建筑材料以缓解对鸟类视觉的影响。

## 5.3 华侨城湿地生物通道恢复技术

### 5.3.1 湿地生物通道恢复的必要性

#### 5.3.1.1 水生生物通道恢复的必要性

深圳湾，香港称之为后海湾，是深圳河河口三角洲地带的内湾，由潮间带滩涂、红树林、内湖、基围和鱼塘等多种生境类型所组成，是东亚候鸟迁徙路线上的一个非常重要的节点，每年有数万只水鸟在此停歇或过冬。深圳湾候鸟以水鸟为主，占该区所记录的鸟类数量90%以上，尤以鸻鹬类、鸥类、鸭类和鸬鹚最多（图5-6）。

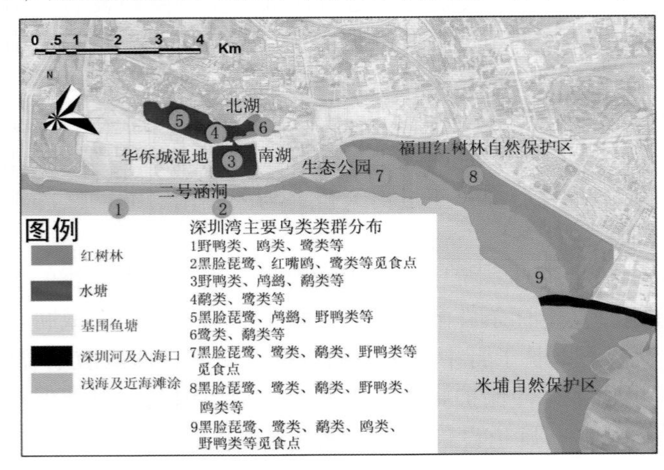


图5-6 深圳湾鸟类主要鸟类类群分布

根据张才学等（2008）对深圳湾浮游动物进行的周年的季节调查，共检出浮游动物38种和浮游幼体13类，其中原生动物2种，腔肠动物4种，介形类1种，桡足类22种，软甲类3种，毛颚类3种，被囊类1种，多毛类2种；浮游幼体（包括仔鱼）13类。年均丰度和生物量分别为406.7 ind./m$^3$和764.0 ind./m$^3$，高峰均位于夏季，低谷分别位于冬、春季。种类数（包括浮游幼虫）秋季最多，为43种；夏季次之，为30种；冬季最少，仅23种。主要优势种为太平洋纺锤水蚤（*Acartia pacifica*）、刺尾纺锤水蚤（*Acartia spinicauda*）、短角长腹剑水蚤（*Oithona brevicornis*）、双生水母（*Diphyes chamissonis*）、卡玛拉水母（*Malagazzia carolinae*）、蔓足类幼体和桡足幼体等。

吴振斌等（2002）对深圳湾底栖动物的调查显示，共有20种底栖动物，分别隶属于

环节动物的多毛类7种、寡毛类2种；软体动物8种；甲壳动物2种；鱼类1种。底栖动物个体数为180～8860个/m$^2$，平均为2364个/m$^2$。主要有弹涂鱼（*Periophthalmus cantonensis*）、长吻沙蚕（*Glycera chirori*）、黄蛹螺（*Pupina flava*）、虾姑（*Oratosquilla oratoria*）等，还出现两种淡水寡毛类霍甫水丝蚓（*Limnodrilus hoffmeisteri*）和克拉泊水丝蚓（*Limnodrilus claparedeianus*）。深圳湾红树林区滩涂上适于鸟类摄食的底栖动物包括弹涂鱼（*Periophthalmus cantonensis*）、青弹涂鱼（*Scartelaos viridis*）、弧边招潮蟹（*Uca arcuata*）、羽须鳃沙蚕（*Dendronereis pinnaticirris*）、腺带刺沙蚕（*Neanthes glandicincta*）等（蔡立哲等，1998；蔡立哲，2000）。

深圳湾鱼类丰富，主要有浮游生物食性的花鰶（*Clupanodon thrissa*）、斑鰶（*Clupanodon punctatus*）、鲻（*Mugil cephalus*），小型肉食性的少鳞鱚（*Sillago japonica*）、杜氏棱鳀（*Thrissa dussumieri*）、黄斑鲾（*Leiognathus bindus*)、鹿斑鲾（*Leiognathus ruconius*）、鳓鱼（*Ilisha elongate*）、舌虾虎鱼（*Glossogobius giuris*）、孔虾虎鱼（*Trypauchen vagina*），肉食性的居氏鬼鲉（*Inimicus cuvieri*）、尖嘴魟（*Dasyatis zugei*）、鲬（*Platycephalus indicus*），底栖性食性的棘头梅童鱼（*Collichthys lucidus*）、尖尾黄姑鱼（*Nibea acuta*）、宽体舌鳎（*Cynoglossus robustus*）和杂食性的六指马鲅（*Polynemus sextarius*）等（丘耀文等，2009）。

根据鸻形目鸟类的食性分析来看，取食的主要动物性食物大多为小型的腹足类、瓣鳃类、甲壳类和环节动物，但也食少量昆虫（崔志兴等，1985）。鹭科鸟类食物多样，包括鱼、虾、螺、蟹、蛙、泥鳅及水生昆虫等，但种间仍有明显差异。白鹭的食物组成主要为动物性食物，以昆虫、鲻科鱼类为主。

底栖动物为鸟类提供了最主要的食料。潮滩上种类繁多的底栖动物为鸟类提供了丰富的食料，这也是鸟类在保护区内赖以生存繁殖的基础（蔡立哲，2000；Cai et al., 2001）。并且，底栖动物在湿地生态系统物质循环、能量流动中起着显著的作用。有些底栖动物主要是以红树林凋落物及其有机碎屑为食物，由于这类动物的栖息密度高，因此，它们对红树林区有机碎屑物质、能量的转移作用也是显著的（Lee, 1998）。底栖动物改善湿地沉积物的通气条件。由于底栖动物在湿地沉积物中的造穴运动，改善了沉积物的通气条件，同时，底栖动物的生活对红树植物的生长也是有利的。深圳湾丰富的底栖动物、浮游动物、鱼类为鸟类的生存创造了良好的生态环境。而华侨城湿地作为深圳湾的一部分，是深圳湾鸟类栖息地一处破碎化的生境，通过水生生物通道的连接，使深圳湾与华侨城湿地的水环境融为一体，为华侨城湿地的鸟类提供了良好的栖息与觅食环境，对华侨城湿地的生态系统的物质循环与能量流动有积极的作用，对华侨城湿地的整个生态环境是非常有利的。

随着深圳湾填海工程的发展和白石路工程的建设，深圳湾与华侨城湿地之间的水交换不畅通，由于当初建设预留的1号、3号箱涵箱涵淤塞非常严重，且迎海面闸门现在腐蚀严重，已无法发挥其功能，深圳湾海水仅能通过2号箱涵及南湖与侨城湿地进行水体交换，由于此通道长期淤积，湿地水体与深圳湾海水的交换很不充分。华侨城湿地水生生物的生存环境受到不断压缩，鸟类觅食环境日益恶劣，水生生物多样性逐渐单一化。华侨城湿地水生生物通道的恢复，可维持湿地与深圳湾之间的水交换，增大湿地水环境容量，使水生生物的觅食与栖息环境得到改善，对湿地水生生物多样性的保护起到积极的作用。

5.3.1.2　空中飞行通道恢复的必要性

海岸鸟类生态的特性是退潮期间水鸟在潮间滩涂觅食，一直到涨潮前飞入内陆的栖息地栖息，等到潮水退去后再飞到潮间滩涂的觅食地活动，部分繁殖期间的鸟类，不仅仅在繁殖期间必须来回在坐巢孵蛋的繁殖地和觅食地之间飞行，在育雏期间也必须要来回飞行寻找食物来喂哺幼鸟。有研究显示，鸟类飞行的路径是固定的路线，除非受到恶劣气候的影响改变鸟类的栖息地利用规则之外，造成鸟类飞行通道的存在主要是水鸟要完成来回每日生活所需的觅食和栖息地之间所产生的结果。

深圳湾鸟类栖息、觅食与繁殖的主要区域为深圳福田红树林保护区、香港米埔自然保护区及华侨城湿地（图5-7）。深圳湾香港一侧有米埔湿地，加大了深圳湾向内陆的延伸厚度，同时拥有基围、芦苇、淡水池塘、鱼塘、红树林等多种生境，成为高潮期深圳湾水鸟的主要栖息地。反观深圳一侧，受滨海大道挤压，包括红树林在内的滨海湿地呈窄长条状，生境较为单一，随着红树林基围鱼塘的不合理改造，水位较深，塘岸无斜坡，塘基杂草密生，除部分游禽外，已不适合大多数水鸟栖居。因此，华侨城湿地的修复和改造，在一定程度上填补了深圳湾深圳侧内陆湿地的匮乏，凸显了其重要的区域地位，具有突出的生态价值。

华侨城湿地是深圳湾深圳一侧面积最大、具有多样化生境的内陆化滨海湿地，是深圳湾填海工程遗留下来的。华侨城湿地总面积69 $hm^2$，占深圳湾拉姆萨尔湿地总面积（1500 $hm^2$）的4.6%。华侨城湿地原为深圳湾滨海红树林湿地的一部分，被分隔成湖后，保留了大面积的红树林和泥质滩涂，湖岸形成复杂多样的植被群落。经过改造和修复，目前拥有泥滩、沙砾浅滩、芦苇、湖心岛、灌丛等多种生境类型，适于不同生态类型的鸟类在此栖息。鸟类的觅食路线与潮水涨落相关，低潮时，深圳湾潮间带裸露出大面积的滩涂，此时，大部分的水鸟活跃在滩涂上；高潮时，滩涂被海水淹没，除少部分游禽，大部分水鸟离开海湾，飞到附近的基围、鱼塘、内湖等内陆湿地栖息（图2-6）。因此，华侨城湿地与沙嘴鱼塘、下沙鱼塘一起，是深圳湾水鸟和林鸟的栖息地之一，尤其是为大量深圳湾水鸟提供了高潮期的临时停歇场所，凸显其不可或缺的重要生态地位。因此，维持华侨城湿地与深圳湾之间的鸟类飞行通道也显得尤为重要。

图5-7　深圳湾鸟类迁徙盘旋区域

## 5.3.2 湿地生物通道恢复技术

### 5.3.2.1 湿地生物通道位置的确定

生物通道的位置取决于地形地貌、植被特征和动物的行为规律等。确定位置，首先要弄清动物的行为规律，然后调查生物廊道周围基质的土地利用方式。最后根据廊道所连接的生境斑块的位置来最终确定生物廊道的位置（Rouget et al.，2006）。

### 5.3.2.2 湿地生物通道的结构形式

宽度特征对于生物廊道生态功能的发挥有重要意义，它直接影响着物种沿廊道和穿越廊道的迁移效率。但过宽的廊道会增加生物在廊道两侧内部的运动，降低生物到达目的地的效率，且由于需要更多的土地而增加与土地所有者的利益冲突（Andreassen et al., 1996）。

（1）华侨城湿地与深圳湾水生生物通道：选择3号箱涵，深圳湾填海工程时已经建好，都为3孔，单孔断面尺寸为3.5 m × 2.2 m，但是堵塞较为严重，迎海面闸门同样腐蚀严重不能使用。白石路与滨海大道间的一段尚未建成，长度为468 m，将其改建小沙河明渠作为深圳湾与华侨城湿地潮起潮落的生物通道，扩大小沙河明渠进入侨城湿地断面，扩大生物交流断面。明渠设计底宽11.0 m，顶宽16.0 m，设计渠深4.6 m，一级阶梯式放坡后设计渠宽14.0 m，二级阶梯式放坡后设计渠宽16.0 m（图5-8）。下一步向政府建议将1号箱涵改为明渠，类似现在3号箱涵的做法，以打通华侨城湿地与深圳湾的另一水生生物通道。

图5-8 3号箱涵处水生生物通道

（2）空中鸟类飞行通道：为保护华侨城湿地鸟类空中飞行安全，分别在深湾五路、欢乐海岸与滨海医院交界带，构建高大乔木林带，宽度30 ~ 50 m，林高大于20 m，作为空中生物通道（图5-9）。

图5-9 深圳湾—华侨城湿地生物通道示意图

### 5.3.2.3 构建二次生态围堰——保障华侨城湿地水体交换生命通道

欢乐海岸项目建设时期，正常施工时南湖需保持干作业，这势必会切断湿地与深圳湾的水体交换。为解决该问题，先后两次根据施工情况修建临时生态通道，即通过两条围堰连接2号箱涵至白石桥，连通深圳湾海水与华侨城湿地湖水。

对于生态通道的施工方法，选择不挖运内湖底的淤泥、不破坏原始底泥结构、对环境影响最小、对生态保护最有利、又达到清淤及软基处理目的的“真空预压排水固结”施工工艺（图4-32）。工地现场很难见到马达轰鸣、尘土飞扬的场景，有效降低了施工对包括侨城湿地在内的周边环境的影响。

一期生态通道于2007年1月底建成，工程历时3个月（图5-10）；二期生态通道于2008年1月完成，工程历时4个半月（图5-11）。生态通道修建后，进出华侨城湿地的水深由原来的1.0～1.5 m增加到目前的2.0～2.5 m，有效保证了水体交换的容量，保证了施工期湿地与深圳湾水体的正常循环交换。

图5-10 一期生态围堰

图5-11 二期生态围堰

# 第6章 华侨城湿地植被修复

## 6.1 植被修复概述

### 6.1.1 植被修复概念

恢复生态学是研究生态系统退化的过程与原因、退化生态系统恢复的过程与机理、生态恢复与重建的技术与方法的科学。恢复生态学主要以退化生态系统为研究对象，以解决实际的生态环境问题为主要目的，通过选择和确定目标生态系统、引进外来物种和利用工程方法、重建和恢复受损的生态系统（Steven，2008）。湿地修复，又名湿地恢复，是指通过生态技术或生态工程对退化或消失的湿地进行修复或重建，再现干扰前的结构和功能以及相关的物理、化学和生物学特征，使其发挥应有的作用（任海和彭少麟，2002）。

湿地生态恢复的总体目标是采用适当的生物、生态及工程技术，逐步恢复退化湿地生态系统的结构和功能，最终达到湿地生态系统的自我持续状态。主要包括：①实现生态系统地表基底的稳定性；②恢复湿地良好的水状况；③恢复植被和土壤，保证一定的植被覆盖率和土壤肥力；④增加物种组成和生物多样性；⑤实现生物群落的恢复，提高生态系统的生产力和自我维持能力；恢复湿地景观，增加视觉和美学享受；⑥实现区域社会、经济的可持续发展（章家恩和徐琪，1999；张宇和马建章，2010）。

湿地的生态恢复可概括为：湿地生境恢复、湿地生物恢复和湿地生态系统结构与功能恢复。湿地生境恢复包括湿地的基底恢复、湿地水状况恢复、湿地土壤恢复、湿地植被恢复等。鉴于植被在维系湿地生态系统生物多样性、净化水质和减缓地表径流冲刷等方面具有重要作用（郭长城等，2006；江亭桂等，2009），植被恢复成为退化湿地恢复的重要工作内容之一。退化湿地的植被恢复有助于提高湿地生物多样性和净化水体功能（严玉平等，2010）。

植被修复是按照生态学规律，利用植物自然演替、人工种植或两者兼顾，使受到人为破坏、污染或自然毁损而产生的生态脆弱区重新建立植物群落，以恢复生态功能的技术领域（任海，2009）。植被修复一般包括3个互相联系和彼此渗透的发展阶段：一是蓄水固沙（或固土），改良土壤，使之具备植物生长的基本条件；二是合理筛选植物，合理安排种植顺序，增加表面植被覆盖；三是随着生态环境的逐步恢复，渐进建立次生植物群落，再造生态景观（Adler，1996；金靖博等，2008）。

湿地植被是生长在土壤过湿、周期性积水或常年浅层积水的湿地生境中的植物群落总称，由水生、沼生和湿生植物组成，兼具隐域和部分地带性特征（汲玉河等，2006）。湿地植被是水环境的产物，又是水环境的标志，是湿地生态系统的基本组分和功能的核心，是许多野生动物的食物及栖息地（郑玉华等，2010）。湿地植物包括水生植物、湿生植物和部分中生植物3种生态类型。

植被生态修复因其投入少、效益显著，常作为非常有效的植被恢复措施。植被生态修复是生态修复的一个分枝，从大尺度看，植被生态修复是在人为促进条件下，一个区域植被系统质量整体提高；从小尺度看，可以是一种植被类型，甚至一个天然群落在人为促进条件下的恢复，特点是以天然生态系统的自我恢复能力为轴心，顺应群落自然演替规律，人工补植或播种乡土植物种苗，提高群落持续恢复速度（张文辉和刘国彬，2009）。

### 6.1.2 湿地植被修复原则

根据湿地的特殊性，植被修复时需要因地制宜，考虑立地环境的差异、遵循自然规律，针对不同区域、不同地块，选择合适的治理方式、适用植被和栽培模式，突出选用乡土植被、采用拟自然演替模式。并且，遵循以下原则（李洪远和孟伟庆，2005；王红春和胡堂春，2010）。

（1）湿地修复的原则

植物群落的修复与重建应以当地湿地水文条件与水流运输能力为依据，按照等高线设计复杂多样的小生境以适合不同生物种类的需求。

（2）地域特色的原则

恢复地的湿地生境如小气候、水文、土壤、生物环境都有所不同，不同的地形造成的小环境不同，是由于对光、热、水等大气候条件的重新分配而引起的生态条件不同所致。因此，应使修复树种的特性，主要是生态学特性和造林地的立地条件相适应，以充分发挥生产潜力。

（3）整体协调的原则

从某种意义上讲，湿地植物也是一个有机的、具有一定结构与功能的整体，在湿地植物恢复和重建时，应将其作为一个整体来思考和管理，构建一个有机的群落。

（4）生物多样性原则

目前大部分人工林为纯林，结构单一，林下成活的地被少，枯枝落叶量低，不仅水土保持和涵养水源功效不好，而且因大部分地表裸露，水分蒸发多，有效利用少，同时养分平衡失调，影响了林分发育。而天然林均有其乔灌草优势种和伴生种，共同组成和谐、稳定的复层混交结构，其生物量、水土保持及水源涵养等功能大大高于大部分人工林。

（5）景观美学的原则

植被恢复和重建应强调植物的景观美学，包括植物的姿态、色彩以及群落的层次搭配、变化与韵律。各种植物类型可以独立成景，以增强视觉冲击力；也可将乔木、灌木、草本或中生、湿生、水生植物按照顺序来成景，形成植物景观的节奏感，增强植物景观的观赏性。植物配置在竖向可有一定起伏，合理组合植物的高度、花期和色彩，形成高低错落、疏密有致、色彩斑斓的景观；从平面上看，应留出1/3 ~ 1/2的水面。水生植物不宜过密，否则会影响水中倒影及景观透视线，另外，设计应充分考虑视线方向，留出一定的空缺，以利于游人亲近水面。

（6）适应性原则

植被恢复和重建工作必须有计划地进行，但计划必须是适应性的计划，根据植被恢复的不同地点、不同时期和面临的不同问题进行制订。必须要有严格的计划评估策略，包括独立的科学评估以及确定和解决不确定因素的过程，以对原有计划进行必要的修正。这

种计划的灵活性和更新可以使植被尽可能快地实现最高水平的恢复。

（7）群落演替原则

植物群落的演替方向和速度取决于内部动力和外界干扰力强度的对比状况，在较大干扰力作用下，群落演替可以导致极度退化，土壤剧烈侵蚀，植物种类缺乏，土壤养分贫瘠，小气候环境极为恶劣，地带性植被优势种难以侵入和定居，而且恢复需要漫长的时间，要缩短这一过程必须投入更多的物质和能量。因此，最有效的植被修复方法是顺从湿地植物群落的演替发展规律进行。

（8）自然为主、人工为辅原则

植被恢复要坚持自然为主、人工为辅，不以人类审美标准衡量，而要尊重自然界的自然法则，主要依靠自然力量进行生态修复，如通过周界围栏或标示等方式，尽量减少人为干扰，实现生态系统的正向演替。

## 6.2 华侨城湿地植被威胁

### 6.2.1 入侵植物肆虐

2010年以前，华侨城湿地有入侵植物分布面积约11 $hm^2$，对本地优良植物危害巨大，同时大大影响湿地生态环境与景观效果。据调查，华侨城湿地的外来植物有30种，约占该区域湿地植物的15%，其中入侵种有13科24属27种（表3-5）。其中，入侵植物分布面积较大、危害性较重的是美洲蟛蜞菊、五爪金龙、薇甘菊、巴拉草和银合欢等。五爪金龙、薇甘菊等藤本植物分布面积明显较大，这可能与藤本类的攀爬能力和竞争性较强有关。

入侵植物在湿地自由繁殖、不断扩散，容易形成大面积的单优势种群；它能将植物覆盖，通过覆盖作用竞争光照、水分及营养，进而影响其他植物生长从而对其他植物造成危害甚至导致死亡，致使当地生物多样性减少，改变生态系统结构；还可分泌化学物质，通过化感作用影响其他植物的生长，根的提取物对其他杂草植物幼根生长有抑制作用；并且，可造成湿地生态系统服务功能的巨大损失，有研究表明内伶仃岛上的薇甘菊造成生态系统服务功能和生物多样性等方面的损失为每年$450.29 \times 10^4 \sim 1013.17 \times 10^4$元，且这只是薇甘菊侵入内伶仃岛后造成损失的生态效益间接经济损失的一部分。

红树林被破坏后仍能萌生更新，其演替研究表明，10 ~ 20年的自然恢复仍能达到稳定状态（卢群等，2013，2014）。但是如果入侵植物对湿地本土植物物种造成破坏，将会导致群落逆向演替，对以植物群落为生境的动物多样性构成威胁，从而对整个生态系统都造成了极为严重的危害（昝启杰和李鸣光，2010；昝启杰等，2013）。因此，华侨城湿地入侵植物的清除与治理是非常紧迫的。清除工作分为三大类，一是水边、水中的湿地草本入侵种，二是陆地上的外来入侵种，三是湖心岛上的藤本入侵植物。

### 6.2.2 入侵植物的分布

（1）湿地东区入侵植物集中区域

湿地东区是水边、水中入侵植物集中分布区域，面积约1.5 $hm^2$。现有的外来种共14种，约占整个华侨城湿地入侵植物的51.9%。常常形成不同的群落结构，主要类型有五爪金龙+薇甘菊群落、钻形紫苑＋五爪金龙群落—美洲蟛蜞菊群落、空心莲子草群落、巴拉

草群落、铺地黍群落等。其中，五爪金龙＋薇甘菊群落的分布面积约占该区域的90%左右，一般缠绕在巴拉草、水蓼、草龙等植株上面，生长能力很强（图6-1）；钻形紫苑＋五爪金龙—美洲蟛蜞菊群落结构明显分为2层，第一层为钻形紫苑＋五爪金龙，钻形紫苑高约1.3 m左右，五爪金龙攀爬在其表面或缠绕其茎，第二层的美洲蟛蜞菊在钻形紫苑的根部附近蔓延（图6-2，图6-3）；空心莲子草群落分布在靠近水面的前缘区域，与雀稗混生，一般高约20 ~ 30 cm（图6-4）；巴拉草群落在该区域分布约95%，高度可达1.5 m，被人工收割后可重新快速地发芽生长（图6-5）；铺地黍群落分布在较为靠近陆地的区域，与高杆莎草、老鼠簕混生，群落一般高约1 m（图6-6）。

图6-1　湿地东区的五爪金龙+薇甘菊群落

图6-2　湿地东区的钻形紫苑+五爪金龙群落

图6-3　湿地东区的钻形紫苑+美洲蟛蜞菊群落

图6-4　湿地东区的空心莲子草群落

图6-5　湿地东区的巴拉草群落

图6-6　湿地东区的铺地黍群落

（2）红树林群落入侵植物分布区域

红树林群落主要分布在华侨城湿地的东北角、北岸东侧的两个哨岗之间，环湖边缘和湖心岛也有零星的分布，原有面积10 $hm^2$，主要形成以下4个群落：秋茄—卤蕨群落、秋茄＋桐花树＋白骨壤—老鼠簕—海雀稗群落、木榄＋海漆—白骨壤群落、许树群落。其中主要为秋茄群落，其面积约1350 $m^2$，东西向宽约30 m，南北向长约45 m，该区域是华侨城湿地目前主要的红树植物分布区域，也是重点保护的区域。由于薇甘菊和五爪金龙为危害的先锋种，可以将红树植物秋茄、桐花树、老鼠簕等全部覆盖，最终致死，将一片红树林转变为平地（图6-7）。这些入侵种分布较为集中，主要分布于原生红树林区域，面积约8.5 $hm^2$，整个红树林群落衰退极其严重，若不加以保护，不久将会灭绝与消失。

图6-7　绞杀红树林的薇甘菊和五爪金龙

（3）沿湖的外来红树植物海桑和无瓣海桑

2010年以前，海桑和无瓣海桑在华侨城湿地主要呈零星分布，其分布范围较广，几乎遍布整个湿地（图6-8，图6-9）。无瓣海桑和海桑是非深圳湾本地红树植物，具有生长快、适应性强、繁殖力强的特点，是华侨城湿地生态保护中不受欢迎的红树树种。有研究表明在无瓣海桑群落内，几乎没有任何乡土红树植物的幼苗，群落成分单一化严重（田广红等，2010）。由于缺乏天敌而疯狂生长，长势难以控制，很容易取代本地物种，会降低本地物种多样性，影响生态系统的稳定，原有生态链变了，食物链也就会变化，生物群落的消亡，将会影响湿地的整体生态环境。

目前，海桑和无瓣海桑在华侨城湿地的扩散面积和范围越来越大，从东区红树林的林缘开始沿湖北岸，几乎都有其幼苗分布，在湖中央为鸟类营造的滩涂上也有分布，面积大且较为集中。

图6-8　华侨城湿地的海桑

图6-9　华侨城湿地的无瓣海桑

（4）湿地南岸银合欢、簕仔树分布区域

银合欢是华侨城湿地目前分布面积最大的入侵植物，主要分布于湿地的南北两岸的岸边，一般高约4～7 m，形成郁闭度较大的典型的单一优势群落（图3-19）。簕仔树的分布主要集中在环湖的北岸，成片分布，形成小片优势群落，一般高2～4 m，林下多为美洲蟛蜞菊、薇甘菊及五爪金龙等外来入侵植物（图6-10）。

图6-10　华侨城湿地的簕仔树

（5）环湖路周边区域

华侨城湿地环湖路的外来入侵植物主要为银合欢、簕仔树、马缨丹、龙珠果、美洲蟛蜞菊和三裂叶鬼针草等，间或有薇甘菊的分布。马缨丹零散分布于整个环湖路（图6-11）；龙珠果主要分布于湿地北岸，多为向阳处，缠绕在栽培树种叶子花、乡土树种小蜡树等植物上面（图6-12）；美洲蟛蜞菊分布于整个环湖路，在地表成片蔓延（图6-13）；三叶鬼针草在整个环湖路也都有分布，常见于路旁乔木林下，与土牛膝、美洲蟛蜞菊、五爪金龙等混生（图6-14）。

图6-11　华侨城湿地沿湖岸边的马樱丹

图6-12　华侨城湿地沿湖岸边的龙珠果

图6-13　华侨城湿地沿湖岸边的美洲蟛蜞菊

图6-14　华侨城湿地沿湖岸边的三叶鬼针草

（6）湖心岛

植物群落由木榄＋海漆－白骨壤群落、许树群落组成。其中木榄＋海漆－白骨壤群落集中分布于湖心岛的边缘，呈条形分布，面积约为300 $m^2$，长约30 m，宽约10 m；群落明显分为2层，第一层为木榄、海漆种群，高约7 m，海漆平均胸径约47 cm，木榄平均胸径约32 cm；许树群落集中分布于湖心岛的南岸，面积约400 $m^2$。群落外貌整齐，整体上较为均一。但由于五爪金龙、薇甘菊、菟丝子等藤本植物的大量生长，已经严重影响到岛上乔木、灌木的生长（图6-15，图6-16）。

图6-15　华侨城湿地湖心岛的五爪金龙

图6-16　华侨城湿地湖心岛的菟丝子

### 6.2.3　植被自然生境脆弱

近年来，由于城市开发建设、水质污染及外来入侵植物的蔓延等原因，该湿地生物多样性较低，尤其体现在植物、底栖动物、鸟类以及藻类物种多样性等方面，其生态系统已经遭到严重的破坏。

由于填海工程造成潮水上涨高度受限，潮水不能到达该湿地的东北区域，致使该区域退化为陆地，大量陆地先锋树种进入，外来入侵植物成为了优势种群，红树植物生态位被入侵植物侵占而致其死亡，物种群落结构发生实质性的变化。特别是水位的控制问题，导致红树林区域的秋茄群落被入侵植物威胁，处于衰退边缘，间接地影响到了鸟类的栖息和觅食，鸟类物种多样性下降。同时，对于海桑和无瓣海桑没有及时治理，目前在整个湿地的扩散面积越来越大，这两种具有入侵潜力的树种，很可能对北湖的整个生态系统造成威胁。

随着入侵植物的肆虐，华侨城湿地的本土植物群落逐渐单一化，分布面积受到了很大的压缩，对湿地的植物多样性和生态功能产生严重的破坏，对湿地的多样性保护和植物资源可持续发展极为不利；并且，致使鸟类赖以生存的生境愈发脆弱。

## 6.3 华侨城湿地植被修复技术

### 6.3.1 入侵植物的清除与防治

#### 6.3.1.1 水边、水中的草本入侵种的清除

湿地东区大量湿生草本入侵植物可通过清淤工程连根去除（图6-17），但应提前保存好种源，以便后期修复之用。清淤范围基本上依据规划水面和航道划定，清淤总面积为$20.6 \times 10^4\ m^2$。按通航水位1.0 m高程时，保证水深1.75 m的原则，确定湖底标高-0.75 m，清淤深度0.5 ~ 1.2 m。湖岸边坡坡率无特殊要求时，按1∶8控制，在湖区详细规划出台之前，清淤范围的湖底按平底考虑。结合以上条件，以清淤范围分界线及现状水岸线为放坡坡顶线，按一定坡率放坡，进行清淤。

图6-17　湿地东区清淤工程清除入侵植物前后对照图

#### 6.3.1.2 陆地上的外来入侵种的清除

陆地上的入侵植物可通过人工清除，对生长在湖边、路边、湖心岛上的上述侵害物种进行人工锄头铲除，对攀附在铁丝网上、植物冠丛上的外来侵害物种进行拔除（图6-18）。人工清除相对较为有效且应用广泛，不会造成环境污染，是一种廉价而清洁的防治方法。但人工防除要选择最佳的时间，一般可在每年入侵植物的花和种子尚未成熟之前进行，或3月份即生长旺季和雨季来临之前，集中时间，利用人工、机械等手段，在人易到达的范围内进行地毯式的砍伐和拔除。后期还需要通过日常管理进行清除，每年清理两次，以控制侵害物种的生长。2006年以来，曾先后数次，耗资数十万元对危害红树林湿地的薇甘菊进行了消杀，使缠绕在红树林和其他植被上的薇甘菊大面积枯死，红树的生存得到了有效保障，同时根据规划，在湿地内补种了上百棵树木，有效改善了湿地的植被环境。

图6-18　原生红树林区入侵植物薇甘菊清除前后对照图

#### 6.3.1.3 银合欢和簕仔树的清除

清除枝干。每年冬季，将枝干全部砍除，剔去钩刺，晒干运倒，再循环可做肥料原料。小枝集中晒干烧毁，可将越冬的害虫烧死。清洁地面，集落地种子和落叶做堆肥或烧毁。

#### 6.3.1.4 海桑和无瓣海桑的清除

为了保障华侨城湿地生态安全，将华侨城湿地范围内的无瓣海桑和海桑全部清除，清除方法：伐其树干，砍其头部至海泥面10 cm以下。

在日常管理中，应该加强生态监测工作，并且加大对华侨城湿地入侵植物生物学特性、繁殖学、生理适应以及入侵机制等方面的研究，防止入侵植物对湿地的二次入侵。对于已经被其入侵的生境，应该尽早采取措施进行管理。

### 6.3.2 华侨城湿地植物的补植与恢复

在入侵植物清除之后，须及时补种湿地植物占据生态位，防止入侵植物对湿地进行二次入侵。由于华侨城湿地担负的生态功能，在规划中被定义为有限开放的自然湿地，植被修复应以构建稳定的湿地生态系统和吸引较多的湿地鸟类为大原则，在保护现有自然林地、湿生植物区域的同时，进一步提升湿地功能、进一步美化湿地并为公众提供限定的可达性。在修复时，尽量保护现有动植物的栖息地，同时通过增植林木的方式建立新的更多的生态栖息地。

华侨城湿地的植被系统可划分为五大功能区：植被核心保护区、植被重点保护区、植被加强区、植被恢复区和红树林保护区。植被修复以红树林湿地修复区（包括东区修复区、原生红树林修复区、西区生态修复区）与生态修复技术实验区为重点，作为未来观鸟点和科普教育基地点（图6-19）。在植被选择时，优先选用乡土树种，主要选抗风、耐盐碱的树种，并且尊重现状，局部优化，多选用蜜源植物、招鸟引蝶的植物。

图6-19　华侨城湿地植被修复区域分布图

### 6.3.2.1　植物配置

在植物配置方面，一是尽量考虑植物种类的多样性：多种类植物的搭配，不仅在视觉效果上相互衬托，形成丰富而又错落有致的效果，而且对水体污染物的处理功能也能够互相补充，有利于实现湿地生态系统的完全或半完全（配以必要的人工管理）的自我循环。二是尽量采用本地植物：华侨城湿地植被多样性较丰富，而且原生的乡土树种，长势优良，经过多年的适应、竞争与生长，在华侨城湿地盐碱地里，已顺利完成其生活史，表现出完全归化和野生状态。三是在现有植被的基础上适度增加植物品种，从而完善植物群落。植被修复时，应最大限度地利用现有植物资源，通过对现状植被有效的梳理与整合，进一步丰富完善湿地的生境，在为动植物提供更好的栖息家园的同时，兼顾提升湿地景观，满足游人的赏玩需求。

### 6.3.2.2　修复植物种类选择

在植物的选择上，提倡原生的就是最好的，力求植物选择乡土化，植物配置群落化，植物应用多样化，植物景观自然化（表6-1，表6-2）。严格选用本地植物，至少为深圳湾自然分布植物；植物具有耐盐、抗风、抗污的特性。本地优良树种、红树、半红树、伴生红树植物及耐盐草本是良好的素材。剖面：水中、挺水、岸边、岸上、草本或灌木、小乔木、大乔木分布。横断面：稀疏相宜、高低相宜，以护鸟为主，兼顾观景。

表6-1　华侨城湿地植被修复植物配置表

| 编号 | 修复区域 | 恢复植物种类选择 | 备注 |
| --- | --- | --- | --- |
| 1 | 东区修复区 | 现有植物：主要为外来入侵植物<br>种植草本植物：文殊兰、草龙、假马齿苋、水蓼、短叶茳芏、扁穗莎草、鸭跖草、海芋、虎尾草等 | |
| 2 | 原生红树林修复区 | 现有植物：红树植物及外来入侵植物，但生境适合红树植物生长<br>种植红树植物：秋茄、桐花、木榄 | 根据原有植物分布，重新补植乡土植物 |
| | 原生红树林修复区 | 现有植物：红树植物及外来入侵植物，但生境适合半红树或伴生红树植物生长<br>种植半红树或伴生红树植物：许树、卤蕨、黄槿、杨叶肖槿、血桐、羊角拗 | |
| | 原生红树林修复区 | 现有植物：红树植物及外来入侵植物，属湿地草本生长区<br>滩涂与红树植物之间种植草本：短叶茳芏、扁穗莎草、假马齿苋、鸭跖草 | |
| 3 | 西区生态修复区 | 现有植物：外来入侵植物<br>种植红树植物：秋茄、桐花树、木榄 | 1号箱涵口处 |
| 4 | 沿湖岸边 | 靠近水边处加种水生和草本植物：水竹叶、鸭跖草、扁穗莎草、卤蕨、短叶茳芏、草龙、水蓼、海芋 | 水生植物 |
| 5 | 环湖路 | 保留现有优良树木，道路两旁补种行道树：乌桕、黄樟、苦楝、秋枫、小叶榕、潺槁、朴树 | |
| | 环湖路 | 补种灌木：黄槐、山柑藤、龙船花、勒杜鹃、朱槿等 | |
| | 环湖路 | 补种草本：野牡丹、文殊兰、鸢尾、肾蕨、黄花捻 | |
| 6 | 林鸟保护区 | 保留现有芦苇和红树，加种招引鸟的植物：血桐、榕树、潺槁、布渣叶、苦楝、山柑藤、马甲子 | |
| | 林鸟栖息区 | 补种草本：薯蓣、香港算盘子、芦苇、海芋 | |
| 7 | 生态防护带 | 种植园林植物：榕树、樟树、桃花心木 | |
| 8 | 生态修复实验区 | 设置宽度20 m、长度不小于100 m由陆地通往水面的生态修复实验区，能直观反映出不同水位的植被分布状况。滩涂高度由80 cm逐步上升到120 cm。坡度缓慢提升，植物种类逐渐变化 | |

表6-2 华侨城湿地生态景观修复植物配置表

| 编号 | 修复区域 | 景观修复植物种类 | 备注 |
|---|---|---|---|
| 1 | 东门出入口 | 现有植物：柳叶榕。可加种行道树：苦楝、秋枫、小叶榕、樟树；补种灌木：石斑木、龙船花、石楠、金樱子、山柑藤；补植草本：百合、文殊兰、麦冬、鸢尾、软枝黄婵 | |
| 2 | 环湖北路 | 补种：夹竹桃、美蕊花、黄槐、木棉、龙船花、文殊兰、软枝黄婵、朱槿、鸢尾、野牡丹、勒杜鹃 | |
| 3 | 环湖南路 | 补种：夹竹桃、黄槐、文殊兰、软枝黄婵、朱槿、亮叶朱蕉、黄脉爵床、勒杜鹃 | |
| 4 | 与鸟类生活密切相关区 | 秋茄、木榄、白骨壤、海桑、银杏、台湾相思、黄果榕、含羞草、银叶树等 | |
| 5 | 木栈道 | 修建木栈道（栈道下面种植浮水植物），种植挺水植物：海芋、慈姑、香蒲、短叶茳芏 | |
| 6 | 观鸟屋 | 3个观鸟屋外侧种植藤本植物，攀援植物将小屋覆盖，种植小片竹林 | |
| 7 | 陈年哨所岗亭 | 原有哨所岗亭进行修缮后，作为管理或专业观鸟人士之用<br>哨亭周边补植层间灌木林 | |

在湿地靠近水边区域增加小范围挺水植物，如香蒲、风车草等，以丰富夏季景观，并方便小䴙䴘、黑水鸡建造浮巢，又不影响冬季水鸟居留（图6-20）。并且，水生植物能够有效净化水体，改善水体质量。通过补植水生植物，能有效改善水生环境，引导水生动植物群落的良性发展（李勇，2011）。

图6-20 湖岸水边的挺水植物

潮间水域部分可种植乡土红树林，种植面积约为78715 m²；再往陆上为缓冲植被带，可种植半红树植物及一些防风保土的湿地植物，面积约88767 m²，营造混交林，并保护林下地被层，形成从沉水植物、挺水植物、湖岸边湿生植物到陆地人工林的自

然过渡，营造生态恢复与景观改造协调统一的景观工程，建立多树种、多层次、结构稳定、功能完善、维护成本低的滨海湿地防护林体系，增加生态环境的多样性，为鸟类提供多样性的栖息环境（图6-21）。并且，在红树林修复区域内开挖一条水道，利于现状红树更好地生长（图6-22）。

图6-21　红树林湿地修复

图6-22　华侨城湿地红树林修复区水道

湿地南侧、西侧和北侧适当增加植被景观宽度，尤其南线的外围，利用现有高大乔木，再补植高大乔、灌木，增加密度，增加郁闭度，构建成宽度约5 ~ 20 m的生态保护隔离带，在现有铁丝网内外侧种植的乔、灌木以完全掩蔽铁丝网，使视线不能穿透隔离带，实现湿地与外侧道路及欢乐海岸的立体隔离（图6-23）。

图6-23　沿湖北路围网下小叶榕、夹竹桃

湿地南岸内侧、西侧、北侧植被适当增加樟树、苦楝树等为鸟类提供浆果的树种；其余乔木可依目前布局；乔木应间距合理，太密则不利于鸟类活动。为了替水鸟进出预留飞行通道，在湿地东面的沿湖南岸不宜栽植高大乔木，应以草、灌木林为主（图6-24）。

图6-24　湿地南线补种樟树及草灌木

湿地沿湖北路外侧种植小叶榕、秋枫等高大乔木，内侧种植黄瑾、蒲桃等小乔木和灌木，文殊兰、鸢尾等地被植物（图6-25）。

图6-25　沿湖北路内侧小乔木、灌木、地被植物

图6-25　沿湖北路内侧小乔木、灌木、地被植物（续）

湿地南侧西区恢复成高大乔木林区（如木麻黄林），作为引鸟鸟巢区，作为观景点。南区在现有芦苇荡外侧进行植物配置，为鸟类提供隐蔽环境，兼作观鸟赏鸟之用（图6-26）。

图6-26　湿地南侧西区高大乔木修复区

根据调查，华侨城湿地分布有一些在鸟类湿地生态系统中起着重要作用和景观效果较好的植被，包括乔木、灌木、地被及湿地植物等。这些植被是在华侨城湿地修复工程中需要保留的，尽量不要破坏。并在此基础上，同时在一些人流较易停留的区域适当增加一些观赏性强的花叶植物，在植物群落上尽量做到层次丰富，植物品种多样，完善植物整体生态功能（图6-27，图6-28）。

图6-27　湿地南侧景观修复植物

图6-27　湿地南侧景观修复植物（续）

图6-28　湿地北侧景观修复植物

## 6.4　华侨城湿地植物修复前后变化

华侨城湿地的植物面积在修复后明显增加，主要表现在湿地东区红树林修复区红树植物、环湖路植物种类以及环湖路铁丝网生态隔离区域植物种类的增加（图6-29～图6-32）。

通过对比2010年华侨城湿地生态修复前及经过生态修复后主要入侵植物的分布面积的结果发现，入侵植物薇甘菊和五爪金龙的面积大量减少，约减少50%；钻形紫菀、水葫芦及铺地黍被完全清理；银合欢没有清理，仍有大面积分布；同时，增加了一种新的入侵植物——紫花大翼豆（图6-33）。

图6-29　湿地东区植被修复前后变化

图6-29　湿地东区植被修复前后变化（续）

图6-30　华侨城湿地西区修复区植被修复前后变化

图6-31　湿地原生红树林区植被修复前后变化

图6-32　华侨城湿地西区修复区植被修复前后变化

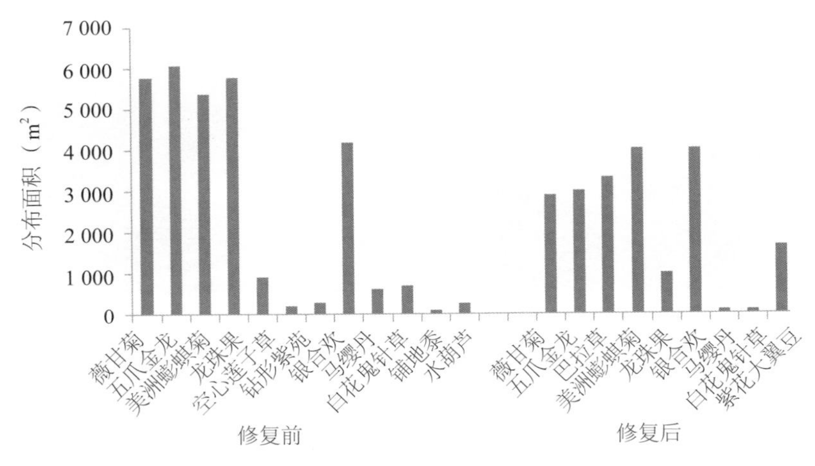


图6-33　华侨城湿地生态修复前后主要入侵植物的分布面积

修复后，华侨城湿地植物面积与植物多样性均得到提高，湿地生态保护与景观规划得到有机结合，为鸟类创造了更多的栖息环境，为游客提供了更多可观赏性的景观，湿地生态系统更加健康。

# 第7章 华侨城湿地鸟类栖息生境修复

## 7.1 鸟类栖息生境

### 7.1.1 鸟类类群

全世界现存的鸟类有9000余种，我国有1244种。鸟类生态类群可分为8个，其中有2个特殊类群在我国现存鸟类中是没有的，那就是只会奔跑不会飞翔的走禽鸵鸟类和只会游泳不会飞翔的海洋性鸟类企鹅。根据鸟类的生态习性及形态特点，我国鸟类可大致分为鸣禽、攀禽、陆禽、猛禽、涉禽和游禽等不同的生态类型。

鸣禽类：其喉部下方有鸣管，由鸣腔和鸣膜组成，鸣管和鸣肌特别发达。一般体形较小，体态轻捷，活泼灵巧，善于鸣叫和歌唱，且巧于筑巢，繁殖时有复杂多变的行为，体形为中、小型，雏鸟在巢中得到亲鸟的哺育才能正常发育。代表种类如乌鸦、麻雀、百灵、画眉等。鸣禽是数量最多的一类，占世界鸟类数的3/5。

攀禽类：其嘴、脚和尾的构造都很特殊，善于在树上攀缘，如啄木鸟，嘴尖利如凿，脚强健有力，两趾向前，两趾向后，适于攀树，尾羽轴坚韧，尾羽起支撑体重作用。此外，还有四趾朝前的雨燕，三四趾基部并连的戴胜、翠鸟等。

陆禽类：体格结实，嘴坚硬，脚强而有力，适于挖土，多在地面活动觅食。下肢强壮适于地面行走，翅短圆退化，喙强壮且多为弓形，适于啄食。一般雌雄羽色有明显的差别，雄鸟羽色更为华丽，如孔雀。代表种类有雉鸡、鹌鹑等。斑鸠和鸽虽然善于飞翔，但取食主要在地面，因此也被归于陆禽。

猛禽类：具有弯曲如钩的锐利嘴和爪，视觉器官发达，翅膀强大有力，能在天空翱翔或滑翔，多具有捕杀动物为食的习性，捕食空中或地下活的猎物。羽色较暗淡。常以灰色、褐色、黑色、棕色为主要体色。代表种类有鹰、隼和夜行性的雕鸮。

涉禽类：外形具有"三长"特征，即嘴、颈和脚都比较长，脚趾也很长，适于涉水生活，因为腿长可以在较深水处捕食和活动。趾间的蹼膜往往退化，因此不会游泳，常用长嘴插入水底或地面取食。代表种类如鹭和体型较小的鸻类和鹬类。

游禽类：主要特征是具有扁阔或尖的嘴，适于在水中滤食或啄鱼。脚趾间有蹼膜，走路和游泳向后伸，善于游泳、潜水和在水中获取食物。不善于在陆地上行走，但飞翔迅速，多生活在水上。尾脂发达，能分泌大量油脂涂抹于全身羽毛，以保护羽衣不被水浸湿。代表种类有绿头鸭、琵嘴鸭、小䴙䴘等。

### 7.1.2 鸟类栖息生境

栖息地（或生境）指动物生活的周围环境，即指在动物个体、种群或群落在其生长、发育和分布的地段上，各种生态环境因子的总和。对鸟类而言，栖息地就是个体、种群或群落在其某一生活史阶段（比如繁殖期、越冬期）所占据的环境类型，是其进行各种生命活动的场所。鸟类栖息地大致反映了三个层次的含义：鸟类的地理分布区；在分布区内它们的生活环境（大生境）；在此环境中鸟类进行一切生命活动的场所（小生境）（楚国忠和郑光美，1993）。鸟类的栖息地能够提供充足的食物资源、适宜的繁殖地点、躲避天敌和不良气候的保护条件等，从而保证鸟类的生存和繁衍（张正旺和郑光美，1999）。

鸟类的分布很广，它们生活在不同环境条件之中。由于鸟类生理结构、觅食要求等因素各有差异，不同种群或同一种群对营巢地、觅食地的水位和坡度等条件的要求各有不同。

据调查，长距离迁徙的鸻鹬类，适宜生境为大面积的季节性裸滩，平时为浅水区域，栖息期为裸滩以及具有一定盐度的适宜于鸻鹬类食源生长的盐沼湿地。雁鸭类适宜生境为常年有水且有茂密植被、生境复杂的水域（丁丽等，2011）。

水域是游禽栖息的乐园，游禽以水中的昆虫、贝类、鱼虾及各类水生植物为食，远离人类干扰的孤岛灌丛是其进行营巢活动的首选之地。游禽最适宜活动区域要求水深0.5 ~ 1.5 m，且要求空间开敞的大水面便于起飞。

水陆交错带的光滩泽涂等是涉禽的主要活动场所，也是其他种群觅食饮水等活动的重要栖息地，涉禽如白鹭、池鹭等适应于涉水行走，也善于飞行，它们在水陆交界带的光滩泽涂寻觅昆虫、田螺、泥鳅、小鱼等为主要食物，于高树及林中筑巢产卵，对干扰活动较为敏感。鹭科、鹮科等体量较大的涉禽则集中在水深0.10 ~ 0.35 m的范围内进行觅食活动，却又在高大的乔木（如水杉、香樟）上营巢。

陆域的森林、灌丛为鸟类提供了丰富的食物来源，同时也是它们的隐蔽场所和营巢地点。林区鸟的种类比较多，结构也较为复杂，其中包括鸣禽、攀禽及陆禽等。这些鸟类有很多共同特征，它们的翼较短、宽而钝，小翼羽通常很发达；能自由地在树林中起飞和降落，脚趾都在同一平面上，大多数种类都能抓住树枝，牢固地停息在上面。像喜鹊、八哥、云雀等这些人们所喜爱的鸣禽个体较小，善于鸣叫。喜欢在常绿落叶混交林带结群飞翔，在林中筑巢栖息，在溪边灌丛中以昆虫或野生植物的种子为食（范俊芳和文友华，2007）。这一类鸟大致又可分成针叶林鸟类、阔叶林鸟类和灌木丛鸟类。阔叶林主要栖息着鸽形目的一些种类，如珠颈斑鸠等；雀形目的许多种类，如红耳鹎、白头鹎等；此外，鸮形目和鹃形目的鸟类，也常出没在阔叶林中。灌木丛主要生活着鸡形目的雉类及雀形目中的许多鸟，如伯劳、画眉、红尾鸲、山雀等。

开阔区的鸟类十分复杂，大多数都有保护色。包括能在空中翱翔的猛禽、飞行急速的毛腿沙鸡、善于奔跑的大鸨以及一些雀形目种类。这类鸟又可分成草原类型与平原类型。其中平原鸟类的种类颇多，主要包括栖息在村镇、耕地、菜园等环境中的鸟，如隼形目中的一些鹰类和雀形目的乌鸦、戴胜、喜鹊、麻雀等。

## 7.2 鸟类栖息生境修复技术的进展

日本大阪港的野鸟公园采用工程措施引入海水，为鸟类营造了适宜的潮滩湿地生境（Natuhara et al., 2005）。美国加利福尼亚州的Merced郡采取人工调控水位和放牧等措施促进植被生长，以增加鸟类适栖地（Taft et al., 2002）。上海青浦大莲湖湿地修复示范工

程，采用改变土地利用模式，水系改造和植被配置等技术，较好地恢复了鸟类生物多样性，呈现了良好的湿地修复效果（吴迪等，2011）。上海南汇东滩鸟类栖息地营造工程，采取地形构建与水位调控技术，营造了适宜鸟类栖息觅食的生态修复示范区（裴恩乐等，2011）。

## 7.3 华侨城湿地鸟类栖息生境修复

威胁华侨城湿地鸟类生物多样性的因素主要包括水污染严重，水面积过大，水深较深，滩涂面积较少，生境单一，植被配置不合理，人为干扰较多等。由于环境胁迫，湿地生态环境恶化，食物来源减少，水鸟活动范围缩小，许多珍稀种数量减少或消失。栖息地修复是保护湿地生物多样性的重要措施。华侨城湿地通过清除外来种，重建本土植物群落，构建多样性生境，人为营造裸滩，增加水面鸟类落脚地等栖息地修复措施，为鸟类提供充足的食物和栖息地。

### 7.3.1 华侨城湿地鸟类栖息生境现状

华侨城湿地原为深圳湾滨海红树林湿地的一部分，被分隔成湖后，保留了大面积红树林和泥质滩涂，湖岸形成复杂多样的植被群落。与沙嘴鱼塘、下沙鱼塘一起，是深圳湾水鸟和林鸟的栖息地之一，尤其是为大量的深圳湾水鸟提供了高潮期的临时停歇场所，凸显其不可或缺的重要生态地位。华侨城湿地生态系统生物群落较高级营养级位的脊椎动物，除鸟类的物种较丰富且数量庞大外，其他脊椎动物都较贫乏，因此，鸟类群落的生态系统状况基本代表了该湿地生态系统食物链顶级类群的生态状况，该地鸟类群落成为整个湿地生态系统能量流动和物质循环的主要环节。

根据深圳市观鸟协会的观测资料，在华侨城湿地观测到的鸟类有多种，其中有国家二级重点保护鸟类和中国濒危物种红皮书易危鸟类13种（图7-1）。几年来在华侨城湿地观测到的鸟类有相当一部分属于跨国境越冬的候鸟和在此停留的候鸟，其中许多是国际协定中的保护鸟类，如《中日候鸟保护协定》、《中澳候鸟保护协定》中的鸟类。2007年1月14日观测到的鸟类单日最高数量有891只。该情况表明，本区域是需要重点保护的湿地区域。

图7-1　国际濒危鸟类——黑脸琵鹭

### 7.3.2 华侨城湿地鸟类栖息生境修复

针对华侨城湿地环境现状，进行鸟类栖息生境修复，主要包括以下内容：①尽可能多地保留自然生境；②增加湿地的植物种类，特别是乡土物种，适当提高冬季常绿乔木以及乔、灌、草的比例；③在湿地水面适当营造鸟类栖息生境，如增加滩涂裸地、浅水滩涂、树桩，以吸引水鸟栖息。④根据鸟类所需的水深要求，人为调控湿地的水位。

#### 7.3.2.1 滩涂营造

（1）营造滩涂的必要性

在记录到的101种华侨城湿地鸟类中，有3个优势科，为鹬科、鸻科和鹭科。鹬科最丰富，共19种，占总数的18.8%；其次是鸻科和鹭科鸟类，均为7种。除斑文鸟*Lonchura punctulata*外，连续4年的记录显示，湿地鸟类优势种群均为水鸟，其中，林鹬、小白鹭、黑水鸡、金眶鸻、普通鸬鹚5种连续4年位列种群规模前12名中，黑翅长脚鹬、大白鹭、苍鹭、琵嘴鸭、赤颈鸭5种分别出现在3年的前12名中。2009年和2010年，有大群的小型鸻鹬类出现在湿地，成为湿地最优势种群（表7-1）。涉禽占湿地记录鸟类的48.5%，是最具优势的类群。

表7-1 华侨城湿地2007—2010年鸟类优势种群统计

| 2007年 | | 2008年 | | 2009年 | | 2010年 | |
|---|---|---|---|---|---|---|---|
| 种群量最大前12种鸟类 | 种群规模（只） | 种群量最大前12种鸟类 | 种群规模（只） | 种群量最大前12种鸟类 | 种群规模（只） | 种群量最大前12种鸟类 | 种群规模（只） |
| 青脚鹬 *Tringa nebularia* | 1 002 | 琵嘴鸭 | 1 289 | 弯嘴滨鹬 *Calidris ferruginea* | 2 260 | 环颈鸻 | 14 005 |
| 黑翅长脚鹬 *Himantopus himantopus* | 996 | 黑翅长脚鹬 | 1 128 | 红颈滨鹬 *Calidris ruficollis* | 1 870 | 黑腹滨鹬 | 5 020 |
| 林鹬*Tringa glareola* | 853 | 赤颈鸭 | 835 | 环颈鸻*Charadrius alexandrinus* | 1 500 | 红颈滨鹬 | 3 692 |
| 小白鹭 *Egretta garzetta* | 805 | 林鹬 | 525 | 黑腹滨鹬 *Calidris alpina* | 538 | 青脚鹬 | 724 |
| 泽鹬*Tringa stagnatilis* | 447 | 小白鹭 | 361 | 林鹬 | 300 | 小白鹭 | 429 |
| 黑水鸡 *Gallinula chloropus* | 358 | 苍鹭 | 328 | 赤颈鸭 | 258 | 弯嘴滨鹬 | 417 |
| 金眶鸻 *Charadrius dubius* | 329 | 黑水鸡 | 253 | 普通鸬鹚 | 216 | 苍鹭 | 359 |
| 赤颈鸭*Anas penelope* | 314 | 普通鸬鹚 | 235 | 金眶鸻 | 180 | 黑水鸡 | 312 |
| 苍鹭 *Ardea cinerea* | 243 | 大白鹭 | 187 | 小白鹭 | 144 | 林鹬 | 275 |
| 大白鹭 *Casmerodius albus* | 147 | 金眶鸻 | 176 | 琵嘴鸭 | 122 | 大白鹭 | 239 |
| 琵嘴鸭 *Anas clypeata* | 100 | 针尾鸭 *Anas acuta* | 145 | 黑水鸡 | 112 | 普通鸬鹚 | 236 |
| 普通鸬鹚 *Phalacrocorax carbo* | 91 | 斑文鸟*Lonchura punctulata* | 240 | 黑翅长脚鹬 | 89 | 金眶鸻 | 195 |
| 合计 | 5 685 | | 5 702 | | 7 589 | | 25 903 |
| 占当年记录鸟类总量的百分比（%） | 81.9 | | 80.9 | | 87.0 | | 94.0 |

湿地所记录的101种鸟类中，夏季鸟类（留鸟+夏候鸟）44种，其他季节迁徙鸟类（冬候鸟+过境鸟）57种。从表7-2可以看出，黑水鸡、黑翅长脚鹬、金眶鸻、小白鹭、大白鹭每年9月至翌年4月种群数量显著多于5—8月（夏季），显示该5种鸟类有部分种群迁徙，部分种群留在华侨城湿地繁殖。而青脚鹬、林鹬、矶鹬和苍鹭为冬候鸟，但也有小量种群5—8月留在华侨城湿地度夏，并不迁徙。

表7-2　华侨城湿地部分鸟类种群的季节变化

| | 2007年 | | | 2008年 | | | 2010年 | | |
|---|---|---|---|---|---|---|---|---|---|
| | 9月至翌年4月 | 5—8月 | | 9月至翌年4月 | 5—8月 | | 9月至翌年4月 | 5—8月 | |
| | 数量 | 数量 | 记录频次 | 数量 | 数量 | 记录频次 | 数量 | 数量 | 记录频次 |
| 黑水鸡 *Gallinula chloropus* | 286 | 72 | 4 | 198 | 55 | 4 | 188 | 19 | 3 |
| 青脚鹬 *Tringa nebularia* | 995 | 7 | 3 | 90 | 2 | 1 | 716 | 8 | 2 |
| 林鹬 *Tringa glareola* | 750 | 103 | 3 | 349 | 176 | 3 | 245 | 30 | 1 |
| 矶鹬 *Actitis hypoleucos* | 26 | 8 | 3 | 15 | 1 | 1 | 20 | 3 | 1 |
| 黑翅长脚鹬 *Himantopus himantopus* | 912 | 84 | 4 | 1093 | 35 | 3 | 100 | 15 | 3 |
| 金眶鸻 *Charadrius dubius* | 198 | 131 | 4 | 89 | 87 | 3 | 174 | 21 | 2 |
| 小白鹭 *Egretta garzetta* | 530 | 275 | 4 | 181 | 180 | 4 | 321 | 108 | 4 |
| 大白鹭 *Casmerodius albus* | 147 | / | / | 116 | 71 | 4 | 217 | 22 | 4 |
| 苍鹭 *Ardea cinerea* | 146 | 97 | 4 | 328 | / | / | 358 | 1 | 1 |

长距离迁徙的鸻鹬类，适宜生境为大面积的季节性裸滩，平时为浅水区域，栖息期为裸滩以及具有一定盐度的适宜于鸻鹬类食源生长的盐沼湿地。雁鸭类适宜生境为常年有水且有茂密植被、生境复杂的水域（丁丽等，2011）。底栖动物为水鸟类提供充足的食物，而滩涂中的底栖动物的栖息密度最高。为保证华侨城湿地最大优势类群涉禽的食物来源，在湿地水面营造滩涂是极有必要的。

（2）营造滩涂

根据华侨城湿地涉禽的历史资料、鸟类分布区的水深和裸地情况及深圳湾涉禽种类，人为地增加沿岸的滩涂和一定数量、不同大小的湖中裸滩（图7-2，图7-3）。根据不同水鸟对生境的不同偏好，通过不同材质、不同深浅的滩涂营造，给鹭科鸟类、鸻鹬类等涉禽提供更多的栖息和觅食场所。

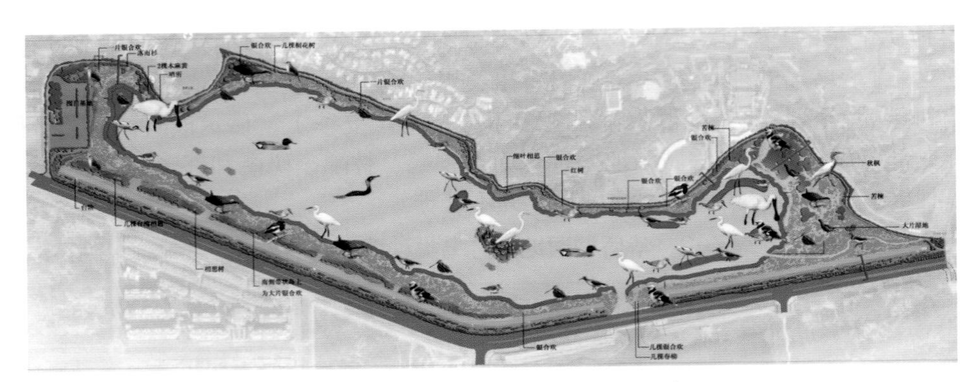

图7-2　华侨城湿地不同生境鸟类分布

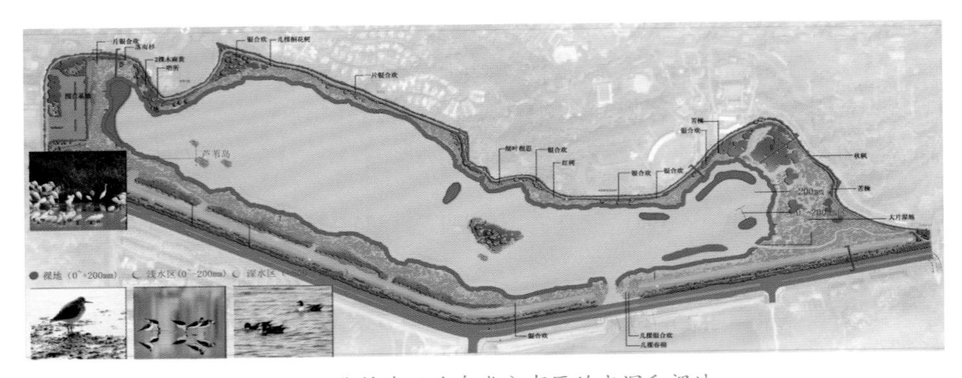

图7-3　华侨城湿地鸟类分布区的水深和裸地

在华侨城湿地共营造7处滩涂，湖中裸滩都为固定浮滩，其布局、数量、大小、材质、形状、结构等如下。

布局：如图7-4所示，在东区红树林群落前沿营造4块人工裸滩（图7-4中编号1～4号），面积100～300 m²不等，供水鸟栖息（图7-5）。湖心岛是众多鸟类繁殖场所，繁殖主要集中在3—7月。在岛周围安放一些大型石块，为鹭科鸟类、鸬鹚、野鸭类创造停歇场所（图7-4中编号5、6号）（图7-6）。在西区构建3块人工裸滩（图7-4中编号7号），呈品字形，一大两小，以方便水鸟栖息与觅食。并且，还可方便从西侧木栈道及北侧观鸟屋的角度观察鸟类（图7-7）。

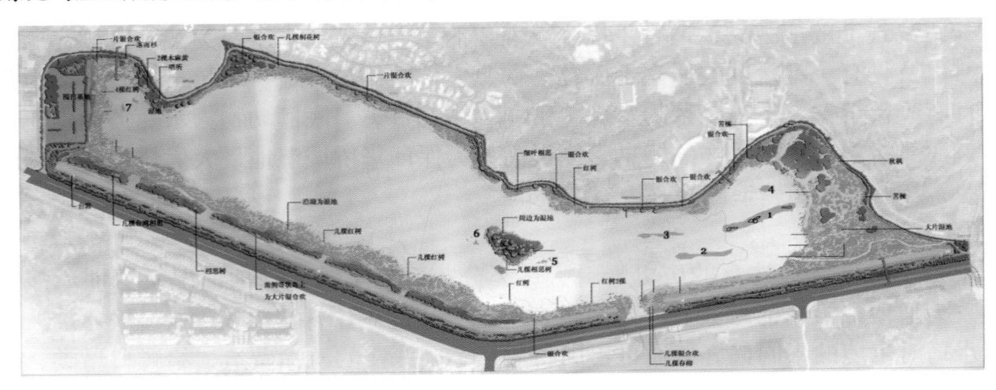

图7-4　华侨城湿地裸滩布局

图7-5 华侨城湿地东区裸滩

图7-6 华侨城湿地湖心岛周围人工裸滩

图7-7 华侨城湿地西区品字形人工裸滩

材质：1、2、3、4、7号均为泥滩，材质为底泥+少量牡蛎等软体动物壳碎渣，在其中的某些突出部分堆砌碎石浅滩（图7-8，图7-9）；5、6号为石块，保证在1 000 mm水深时有至少1/3露出水面（图7-10）；裸滩周边应有可改变水流的凹凸；

1号面积 60 m×（10 ~ 5）m；最高点在水深1 000 mm时，最高露出300 mm；

2号面积 30 m ×（10 ~ 5）m；最高点在水深1 000 mm时，最高露出300 mm；

3号面积 20 m×（10 ~ 5）m；最高点在水深1 000 mm时，最高露出200 mm；

4号面积 10 m × 8 m；最高点在水深1 000 mm时，最高露出300 mm；

7号面积 10 m × 5 m × 8 m，共3个，呈品字排列。

图7-8　华侨城湿地东区裸滩

图7-9　华侨城湿地西区裸滩

图7-10　华侨城湿地湖心岛人工裸滩

### 7.3.2.2　湿地水位调控

通过调节水位来模拟海水潮汐变化，营造人工潮间带，以增加滩涂面积的变化，为鸟类觅食和活动提供空间。

主要做法：在小沙河出海口段工程中的3号箱涵设置小沙河侧堰水闸，且设计时考虑水位调控需要（图7-11）。在10月至翌年4月期间对华侨城湿地水位进行调控，通过3条箱涵和在箱涵口设置的挡水堰和水闸控制湿地的水位，周期性地让湿地水位在0.8 ~ 1.0 m之间波动，保持湿地东侧潮间带动态的水域环境。一般3 ~ 5天调低一次水位，使华侨城湿地东侧露出滩涂，为鸟类觅食和活动提供空间。大潮期间保持3号箱涵水闸开启，允许潮水向华侨城湿地倒灌，让3号箱涵成为海水生物通道，为湿地候鸟补给食物。

图7-11　华侨城湿地3号箱涵和小沙河侧堰

### 7.3.2.3　以招鸟引鸟为目的植被修复措施

（1）植被修复的必要性

同步调查深圳湾4个调查点（华侨城湿地、下沙鱼塘、凤塘河口、生态公园），结果表明，华侨城湿地鸟类物种略多于其他3地，华侨城湿地鸟类多样性最丰富。鸣禽、猛禽、陆禽和攀禽等非水鸟的数量（图7-12），华侨城湿地显著多于其他3地，显示华侨城湿地生境更加多样，有利于更多类型鸟类在此栖居。

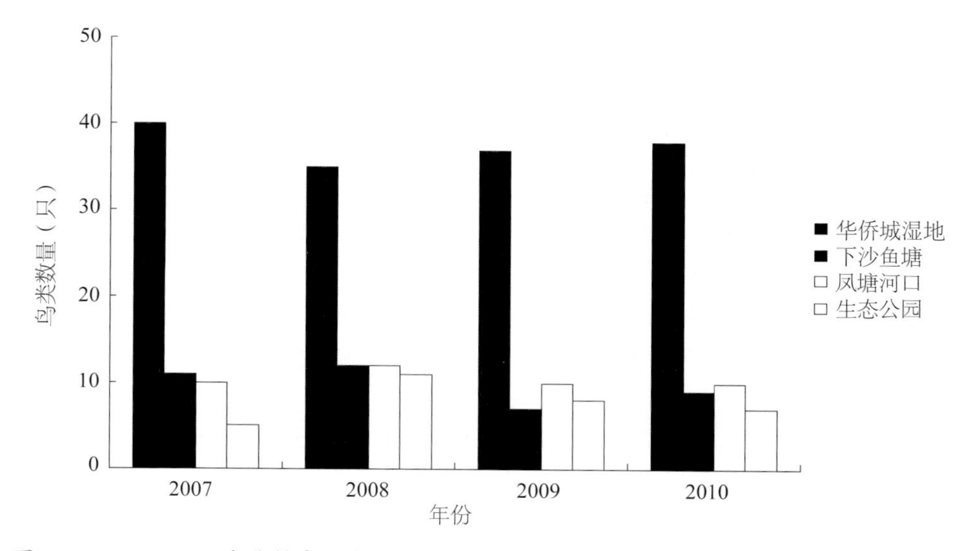


图7-12　2007—2010年华侨城湿地、凤塘河口、生态公园和下沙鱼塘同步调查非水鸟类组成

但是，华侨城湿地面临入侵植物的肆虐，陆地植被的多样性正逐渐单一化。而鸟类的生存与植物的多样性息息相关，湿地内的乔木种数和灌木种数对鸟类物种数有显著正相关影响（楚国忠和郑光美，2012）。由植物构筑的绿色环境是鸟类觅食和栖息的主要场所，是影响城市鸟类物种多样性构成最主要的生态因子（陈水华等，2002）。鸟类对生境的选择往往侧重于植被结构复杂，植被丰富，树种多样，能为鸟类提供多元化的

生存条件，包括各种食物、植被不同的高矮度和林下植被不同的疏密度所构成的不同景观等。特别是乔木，因其树形高大，冠幅较宽，对整个植被结构起到至关重要的作用。故乔木种类越多，乔木多样性越高，其植被结构亦越复杂，则可吸引更多不同种类的鸟类。灌木则为灌丛鸟类提供食物和隐蔽场所，同时与乔木构成层次丰富的植被景观，为鸟类提供了多样化的生态环境，从而提高鸟类群落的物种数（谭丽凤和杨昌尚，2012）。

相关研究显示，鸟类多样性与植物物种多样性、簇叶高度多样性、植被的自然度、地被层与灌木层的丰富度存在正相关关系（Tilghman，1987；魏湘岳和朱清，1989）。因此，湿地植物群落的配置也对鸟类的生存有着莫大的帮助，需同时考虑鸟类的栖息、取食、筑巢等，在树种的选择上选择鸟类愿意栖息、能提供食物的种类，而避开那些鸟类不喜欢的种类。多层次构成的植物配置可以成为鸟类天然的避风港，用于抵御大自然中的恶劣环境或是天敌的威胁，便于其栖息。

（2）增加植物多样性，合理配置植物分布

按照不同鸟类类群对栖息地的不同要求，对华侨城湿地植被配置进行适宜性修复和优化，在清除外来入侵种的同时，对地被植物、灌丛层和乔木层做了一定的合理配置，增加城市中植物种类，特别是乡土物种，适当提高常绿乔木以及调整乔、灌、草的比例；增加了浆果、坚果和蜜源植物，为林鸟提供了一定的食源；同时植物群落布局及疏密层次合理，为鸟类营造宜居环境，有益于提高林鸟的多样性。

增加乡土物种的比例，不仅有利于植物群落的稳定，也有利于本地鸟类的生存；增加常绿乔木的比例能为鸟类提供良好的栖息场所，有利于提高鸟类多样性。而有些鸟类的食物90%来自于植物，植物种类的选择要能吸引或是留住这些鸟类（陆祎玮等，2007）。种植高大乔木，树冠浓密，大乔木层下配置小乔木层或灌木层，形成丰富的林层结构，满足不同立体空间活动鸟类的需求，繁茂的树冠枝叶是天然遮蔽物，与人群之间形成天然的间隔，增加了鸟类栖居的安全感；其次，补植多种食物植被，可为不同的鸟类提供丰富食物，特别是冬季挂果植物，这在食物缺乏的季节对鸟类的吸引力十分巨大（谭丽凤和杨昌尚，2012）。

将华侨城湿地外来入侵植物全部清除，并配置多样性的植被，配置原则如下。

① 根据深圳湾鸟类物种多样性历史数据，评估华侨城湿地鸟类物种多样性提升空间及可行性；

② 根据游禽、涉禽、攀禽、陆禽、猛禽和鸣禽6大生态类群的栖息环境特点，合理配置相应生境，通过提高生境多样性，来提高鸟类多样性；

③ 根据鸟类食性特点，在保证环境友好的前提下，合理配置和增加食源；

④ 根据鸟类繁殖的特点和巢位空间分布，为鸟类创造宜居环境，辅以布设人工鸟巢。

植被修复具体措施如下。

① 通过华侨城湿地沿岸植被科学配置，增加林鸟生态环境的多样性。主要增加植物种类为：乌桕、黄樟、苦楝、秋枫、小叶榕、潺槁、朴树等乔木，黄槐、山柑藤、龙船花、勒杜鹃、朱槿等灌木，形成乔、灌、草相结合，复杂、有层次、多样性的生境（图7-13）。

图7-13 华侨城湿地林鸟栖息环境修复

② 增加浆果类植物、坚果类植物、显花植物，以吸引食果鸟类和访花鸟类及食虫鸟类。配置樟树、构树等种群，可以为红胸啄花鸟、暗绿绣眼鸟、橙腹叶鹎、红耳鹎、黄眉姬鹟、乌鸫、黄眉柳莺、珠颈斑鸠、红嘴蓝鹊、丝光椋鸟、鹊鸲、长尾缝叶莺、八哥等30余种林鸟提供食物，从而吸引更多的鸟类，增加鸟类种群的多样性。合理配置苦楝树，可吸引普通鵟、鹗、黑翅鸢、白颈鸦、喜鹊、八哥、黑领椋鸟、丝光椋鸟、灰椋鸟等鸟类停歇，也为白头鹎、红耳鹎、白喉红臀鹎等提供浆果食物（图7-14）。

图7-14 华侨城湿地引鸟植物

③ 在湿地靠近水边区域增加小范围挺水植物，如芦苇、香蒲、风车草等，以丰富夏季景观，并方便小䴙䴘、黑水鸡建造浮巢，又不影响冬季水鸟居留（图7-15）。

图7-15　华侨城湿地挺水植物

其他设施如湖内竹竿、木桩等（图7-16），主要是供鸬鹚、白胸翡翠、普通翠鸟等觅食栖息，也可吸引洞穴筑巢鸟类等。

图7-16　华侨城湿地招鸟引鸟造滩工程

# 第8章 华侨城湿地修复前后的生态监测与评估

华侨城湿地经过2010—2011年的修复工程，这期间湿地的水环境、土壤环境、生物环境等均处于扰动变化中，对修复前（2007—2009年）、修复中（2010年4月至2011年8月）、修复后（2011年8月至2014年12月）的生态环境指标进行监测，并做对比分析，以评估湿地修复的生态成效。

## 8.1 华侨城湿地修复工程概述

本书第4~7章详述了华侨城湿地修复工程内容，即水环境修复工程、生物通道修复工程、植被修复工程及鸟类栖息生境修复工程。另外，还有如下其他修复工程。

修缮生态园道：沿水岸共修建6处80~150 cm宽的木栈道，供中小学生进行科普教育时观察湿地植物分布情况及水生生物生长环境；利用华侨城湿地原有的边防巡逻道建成"低碳、自然、生态、简洁、朴实"的园道。将原有道路修缮成园道，宽2.5m左右，园路选用环保透水材料。环湖路临湖一侧通过种植乔木、灌木、湿地植物形成隔离带，园道两侧绿化能达到95%以掩蔽园道（图8-1）。

图8-1　华侨城湿地生态园道（左：改造前、右：改造后）

修缮观鸟亭：原边防哨所岗亭（图8-2）为深圳湾边防部队驻守国门的历史建筑，具有保留的价值；加之岗亭具有一定的高度，可以作为观鸟观景之用，对其修缮后，作为科教设施或历史遗迹建筑保留使用。湿地内共修建4个观鸟屋，在南区西侧芦苇荡，东区北侧距红树林300~500 m附近，东区南侧、西区北侧面对人工裸滩处各设置1个。4个观鸟屋均采用木质颜色的材料，外部有攀爬植物覆盖，观鸟窗亦隐蔽于植物之中，与环境融为一体，这样可以防止鸟的撞击，更好地保护生态环境。进入屋内，游

客还可以通过观鸟窗和望远镜近距离地观赏鸟类，亲近大自然。每个观鸟屋面积不超过50 $m^2$。每个观鸟屋能同时满足10个观鸟者，鸟屋高度不超过7 m；室内高度以人在其中没有压迫感为宜（图8-3）。

图8-2　华侨城湿地原有边防亭

图8-3　华侨城湿地观鸟屋

新建展览馆：华侨城湿地旨在打造鸟类乐园及人与自然和谐共处的示范，作为对公众尤其是中小学生进行生态教育的科普基地。鉴于此，修建了华侨城湿地科普展览馆，为观众讲述华侨城湿地所涵盖的自然科学知识，华侨城湿地的生态价值和社会价值，华侨城湿地环境与物种的关系，人与自然的关系，如何观鸟认鸟，如何保护环境等内容。科普展览馆建于华侨城湿地西侧现有建筑物所在地，是以滨海湿地为主题的参与式、体验式的科普馆。

科普展览馆将各个景观、景点及教育点聚集于此，增加凝聚力；候鸟季节通过多媒体现场视频，将整个湿地的景点集聚于此；在非候鸟季节，科普展览馆可再现候鸟旺季的情景。科普展览馆将华侨城湿地由来、改造前和改造后的状况以及对其的改造过程呈

现出来；还可以向观众和社会详细介绍华侨城湿地改造过程所包含的科学问题，包括引水工程、植被改造、湖内裸地布局、鸟类栖息地及食性关系、底栖动物、水生动物、水质及土壤科学、生态学和景观学等内容。并向观众详细解读华侨城湿地的生物、生态学知识，宣传生态保护及人与自然和谐共存理念，使华侨城湿地不仅为观鸟者提供一个观鸟场所，而且成为更加大众化的、真正意义上的科普教育基地。

## 8.2 生态修复前后华侨城湿地底泥理化因子的变化

对华侨城湿地生态恢复前后的4个样点的底泥剖面的理化因子进行了年际的跟踪监测和比较分析。

### 8.2.1 材料与方法

#### 8.2.1.1 采样

4个样点分别为排污口、红树林区、芦苇区以及出水口远端的湖心区，采样点分为3个深度，表层0 ~ 3 cm，中层3 ~ 6 cm，底层6 ~ 9 cm，每个位点3个野外重复，每个重复由多个子样品混合而来。

#### 8.2.1.2 分析与统计

pH值通过pH计测定；EC值通过EC计测定，总氮的测定选用凯氏定氮仪，无机氮选用消煮法测定；总磷通过消解—钼锑抗分光光度法测定；TOC选用High TOC Ⅱ分析仪测定，所有样品均经过自然风干处理后，使用70目筛收集。

所有数据都是根据SPSS 16.0进行统计分析，根据平均值与标准误差值用Sigma plot 10软件作图所得到的。

### 8.2.2 监测结果与分析

2010—2012年华侨城湿地底泥不同深度中pH值、无机氮、总氮、全磷、全钾以及总有机质的浓度如表8-1所示，具体分析如下。

#### 8.2.2.1 pH值

结果表明，生态修复前（2010年）华侨城湿地4个样点底泥剖面pH值之间差异显著，最小值出现在芦苇区中层（pH=4.4），最大值出现在远端的湖心区表层（pH=7.5）。所有4个位点的底泥表层（0 ~ 3 cm）、中层（3 ~ 6 cm）及下层（6 ~ 9 cm）pH值都表现为极显著性差异（$P$ = 0.001，$P$ = 0.0001和$P$ = 0.0004）。对每个单独位点的不同剖面上的pH值进行分析发现，4个位点各层之间的pH值没有显著性差异（图8-4）。排污口和远端湖心区的各层pH相差不大，红树林区位点pH值有随着深度增加而显著性增加的趋势，而芦苇区位点0 ~ 3 cm剖面的pH值大于其他两层。与其他红树林生态系统一样，红树林区位点pH值与一些受污染较少的红树林相似（如香港榕树澳红树林），pH值为 5.14（Chen et al., 2010）。这种酸性的pH值主要是由于红树林底泥微生物对腐殖质的分解及单宁酸的水解而产生的。

生态修复一年后（2011年），对每个单独位点的不同剖面上的pH值进行分析发现，4个位点各层之间的pH值没有显著性差异（图8-4），华侨城湿地4个位点的底泥

pH值变化明显，同一深度剖面的pH值在4个位点间都存在显著性差异（$P$ = 0.000）。其中，红树林区位点的红树林底泥的pH值最小（5.5），远端湖心区位点的底泥pH值最大（8.0）。对每个单独位点的不同剖面上的pH值变化进行分析，4个位点各层之间的pH值没有显著性差异（图8-5），位点Q1 ~ Q3的pH值随着深度加深而减少，而位点Q4随着深度的上升而上升。

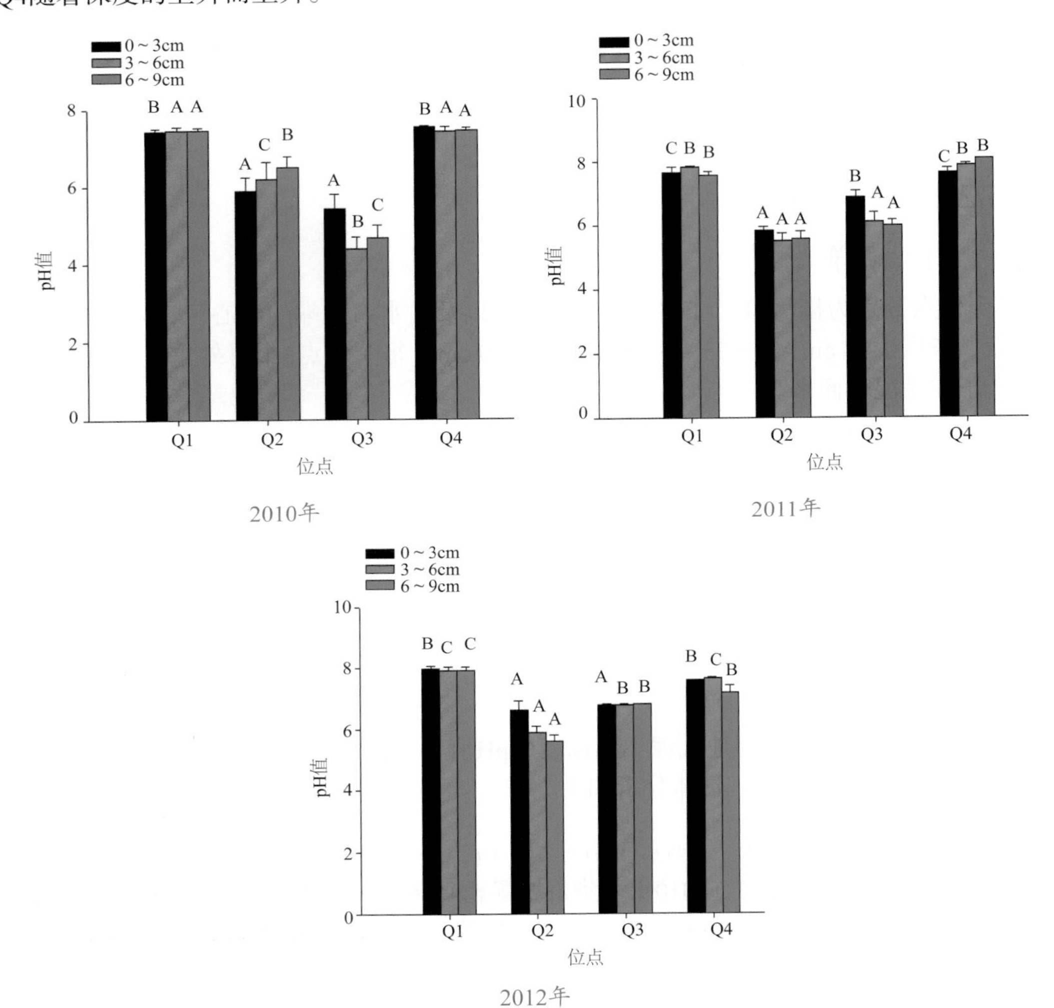


图8-4　2010—2012年，华侨城湿地4个样点及每一剖面上pH值的变化
（Q1：排污口，Q2：红树林区，Q3：芦苇区，Q4：远端的湖心区。通过ANOVA检测，大写字母代表的是每个位点相对应层之间的显著性差异）

生态修复两年后（2012年），对每个单独位点的不同剖面上的pH值进行分析发现，4个位点各层之间的pH值没有显著性差异，4个位点在同一深度剖面上存在极显著性差异（$P$ = 0.01，$P$ = 0.000，$P$ = 0.000）（图8-5）。排污口和远端的湖心区的pH值显著性大于红树林和芦苇区，红树林区位点pH值最小值为5.97，而远端的湖心区位点pH值的最大值为7.64。

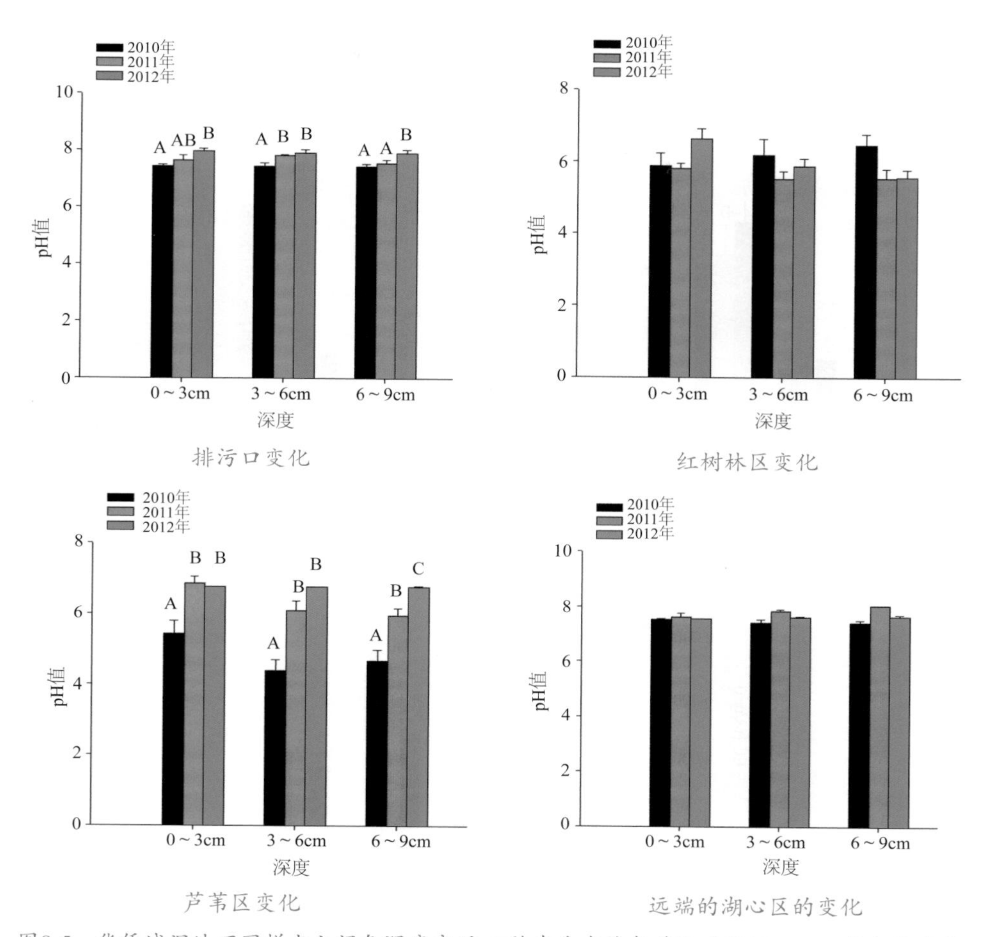


图8-5　华侨城湿地不同样点之间各深度底泥pH值在生态修复前后（2010—2012年）的变化
（大写字母代表不同年份在同一深度的显著性差异）

分别从4个位点3年来的动态变化分析，排污口位点的底泥pH值随着年份的推移而增加，在3个不同深度上均表现显著性的增加趋势（$P=0.03$，$P=0.02$和$P=0.04$）。而在红树林区位点，不同年份之间的pH值并不存在显著性差异，虽然在表层0～3 cm处pH值有着上升的趋势，但中下层底泥的pH值则随着年份的推移而下降。在芦苇区位点，随着年份的推移，不同深度底泥的pH值均呈显著性的增加（$P=0.01$，$P=0.001$和$P=0.001$）。而在远端的湖心区位点，底泥pH值并不存在年份上的显著性差异。

### 8.2.2.2　电导率（EC）

从图8-6中可以看出，生态修复前（2010年），各位点的电导率在排污口最小，最小处为6～9 cm处（1870 us/cm），在红树林区上层 0～3 cm处达到最大值(5863 us/cm)。红树林区和芦苇区位点在同一位点不同深度剖面上分析来看，芦苇区上层0～3 cm处的电导率显著大于下层6～9 cm处的值（$P=0.03$）（图8-6）。排污口、红树林区和芦苇区这3个位点都存在随着深度增加而电导率减小的趋势，但是排污口和红树林区的这种趋势并不存在显著性差异，而芦苇区位点的这种趋势却存在显著性差异。在不同位点的同一深度剖面上

分析来看，上层、中层和下层都存在显著性差异（$P = 0.02$，$P = 0.01$，$P = 0.0002$）。红树林区和芦苇区两位点在各层上都显著地大于排污口和远端的湖心区两位点的电导率。

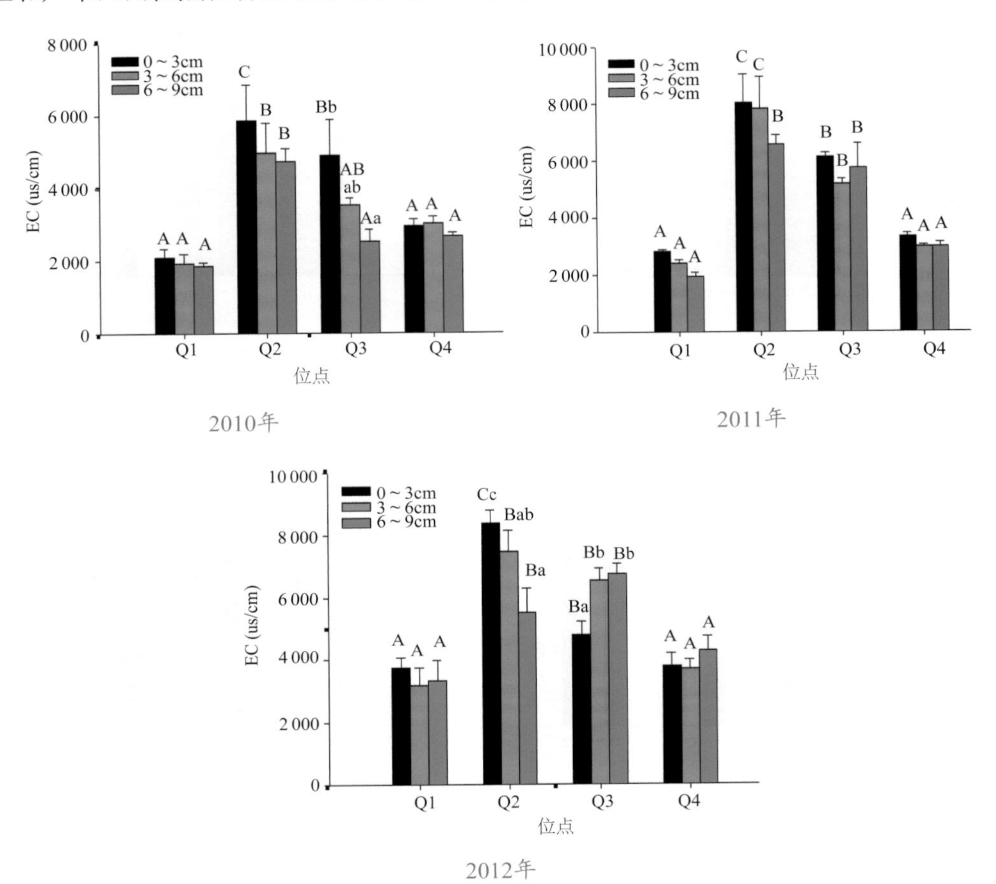


图8-6　2010—2012年，华侨城湿地4个样点之间及每一剖面上电导率的变化

（Q1：排污口，Q2：红树林区，Q3：芦苇区，Q4：远端的湖心区。通过ANOVA检测，大写字母代表每个位点相对应层之间的显著性差异，小写字母代表相同位点在不同深度上的显著性差异）

在生态恢复一年后（2011年），红树林区和芦苇区点的电导率在3个深度上都是显著大于其余两个位点（$P = 0.000$，$P = 0.001$，$P = 0.000$）。最大值在红树林区位点上层(8023 us/cm)，最小值为排污口底层（2830 us/cm），而在同一位点间的不同深度剖面上来看，并不存在显著性差异，但是排污口、红树林区、远端的湖心区的EC值随着深度的增加而减少。

在生态修复两年后（2012年），红树林区和芦苇区位点在不同深度上存在显著性差异（$P = 0.04$，$P = 0.02$），红树林区的电导率随着深度加深而减少，而芦苇区随着深度加深而增大。4个位点在不同深度存在极显著性差异，红树林区和芦苇区的电导率显著性大于其余两位点，红树林区位点值最高（8 347 us/cm）。

电导率的大小可以表示各地点的离子浓度大小，电导率越大，离子浓度就高，红树林区和芦苇区位点为红树林生态系统和芦苇生态系统，微生物的代谢活动可以将排污口

排放的污染物分解，产生可溶性的离子物质。

从4个位点3年的变化状况上分析，排污口位点3个深度剖面都存在随着时间推移而电导率极显著性上升的过程（$P = 0.000$），变化范围是1 870 ~ 3 770 us/cm。红树林区位点在3个时间段并不存在显著性差异，但2011年的值比其他两年的高，是一个先升高后下降的过程。芦苇区位点上层在时间上并没有显著性差异，但在3 ~ 6 cm和6 ~ 9 cm处，随着时间的推移，电导率显著性增加（$P = 0.001$，$P = 0.004$）（图8-7）。远端的湖心区位点随着时间推移，电导率也呈现上升的趋势，只有在6 ~ 9 cm处的上升是显著性的，而其余两层并不存在显著性差异。

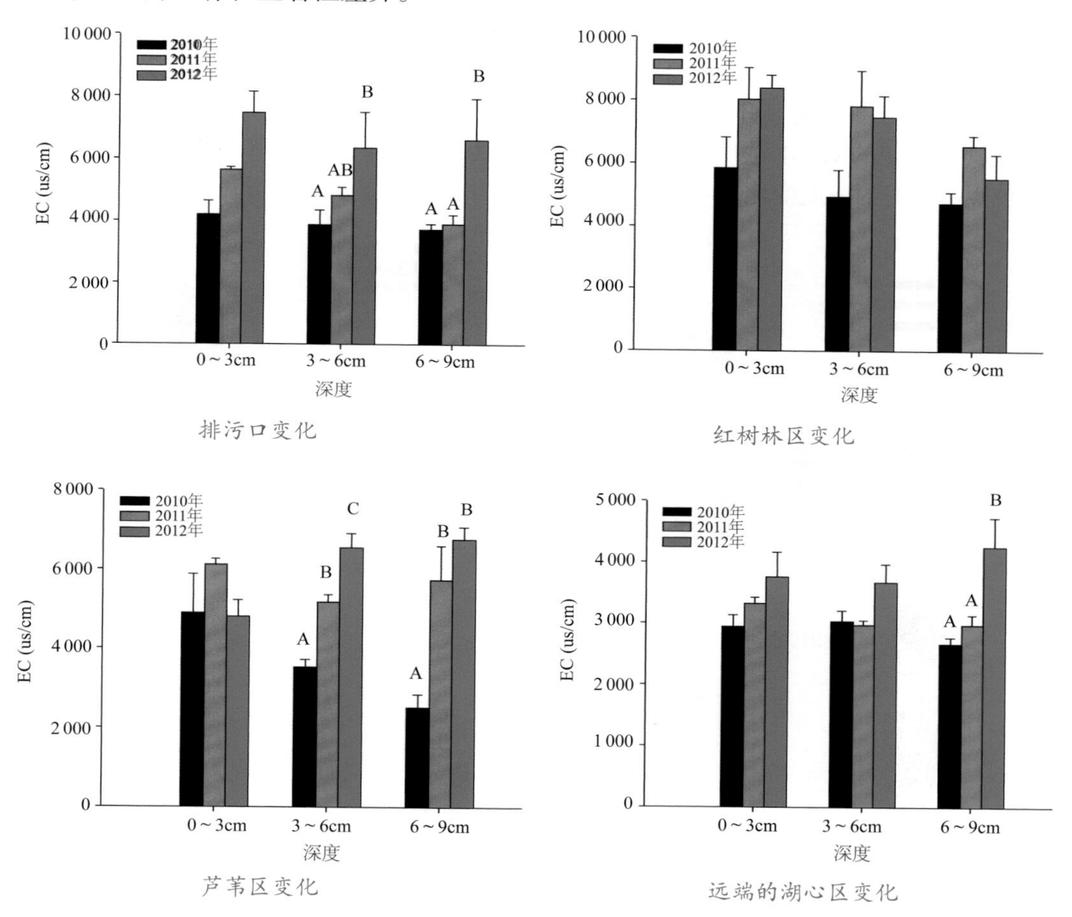


图8-7　华侨城湿地不同样点之间各深度底泥电导率在生态修复前后（2010—2012年）的变化
（大写字母代表不同年份在同一深度的显著性差异）

#### 8.2.2.3　铵态氮浓度

结果表明，在生态修复前一年（2010年），4个位点间的$NH_4^+$-N浓度在各层深度存在显著差异，芦苇区的$NH_4^+$-N浓度显著性大于其他3个位点，最大值为芦苇区下层（75 mg/kg），最小值为远端的湖心区上层（16 mg/kg）。4个位点的$NH_4^+$-N浓度均有随着深度加深而增加的趋势，但只有在红树林区有显著性差异（$P = 0.021$）。

在生态修复一年后（2011年），其浓度与2010年相似，4个位点间存在极显著性差异，但只有红树林区的$NH_4^+$-N的浓度是显著性上升的，其余位点在深度上的$NH_4^+$-N浓度变化并不存在显著性差异。

在生态修复两年后（2012年），4个位点的$NH_4^+$-N浓度存在极显著性差异，芦苇区位点显著大于其余位点，而与前两年不同的是芦苇区和红树林区位点的$NH_4^+$-N浓度在中层最高，中层和下层大于表层0～3 cm的$NH_4^+$-N浓度。

从排污口位点的3年变化可以看出，在表层0～3 cm处，$NH_4^+$-N的浓度随着时间的推移显著性下降（$P = 0.03$），而在3～6 cm和6～9 cm处，$NH_4^+$-N浓度总体有一定水平的下降，但并不存在显著性差异（图8-8）。从红树林区位点的3年变化状况可以看出，红树林区位点的$NH_4^+$-N浓度每年都在下降，但年份之间并不存在显著性差异。芦苇区位点的$NH_4^+$-N浓度经历一个先上升后下降的过程，在3个深度剖面中，2012年的铵态氮浓度显著小于其余两年的$NH_4^+$-N浓度（$P = 0.01$，$P = 0.021$，$P = 0.033$）（图8-9）。远端的湖心区位点的$NH_4^+$-N浓度变化基本不大，在年份上并不存在显著性差异。

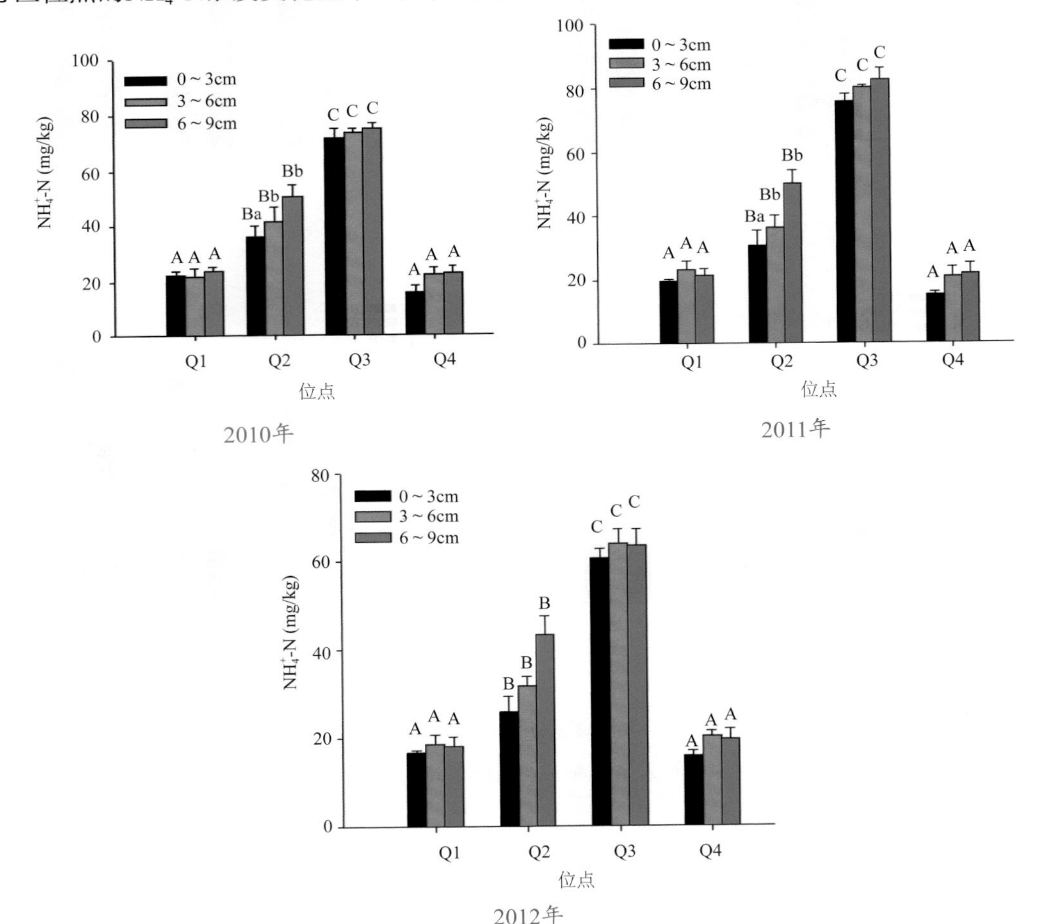


图8-8　2010—2012年，华侨城湿地4个样点之间及每一剖面上$NH_4^+$-N浓度的变化

（Q1：排污口，Q2：红树林区，Q3：芦苇区，Q4：远端的湖心区。通过ANOVA检测，大写字母代表每个位点相对应层之间的显著性差异，小写字母代表相同位点在不同深度上的显著性差异）

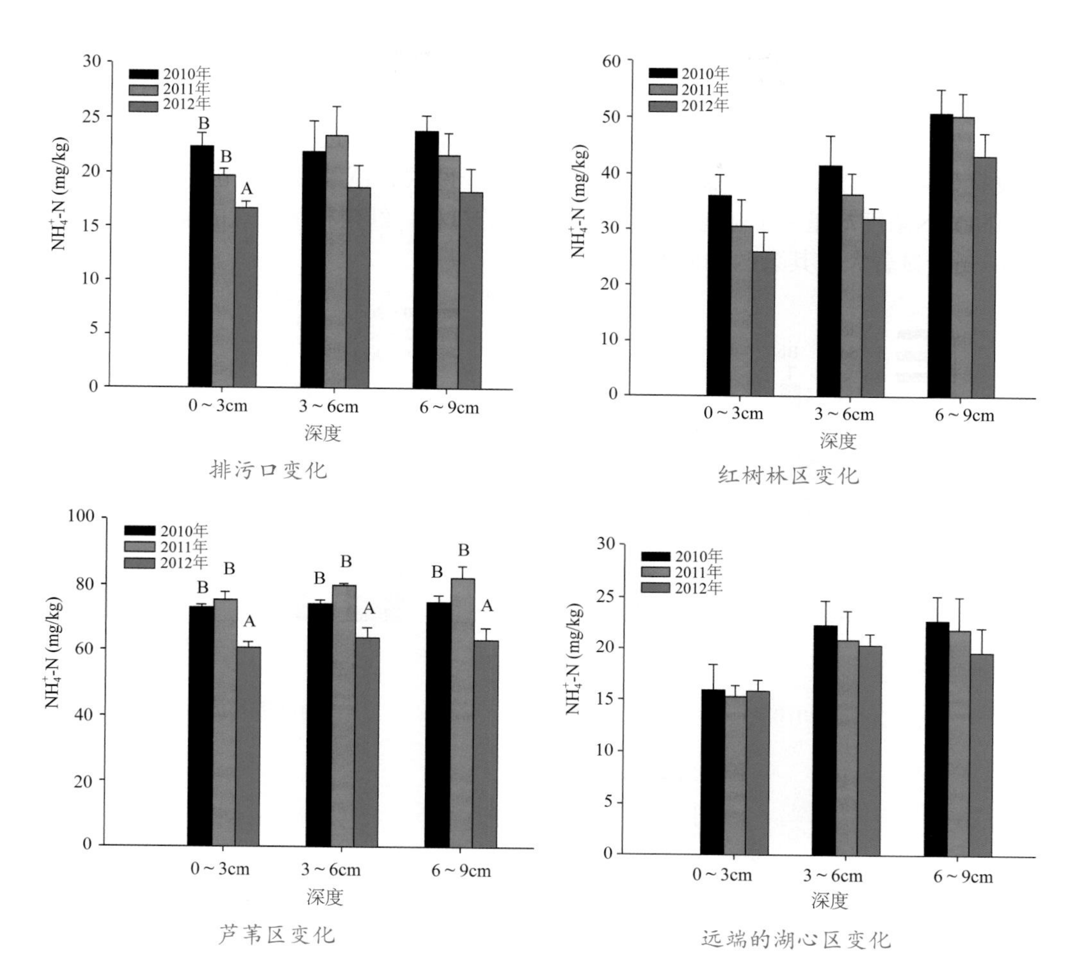


图8-9　华侨城湿地不同样点之间各深度底泥$NH_4^+$-N浓度在生态修复前后（2010—2012年）的变化（大写字母代表不同年份在同一深度的显著性差异）

从2010年到2012年的污染物从排污口流经红树林区和芦苇区处，底泥表层和中层的$NH_4^+$-N的浓度逐渐增加，可能是因为从排污口处所排放的物质通过水流而进入红树林区和芦苇区，由于红树林区和芦苇区这两个位点之间本身的$NH_4^+$-N的浓度就比较大，所以逐渐增加。而出水口的$NH_4^+$-N的浓度显著低于红树林区和芦苇区两位点的浓度，远端的湖心区的$NH_4^+$-N的浓度偏低，说明在出水口处受污染程度比排水口的受污程度小一些，主要原因可能是植物对污染湖水有一定净化作用。2012年的红树林区的铵态氮浓度与一些未受污染地区的红树林区相比，如香港榕树澳红树林的含量为12.71 mg/kg（Chen et al., 2010），仍然高出许多，但$NH_4^+$-N的浓度在每个位点逐年都在下降，说明生态修复使得$NH_4^+$-N污染物一步步减少。

### 8.2.2.4　硝态氮浓度

图8-10的结果表明，在生态修复前一年（2010年），在0～3 cm和6～9 cm处的浓度4个位点不存在显著性的差异，而在3～6 cm深度剖面上，红树林区位点的$NO_3^-$-N浓度显著大于其他3个位点的浓度（$P$ = 0.02，$P$ = 0.03，$P$ = 0.02），而且总体上看，$NO_3^-$-N浓

度最大值为红树林区位点的中层3 ~ 6 cm处（19 mg/kg），而最小值为远端的湖心区的上层（11 mg/kg）。红树林区位点的$NO_3^-$-N浓度比其他位点的大，说明红树林区的微生物在其中发挥了很重要的作用。在相同位点上看，排污口和远端的湖心区位点在不同深度间没有显著性差异，但是中层的浓度要大于其他两层，芦苇区位点也不存在显著性差异，但$NO_3^-$-N浓度却是一个随着深度下降而下降的过程。红树林区位点的$NO_3^-$-N浓度中层（3 ~ 6 cm）显著大于其余两剖面的$NO_3^-$-N浓度。

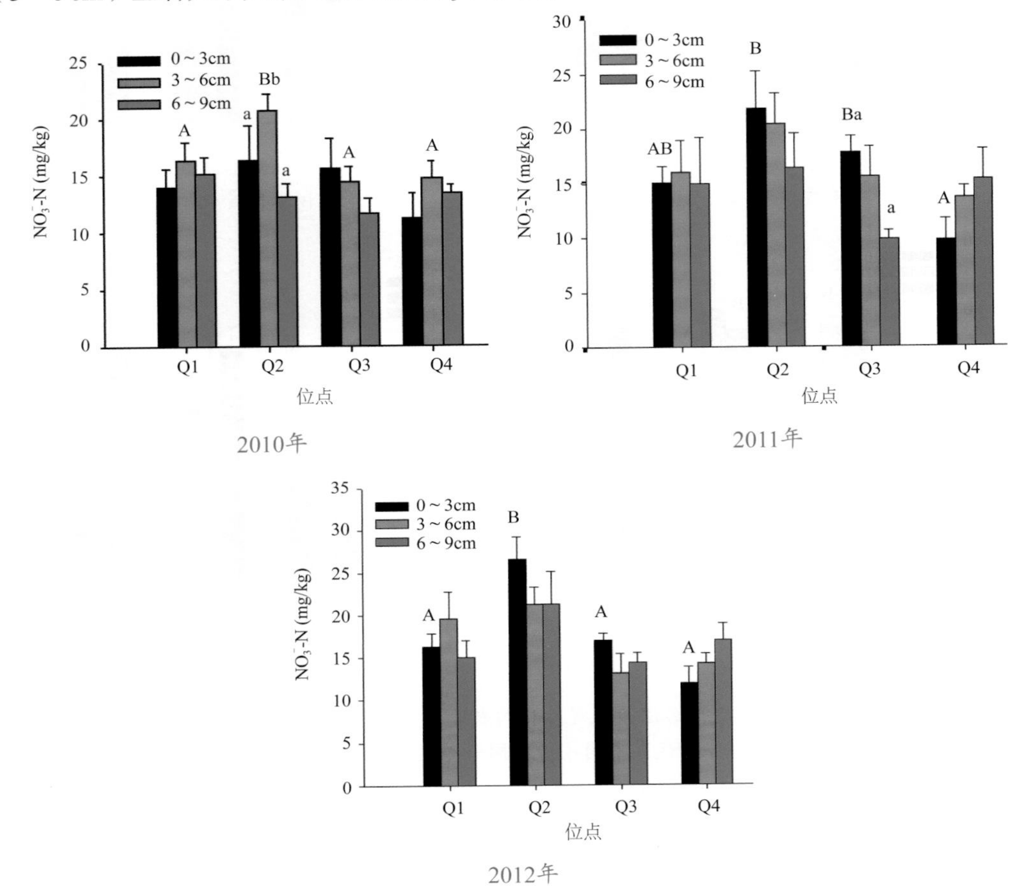


图8-10　2010—2012年，华侨城湿地4个样点之间及每一剖面上$NO_3^-$-N浓度的变化
（Q1：排污口，Q2：红树林区，Q3：芦苇区，Q4：远端的湖心区。通过ANOVA检测，大写字母代表每个位点相对应层之间的显著性差异，小写字母代表相同位点在不同深度上的显著性差异）

在生态修复一年后（2011年），$NO_3^-$-N最大值为红树林区的上层（21.82 mg/kg），最小值为远端的湖心区位点上层（15.33 mg/kg），在表层0 ~ 3 cm处红树林区和芦苇区位点显著性大于排污口和远端的湖心区位点（$P = 0.03$）（图8-11）。红树林区和芦苇区位点随着深度增加而$NO_3^-$-N浓度降低，但只有芦苇区的$NO_3^-$-N浓度呈显著下降（$P = 0.015$）。Q4位点与Q2、Q3位点不同的是，随着深度增加，$NO_3^-$-N浓度非显著性地增高。

在生态修复两年后（2012年），$NO_3^-$-N浓度与前两年一样的是红树林区位点的上层$NO_3^-$-N浓度依然是显著大于其他3个位点上层$NO_3^-$-N浓度（$P = 0.03$），其余两层在不同位

点间不存在显著性差异。另外，在各个位点的不同深度剖面上也不存在显著性差异。

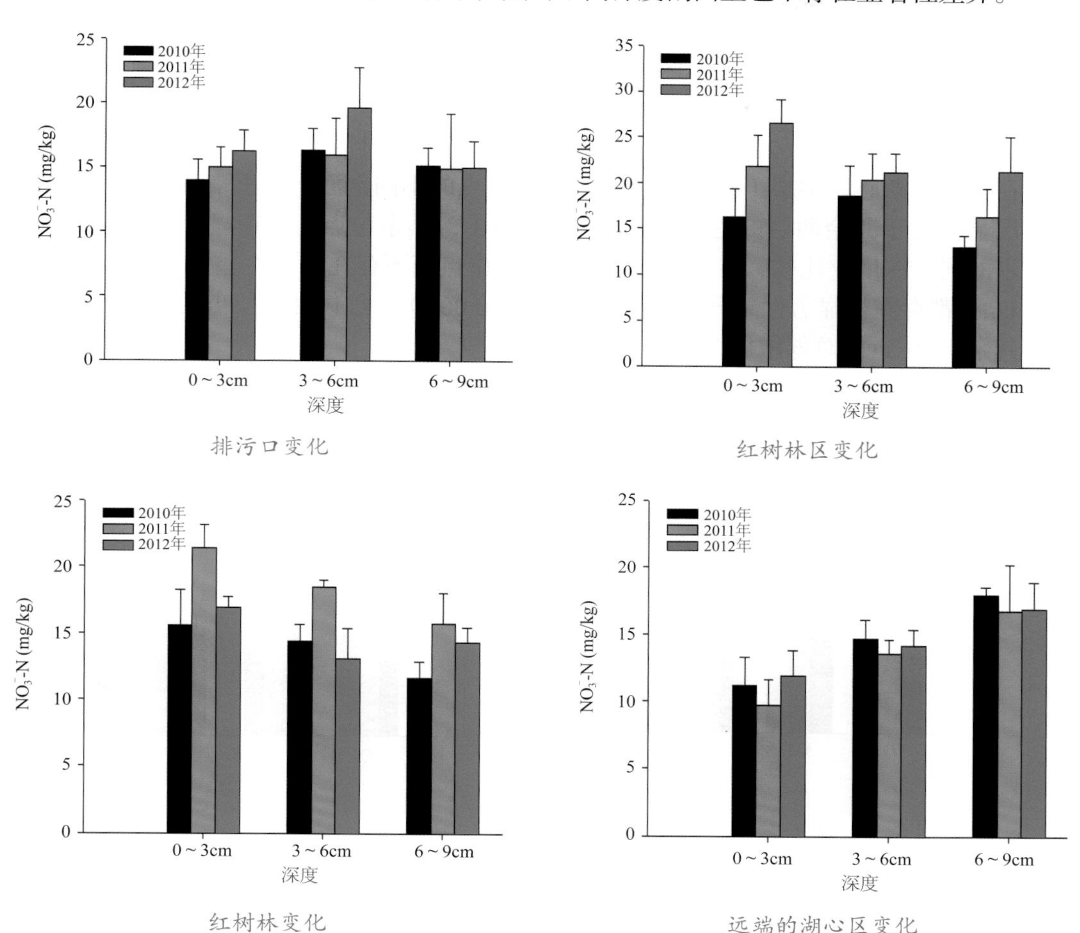


图8-11　华侨城湿地不同样点之间各深度底泥$NO_3^-$-N浓度在生态修复前后（2010—2012年）的变化
（大写字母代表不同年份在同一深度的显著性差异）

从3年变化状况来看，排污口位点随着年份增加在不同深度上都有着$NO_3^-$-N浓度上升的趋势，但是并不存在显著性的差异。红树林区位点的$NO_3^-$-N浓度在3年的变化很明显，随着年份的推移而增加，但也并不是显著性增加。芦苇区位点在2011年$NO_3^-$-N浓度最高，从2010年到2012年是一个先上升后减少的过程，但是3个深度上在年份的推移上的统计学意义并不存在显著性差异。远端的湖心区位点各层在不同年份上并没有显著性差异，变化差别也不大。

### 8.2.2.5　总氮浓度

总氮的浓度如图8-12和图8-13所示，结果表明，在生态修复前一年（2010年），总氮含量最大值在红树林位点的上层（在同一位点上不同剖面上来看），排污口位点和远端的湖心区位点的总氮浓度在深度上并不存在显著性的差异。但是，芦苇区和远端的湖心区位点，不同深度剖面间的浓度差异呈现极度显著性差异的情况。在红树林区位点，

随着深度的加深，总氮浓度有着显著下降的趋势（$P = 0.001$）。在芦苇区位点，不同深度间的总氮浓度具有极显著性差异（$P = 0.002$），并且中层的浓度最大，远大于其余两层的浓度。总体上来看，红树林区和芦苇区位点的总氮浓度在表层和中层极显著性大于其余两个位点（$P = 0.000$，$P = 0.001$）。

在生态修复一年后（2011年），总氮含量最大值在红树林区位点的中层（3.9 g/kg），最小值在远端的湖心区中层（1.1 g/kg）。从同一位点的不同剖面上分析来看，只有芦苇区的中层显著大于其余两层的总氮浓度（$P = 0.04$），其余位点不存在显著性差异。在不同位点的同一深度上比较，除底层6 ~ 9 cm处4个位点间不存在显著性差异，在0 ~ 3 cm和3 ~ 6 cm处都存在极显著性差异（$P = 0.016$，$P = 0.001$），红树林区位点的总氮浓度显著大于其余3个位点的总氮浓度。

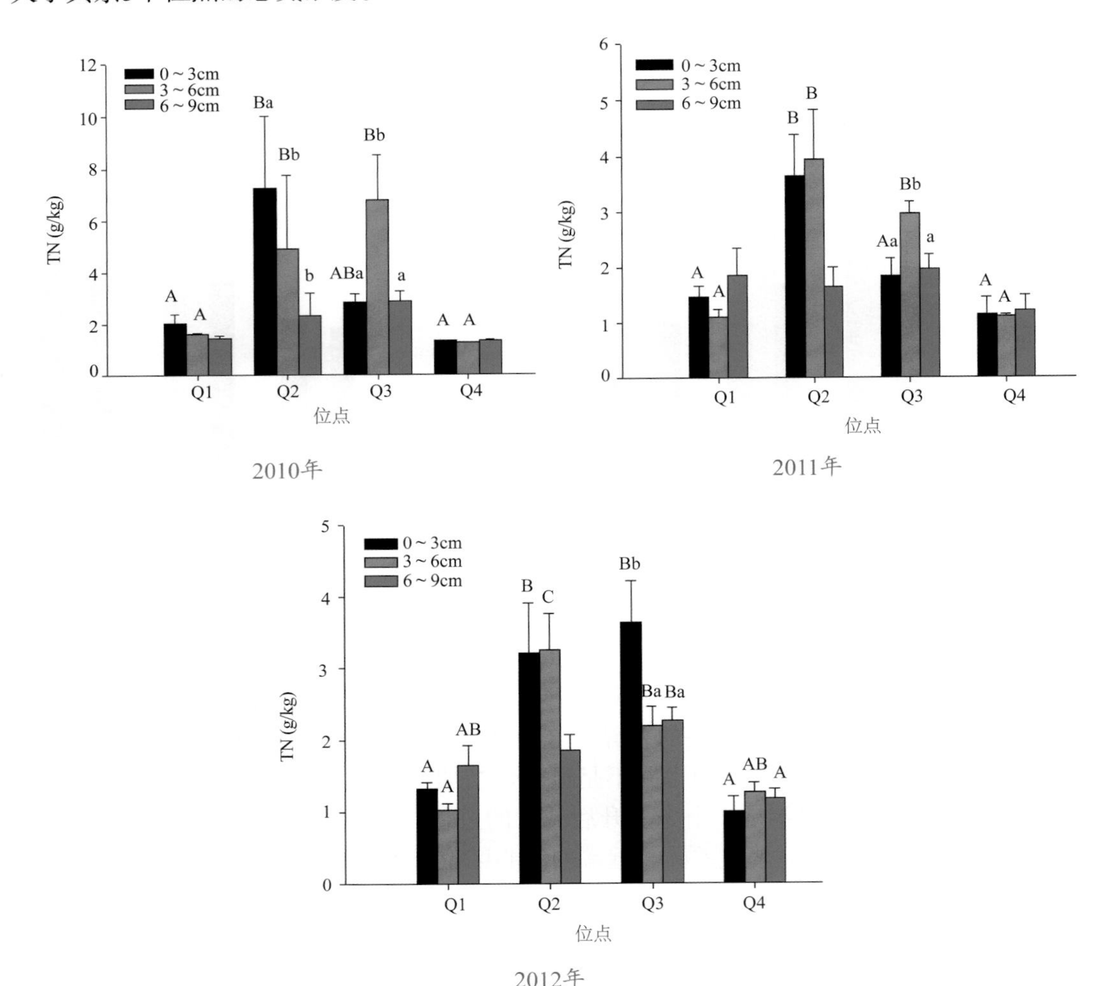


图8-12　2010—2012年，华侨城湿地4个样点之间及每一剖面上总氮浓度的变化
（Q1：排污口，Q2：红树林区，Q3：芦苇区，Q4：远端的湖心区。通过ANOVA检测，大写字母代表的是每个位点相对应层之间的显著性差异，小写字母代表相同位点在不同深度上的显著性差异）

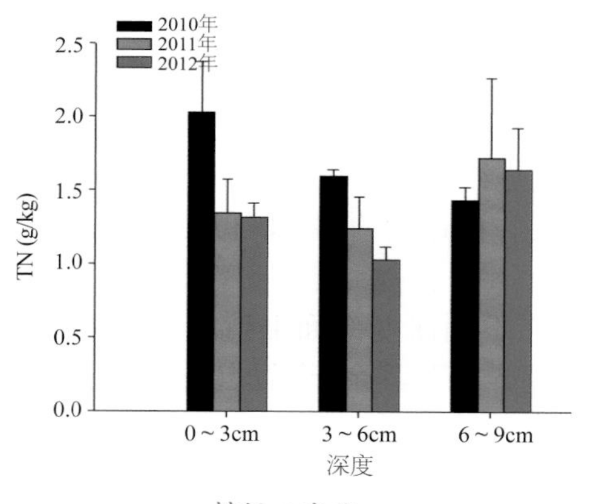


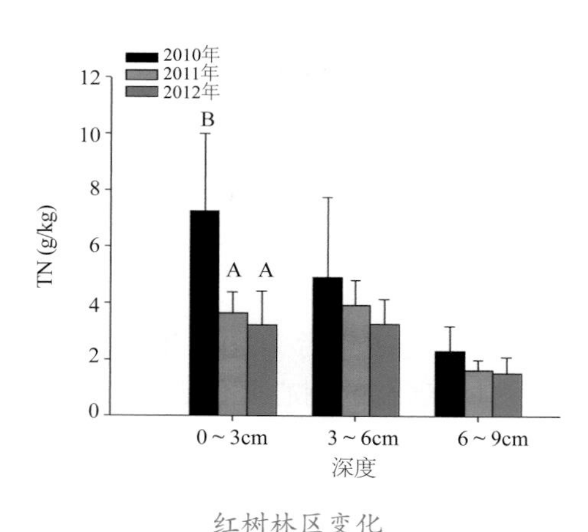

排污口变化　　红树林区变化

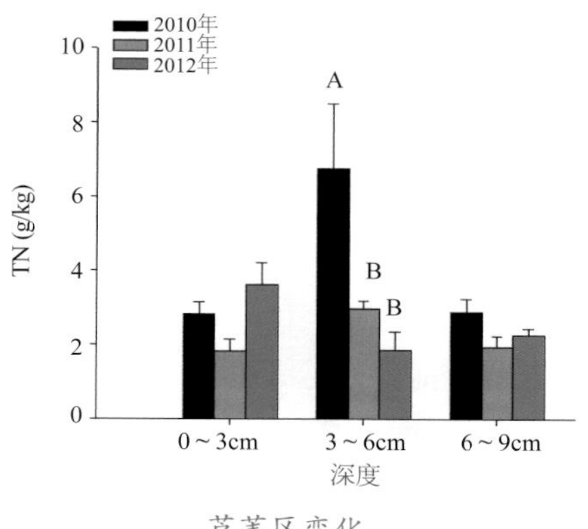


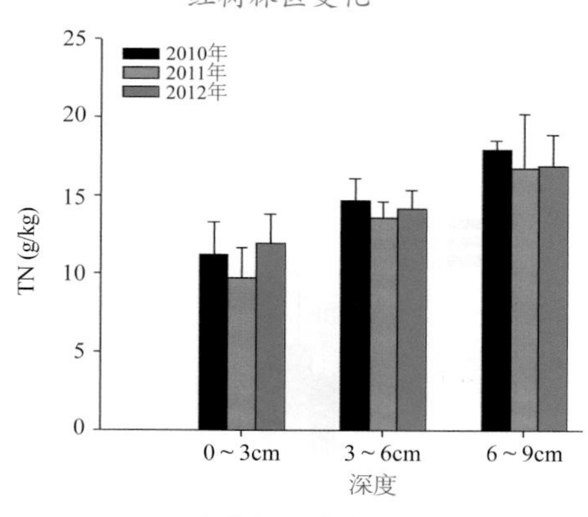


芦苇区变化　　远端的湖心区变化

图8-13　华侨城湿地不同样点之间各深度底泥总氮浓度在生态修复前后（2010—2012年）的变化（大写字母代表不同年份在同一深度的显著性差异）

在生态修复两年后（2012）年，红树林区的位点的总氮浓度依然是最高的，在0 ~ 3 cm和6 ~ 9 cm处，4个位点存在极显著性差异（$P$ = 0.016，$P$ = 0.005）。在同一位点中，只有芦苇区位点中层的总氮含量显著性大于其余两层的总氮含量（$P$ = 0.03）。

整体上看，红树林区和芦苇区位点的总氮浓度显著性大于排污口和远端的湖心区位点，这样的原因可能是因为污水从排污口排出后，经过了红树林区和芦苇区的微生物的固氮作用，将污水中的含氮污染物进行了净化，而华侨城湿地的总氮含量与未受污染地区红树林相比（Chen et al., 2010），华侨城湿地红树林位点的氮污染仍然大于香港榕树澳红树林（1.9 g/kg）。但从3年变化来看，4个位点2012年和2011年的总氮含量均小于2010年的含量，排污口和远端的湖心区总氮的减少并不是显著减少，但在红树林区的上层0 ~ 3 cm处和芦苇区的3 ~ 6 cm处有着随着时间的推移，总氮含量显著性下降的过程（$P$ = 0.021，$P$ = 0.03），说明华侨城湿地的含氮污染物越来越少，侧面反映了华侨城湿地修复工作使得污染越来越轻。

### 8.2.2.6　总磷浓度

如图8-14和图8-15所示，结果表明，在生态修复前一年（2010年），4个位点在不同深度剖面上磷的含量差别很小，在红树林区位点处，中层3～6 cm的磷含量显著性高于其余两层之外（$P=0.045$），其余3个位点都不存在显著性差异。在远端的湖心区位点有着磷浓度随着深度增加而非显著性增加的趋势。4个不同位点在同深度上比较，存在极显著性差异（$P=0.005$，$P=0.004$，$P=0.000$）。尤其是红树林区位点极显著性大于其余3个位点的浓度。红树林区位点磷含量最大，为0.32 g/kg；而远端的湖心区位点最小，含量只有0.05 g/kg。

在生态修复一年后（2011年），4个位点在不同深度剖面上磷的含量差别很小，除了排污口和远端的湖心区位点处存在显著性差异外，其余2个位点都不存在显著性差异。在不同位点同一深度上比较，红树林区位点的浓度远远高于其他3个位点，存在极显著性差异（$P=0.001$）。

在生态修复两年后（2012年），与前两年相似的是，红树林位点的磷含量依然远远高于其他3个位点的磷含量（$P=0.000$）。但是在同一位点的不同深度并没有显著性差异。

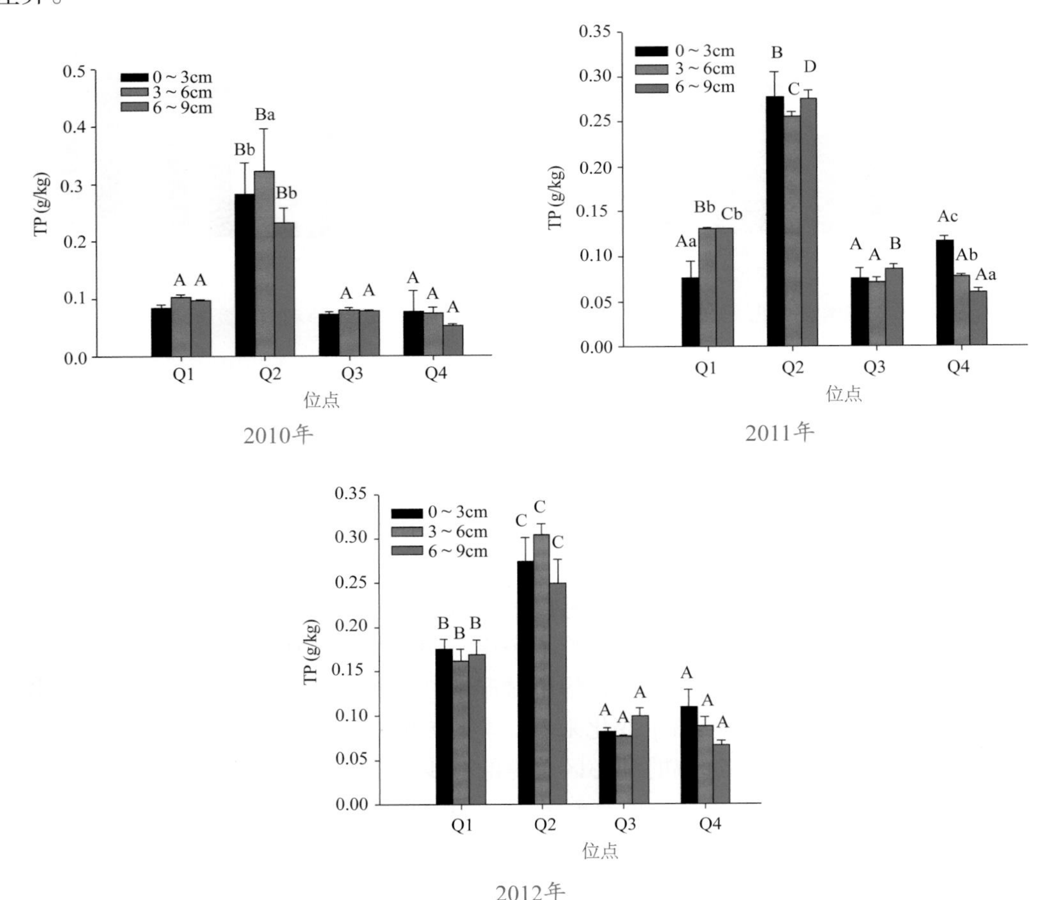


图8-14 2010—2012年，华侨城湿地4个样点之间及每一剖面上全磷浓度的变化
（Q1：排污口，Q2：红树林区，Q3：芦苇区，Q4：远端的湖心区。通过ANOVA检测，大写字母代表每个位点相对应层之间的显著性差异，小写字母代表相同位点在不同深度上的显著性差异）

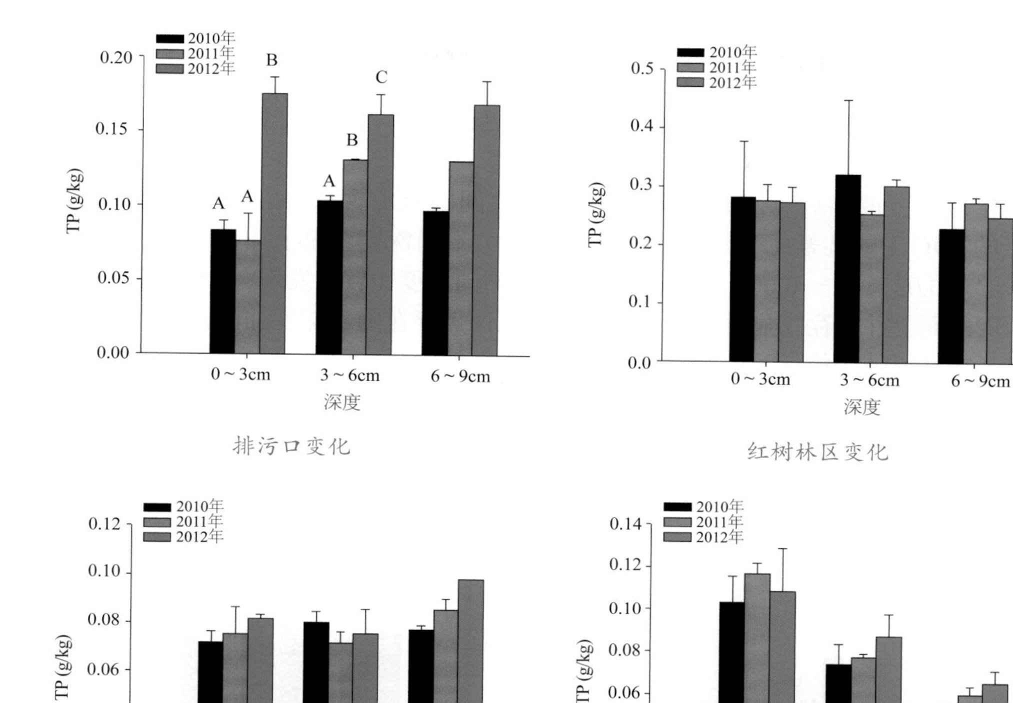


图8-15 华侨城湿地不同样点之间各深度底泥总磷浓度在生态修复前后（2010—2012年）的变化
（大写字母代表不同年份在同一深度的显著性差异）

在4个位点的3年时间上的变化来看，排污口位点的磷含量在0 ~ 3 cm和3 ~ 6 cm处存在显著性差异，随着时间的推移，磷含量显著上升（$P = 0.001$，$P = 0.000$）。在6 ~ 9 cm处磷含量也是上升的状况，总体上看，排污口位点磷含量处在一个上升的状态。红树林区位点的磷含量在各个时间段并不存在显著性差异，没有明显的变化趋势。芦苇区位点在时间上的变化也没有显著性差异，但随着时间推移，芦苇区位点的磷含量上升，在远端的湖心区位点磷含量没有显著性差异，但随着时间推移，远端的湖心区位点的磷含量也上升。

### 8.2.2.7 总有机碳浓度

如图8-16和图8-17所示，在生态修复前一年（2010年），4个位点之间的TOC含量有着显著性差异，芦苇区位点的TOC含量显著高于其他3个位点。各位点之间在0 ~ 3 cm深度和3 ~ 6 cm深度的TOC含量有着显著性差异（$P = 0.001$，$P = 0.026$），而下层6 ~ 9 cm中的总有机碳的含量，4个位点之间并不存在显著性差异。而每一位点的各个剖面上的TOC的变化只有在红树林区和芦苇区位点才表现出显著性变化，呈显著性下降的趋势（$P = 0.022$，$P = 0.03$）。

在生态修复一年后（2011年），4个样点之间的TOC含量有着显著性差异（$P$ = 0.000，$P$ = 0.001，$P$ = 0.016），红树林区位点的 TOC 含量显著高于其他3个位点。红树林区位点在不同深度上存在显著性差异（$P$ = 0.034）。可以看出红树林区的位点和芦苇区位点的TOC含量随着深度加深而下降。

在生态修复两年后（2012年），4个样点之间的TOC含量有着显著性差异，芦苇区位点的TOC含量显著高于其他3个位点，在3个不同深度上都有着显著性差异（$P$ = 0.003，$P$ = 0.033，$P$ = 0.000）。在同一位点的不同深度比较中发现，4个位点在其各自不同深度剖面上并不存在显著性差异。但芦苇区位点存在随着深度加深，TOC含量下降的趋势。在红树林区位点，中层的TOC含量大于其他两层，而排污口和远端的湖心区位点的TOC含量没有差异性。

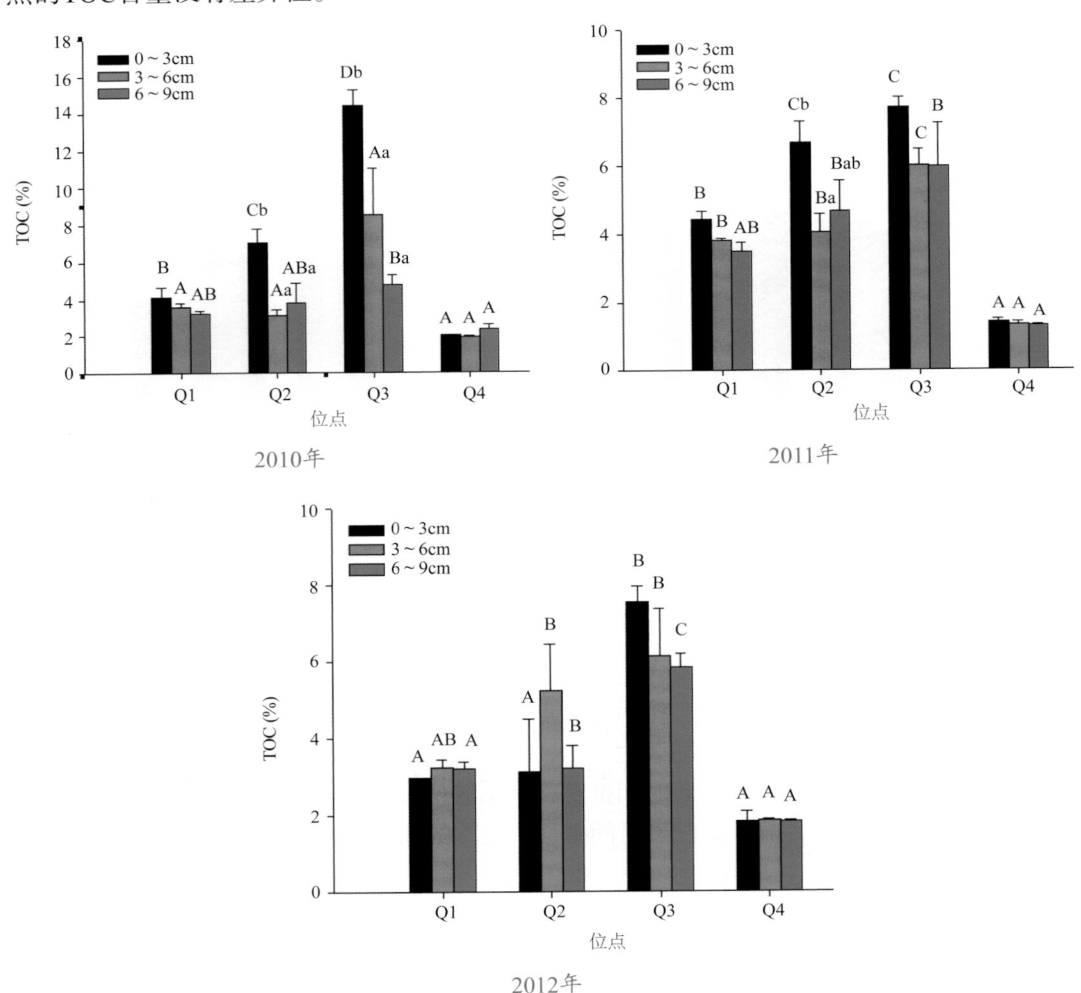


图8-16　2010—2012年，华侨城湿地4个样点之间及每一剖面上总有机碳浓度的变化
（Q1：排污口，Q2：红树林区，Q3：芦苇区，Q4：远端的湖心区。通过ANOVA检测，大写字母代表每个位点相对应层之间的显著性差异，小写字母代表相同位点在不同深度上的显著性差异）

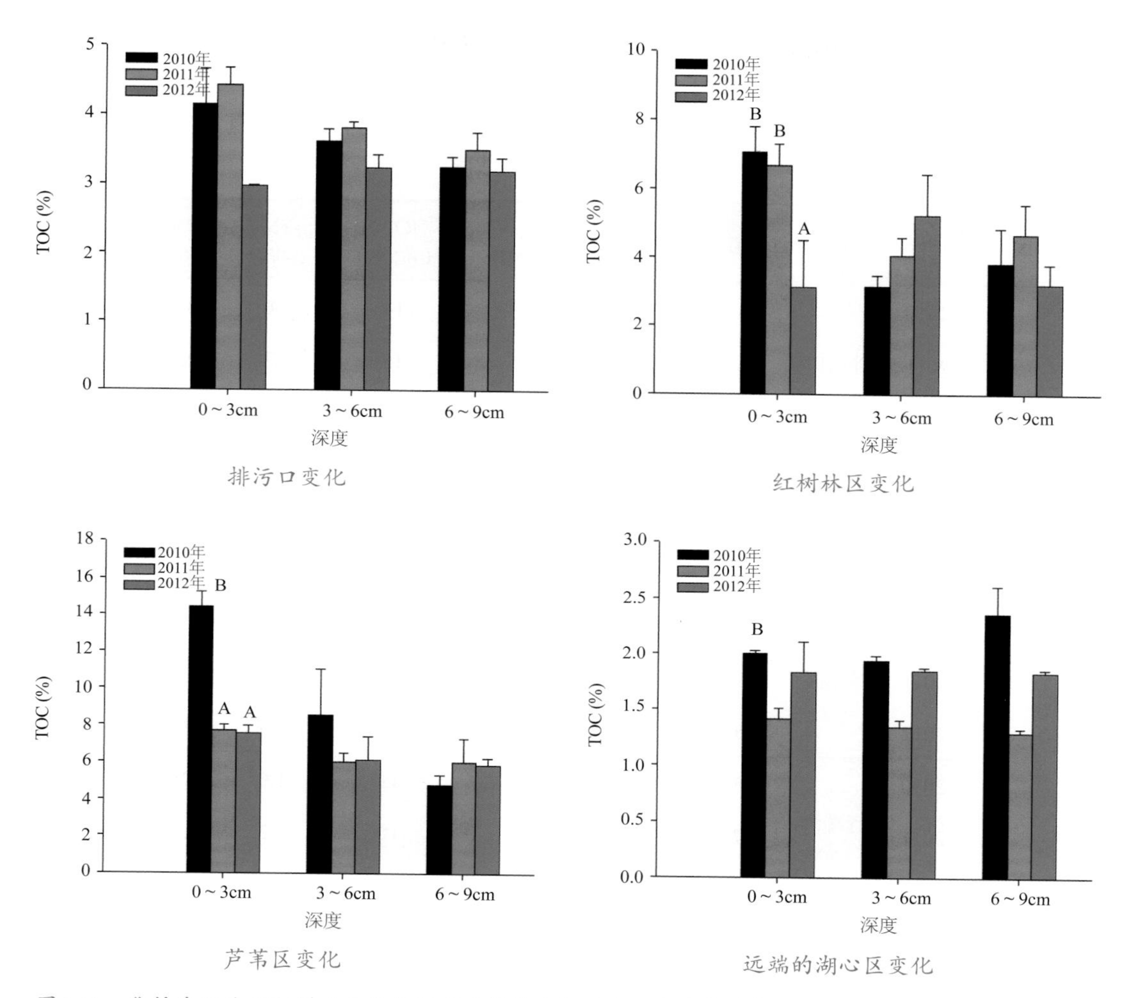


图8-17　华侨城湿地不同样点之间各深度底泥总有机碳浓度在生态修复前后（2010—2012年）的变化（大写字母代表不同年份在同一深度的显著性差异）

红树林是一个高生产力的生态系统，可能是因为在红树林生态系统中，其表层含有许多枯枝落叶，当这些枯枝落叶被分解之后，其中的有机质渗透到表层以及更深层处，随着深度的增加，其累积量也可能先增加再减少，红树林区位点的TOC含量与未受污染的红树林位点相比（如香港榕树澳红树林），有机碳为 3.4%（Chen et al., 2010）。红树林前两年的有机碳最大值分别为6.3%和6.4%，高于正常值，但在2012年已经降到4.5%左右。

在4个位点的3年比较中可以发现，排污口位点的TOC含量在各年间不存在显著性差异，但从图8-17可以看出，TOC的含量在2012年低于2010年和2011年的含量，说明排污口受到的有机污染物污染越来越轻。红树林区位点中层和底层在年份上TOC含量不存在显著性差异，表层的TOC含量随着时间推移而显著性减少（$P$ = 0.001），而中层的TOC含量随着年份的推移，含量提高，下层的TOC含量随着年份减少。而在芦苇区位点，随着时间的推移，表层的TOC含量显著性下降（$P$ = 0.000），2012年的TOC含量显著小于2011年和2010年。而在芦苇区位点，随着年份的推移，TOC的含量在同一深度上并不存在显著性差异。总体上看，从2010年到2012年TOC含量在位点上呈减少的趋势，说明有机污染物在一步步减少。

表8-1 2010-2012年华侨城湿地底泥不同深度中pH值、无机氮、总氮、全磷、全钾以及总有机碳的浓度

| 深度 | 年份 | 位点 | pH值 | EC (us/cm) | $NH_4^+$-N (mg/kg) | $NO_3^-$-N (mg/kg) | TN (g/kg) | TOC (%) | TP (g/kg) |
|---|---|---|---|---|---|---|---|---|---|
| 0～3 cm | 2010 | 排污口 | 7.4 | 2 103 | 22 | 14 | 2.0 | 4.1 | 0.08 |
| | 2011 | | 7.6 | 2 830 | 19 | 15 | 1.3 | 4.4 | 0.08 |
| | 2012 | | 7.9 | 3 747 | 17 | 16 | 1.3 | 3.0 | 0.18 |
| | 2010 | 红树林区 | 5.9 | 5 863 | 36 | 16 | 7.2 | 7.0 | 0.28 |
| | 2011 | | 5.8 | 8 023 | 31 | 22 | 3.6 | 6.7 | 0.28 |
| | 2012 | | 6.6 | 8 390 | 26 | 27 | 3.2 | 3.1 | 0.27 |
| | 2010 | 芦苇区 | 5.4 | 4 900 | 72 | 16 | 2.8 | 14 | 0.07 |
| | 2011 | | 6.9 | 6 130 | 76 | 21 | 1.8 | 7.7 | 0.08 |
| | 2012 | | 6.8 | 4 797 | 61 | 17 | 3.6 | 7.6 | 0.08 |
| | 2010 | 远端湖心区 | 7.5 | 2 943 | 16 | 11 | 1.6 | 2.0 | 0.07 |
| | 2011 | | 7.7 | 3 326 | 15 | 10 | 1.2 | 1.4 | 0.08 |
| | 2012 | | 7.6 | 3 770 | 16 | 11 | 1.4 | 1.8 | 0.09 |
| 3～6 cm | 2010 | 排污口 | 7.5 | 1 937 | 22 | 16 | 1.6 | 3.6 | 0.10 |
| | 2011 | | 7.8 | 2 413 | 24 | 16 | 1.2 | 3.8 | 0.13 |
| | 2012 | | 7.9 | 3 176 | 19 | 20 | 1.0 | 3.2 | 0.16 |
| | 2010 | 红树林区 | 6.2 | 4 960 | 41 | 19 | 4.9 | 3.1 | 0.32 |
| | 2011 | | 5.5 | 7 833 | 36 | 20 | 3.9 | 4.1 | 0.26 |
| | 2012 | | 5.9 | 74 83 | 32 | 21 | 3.3 | 5.2 | 0.30 |
| | 2010 | 芦苇区 | 4.4 | 3 530 | 74 | 14 | 6.8 | 8.5 | 0.08 |
| | 2011 | | 6.1 | 5 190 | 80 | 19 | 3.0 | 6.0 | 0.07 |
| | 2012 | | 6.8 | 6 537 | 64 | 13 | 1.9 | 6.1 | 0.08 |
| | 2010 | 远端湖心区 | 7.4 | 3 026 | 22 | 15 | 1.3 | 1.9 | 0.10 |
| | 2011 | | 7.9 | 2 980 | 21 | 16 | 1.1 | 1.3 | 0.12 |
| | 2012 | | 7.6 | 3 673 | 20 | 15 | 1.1 | 1.8 | 0.11 |

续表8-1

| 深度 | 年份 | 位点 | pH值 | EC (us/cm) | $NH_4^+$-N (mg/kg) | $NO_3^-$-N (mg/kg) | TN (g/kg) | TOC (%) | TP (g/kg) |
|---|---|---|---|---|---|---|---|---|---|
| 6～9 cm | 2010 | 排污口 | 7.5 | 1 870 | 24 | 15 | 1.4 | 3.2 | 0.10 |
| | 2011 | | 7.6 | 1 957 | 22 | 15 | 1.7 | 3.5 | 0.13 |
| | 2012 | | 7.9 | 3 316 | 18 | 15 | 1.6 | 3.2 | 0.16 |
| | 2010 | 红树林区 | 6.5 | 4 740 | 51 | 13 | 2.3 | 3.8 | 0.23 |
| | 2011 | | 5.6 | 6 576 | 50 | 16 | 1.6 | 4.6 | 0.28 |
| | 2012 | | 6.6 | 5 546 | 43 | 21 | 1.5 | 3.2 | 0.25 |
| | 2010 | 芦苇区 | 4.7 | 2 513 | 75 | 12 | 2.9 | 4.7 | 0.08 |
| | 2011 | | 6.0 | 5 750 | 82 | 16 | 2.0 | 6.0 | 0.09 |
| | 2012 | | 6.8 | 6 753 | 63 | 14 | 2.3 | 5.8 | 0.10 |
| | 2010 | 远端湖心区 | 7.4 | 2 667 | 23 | 14 | 1.3 | 2.4 | 0.05 |
| | 2011 | | 8.0 | 2 976 | 22 | 17 | 0.88 | 1.2 | 0.06 |
| | 2012 | | 7.6 | 4 260 | 20 | 17 | 1.1 | 1.8 | 0.07 |

## 8.3 生态修复前后华侨城湿地水环境监测

### 8.3.1 监测点、监测频次及分析方法

#### 8.3.1.1 监测点、监测频次

根据华侨城湿地的地形特点，选择湖心岛、小沙河（湖心岛东侧）、湖西（湖心岛西侧）为监测点（图8-18）。分别于2011年8月、10月、12月，2012年2月、5月、7月、9月对3个监测点的水质情况进行监测，共7次。

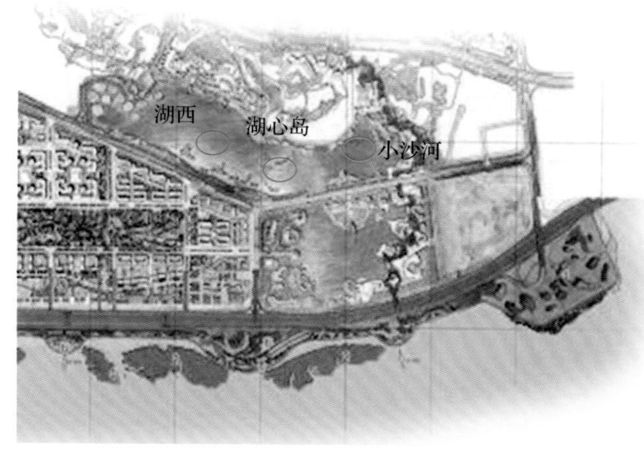


图8-18 华侨城湿地监测点示意图

8.3.1.2　监测项目

包括水温、pH值、溶解氧、浊度、电导率、氧化还原电位、盐度、化学需氧量（COD）、五日生化需氧量（$BOD_5$）、总氮、氨氮、硝酸盐氮、总磷、可溶磷、总大肠菌群、致病性肠道菌、镍（Ni）、铅（Pb）、镉（Cd）、铬（Cr）、砷（As）共21个指标。

8.3.1.3　水质取样与分析方法

按照《水质采样技术规程》、《水环境监测规范》的规定采样，在高潮期（潮水高于2.0 m）和低潮期（潮水低于1.0 m）分别取样分析，每个点采取3个重复水样，并对水温、盐度、溶解氧进行现场测定。所有指标均在24小时内完成，方法参照国家环境保护总局编写的《水和废水监测分析方法(第四版)》，分析方法及仪器见表8-2。

表8-2　水质监测分析方法及所用仪器

| 项目 | | 方法 | 仪器名称 |
|---|---|---|---|
| 理化指标 | 盐度 | 盐度计法 | WP-81 pH-cond-salinity |
| | 浊度 | 便携式浊度计法 | HACH2100P Turbidimeter |
| | 氧化还原电位 | 便携式氧化还原电位仪法 | HACH sension 156 |
| | 电导率 | 便携式电导率仪法 | WP-81 pH-cond-salinity |
| | 溶解氧 | 便携式溶解氧仪法 | YSI 55 Dissolved oxygen |
| | pH值 | 便携式pH法 | WP-81 pH-cond-salinity |
| 营养盐及有机污染综合指标 | COD | 重铬酸钾法 | HACH COD Reactor |
| | $BOD_5$ | 稀释接种法 | LRH-1500 生化培养箱 |
| | 总氮 | 过硫酸钾氧化，紫外分光光度法 | HITACHI U-1800 Spectrophotometer |
| | 氨氮 | 纳氏试剂光度法 | 同上 |
| | 硝酸盐氮 | 流动注入分析仪法（FIA） | Flow injection Analyzer (Lachat Quickchem 8000, USA) |
| | 总磷 | 过硫酸钾氧化—钼锑抗分光光度法 | 同上 |
| | 可溶磷 | 钼锑抗分光光度法 | 同上 |
| 微生物 | 总大肠菌群 | 平板培养法 | LRH-1500 生化培养箱 |
| | 大肠杆菌 | 平板培养法 | 同上 |
| 重金属 | 镍（Ni） | ICP-OES | ICP-OES (Optima 2100 DV, Perkin Elmer, USA) |
| | 铅（Pb） | 同上 | 同上 |
| | 镉（Cd） | 同上 | 同上 |
| | 铬（Cr） | 同上 | 同上 |
| | 砷（As） | 同上 | 同上 |

## 8.3.2 监测结果与分析

### 8.3.2.1 水质理化性质

华侨城湿地的水温与气温变化呈正相关，水温随气温变化而变化。不同月份间，湖西的盐度变化小，基本在8左右；而小沙河口，由于有生活污水的排入，所以盐度变化比其他区域大，在6～10之间波动（表8-3）。

表8-3 华侨城湿地水温与盐度变化情况

| 时间＼指标 | 水温(℃) | | | 盐度 | | |
|---|---|---|---|---|---|---|
| | 小沙河口 | 湖心岛 | 湖西 | 小沙河口 | 湖心岛 | 湖西 |
| 2011-08 | 33.8 | 32.7 | 32.3 | 10 | 10 | 8 |
| 2011-10 | 27.1 | 27.0 | 27.4 | 6 | 10 | 8 |
| 2011-12 | 26.9 | 26.8 | 27.1 | 6 | 10 | 8 |
| 2012-02 | 18.2 | 18.6 | 18.7 | 9 | 8 | 8 |
| 2012-05 | 27.9 | 26.5 | 26.6 | 7 | 8 | 8 |
| 2012-07 | 33.5 | 32.9 | 32.9 | 6 | 8 | 8 |
| 2012-09 | 29.7 | 29.6 | 29.4 | 6 | 7 | 7 |

pH值稍偏碱，pH值变化幅度在7.03 ～ 8.38之间变化，2012年5月换水后，pH值均不超过8（表8-4）。

表8-4 华侨城湿地pH值的变化情况

| 时间 | 小沙河口 | 湖心岛 | 湖西 |
|---|---|---|---|
| 2011-08 | 7.87 ± 0.06 | 8.03 ± 0.33 | 7.51 ± 0.07 |
| 2011-10 | 8.04 ± 0.04 | 8.09 ± 0.02 | 8.07 ± 0.03 |
| 2011-12 | 8.01 ± 0.12 | 8.20 ± 0.05 | 8.38 ± 0.05 |
| 2012-02 | 8.02 ± 0.06 | 8.05 ± 0.07 | 8.05 ± 0.01 |
| 2012-05 | 7.03 ± 0.02 | 7.25 ± 0.02 | 7.24 ± 0.03 |
| 2012-07 | 7.15 ± 0.06 | 7.34 ± 0.03 | 7.33 ± 0.03 |
| 2012-09 | 7.14 ± 0.03 | 7.21 ± 0.01 | 7.12 ± 0.05 |

3个监测点在同一时期的电导率和氧化还原电位差异不大（表8-5，表8-6）。综合其他理化性质，华侨城湿地湖区的水质理化性相对稳定。

表8-5　华侨城湿地电导率（ms/cm）的变化情况

| 时间 | 小沙河口 | 湖心岛 | 湖西 |
|---|---|---|---|
| 2011-08 | 5.43 ± 0.03 | 5.26 ± 0.16 | 5.38 ± 0.03 |
| 2011-10 | 5.99 ± 0.04 | 5.10 ± 0.02 | 5.79 ± 0.02 |
| 2011-12 | 6.34 ± 0.03 | 5.91 ± 0.02 | 5.97 ± 0.03 |
| 2012-02 | 4.64 ± 0.02 | 4.40 ± 0.05 | 4.48 ± 0.02 |
| 2012-05 | 5.32 ± 0.03 | 5.81 ± 0.06 | 5.90 ± 0.07 |
| 2012-07 | 3.75 ± 0.07 | 4.87 ± 0.03 | 4.92 ± 0.04 |
| 2012-09 | 7.05 ± 0.03 | 7.30 ± 0.01 | 7.60 ± 0.06 |

表8-6　华侨城湿地氧化还原电位(mV)的变化情况

| 时间 | 小沙河口 | 湖心岛 | 湖西 |
|---|---|---|---|
| 2011-08 | 164.23 ± 0.0.85 | 161.93 ± 1.97 | 170.47 ± 3.12 |
| 2011-10 | 166.93 ± 0.74 | 165.03 ± 0.76 | 168.10 ± 1.572 |
| 2011-12 | 146.57 ± 0.65 | 130.50 ± 0.46 | 131.67 ± 1.36 |
| 2012-02 | 133.63 ± 1.77 | 140.27 ± 0.76 | 137.67 ± 0.72 |
| 2012-05 | 103.53 ± 1.344 | 95.73 ± 2.88 | 95.97 ± 2.37 |
| 2012-07 | 217.93 ± 1.87 | 228.47 ± 0.90 | 226.53 ± 0.61 |
| 2012-09 | 246.23 ± 2.20 | 265.63 ± 3.97 | 253.90 ± 2.34 |

从监测结果可知（图8-19）：湖区水体的溶解氧含量最高值出现在2011年12月，小沙河口为8.10 mg/L、湖心岛为8.56 mg/L、湖西为12.40 mg/L；从2012年开始，湖区水体的溶解氧含量趋于稳定，不同月份之间的差异不大，溶解氧含量均在3 mg/L以上；由于没有生活污水的排入，湖西与湖心岛的溶解氧含量高于小沙河口，但是差异不显著，说明小沙河口的截流措施起到一定作用。而浊度的变化幅度则很大（图8-20），冬季湖区的浊度低，气温高的月份浊度相对较高。

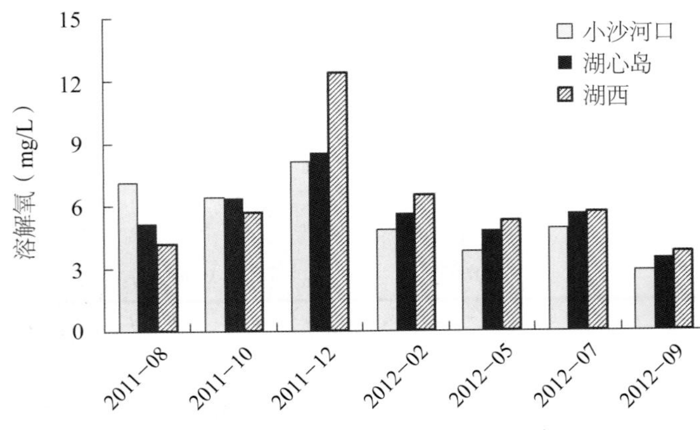


图8-19　华侨城湿地溶解氧含量变化情况

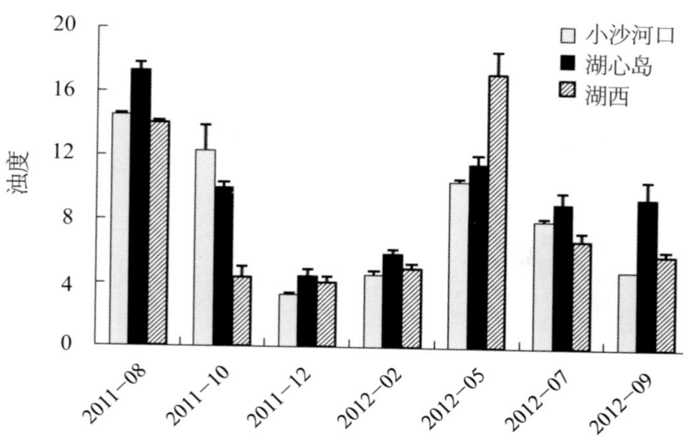


图8-20　华侨城湿地浊度变化情况

### 8.3.2.2　华侨城湿地水域营养盐及有机污染综合指标

华侨城湿地水域的化学需氧量（COD）以及生化需氧量（BOD）不同季节之间存在差异（图8-21，图8-22）。湖心岛与另两个检测点相比，COD和BOD值较低。

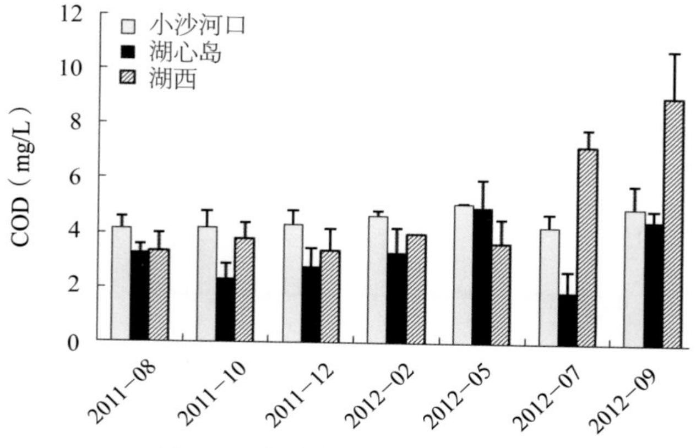


图8-21　华侨城湿地COD变化情况

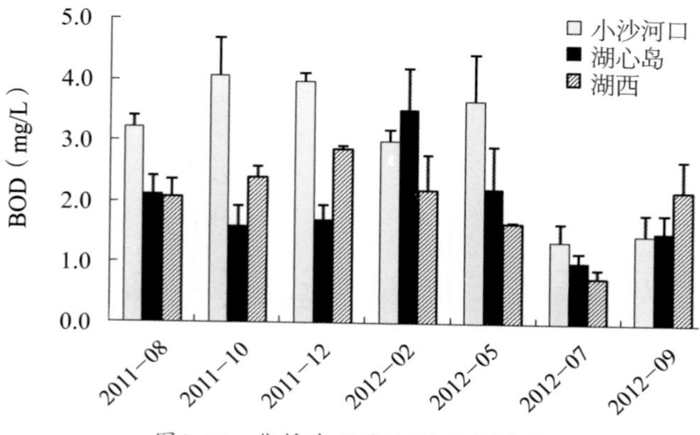


图8-22　华侨城湿地BOD变化情况

由图8-23和图8-24可知，不同月份之间，总氮含量存在差异，2012年5月、7月，湖区总氮含量较高，3个监测点的最高值均出现在7月，分别为：小沙河口为13.88 mg/L、湖心岛为12.77 mg/L、湖西为14.60 mg/L。在氮的存在形式中，氨氮含量较低，均不超过1 mg/L，氨氮所占的比例很小，最高不到45%。

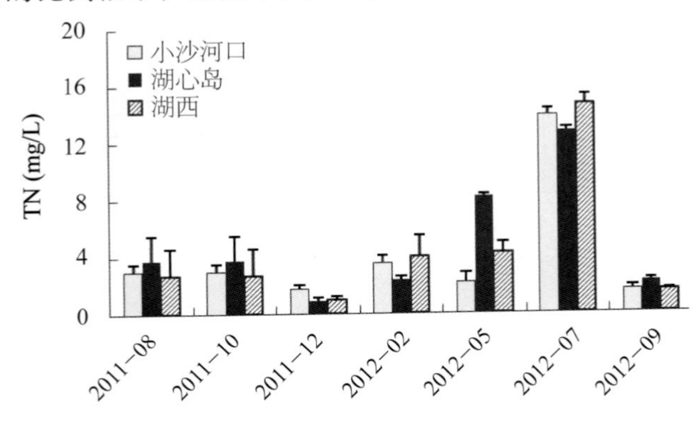

图8-23 华侨城湿地总氮变化情况

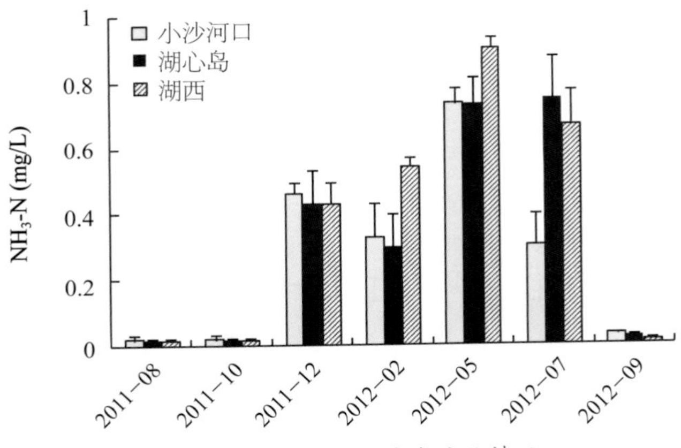

图8-24 华侨城湿地氨氮变化情况

由监测数据可知，水域中可溶磷含量与总磷含量的变化趋势一致，除2011年10月和2012年5月含量较高外（图8-25、图8-26），其他月份的含量相对平稳。

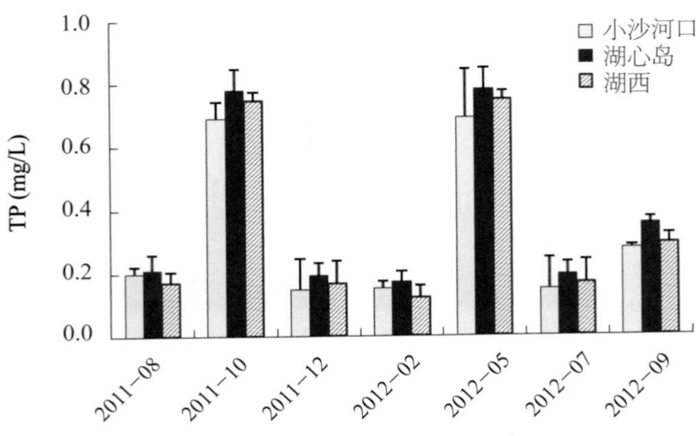

图8-25 华侨城湿地总磷变化情况

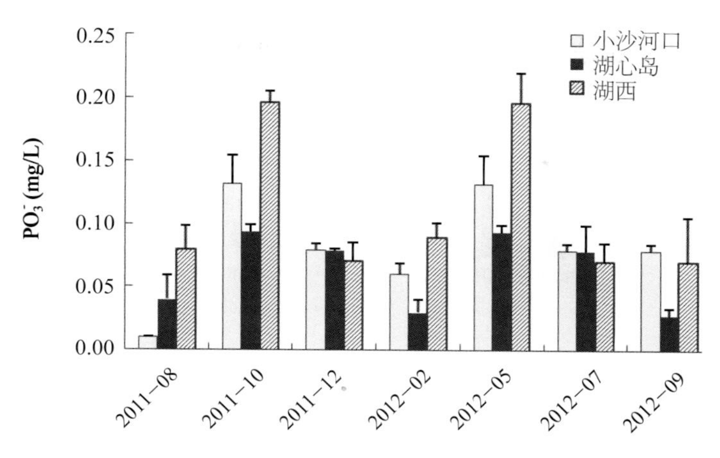


图8-26　华侨城湿地可溶磷变化情况

#### 8.3.2.3　华侨城湿地水域的细菌数量

大肠杆菌数量在$10^3$ ~ $10^5$数量级之间，而致病性肠道菌（FC）比大肠杆菌低1 ~ 2个数量级（表8-7）。总体情况比凤塘河口和鱼塘的细菌数量水平低。

表8-7 华侨城湿地水域的细菌数量(个/L)

| 时间 | 总大肠菌 | | | 致病性肠道菌 | | |
|---|---|---|---|---|---|---|
| | 小沙河口 | 湖心岛 | 湖西 | 小沙河口 | 湖心岛 | 湖西 |
| 2011-08 | $1.10 \times 10^4$ | $3.07 \times 10^4$ | $3.23 \times 10^4$ | $6.00 \times 10^2$ | $6.00 \times 10^2$ | $8.00 \times 10^2$ |
| 2011-10 | $1.00 \times 10^3$ | $1.05 \times 10^4$ | $1.00 \times 10^3$ | $1.00 \times 10^2$ | $4.00 \times 10^2$ | $2.00 \times 10^3$ |
| 2011-12 | $1.70 \times 10^4$ | $1.80 \times 10^5$ | $1.60 \times 10^5$ | $1.00 \times 10^3$ | $7.00 \times 10^3$ | $7.70 \times 10^3$ |
| 2012-02 | $5.13 \times 10^4$ | $3.43 \times 10^4$ | $4.00 \times 10^3$ | $1.63 \times 10^3$ | $8.3 \times 10^3$ | $1.0 \times 10^2$ |
| 2012-05 | $5.28 \times 10^4$ | $4.00 \times 10^4$ | $4.47 \times 10^4$ | $6.80 \times 10^2$ | $2.50 \times 10^2$ | $1.80 \times 10^2$ |
| 2012-07 | $2.21 \times 10^4$ | $8.43 \times 10^4$ | $4.53 \times 10^4$ | $4.00 \times 10^2$ | $6.00 \times 10^2$ | $2.00 \times 10^2$ |
| 2012-09 | $1.24 \times 10^5$ | $2.36 \times 10^5$ | $1.79 \times 10^4$ | $2.97 \times 10^3$ | $4.25 \times 10^3$ | $8.40 \times 10^2$ |

#### 8.3.2.4　2013年华侨城湿地的水质情况

分别于2013年4月6日、12日、18日、28日在华侨城湿地芦苇区采样，共监测4次，具体数据如图8-27所示。

由图8-27可以看出，湿地的氨氮和亚硝态氮在4月前3次采样中逐渐升高，在18日最高，分别为1.245 5 mg/L和0.059 1 mg/L，在第4次采样中明显减少。总磷和温度在4次采样中逐渐增加，水温随大气温度升高而升高。盐度在4次采样中变化最大，最高时为12.52，最低为1.78，几乎成为淡水，可能由于降水稀释了水体的盐度。湖水4月的整体

pH值都偏碱性，范围在8.63～9.07之间波动，变化范围不大。

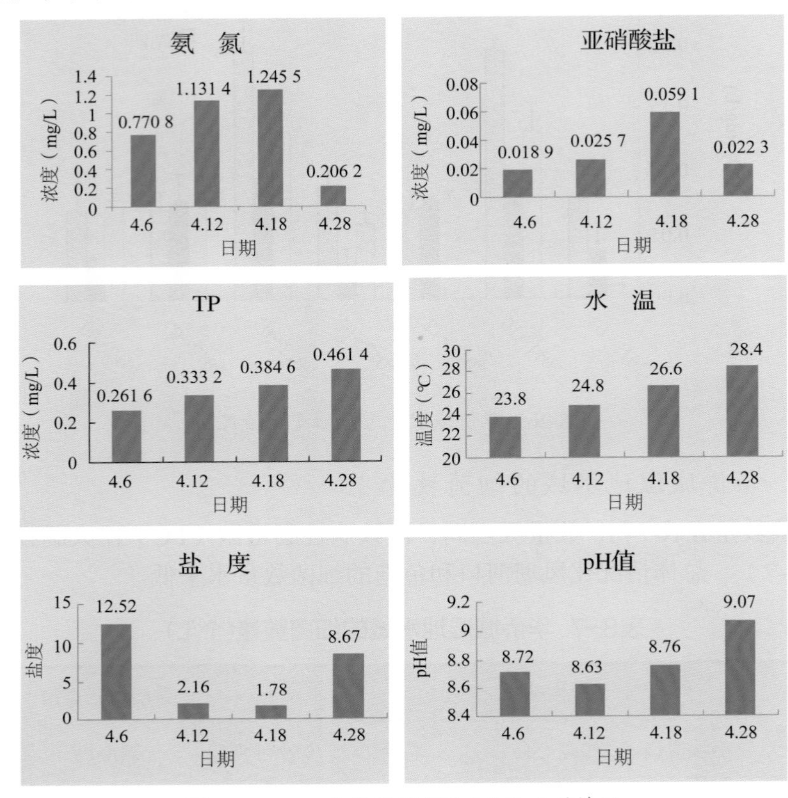


图8-27 2013年华侨城湿地4月份水质情况

表8-8 华侨城湿地2013年水质与2012年同期比较

| 时间 | 氨氮(mg/L) | 总氮(mg/L) | 亚硝酸盐(mg/L) | 总磷(mg/L) | 水温(℃) | 盐度 | pH值 |
|---|---|---|---|---|---|---|---|
| 2012年 | 0.91 | 8.15 | - | 0.75 | 26.5 | 8.00 | 7.24 |
| 2013年 | 0.84 | 7.28 | 0.03 | 0.36 | 25.9 | 6.28 | 8.79 |

2013年水质监测数据与2012年相比，氨氮、总氮、总磷等三项数据值明显下降分别为0.84 mg/L、7.28 mg/L和0.36 mg/L，表示水体氮磷无机营养盐含量下降；4月的水温低于5月的水温，符合自然规律；pH值呈略碱性，相比较于2012年同期略有升高，这与雨量较少有关。现有的水质指标符合海水三类标准，且略好于2012年同期。

#### 8.3.2.5 2014年华侨城湿地的水质情况

分别在2014年4月、8月、10月、12月在华侨城湿地北湖设点采集水样，共采集4次，根据当时水质情况，只对部分指标进行了测定，具体监测数据如表8-9所示。

由表8-9水质监测数据可知，2014年华侨城湿地湖水的盐度从8月开始逐渐上升，8月最低，为1.14，接近淡水盐度。溶解氧数据表明，4月的含氧量最低，低于海水四类标准；到了8月和12月，溶解氧含量有了大幅提升。12月的磷酸盐浓度较8月有所降低。总体来

数，华侨城湿地水体总氮、总磷、BOD及COD值均远超出海水四类标准，表明侨城湿地水体氮、磷以及有机物污染严重，应加强治理。12月的大肠杆菌浓度为$1.07\times10^6$个/L，超过海水四类标准。10月的叶绿素a含量最高，达到了179.27 μg/L，说明湖水中藻类数量较多，如藻类生长繁殖过快，则会有爆发赤潮的潜在危害。

表8-9　华侨城湿地2014年水质数据

| | 4月 | 8月 | 10月 | 12月 |
|---|---|---|---|---|
| 盐度 | | 1.14 | 3.99 | 12.21 |
| 溶氧（mg/L） | 0.92 | 6.16 | | 10.71 |
| pH值 | | | | 8.23 |
| COD（mg/L） | | 31.25 | | |
| BOD（mg/L） | | 3.58 | | 8.65 |
| 磷酸盐（mg/L） | | 0.20 | | 0.02 |
| 硝态氮（mg/L） | | 0.42 | | |
| 氨氮（mg/L） | | 0.25 | | |
| 无机氮（mg/L） | | 0.687 | | |
| 大肠杆菌（个/L） | | | | $1.07\times10^6$ |
| 叶绿素a（μg/L） | | | 179.27 | 65.30 |
| 总氮（mg/L） | | 5.24 | 18.61 | |
| 总磷（mg/L） | | 0.23 | 0.30 | |

## 8.3.3　分析与评估

对比2009年、2010年和2011年凤塘河口的各项指标（pH值、溶解氧、化学需氧量、生化需氧量、总氮、氨氮和总磷），华侨城湿地2010年和2011年氮、磷污染物含量减少，水中溶解氧含量增多，说明该区域的水质情况得到一定的改善；对比2011年8月到2014年间，华侨城湿地的水质发生了较大变化，pH值变化较大，范围7.41 ~ 8.23。虽然溶解氧在2014年4月最低，仅为0.92，出现了死鱼的现象，但总的来说，大部分时间湿地水的溶解氧达到海水二类标准，盐度呈逐年下降的趋势，是没有周期性换水所造成的，建议日后应加强换水；BOD、氨氮和磷酸盐的浓度呈逐年增加的趋势，其中2014年的时候超过海水四类标准；COD浓度在4年内逐渐减少，说明水体的有机污染程度在降低，但监测数值仍超过海水四类标准；整个华侨城湿地富营养化程度很高，氮磷、有机污染物含量较高，藻类生长旺盛，整体水体情况处于较严峻的状态。以后需加强截污清淤，减少排入湿地的污水，逐渐降低水体的污染程度。同时要周期性更换海水，保证湿地水体的一定溶解氧和盐度，以维持水生动物生长所需。

## 8.4 修复前后的华侨城湿地底泥微生物群落变化

### 8.4.1 样点设置与分析方法

对华侨城湿地（截污、清淤及生态修复前）的4个样点之间以及不同剖面上底泥的各理化因子含量进行了测定和比较。这4个样点主要为入水口（Q1）、红树林区（Q2）、北岸芦苇区（Q3）及出水口远端的深水区（Q4）。

微生物群落结构采用PLFA分析，微生物功能采用土壤酶分析及统计学方法分析数据。

### 8.4.2 监测结果与分析

#### 8.4.2.1 底泥微生物群落结构变化

华侨城湿地4个取样点即侨城湿地入水口区（以下简称Q1）、侨城湿地红树林区（以下简称Q2）、侨城湿地芦苇区（以下简称Q3）、侨城湿地深水区（以下简称Q4）在0～3 cm表层共有28种脂肪酸被检出，结果有27种脂肪酸有显著性差异（$P<0.05$，见表8-10）。这些脂肪酸主要有饱和脂肪酸、不饱和脂肪酸、带甲基支链的脂肪酸和带环丙基的脂肪酸组成。虽然入水口区Q1样点中只检测到了20种脂肪酸，但是入水口Q1的脂肪酸有14种都显著高于其他样点。这说明入水口Q1样点虽然微生物类群少，但是含量大。红树林区Q2样点，检测出了28种脂肪酸，微生物种类最为丰富。芦苇区Q3和深水区Q4分别检测到26种和25种脂肪酸，微生物种类也较为丰富。

计算以下指标：生物量（biomass），细菌（bact），真菌（fung），真菌/细菌（fung/bact），革兰氏阴性菌/革兰氏阳性菌 （G-/G+），单不饱和脂肪酸/饱和脂肪酸（mono/sat）。其中生物量是用所检出的所有脂肪酸的总量来指代。生物量结果显示，入水口区Q1与红树林区Q2， 芦苇区Q3，深水区Q4有显著性差异（$P<0.05$，图8-28）。从趋势来看，4个样点有从高到低的趋势。也就是说，入水口—红树林—芦苇—深水区，经过这一系列后，微生物的生物量显著下降。细菌、真菌、放线菌分别用指示脂肪酸来指代。由图8-29发现，细菌占绝对优势，其中入水口区Q1的量最大，红树林区Q2、芦苇区Q3次之，深水区Q4最小，这与微生物生物量的趋势是一致的。对于真菌来说，与细菌的趋势一致，入水口区Q1的量最大，红树林区Q2、芦苇区Q3次之，深水区Q4最小。对于放线菌来说，入水口区Q1、深水区Q4未检出。真菌/细菌（fung/bact）通常被用于有机质水平的指示。而真菌/细菌（fung/bact）在入水口区Q1中最高，在芦苇区Q3中最低（图8-30）。革兰氏阴性菌/革兰氏阳性菌（G-/G+）的变化与土壤有机质的质量有关，较高的G-/G+用来指示土壤中寡营养条件向富营养条件的转变；而这个指标在入水口区Q1最高，红树林区Q2、芦苇区Q3最低，说明Q1富营养化严重。单不饱和脂肪酸/饱和脂肪酸（mono/sat）通常被用于指示土壤通气性状况和好氧条件，红树林区Q2中通气性最好，入水口区Q1中最低。

表8-10 华侨城湿地0～3 cm土壤脂肪酸的变化（Means ± SD，$n = 3$）

| 编号 | PLFAs | 入水口区Q1 | 红树林区Q2 | 芦苇区Q3 | 深水区Q4 |
|---|---|---|---|---|---|
| 1 | 12:0* | 1.31 ± 0.33 c | 0.25 ± 0.16 a | 0.74 ± 0.12 b | 0.34 ± 0.12 a |
| 2 | 13:0* | 0.03 ± 0.06 a | 0.09 ± 0.01 b | 0.12 ± 0.04 b | 0.10 ± 0.04 b |
| 3 | 14:0* | 6.2 ± 1.4 b | 1.5 ± 0.06 a | 1.8 ± 0.43 a | 1.8 ± 0.34 a |
| 4 | 15:0* | 5.4 ± 1.2 b | 2.1 ± 0.07 a | 1.5 ± 0.35 a | 1.0 ± 0.22 a |
| 5 | i15:0* | 6.8 ± 1.4 b | 1.8 ± 0.1 a | 1.4 ± 0.31 a | 0.82 ± 0.17 a |
| 6 | a15:0* | 0.94 ± 0.15 b | 0.57 ± 0.03 a | 0.85 ± 0.18 b | 0.48 ± 0.08 a |
| 7 | i16:0* | 1.1 ± 0.26 b | 0.90 ± 0.07 b | 0.51 ± 0.13 a | 0.38 ± 0.07 a |
| 8 | 16：1w9c* | 8.2 ± 1.4 b | 1.2 ± 0.12 a | 2.9 ± 0.64 a | 2.2 ± 0.25 a |
| 9 | 16：1w11t* | 1.7 ± 0.15 c | 0.77 ± 0.10 b | 0.38 ± 0.15 a | 0.20 ± 0.02 a |
| 10 | 16:0* | 29.6 ± 6.4 b | 8.7 ± 0.5 a | 7.9 ± 1.4 a | 5.1 ± 1.3 a |
| 11 | i17:0* | 0 | 0.52 ± 0.01 c | 0.48 ± 0.19 c | 0.20 ± 0.04 b |
| 12 | a17:0* | 0 | 0.47 ± 0.04 c | 0.43 ± 0.02 c | 0.25 ± 0.03 b |
| 13 | Cy17:0* | 0 | 0.55 ± 0.06 b | 0.72 ± 0.29 b | 0.20 ± 0.04 a |
| 14 | 17:0* | 0.47 ± 0.08 b | 0.54 ± 0.05 b | 0.54 ± 0.16 b | 0.22 ± 0.04 a |
| 15 | C17(5,9,13三甲基）* | 0 | 0.02 ± 0.0001 b | 0 | 0 |
| 16 | 10Me18:0* | 0 | 0.19 ± 0.01 c | 0.07 ± 0.009 b | 0 |
| 17 | 18:2W6,9* | 5.4 ± 1.3 b | 1.6 ± 0.19 a | 0.89 ± 0.59 a | 0.65 ± 0.23 a |
| 18 | 18：1w9c* | 13.8 ± 3.01 b | 2.4 ± 0.29 a | 1.8 ± 0.39 a | 1.3 ± 0.32 a |
| 19 | 18：1w11t* | 7.0 ± 1.52 b | 1.7 ± 0.06 a | 2.2 ± 0.60 a | 1.3 ± 0.26 a |
| 20 | 18:0* | 5.4 ± 0.93 b | 1.6 ± 0.07 a | 1.5 ± 0.27 a | 0.86 ± 0.19 a |
| 21 | 10Me19:0* | 0 | 0.13 ± 0.06 c | 0.12 ± 0.04 b | 0 |
| 22 | Cy19:0* | 0.16 ± 0.03 a | 1.4 ± 0.01 c | 0.59 ± 0.29 b | 0.08 ± 0.003 a |
| 23 | 20:0双羧基* | 0.43 ± 0.14 a | 0.22 ± 0.03 a | 1.2 ± 0.68 b | 0.05 ± 0.01 a |
| 24 | 20:4W5,8,11,14 | 0.42 ± 0.17 a | 0.27 ± 0.08 a | 0.28 ± 0.30 a | 0.08 ± 0.01 a |
| 25 | 20:0* | 0.69 ± 0.21 b | 0.08 ± 0.03 a | 0.32 ± 0.02 a | 0.21 ± 0.03 a |
| 26 | 22:0* | 0.21 ± 0.48 a | 0.20 ± 0.02 a | 0.19 ± 0.08 a | 0.1 ± 0.01 b |
| 27 | 23:0* | 0 | 0.03 ± 0.008 c | 0 | 0.01 ± 0.002 b |
| 28 | 24:0* | 0 | 0.06 ± 0.008 c | 0.03 ± 0.008 b | 0.03 ± 0.02 b |

*$p < 0.05$；0代表本实验条件未检测到。

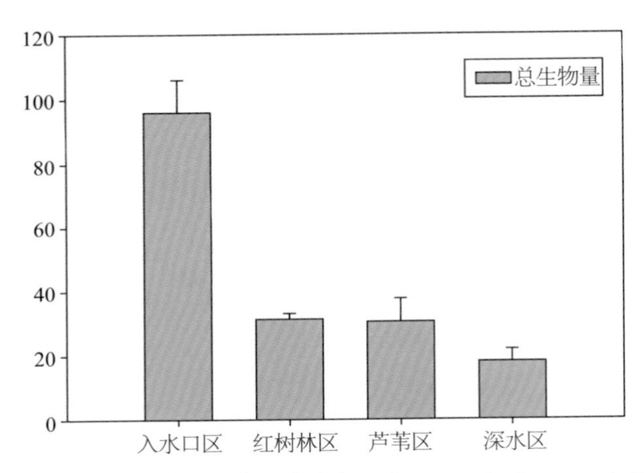


图8-28　脂肪酸总生物量在华侨城湿地的变化（0～3cm）（Means ± SD，$n=3$）

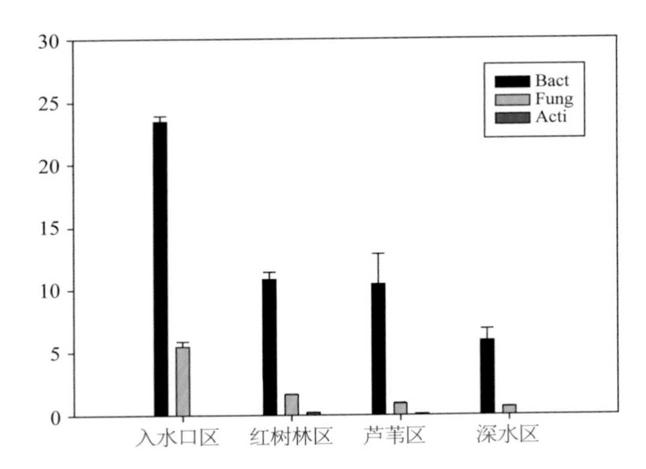


图8-29　脂肪酸类群在华侨城湿地的变化（0～3 cm）（Means ± SD，$n=3$）

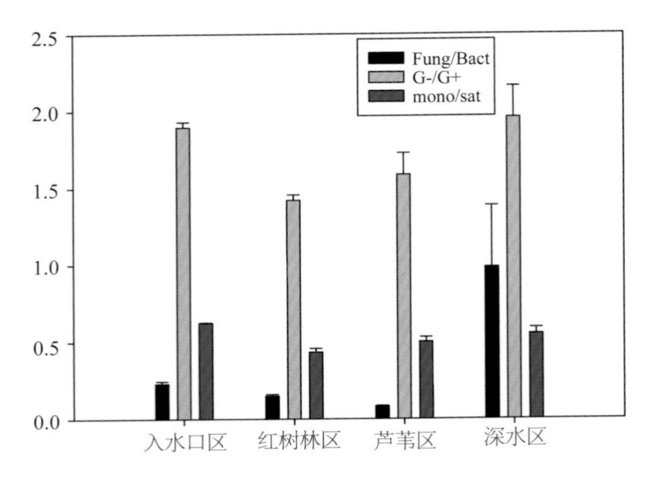


图8-30　脂肪酸比例指标在华侨城湿地的变化（0～3 cm）（Means ± SD，$n=3$）

（1）华侨城湿地入水口区Q1剖面3个样地共有20种脂肪酸被检出，结果有17种脂肪酸有显著性差异（$P < 0.05$，见表8-11）。在这3个样地中，这20种脂肪酸并不是在0 ~ 3 cm层微生物含量最高，而是在3 ~ 6 cm层的含量最高，可能是3 ~ 6 cm层中的厌氧微生物含量较多。

表8-11　华侨城湿地入水口Q1土壤脂肪酸的变化（Means ± SD，$n = 3$）

| 编号 | PLFAs | 0 ~ 3 cm | 3 ~ 6 cm | 6 ~ 9 cm | 深水区Q4 |
|---|---|---|---|---|---|
| 1 | 12:0* | 1.3 ± 0.13 a | 2.4 ± 0.33 c | 1.8 ± 0.05 b | 0.34 ± 0.12 a |
| 2 | 13:0* | 0.02 ± 0.006 a | 0.12 ± 0.01 c | 0.07 ± 0.05 b | 0.10 ± 0.04 b |
| 3 | 14:0* | 6.2 ± 1.3 a | 9.0 ± 0.02 b | 6.1 ± 0.07 a | 1.8 ± 0.34 a |
| 4 | 15:0* | 5.5 ± 1.2 a | 7.7 ± 0.58 b | 5.2 ± 0.13 a | 1.0 ± 0.22 a |
| 5 | i15:0* | 6.9 ± 1.4 a | 12 ± 2.2 b | 9.2 ± 0.13 ab | 0.82 ± 0.17 a |
| 6 | a15:0* | 0.94 ± 0.21 a | 1.4 ± 0.08 b | 1.2 ± 0.001 ab | 0.48 ± 0.08 a |
| 7 | i16:0* | 1.1 ± 0.23 a | 1.8 ± 0.15 b | 1.2 ± 0.06 a | 0.38 ± 0.07 a |
| 8 | 16：1w9c | 8.1 ± 1.4 a | 8.1 ± 2.7 a | 4.7 ± 0.16 a | 2.2 ± 0.25 a |
| 9 | 16：1w11t* | 1.7 ± 0.15 b | 1.6 ± 1.0 b | 0.34 ± 0.03 a | 0.20 ± 0.02 a |
| 10 | 16:0* | 30 ± 6.4 a | 41 ± 2.4 b | 28 ± 0.39 a | 5.1 ± 1.3 a |
| 11 | i17:0 | 0 | 0 | 0. | 0.20 ± 0.04 b |
| 12 | a17:0 | 0 | 0 | 0 | 0.25 ± 0.03 b |
| 13 | Cy17:0 | 0 | 0 | 0 | 0.20 ± 0.04 a |
| 14 | 17:0* | 0.47 ± 0.08 a | 0.75 ± 0.01 b | 0.55 ± 0.05 a | 0.22 ± 0.04 a |
| 15 | C17(5,9,13三甲基） | 0 | 0 | 0 | 0 |
| 16 | 10Me18:0 | 0 | 0 | 0 | 0 |
| 17 | 18:2W6,9* | 5.4 ± 1.4 a | 9.1 ± 1.2 b | 7.2 ± 0.03 ab | 0.65 ± 0.23 a |
| 18 | 18：1w9c* | 14 ± 3.0 a | 22 ± 2.2 b | 16 ± 0.14 a | 1.3 ± 0.32 a |
| 19 | 18：1w11t* | 7.5 ± 1.5 ab | 8.6 ± 0.90 b | 5.9 ± 0.17 a | 1.3 ± 0.26 a |
| 20 | 18:0* | 5.0 ± 0.91 a | 9.3 ± 0.86 b | 6.1 ± 0.06 a | 0.86 ± 0.19 a |
| 21 | 10Me19:0 | 0 | 0 | 0 | 0 |
| 22 | Cy19:0* | 0.13 ± 0.03 b | 0a | 0 | 0.08 ± 0.003 a |
| 23 | 20:0双羧基* | 0.36 ± 0.14 a | 1.0 ± 0.28 b | 0.84 ± 0.02 b | 0.05 ± 0.01 a |
| 24 | 20:4W5,8,11,14* | 0.23 ± 0.17 b | 0.54 ± 0.01 b | 0.11 ± 0.01 a | 0.08 ± 0.01 a |
| 25 | 20:0* | 0.69 ± 0.21a | 1.3 ± 0.01 c | 1.0 ± 0.04 b | 0.21 ± 0.03 a |
| 26 | 22:0* | 0.21 ± 0.48 ab | 0.28 ± 0.05b | 0.14 ± 0.01 a | 0.1 ± 0.01 b |
| 27 | 23:0 | 0 | 0 | 0 | 0.01 ± 0.002 b |
| 28 | 24:0 | 0 | 0 | 0 | 0.03 ± 0.02 b |

*$p < 0.05$；0代表本实验条件未检测到。

（2）华侨城湿地红树林区Q2剖面3个样地共有28种脂肪酸被检出，结果有19种脂肪酸有显著性差异（$P < 0.05$，见表8-12）。在这3个样地中，有20种脂肪酸在0～3 cm层中微生物含量最高，具有显著性差异（$P < 0.05$）。随着采样深度的增加，微生物的含量降低，即在0～3 cm层含量最高，6～9 cm层含量最低。

表8-12　侨城湿地红树林区Q2土壤脂肪酸的变化（Means ± SD，$n = 3$）

| 编号 | PLFAs | 0～3 cm | 3～6 cm | 6～9 cm | 深水区Q4 |
|---|---|---|---|---|---|
| 1 | 12:0 | 0.26 ± 0.01 a | 0.24 ± 0.03 a | 0.24 ± 0.004 a | 0.34 ± 0.12 a |
| 2 | 13:0 | 0.10 ± 0.001 a | 0.08 ± 0.02 a | 0.07 ± 0.02 a | 0.10 ± 0.04 b |
| 3 | 14:0* | 1.5 ± 0.06 b | 0.98 ± 0.07 a | 0.83 ± 0.11 a | 1.8 ± 0.34 a |
| 4 | 15:0* | 2.1 ± 0.05 b | 1.4 ± 0.47 a | 1.1 ± 0.009 a | 1.0 ± 0.22 a |
| 5 | i15:0* | 1.9 ± 0.12 c | 1.2 ± 0.23 b | 0.84 ± 0.06 a | 0.82 ± 0.17 a |
| 6 | a15:0* | 0.58 ± 0.01 b | 0.28 ± 0.05 a | 0.26 ± 0.03 a | 0.48 ± 0.08 a |
| 7 | i16:0* | 0.91 ± 0.06 b | 0.69 ± 0.1 ab | 0.60 ± 0.003 a | 0.38 ± 0.07 a |
| 8 | 16:1w9c* | 1.8 ± 0.15 b | 0.72 ± 0.25 a | 0.93 ± 0.04 a | 2.2 ± 0.25 a |
| 9 | 16:1w11t* | 0.73 ± 0.10 b | 0.37 ± 0.06 a | 0.26 ± 0.01 a | 0.20 ± 0.02 a |
| 10 | 16:0* | 8.8 ± 0.50 b | 5.7 ± 0.25 a | 4.7 ± 1.3 a | 5.1 ± 1.3 a |
| 11 | i17:0* | 0.53 ± 0.09 b | 0.36 ± 0.11 a | 0.31 ± 0.02 a | 0.20 ± 0.04 b |
| 12 | a17:0* | 0.47 ± 0.04 b | 0.31 ± 0.02 a | 0.24 ± 0.04 a | 0.25 ± 0.03 b |
| 13 | Cy17:0* | 0.52 ± 0.06 a | 0.29 ± 0.09 b | 0.24 ± 0.006 b | 0.20 ± 0.04 a |
| 14 | 17:0* | 0.52 ± 0.05 b | 0.27 ± 0.02 a | 0.23 ± 0.08 a | 0.22 ± 0.04 a |
| 15 | C17(5,9,13三甲基) | 0.03 ± 0.008 a | 0.10 ± 0.08 a | 0.09 ± 0.04 a | 0 |
| 16 | 10Me18:0* | 0.20 ± 0.01 b | 0.09 ± 0.05 a | 0.08 ± 0.01 a | 0 |
| 17 | 18:2W6,9* | 1.6 ± 0.19 b | 0.74 ± 0.08 a | 0.68 ± 0.04 a | 0.65 ± 0.23 a |
| 18 | 18:1w9c* | 2.4 ± 0.29 b | 1.1 ± 0.07 a | 1.0 ± 0.16 a | 1.3 ± 0.32 a |
| 19 | 18:1w11t* | 1.80 ± 0.06 b | 0.77 ± 0.27 a | 0.74 ± 0.05 a | 1.3 ± 0.26 a |
| 20 | 18:0* | 1.6 ± 0.07 b | 0.94 ± 0.09 a | 0.87 ± 0.26 a | 0.86 ± 0.19 a |
| 21 | 10Me19:0 | 0.19 ± 0.03 b | 0.10 ± 0.05 a | 0.14 ± 0.02 b | 0 |
| 22 | Cy19:0* | 1.5 ± 0.09 b | 0.87 ± 0.06 a | 0.86 ± 0.29 a | 0.08 ± 0.003 a |
| 23 | 20:0双羧基 | 0.23 ± 0.03 a | 0.47 ± 0.04 ab | 0.73 ± 0.03 b | 0.05 ± 0.01 a |
| 24 | 20:4W5,8,11,14* | 0.29 ± 0.04 b | 0.05 ± 0.01 a | 0.07 ± 0.008 a | 0.08 ± 0.01 a |
| 25 | 20:0 | 0.31 ± 0.01 a | 0.21 ± 0.09 a | 0.25 ± 0.07a | 0.21 ± 0.03 a |
| 26 | 22:0 | 0.22 ± 0.02 a | 0.19 ± 0.09 a | 0.20 ± 0.07 a | 0.1 ± 0.01 b |
| 27 | 23:0 | 0.03 ± 0.009 a | 0.05 ± 0.02 a | 0.06 ± 0.02 a | 0.01 ± 0.002 b |
| 28 | 24:0 | 0.07 ± 0.008 a | 0.11 ± 0.06 a | 0.11 ± 0.04 a | 0.03 ± 0.02 b |

*$p < 0.05$。

（3）华侨城湿地芦苇区Q3剖面3个样地共有27种脂肪酸被检出，结果有5种脂肪酸有显著性差异（$P < 0.05$，见表8-13）。而这5种脂肪酸的含量在3～6 cm这一层的含量最高，0～3 cm层和6～9 cm层的含量相差较小，这与Q1入水口的结果一致。

表8-13　华侨城湿地芦苇区Q3土壤脂肪酸的变化（Means ± SD，$n = 3$）

| 编号 | PLFAs | 0～3 cm | 3～6 cm | 6～9 cm |
|---|---|---|---|---|
| 1 | 12:0 | 0.75 ± 0.18 a | 1.6 ± 1.0 a | 0.75 ± 0.02 a |
| 2 | 13:0 | 0.13 ± 0.04 a | 0.19 ± 0.10a | 0.15 ± 0.03 a |
| 3 | 14:0 | 1.9 ± 0.43 a | 2.7 ± 1.4 a | 2.0 ± 0.42 a |
| 4 | 15:0 | 1.8 ± 0.35 a | 2.5 ± 1.2 a | 1.7 ± 0.42 a |
| 5 | i15:0 | 1.5 ± 0.31 a | 2.2 ± 1.1 a | 1.5 ± 0.49 a |
| 6 | a15:0 | 0.88 ± 0.19 a | 1.1 ± 0.56 a | 0.86 ± 0.12 a |
| 7 | i16:0 | 0.57 ± 0.13 a | 1.0 ± 0.59 a | 0.70 ± 0.16 a |
| 8 | 16:1w9c | 3.0 ± 0.68 a | 3.0 ± 1.4 a | 2.2 ± 0.73 a |
| 9 | 16:1w11t | 0.38 ± 0.15 a | 0.59 ± 0.29 a | 0.36 ± 0.12 a |
| 10 | 16:0 | 8.0 ± 1.4 a | 13 ± 5.9 a | 8.8 ± 1.3 a |
| 11 | i17:0 | 0.49 ± 0.19 a | 0.49 ± 0.26 a | 0.33 ± 0.03 a |
| 12 | a17:0 | 0.43 ± 0.08 a | 0.54 ± 0.24 a | 0.34 ± 0.05 a |
| 13 | Cy17:0 | 0.73 ± 0.26 a | 0.67 ± 0.39 a | 0.28 ± 0.01 a |
| 14 | 17:0 | 0.55 ± 0.13 a | 0.56 ± 0.20 a | 0.41 ± 0.02 a |
| 15 | C17(5,9,13三甲基） | 0 | 0 | 0 |
| 16 | 10Me18:0* | 0.08 ± 0.009 ab | 0.12 ± 0.04 b | 0.05 ± 0.02 a |
| 17 | 18:2W6,9 | 0.89 ± 0.50 a | 1.4 ± 0.39 a | 0.92 ± 0.52 a |
| 18 | 18:1w9c* | 1.8 ± 0.31 a | 3.6 ± 1.3 b | 1.8 ± 0.47 a |
| 19 | 18:1w11t | 2.4 ± 0.61 a | 2.3 ± 0.87 a | 1.6 ± 0.49 a |
| 20 | 18:0 | 1.5 ± 0.27 a | 2.3 ± 0.83 a | 1.6 ± 0.07 a |
| 21 | 10Me19:0* | 0.12 ± 0.03 b | 0.17 ± 0.05 b | 0.04 ± 0.007 a |
| 22 | Cy19:0 | 0.57 ± 0.28 a | 1.5 ± 1.2 a | 0.48 ± 0.01 a |
| 23 | 20:0双羧基 | 1.3 ± 0.68 a | 4.5 ± 3.3 a | 1.7 ± 0.11 a |
| 24 | 20:4W5,8,11,14 | 0.28 ± 0.30 a | 0.20 ± 0.04 a | 0.34 ± 0.21 a |
| 25 | 20:0 | 0.32 ± 0.02 a | 0.62 ± 0.20 b | 0.49 ± 0.15 ab |
| 26 | 22:0 | 0.13 ± 0.03 a | 0.14 ± 0.07 a | 0.14 ± 0.06 a |
| 27 | 23:0* | 0 | 0.03 ± 0.01 b | 0.03 ± 0.01 b |
| 28 | 24:0* | 0.03 ± 0.008 a | 0.10 ± 0.001 b | 0.10 ± 0.01 b |

*$p < 0.05$；0代表本实验条件未检测到。

（4）华侨城湿地深水区Q4剖面3个样地0～3 cm表层共有25种脂肪酸被检出，结果所有的脂肪酸都没有显著性差异（$P < 0.05$，见表8-14）。这可能与华侨城湿地深水区在采样前样地已经被破坏有关（采样的时候，工人们正在用挖掘机挖泥）。

表8-14　华侨城湿地深水区Q4土壤脂肪酸的变化（Means ± SD，$n = 3$）

| 编号 | PLFAs | 0～3 cm | 3～6 cm | 6～9 cm |
|---|---|---|---|---|
| 1 | 12:0 | 0.35 ± 0.19 a | 0.36 ± 0.19 a | 0.36 ± 0.2 a |
| 2 | 13:0 | 0.10 ± 0.04 a | 0.11 ± 0.02 a | 0.10 ± 0.02 a |
| 3 | 14:0 | 1.6 ± 0.34 a | 1.8 ± 0.58 a | 1.5 ± 0.06 a |
| 4 | 15:0 | 1.0 ± 0.22 a | 1.2 ± 0.32 a | 1.1 ± 0.14 a |
| 5 | i15:0 | 0.81 ± 0.19 a | 0.93 ± 0.23 a | 0.87 ± 0.12 a |
| 6 | a15:0 | 0.44 ± 0.07 a | 0.51 ± 0.14 a | 0.49 ± 0.06 a |
| 7 | i16:0 | 0.32 ± 0.02 a | 0.27 ± 0.03 a | 0.29 ± 0.07 a |
| 8 | 16:1w9c | 2.3 ± 0.25 a | 2.6 ± 0.68 a | 2.2 ± 0.26 a |
| 9 | 16:1w11t | 0.24 ± 0.01 a | 0.25 ± 0.02 a | 0.23 ± 0.03 a |
| 10 | 16:0 | 5.2 ± 1.3 a | 5.3 ± 0.69 a | 5.4 ± 0.84 a |
| 11 | i17:0 | 0.20 ± 0.04 a | 0.20 ± 0.03 a | 0.22 ± 0.04 a |
| 12 | a17:0 | 0.25 ± 0.03 a | 0.27 ± 0.02 a | 0.25 ± 0.05 a |
| 13 | Cy17:0 | 0.21 ± 0.04 a | 0.21 ± 0.03 a | 0.19 ± 0.05 a |
| 14 | 17:0 | 0.22 ± 0.04 a | 0.22 ± 0.04 a | 0.22 ± 0.03 a |
| 15 | C17(5,9,13三甲基） | 0 | 0 | 0 |
| 16 | 10Me18:0 | 0 | 0 | 0 |
| 17 | 18:2W6,9 | 0.63 ± 0.21 a | 0.76 ± 0.05 a | 0.75 ± 0.12 a |
| 18 | 18:1w9c | 1.4 ± 0.32 a | 1.3 ± 0.21 a | 1.5 ± 0.29 a |
| 19 | 18:1w11t | 1.4 ± 0.26 a | 1.4 ± 0.24 a | 1.3 ± 0.09 a |
| 20 | 18:0 | 0.89 ± 0.12 a | 0.91 ± 0.15 a | 1.1 ± 0.27 a |
| 21 | 10Me19:0 | 0 | 0 | 0 |
| 22 | Cy19:0 | 0.07 ± 0.003 a | 0.08 ± 0.007 a | 0.06 ± 0.03 a |
| 23 | 20:0双羧基 | 0.034 ± 0.01 a | 0.03 ± 0.006 a | 0.09 ± 0.08 a |
| 24 | 20:4W5,8,11,14 | 0.09 ± 0.01 a | 0.12 ± 0.04 a | 0.17 ± 0.20 a |
| 25 | 20:0 | 0.20 ± 0.03 a | 0.21 ± 0.02 a | 0.20 ± 0.01 a |
| 26 | 22:0 | 0.10 ± 0.01 a | 0.11 ± 0.01 a | 0.11 ± 0.02 a |
| 27 | 23:0 | 0.01 ± 0.002 a | 0.02 ± 0.01 a | 0.02 ± 0.009 a |
| 28 | 24:0 | 0.03 ± 0.02 a | 0.03 ± 0.007 a | 0.04 ± 0.008 a |

*$p < 0.05$；0代表本实验条件未检测到。

#### 8.4.2.2 底泥微生物群落功能变化

（1）同一采样时间各采样点之间的平行比较

在各个样点入水口区、红树林区、芦苇区、深水区间酶活比较。从表8-15来看，总体上说，8种土壤酶各个样点间酶活的差异大，达到了极显著差异（$P < 0.05$）。

与碳循环相关的两种酶，β-葡萄糖酶和纤维素酶的趋势在4个样点基本是一致的，红树林区Q2的酶活最大，入水口区Q1、芦苇区Q3次之，深水区Q4最小。李倩茹等通过研究湛江市东海岛大坝红树林样地酶活发现，与碳循环相关的蔗糖酶在红树林样地中的活性是显著高于非红树林样地的。这与我们的结果基本是一致的。

与氮循环相关的两种酶，脲酶和蛋白酶的趋势在4个样点也是一致的，红树林区Q2的酶活最大，入水口区Q1、芦苇区Q3次之，深水区Q4最小。土壤的含氮物含量决定着蛋白酶的酶活，这可能与入水口Q1污染程度有关，富营养化严重。

与磷相关的两种酶，酸性磷酸酶和碱性磷酸酶中，同样是红树林区Q2样点的酶活最大，入水口区Q1、芦苇区Q3次之，深水区Q4最小。吴沿友等发现泉州湾河口红树林的土壤磷酸酶活性皆大于空地和裸地，这是与无植被的空地和裸地植被根系及其残体、根际分泌物以及微生物少有关，红树林的存在使土壤酶活性有较大的提高。

与有机质相关的两种酶，酚氧化酶和过氧化物酶中，趋势不一致，两种酶的酶活，都是入水口区Q1的样点酶活高。其他样点无明显的趋势。入水口区Q1样点的有机质含量可以通过这两个酶体现出来，这也与PLFA结果一致。特别是通过指标G-/G+的变化，因为这个指标与土壤有机质的质量有关，较高的G-/G+用来指示土壤中寡营养条件向富营养条件的转变。

表8-15 华侨城湿地4个样点表层底泥（0~3 cm）7种土壤酶的比较（Mean ± SD，$n = 3$）

| 酶活性 | 入水口区Q1 | 红树林区Q2 | 芦苇区Q3 | 深水区Q4 |
|---|---|---|---|---|
| β-葡萄糖酶（$\mu g$ SG $g^{-1}$ dw $3h^{-1}$）* | 494 ± 38a | 1940 ± 90a | 778 ± 86b | 629 ± 75a |
| 脲酶($\mu g$ $NH_4$ $g^{-1}$ dw $2h^{-1}$) * | 178 ± 9.9a | 313 ± 34b | 168 ± 47c | 39 ± 8.5a |
| 蛋白酶($\mu g$ TYR $g^{-1}$ dw $2h^{-1}$) * | 783 ± 22c | 1493 ± 16b | 803 ± 11d | 308 ± 16a |
| 酸性磷酸酶($\mu g$ pNP $g^{-1}$ dw $h^{-1}$) * | 474 ± 17a | 810 ± 38b | 544 ± 32c | 117 ± 7.51a |
| 碱性磷酸酶($\mu g$ pNP $g^{-1}$ dw $h^{-1}$) * | 601 ± 15b | 875 ± 12a | 404 ±0.99c | 175 ± 6.56a |
| 酚氧化酶($\mu M$ DOPA $g^{-1}$ dw $h^{-1}$) * | 2.91 ± 0.08c | 0.62 ±0.07a | 0.48 ± 0.01b | 1.31 ± 0.02b |
| 过氧化物酶($\mu M$ DOPA $g^{-1}$ dw $h^{-1}$)* | 0.02 ± 0.02c | 0.14 ±0.01b | 0.17 ± 0.01b | 0.09 ± 0.02a |

*$p < 0.05$。

（2）不同年份表层底泥土壤酶活性的变化

为了评估生态修复对底泥微生物群落功能的影响，进一步分析了生态修复前后（2010—2012年）华侨城湿地表层底泥土壤酶活性的变化趋势。

在红树林区Q2中的5种酶酶活性显著大于其他3个样点（Q1、Q3、Q4），并且4个样点在生态修复前后（2010—2012）7种酶变化趋势基本一致（图8-31 ~ 图8-37）。微生物、植被根系及其残体和土壤动物及其遗骸是土壤酶的主要来源。除多酚氧化酶和过氧化物酶外，根际土壤中的多数酶类的活性要高于非根际土壤酶，根际土壤酶活性增强与根系分泌物种类和数量及根际土壤微生物增殖较快、活性较高有关。因此，植物根系现存量与微生物活动决定着土壤酶的活性。酶活性还会随植物种类和深度而变化。结果表明，除酚氧化酶和过氧化物酶外，其他5种酶的活性均在红树林区较高，在入水口、芦苇区和深水区较低，这可能是红树林植物根系较茂盛，氧气比较充足，而污水中的氧含量较低，经过植物根区以后，氧含量增加，故使得酶活性升高。磷酸酶活性在各个区域差异不显著可能与磷元素状态有关，污水中的磷元素多以可溶磷形态存在，不需要磷酸酶的分解就可直接被植物和微生物利用，所以磷酸酶在不同深度的差异不显著。经过进一步分析华侨城湿地表层底泥土壤酶活性的3年变化趋势，发现7种酶酶活的总变化趋势是下降的。

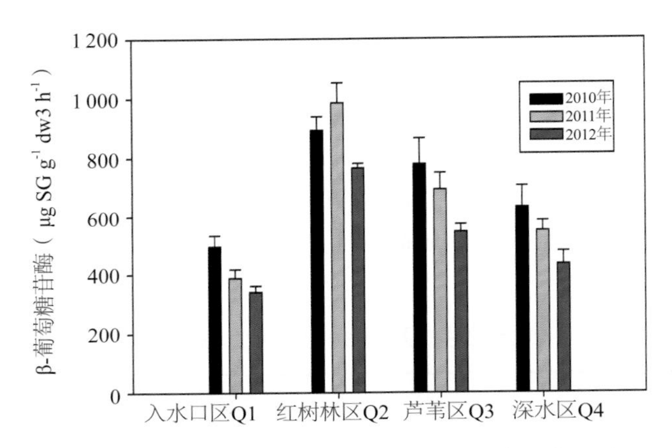


图8-31　生态修复前后（2010—2012）华侨城湿地表层底泥（0 ~ 3 cm）β-葡萄糖苷酶活性的变化（Means ± SD，$n = 3$）

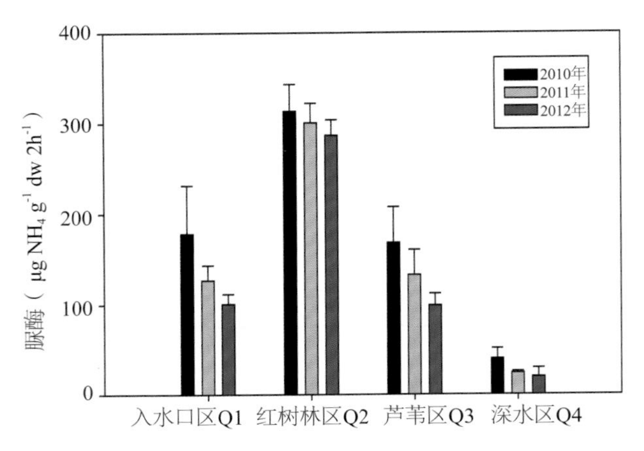


图8-32　生态修复前后（2010—2012）华侨城湿地表层底泥（0 ~ 3 cm）脲酶活性的变化（Means ± SD，$n = 3$）

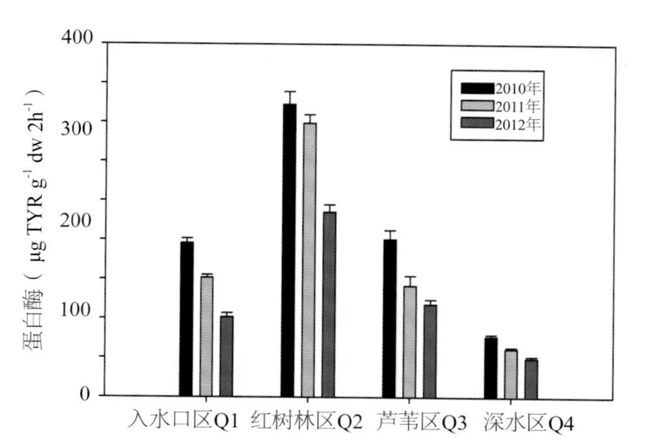


图8-33　生态修复前后（2010—2012）华侨城湿地表层底泥（0～3 cm）蛋白酶活性的变化（Means ± SD，$n=3$）

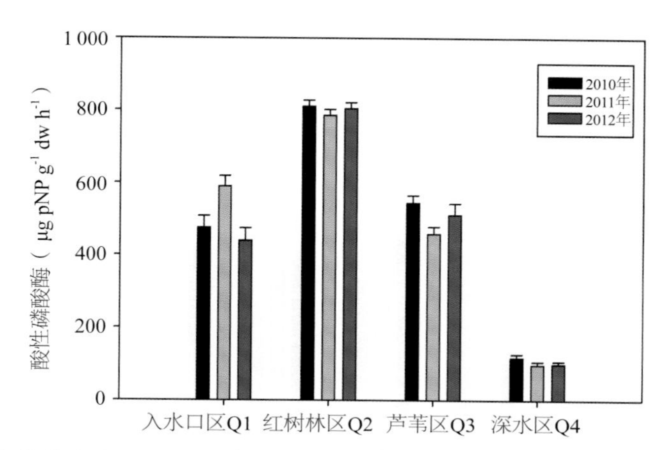


图8-34　生态修复前后（2010—2012）华侨城湿地表层底泥（0～3 cm）酸性磷酸酶活性的变化（Means ± SD，$n=3$）

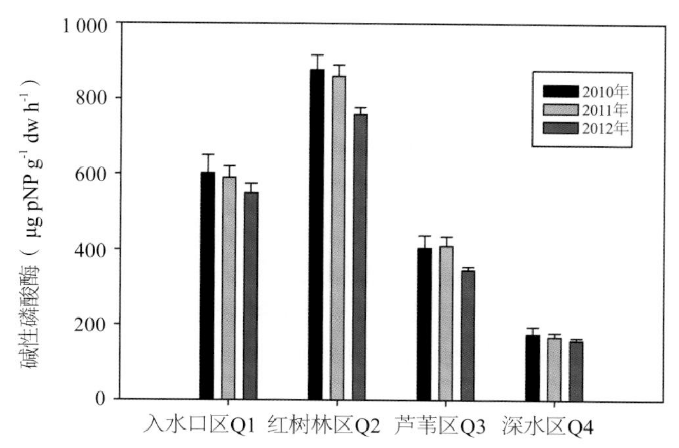


图8-35　生态修复前后（2010—2012）华侨城湿地表层底泥（0～3 cm）碱性磷酸酶活性的变化（Means ± SD，$n=3$）

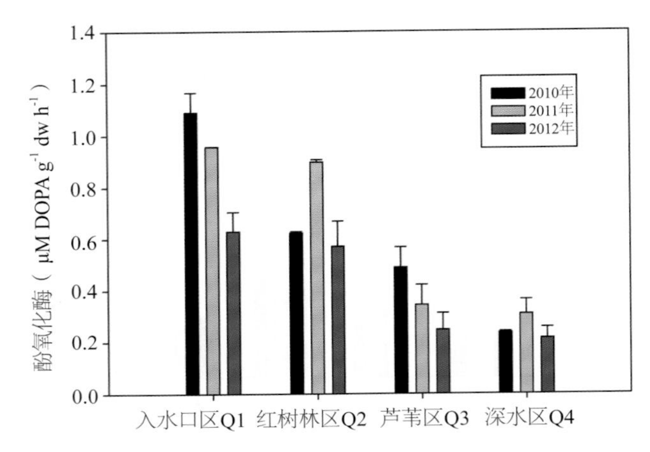


图8-36　生态修复前后（2010—2012）华侨城湿地表层底泥（0～3 cm）酚氧化酶活性的变化（Means ± SD，$n=3$）

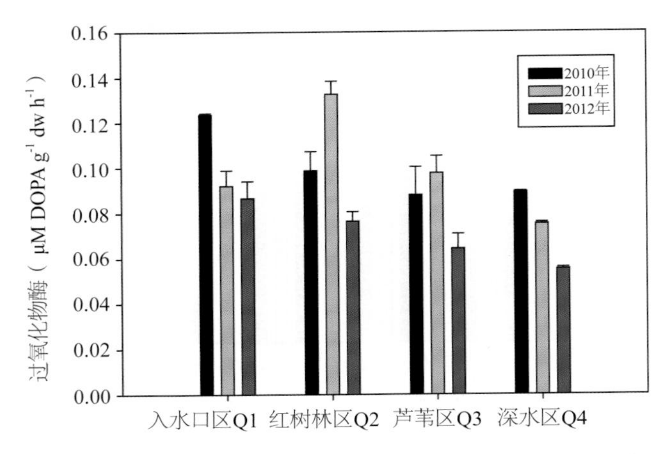


图8-37　生态修复前后（2010—2012）华侨城湿地表层底泥（0～3 cm）过氧化物酶活性的变化（Means ± SD，$n=3$）

微生物—营养物质—植物之间的紧密联系是红树林生态系统营养物质保存和循环的主要机制之一。具有高生产率和丰富多样性的土壤微生物，不断地将红树林凋落物转化成可被植物利用的氮、磷或其他营养物质，植物根系分泌物又为该系统中微生物和其他大型生物提供营养。由于受到工业废水和生活污水影响，深圳湾红树林滩涂处于中度以上污染状态。通过PLFA和土壤酶的研究，我们发现通过入水口—红树林—芦苇—深水区这个系列后，微生物的群落结构、数量和功能都发生了巨大的变化，微生物量、土壤酶活均呈现逐渐下降的趋势。通过地上红树林与地下微生物的作用，污染浓度逐步降低。

## 8.5 植物与植被的变化

### 8.5.1 入侵植物

2010年华侨城湿地生态修复前，根据野外调查以及李振宇和解焱（2002）对中国外来入侵种的划分，华侨城湿地的外来植物有30种，其中入侵种有13科27种（表3-5），约占该区域湿地植物的15%，且主要为草本植物和藤本植物，其入侵能力较强，如薇甘菊、假臭草、钻形紫苑、三叶鬼针草等。分布面积较大且较集中的是铺地黍、水茄、巴拉草、稗草、两耳草、龙珠果6种，主要分布于华侨城湿地的东北角，该区域是外来入侵植物集中分布区域，面积约1.5 $hm^2$。外来种有14种，约占整个侨城湿地入侵植物的53.9%，常常形成不同的群落结构，主要类型有五爪金龙+薇甘菊群落、钻形紫苑＋五爪金龙群落—美洲蟛蜞菊群落、空心莲子草群落、巴拉草群落、铺地黍群落等。其中，五爪金龙＋薇甘菊群落的分布面积约占该区域的90%左右。该区域可能由于填海造成潮水上涨高程降低，潮水不能到达这个区域，成为陆地，大量陆地先锋树种进入，外来入侵植物成了优势种群。这个区域原有的红树林被严重破坏。另一个外来种分布较集中的区域是环湖路周边区域，主要为簕仔树、马缨丹、龙珠果、美洲蟛蜞菊和三裂叶鬼针草等，间隔或有薇甘菊的分布。簕仔树的分布主要集中在环湖路的北岸，成片分布，形成小片优势群落，高约8m，平均胸径约12～28cm；马缨丹零散分布于整个环湖路；龙珠果主要分布于环湖北岸，多为向阳处，缠绕在栽培树种叶子花、乡土树种小蜡树等植物上面；美洲蟛蜞菊分布于整个环湖路，在地表成片蔓延；三叶鬼针草在整个环湖路也都有分布，常见于路旁乔木林下，与土牛膝、美洲蟛蜞菊、五爪金龙等混生。

不同入侵植物的分布各具特点，分布面积最大的是美洲蟛蜞菊、五爪金龙、薇甘菊、巴拉草和簕仔树等，这些物种往往混生在一起，形成几类入侵优势群落。

在27种入侵植物中，危害性最强的是五爪金龙、美洲蟛蜞菊和薇甘菊，其中薇甘菊和五爪金龙为危害的先锋种，从图3-19中可看出藤本入侵植物五爪金龙、薇甘菊分布面积比直立草本巴拉草、空心莲子草、钻形紫苑、三叶鬼针草以及灌木和小乔木类的入侵植物马缨丹、簕仔树的分布面积明显大很多，可见藤本类的入侵植物入侵能力要比直立草本植物、灌木和小乔类植物竞争性强，且危害性也较强。藤本类的入侵植物如薇甘菊、五爪金龙不仅喜欢攀援在大树的林冠层上面，而且也缠绕在入侵种巴拉草和钻形紫苑上面存活，形成优势群落。

经过植物修复和有害植物清理后，2012年湿地的入侵植物有20种，与2000—2011年相比减少10种，其中皱果苋、绿穗苋、青葙、水葫芦、铺地黍、野甘草、赛葵和钻形紫菀等被完全清理掉，其他物种仍有一定面积分布，且增加了一种入侵植物紫花大翼豆（表8-16）。经过生态修复后主要入侵植物的分布面积发生变化，入侵植物薇甘菊和五爪金龙的面积大量减少，减少约50%；银合欢没有清理，仍然是大面积分布；同时，园林绿化施工时，设计人员和施工人员误将入侵植物紫花大翼豆作为优良本地种引入种植，因此，新增一种入侵植物（表8-16，图8-37）。

表8-16 修复后华侨城湿地仍分布的入侵植物种类及分布

| 种名 | 科名 | 原产地 | 生活型 | 生境 | 频度 |
|---|---|---|---|---|---|
| 含羞草 ***Mimosa pudica*** | 含羞草科 Mimosaceae | 热带美洲 | 草本 | 岸边 | 多见 |
| 无刺含羞草 ***Mimosa invisa* var. *inermis*** | 含羞草科 Mimosaceae | 热带美洲 | 草本 | 岸边 | 多见 |
| 光荚含羞草（簕仔树） ***Mimosa bimucronata*** | 含羞草科 Mimosaceae | 热带美洲 | 灌木/小乔木 | 岸上 | 大片分布 |
| 马缨丹 ***Lantana camara*** | 马鞭草科 Verbenaceae | 热带美洲 | 灌木 | 岸上 | 大片分布 |
| 龙珠果 ***Passiflora foetida*** | 西番莲科 Passifloraceae | 安地列斯群岛 | 藤本 | 攀援植物上 | 大片分布 |
| 两耳草 ***Paspalum conjugatum*** | 禾本科 Gramineae | 热带美洲 | 草本 | 岸上 | 少见 |
| 稗草 ***Echinochloa crusgalli*** | 禾本科 Gramineae | 欧洲和印度 | 草本 | 岸边 | 多见 |
| 象草 ***Pennisetum purpureum*** | 禾本科 Gramineae | 非洲 | 草本 | 岸边 | 多见 |
| 巴拉草 ***Para grass*** | 禾本科 Gramineae | 南美热带和非洲 | 草本 | 中、高潮位 | 大片分布 |
| 飞扬草 ***Euphorbia hirta*** | 大戟科 Euphorbiaeae | 热带地区 | 草本 | 岸上 | 多见 |
| 五爪金龙 ***Ipomoea cairica*** | 旋花科 Convolvulaceae | 欧洲或美洲 | 藤本 | 攀援植物上 | 大片分布 |
| 银合欢 ***Leucaena leucocephala*** | 豆科 Leguminosae | 热带美洲 | 乔木 | 岸上 | 大片分布 |
| 白花鬼针草 ***Bidens pilosa* var. *radiata*** | 菊科 Compositae | 热带美洲 | 草本 | 岸边/岸上 | 大片分布 |
| 薇甘菊 ***Mikania micrantha*** | 菊科 Compositae | 中美洲 | 藤本 | 攀援植物上 | 大片分布 |
| 美洲蟛蜞菊 ***Wedelia trilobata*** | 菊科 Compositae | 美洲 | 草本 | 岸边/岸上 | 大片分布 |
| 假臭草 ***Praxelis clematidea*** | 菊科 Compositae | 南美 | 草本 | 岸上 | 少见 |
| 胜红蓟 ***Ageratum conyzoides*** | 菊科 Compositae | 墨西哥及邻近地区 | 草本 | 岸上 | 少见 |
| 空心莲子草 ***Alternanthera philoxeroides*** | 苋科 Amaranthaceae | 巴西 | 草本 | 低潮位 | 小片分布 |

续表8-16

| 种名 | 科名 | 原产地 | 生活型 | 生境 | 频度 |
|---|---|---|---|---|---|
| 水茄 ***Solanum torvum*** | 茄科 Solanaceae | 美洲加勒比海地区 | 灌木 | 岸上 | 多见 |
| 紫花大翼豆 ***Macroptilium atropurpureum*** | 豆科 Leguminosae | 热带美洲 | 藤本 | 岸上 | 多见 |

备注：少见——仅在华侨城湿地某区域零星分布；多见——在华侨城湿地几乎每个区域可见；大片分布——集中分布于华侨城湿地的一定区域，且面积超过200 $m^2$。

图8-38　华侨城湿地紫花大翼豆群落

2013年华侨城湿地的外来入侵植物有21种，总的来说，2013年外来入侵植物的种类上变化不大，基本上和2012年的种类相当，新增1种三叶鬼针草。

2013年与2012年相比，外来入侵植物从分布面积和数量上来说，大部分入侵植物的数量呈减少趋势（图8-39），如含羞草、马缨丹、龙珠果、白花鬼针草、空心莲子草、水茄、紫花大翼豆等种类的分布数量有所减少；而薇甘菊、五爪金龙、美洲蟛蜞菊等3种入侵植物的分布面积和数量有大幅增加，这3种入侵植物为恶性入侵杂草，已经在华南地区造成了巨大危害，其适应性和蔓延性非常强，在华侨城湿地区危害非常严重，并且有大幅蔓延趋势。

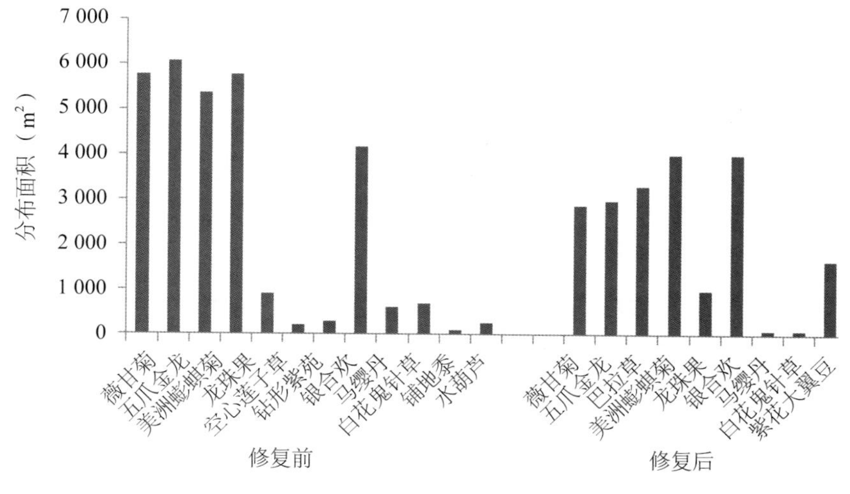


图8-39　华侨城湿地生态修复前后主要入侵植物分布面积

银合欢作为一种外来乔木植物，在华侨城湿地分布面积特别大，几乎遍布整个湖区岸边，数量多，植株大，从幼苗、幼树、小树、大树，各种规格苗木都较多，比2012年数量增加了很多，并且有进一步蔓延趋势。

另外，外来植物无瓣海桑在华侨城湿地区域也有大幅蔓延的趋势。2013年监测发现几乎沿湖岸都有存在，部分地段成片分布。对于该物种是否为外来入侵物种，目前尚有争议。但是，从该物种在本区域蔓延速度和面积来看，需要特别关注，引起足够重视。其中，薇甘菊和五爪金龙在湿地内几乎相伴分布，遍布整个湿地范围内，在多个地点发现其小苗和少量分布。大面积分布主要在湿地南岸的观景台周边、观鸟屋周边以及湖区北岸的中段和华侨城湿地整个东部区域，尤其是东北区湿地滩涂和河道两岸。在这些区域，这两种入侵植物已经成片分布并且攀爬到其他湿地植物上，部分造成了绞杀现象。美洲蟛蜞菊也几乎遍布整个华侨城湿地范围内，大面积分布主要在湖区南岸的西段岸边以及湖区北岸的中段和东段的岸边。银合欢几乎分布于整个华侨城湿地沿岸，在南岸的中段和西段分布有较为密集的小树和壮树，在北岸的西段分布大树较多，在北岸的中段和东段各种大小规格的银合欢都较多。巴拉草主要分布在湖区东北部滩涂周边以及北岸中段部分中高潮位处。

2014年华侨城湿地的外来植物有22种，与2013年基本相当，新增1种加拿大飞篷。2014年整个华侨城湿地的入侵面积比2013年减少60%，主要原因是聘请专业人员清理薇甘菊、五爪金龙等入侵植物。植物危害比较严重的区域，原生自然植被几乎被外来植物或入侵植物所取代。监测表明，华侨城湿地东区原有的红树群落仅存一片残次林，2011年新种植的红树林面积减少了20%。特别美洲蟛蜞菊、巴拉草等有大面积分布。该湿地区域，陆地岸上有少量乡土树种，湿地沿岸原以红树植物为主，现仅存部分，其他为芦苇、埔地黍等。美洲蟛蜞菊分布面积和数量较上一年度有大幅增加。银合欢和无瓣海桑的数量与2013年相比有所增加，并且有进一步蔓延趋势。

入侵植物除五爪金龙和薇甘菊经过大规模的人工清理，在湿地内已无大面积分布外，美洲蟛蜞菊、银合欢和巴拉草的分布与2013年基本上一致。

### 8.5.2 乡土植物与植被多样性的变化

华侨城湿地植被可分为红树林群落、入侵植物群落、乡土植物群落、人工常绿林群落4个类型，又可以根据不同的种类组成和分布区域划分为43个植物群落。

2011年根据野外调查及标本的鉴定，华侨城湿地共有维管植物60科162种(表8-17)。其中禾本科的种类最多，有21种；菊科也较多，有18种；大戟科9种，豆科8种，苋科7种，锦葵科、桑科分别有6种；还有茜草科、旋花科、莎草科、红树科、含羞草科等4~5种；同时，还发现了一种野生兰花线柱兰。

表8-17　2011年华侨城湿地植物种类

| 编号 | 中文种名 | 中文科名 | 科名 | 拉丁名种名 |
|---|---|---|---|---|
| 1 | 假杜鹃 | 爵床科 | Acanthaceae | *Barleria cristata* |
| 2 | 老鼠簕 | 爵床科 | Acanthaceae | *Acanthus ilicifolius* |
| 3 | 卤蕨 | 卤蕨科 | Acrostichaceae | *Acrostichum aureurm* |

续表8-17

| 编号 | 中文种名 | 中文科名 | 科名 | 拉丁名种名 |
|---|---|---|---|---|
| 4 | 龙舌兰 | 龙舌兰科 | Agavaceae | *Agave americana* |
| 5 | 凹头苋 | 苋科 | Amaranthaceae | *Amaranthus ascendens* |
| 6 | 刺苋 | 苋科 | Amaranthaceae | *Amaranthus spinosus* |
| 7 | 空心莲子草 | 苋科 | Amaranthaceae | *Alternanthera philoxeroides* |
| 8 | 青葙 | 苋科 | Amaranthaceae | *Celosia argentea* |
| 9 | 土牛膝 | 苋科 | Amaranthaceae | *Achyranthes aspera* |
| 10 | 尾穗苋 | 苋科 | Amaranthaceae | *Amaranthus caudatus* |
| 11 | 虾钳菜 | 苋科 | Amaranthaceae | *Alternanthera sessilis* |
| 12 | 盐肤木 | 漆树科 | Anacardiaceae | *Rhus chinensis* |
| 13 | 狗牙花 | 夹竹桃科 | Apocynaceae | *Ervatamia divaricata* |
| 14 | 络石 | 夹竹桃科 | Apocynaceae | *Trachelospermum jasminoides* |
| 15 | 羊角拗 | 夹竹桃科 | Apocynaceae | *Semen Strophanthi* |
| 16 | 海芋 | 天南星科 | Araceae | *Alocasia macrorrhizos* |
| 17 | 水芋 | 天南星科 | Araceae | *Eomecon chionantha* |
| 18 | 吊瓜树 | 紫葳科 | Bignoniaceae | *Kigelia africana* |
| 19 | 繁缕 | 石竹科 | Caryophyllaceae | *Stellaria media* |
| 20 | 木麻黄 | 木麻黄科 | Casuarinaceae | *Casuarina equisetifolia* |
| 21 | 灰绿藜 | 藜科 | Chenopodiaceae | *Chenopodium glaucum* |
| 22 | 水竹叶 | 鸭跖草科 | Commelinaceae | *Murdannia triguetra* |
| 23 | 鸭跖草 | 鸭跖草科 | Commelinaceae | *Commelina communis* |
| 24 | 艾 | 菊科 | Compositae | *Artemisia argyi* |
| 25 | 白酒草 | 菊科 | Compositae | *Conyza japonica* |
| 26 | 多茎鼠麴草 | 菊科 | Compositae | *Gnaphalium polycaulon* |
| 27 | 黄鹌菜 | 菊科 | Compositae | *Youngia japonica* |
| 28 | 假臭草 | 菊科 | Compositae | *Praxelis clematidea* |
| 29 | 苦荬菜 | 菊科 | Compositae | *Ixeris sonchifolia* |
| 30 | 鳢肠 | 菊科 | Compositae | *Eclipta prostrata* |
| 31 | 美洲蟛蜞菊 | 菊科 | Compositae | *Wedelia trilobata* |
| 32 | 泥胡菜 | 菊科 | Compositae | *Hemistepta lyrata* |
| 33 | 蟛蜞菊 | 菊科 | Compositae | *Wedelia chinensis* |
| 34 | 茄叶斑鸠菊 | 菊科 | Compositae | *Vernonia solanifolia* |
| 35 | 三叶鬼针草 | 菊科 | Compositae | *Bidens pilosa* |
| 36 | 胜红蓟 | 菊科 | Compositae | *Ageratum conyzoides* |

续表8-17

| 编号 | 中文种名 | 中文科名 | 科名 | 拉丁名种名 |
|---|---|---|---|---|
| 37 | 双花蟛蜞菊 | 菊科 | Compositae | *Wedelia biflora* |
| 38 | 薇甘菊 | 菊科 | Compositae | *Mikania micrantha* |
| 39 | 夜香牛 | 菊科 | Compositae | *Vernonia cinerea* |
| 40 | 一点红 | 菊科 | Compositae | *Emilia sonchifolia* |
| 41 | 空心菜 | 旋花科 | Convolvulaceae | *Ipomoea aquatica* |
| 42 | 牵牛 | 旋花科 | Convolvulaceae | *Pharbitis nil* |
| 43 | 菟丝子 | 旋花科 | Convolvulaceae | *Cuscuta chinensis* |
| 44 | 五爪金龙 | 旋花科 | Convolvulaceae | *Ipomoea cairica* |
| 45 | 碎米荠 | 十字花科 | Cruciferae | *Cardamine hirsuta* |
| 46 | 扁穗莎草 | 莎草科 | Cyperaceae | *Cyperus compressus* |
| 47 | 独穗飘拂草 | 莎草科 | Cyperaceae | *Fimbristylis monostachya* |
| 48 | 短叶茳芏 | 莎草科 | Cyperaceae | *Cyperus malaccensis* Lam.var. *brevifoliu* |
| 49 | 密穗砖子苗 | 莎草科 | Cyperaceae | *Mariscus compactus* |
| 50 | 碎米莎草 | 莎草科 | Cyperaceae | *Cyperus microiria* |
| 51 | 薯蓣 | 薯蓣科 | Dioscoreaceae | *Dioscorea opposita* |
| 52 | 大飞扬草 | 大戟科 | Euphorbiaceae | *Euphorbia hirta* |
| 53 | 海漆 | 大戟科 | Euphorbiaceae | *Excoecaria agallocha* |
| 54 | 黑面神 | 大戟科 | Euphorbiaceae | *Breynia fruticosa* |
| 55 | 秋枫 | 大戟科 | Euphorbiaceae | *Bischofia trifoliata* |
| 56 | 土蜜树 | 大戟科 | Euphorbiaceae | *Bridelia tomentosa* |
| 57 | 乌桕 | 大戟科 | Euphorbiaceae | *Sapium sebiferum* |
| 58 | 香港算盘子 | 大戟科 | Euphorbiaceae | *Glochidiom hongkongeuse* |
| 59 | 血桐 | 大戟科 | Euphorbiaceae | *Macaranga tanarius* |
| 60 | 叶下珠 | 大戟科 | Euphorbiaceae | *Phyllanthus urinaria* |
| 61 | 田菁 | 蝶形花科 | Fabaceae | *Sesbania cannabina* |
| 62 | 巴拉草 | 禾本科 | Gramineae | *Brachiaria mutica* |
| 63 | 白茅 | 禾本科 | Gramineae | *Imperata cylindrica* |
| 64 | 臭根子草 | 禾本科 | Gramineae | *Bothriochloa intermedia* |
| 65 | 狗牙根 | 禾本科 | Gramineae | *Cynodondactylon* |
| 66 | 虎尾草 | 禾本科 | Gramineae | *Chloris virgata* |
| 67 | 狼尾草 | 禾本科 | Gramineae | *Pennisetum alopecuroides* |
| 68 | 类芦 | 禾本科 | Gramineae | *Neyraudia reynaudiana* |
| 69 | 两耳草 | 禾本科 | Gramineae | *Paspalum conjugatum* |

续表8-17

| 编号 | 中文种名 | 中文科名 | 科名 | 拉丁名种名 |
|---|---|---|---|---|
| 70 | 龙爪茅 | 禾本科 | Gramineae | *Dactylocteninm acgyptium* |
| 71 | 芦苇 | 禾本科 | Gramineae | *Phragmites australis* |
| 72 | 芒草 | 禾本科 | Gramineae | *Miscanthus sinemis* |
| 73 | 牛筋草 | 禾本科 | Gramineae | *Acrachne racemosa* |
| 74 | 雀稗 | 禾本科 | Gramineae | *Paspalum scrobiculatum* |
| 75 | 伞房花耳草 | 禾本科 | Gramineae | *Hedyotis corymbosa* |
| 76 | 鼠尾粟 | 禾本科 | Gramineae | *Sporobolus fertilis* |
| 77 | 双穗雀稗 | 禾本科 | Gramineae | *Paspalum distichum* |
| 78 | 水蔗草 | 禾本科 | Gramineae | *Apluda mutica* |
| 79 | 纤毛鸭嘴草 | 禾本科 | Gramineae | *Ishaemum indicum* |
| 80 | 象草 | 禾本科 | Gramineae | *Pennisefum purpureum* |
| 81 | 潺槁 | 樟科 | Lauraceae | *Litsea glutinosa* |
| 82 | 黄樟 | 樟科 | Lauraceae | *Cinnamomum porrestum* |
| 83 | 扁豆 | 豆科 | Leguminosae | *Lablab purpureus* |
| 84 | 海刀豆 | 豆科 | Leguminosae | *Canavalia maritima* |
| 85 | 黄槐 | 豆科 | Leguminosae | *Cassia surattensis* |
| 86 | 簕仔树 | 豆科 | Leguminosae | *Mimosa sepiaria* |
| 87 | 链荚豆 | 豆科 | Leguminosae | *Alysicarpus vaginalis* |
| 88 | 银合欢 | 豆科 | Leguminosae | *Leucaena leucocephala* |
| 89 | 鱼藤 | 豆科 | Leguminosae | *Derris trifoliata* |
| 90 | 猪屎豆 | 豆科 | Leguminosae | *Crotalaria pallida* |
| 91 | 浮萍 | 浮萍科 | Lemnaceae | *Lemna minor* |
| 92 | 文殊兰 | 百合科 | Liliaceae | *Crinum asiaticum* |
| 93 | 地桃花 | 锦葵科 | Malvaceae | *Urena lobata* |
| 94 | 黄花稔 | 锦葵科 | Malvaceae | *Sida acuta* |
| 95 | 黄槿 | 锦葵科 | Malvaceae | *Hibiscus tiliaceus* |
| 96 | 赛葵 | 锦葵科 | Malvaceae | *Malvastrum coromandelium* |
| 97 | 肖梵天花 | 锦葵科 | Malvaceae | *Urena lobata* |
| 98 | 杨叶肖槿 | 锦葵科 | Malvaceae | *Thespesia populnea* |
| 99 | 木棉 | 木棉科 | Malvaceae | *Bombax malabaricum* |
| 100 | 苦楝 | 楝科 | Meliaceae | *Melia azedarach* |
| 101 | 桃花心木 | 楝科 | Meliaceae | *Swietenia mahagoni* |
| 102 | 粪箕笃 | 防己科 | Menispermaceae | *Stephania longa* |

续表8-17

| 编号 | 中文种名 | 中文科名 | 科名 | 拉丁名种名 |
|---|---|---|---|---|
| 103 | 木防己 | 防己科 | Menispermaceae | *Cocculus orbiculatus* |
| 104 | 大叶相思 | 含羞草科 | Mimosaceae | *Acacia auriculaeformis* |
| 105 | 含羞草 | 含羞草科 | Mimosaceae | *Mimosa pudica* |
| 106 | 南洋楹 | 含羞草科 | Mimosaceae | *Albizia falcataria* |
| 107 | 台湾相思 | 含羞草科 | Mimosaceae | *Acacia confusa* |
| 108 | 无刺含羞草 | 含羞草科 | Mimosaceae | *Mimosa invisa* var. *inermis* |
| 109 | 大叶榕 | 桑科 | Moraceae | *Ficus virens* |
| 110 | 对叶榕 | 桑科 | Moraceae | *Ficus hispida* |
| 111 | 柳叶榕 | 桑科 | Moraceae | *Ficus benjamina* |
| 112 | 小叶榕 | 桑科 | Moraceae | *Ficus microcarpa* var. *pusillifolia* |
| 113 | 小叶榕 | 桑科 | Moraceae | *Ficus microcarpa* |
| 114 | 印度橡胶榕 | 桑科 | Moraceae | *Ficus elastica* |
| 115 | 香蕉 | 芭蕉科 | Musaceae | *Musa acuminata* |
| 116 | 桐花树 | 紫金牛科 | Myrsinaceae | *Aegiceras corniculatum* |
| 117 | 海南蒲桃 | 桃金娘科 | Myrtaceae | *Syzygium cuminii* |
| 118 | 红千层 | 桃金娘科 | Myrtaceae | *Callistemon rigidus* |
| 119 | 叶子花 | 紫茉莉科 | Nyctaginaceae | *Bougainvillea spectabilis* |
| 120 | 小蜡树 | 木犀科 | Oleaceae | *Ligustrum sinense* |
| 121 | 草龙 | 柳叶菜科 | Onagraceae | *Jussiaea linifolia* |
| 122 | 山柑藤 | 山柚子科 | Opiliaceae | *Cansjera rheedii* |
| 123 | 线柱兰 | 兰科 | Orchidaceae | *Zenxine strateumatica* |
| 124 | 黄花酢浆草 | 酢浆草科 | Oxalidaceae | *Oxalis pes-caprae* |
| 125 | 大王椰子 | 棕榈科 | Palmae | *Roystonea regia* |
| 126 | 刺桐 | 蝶形花科 | Papilionaceae | *Erythrina indica* |
| 127 | 龙珠果 | 西番莲科 | Passifloraceae | *Passiflora foetida* |
| 128 | 车前 | 车前科 | Plantaginaceae | *Plantago asiatica* |
| 129 | 马唐 | 禾本科 | Poaceae | *Digitaria sanguinalis* |
| 130 | 长花马唐 | 禾本科 | Poaceae | *Digitaria longiflora* |
| 131 | 水蓼 | 蓼科 | Polygonaceae | *Polygonum hydropiperl* |
| 132 | 水葫芦 | 雨久花科 | Pontederiaceae | *Eichhornia crassipes* |
| 133 | 马齿苋 | 马齿苋科 | Portulacaceae | *Portulaca oleracea* |
| 134 | 马甲子 | 鼠李科 | Rhamnaceae | *Paliurus ramosissimus* |
| 135 | 木榄 | 红树科 | Rhizophoraceae | *Bruguiera gymnoihiza* |

续表8-17

| 编号 | 中文种名 | 中文科名 | 科名 | 拉丁名种名 |
|---|---|---|---|---|
| 136 | 秋茄 | 红树科 | Rhizophoraceae | *Kandelia candel* |
| 137 | 木瓜 | 蔷薇科 | Rosaceae | *Chaenomeles sinensis* |
| 138 | 白花舌蛇草 | 茜草科 | Rubiaceae | *Hedyotis diffusa* |
| 139 | 鸡屎藤 | 茜草科 | Rubiaceae | *Paederia scandens* |
| 140 | 鸡蛋果 | 芸香科 | Rutaceae | *Passiflora edulis* |
| 141 | 九里香 | 芸香科 | Rutaceae | *Murraya paniculata* |
| 142 | 酒饼簕 | 芸香科 | Rutaceae | *Atalantia buxifolia* |
| 143 | 倒地铃 | 无患子科 | Sapindaceae | *Cardiospermum halicacabum* |
| 144 | 荔枝 | 无患子科 | Sapindaceae | *Litchi chinensis* |
| 145 | 假马齿苋 | 玄参科 | Scrophulariaceae | *Bacopa monnieri* |
| 146 | 野甘草 | 玄参科 | Scrophulariaceae | *Scoparia dulcis* |
| 147 | 鸦胆子 | 苦木科 | Simaroubaceae | *Brucea javanica* |
| 148 | 辣椒 | 茄科 | Solanaceae | *Capsicum frutescens* |
| 149 | 少花龙葵 | 茄科 | Solanaceae | *Solallum nigrum* |
| 150 | 水茄 | 茄科 | Solanaceae | *Solanum torvum* |
| 151 | 海桑 | 海桑科 | Sonneratiaceae | *Sonneratia caseolaris* |
| 152 | 无瓣海桑 | 海桑科 | Sonneratiaceae | *Sonneratia apetala* |
| 153 | 柽柳 | 柽柳科 | Tamaricaeae | *Tamarix chinensis* |
| 154 | 布渣叶 | 椴树科 | Tiliaceae | *Microcos paniculata* |
| 155 | 朴树 | 榆科 | Ulmaceae | *Celtis sinesis* |
| 156 | 崩大碗 | 伞形科 | Umbelliferae | *Centella asiatica* |
| 157 | 芫荽 | 伞形科 | Umbelliferae | *Coriandrum sativum* |
| 158 | 白骨壤 | 马鞭草科 | Verbenaceae | *Avicennia marina* |
| 159 | 假败酱 | 马鞭草科 | Verbenaceae | *Stachytarpheta jamaicensis* |
| 160 | 马缨丹 | 马鞭草科 | Verbenaceae | *Lantana camara* |
| 161 | 许树 | 马鞭草科 | Verbenaceae | *Clerodendrum inerme* |
| 162 | 扁担藤 | 葡萄科 | Vitaceae | *Tetrastigma planicaule* |
| | | | 共60科 | 162种 |

华侨城湿地乡土植物零星散布于环湖路及湖心岛。在环湖路的乡土植物主要有小叶榕、高山榕、海南蒲桃、秋枫、山乌桕、苦楝、朴树、黄樟、香蕉、血桐、龙舌兰、芦苇、海芋、土牛膝、链荚豆、鸭跖草、狗牙根等；在湖心岛上，分布的本地植物有潺槁、鸦胆子、山柑藤、马甲子、黑面神、酒饼簕、羊角拗、九里香、布渣叶、朴树等，比环湖路的物种更为丰富，更接近原生态。

华侨城湿地环岸，早期配合绿化人工栽种了少量乔灌木，部分在局部区域形成小片群落。主要种类有：橡胶树、簕仔树、柳叶榕、叶子花、大叶相思、台湾相思等。其中银合欢、大叶相思、台湾相思属于豆科，是华南常见栽培种，具有固氮作用，对土壤有一定的改良作用，常被用于绿化的先锋树种，一般栽培后数年内，其林下就会利于其他本地植物的生长。

华侨城湿地的一个重要特点是分布有一定面积的红树林，还有许多常见的海岸植物，如芦苇、水蔗草、羊角拗、木麻黄、乌桕等。2007年之前，华侨城湿地红树林植物面积有$10\times10^4\ m^2$，2012年仅残余不足$3\times10^3\ m^2$，主要为秋茄群落，其面积约1 350 $m^2$，东西向宽约30 m，南北向长约45 m。另有秋茄－卤蕨群落，其外貌整齐，树高较为均一，树种组成较为单一，群落上层以秋茄为主，平均树高约8 m，胸径为17～45 cm，群落林郁闭度约85%，林下较为空旷，少草本，林缘分布有许树、卤蕨、老鼠簕及秋茄小苗。在监测中发现，该秋茄群落可能正处于演替后期的退化阶段，将来可能会发生群落结构的演变，其具体特征为：①秋茄群落的东西两侧、林下有卤蕨分布，而林内几乎没有其他物种分布，显然是一个处于退化状况的群落；②秋茄群落东侧南北方向没有明显的群落更替变化，乔木层为秋茄，林下灌木层为卤蕨；③秋茄群落的西侧南北方向可分为3个小群落，自北向南为：秋茄－白骨壤－卤蕨群落，秋茄－白骨壤＋桐花树－卤蕨群落，秋茄－桐花树＋白骨壤＋木榄群落，在这3个群落中，最南面的群落里面发现秋茄幼苗较少，未见桐花树及白骨壤幼苗，木榄小苗最多，在2 m × 2 m内有16株幼苗，因此，木榄可能会替代秋茄，最终发生秋茄群落的更新。

2010—2011年在湖心岛分布群落主要有木榄+海漆—白骨壤群落、许树群落，其中木榄＋海漆－白骨壤群落集中分布于湖心岛的边缘，呈条形分布，面积约为300 $m^2$，长约30 m，宽约10m；群落明显分为2层，第一层为木榄＋海漆，高约7 m，海漆平均胸径约45 cm，木榄平均胸径约30 cm；许树群落集中分布于湖心岛的南岸，面积约400 $m^2$。群落外貌整齐，整体上较为均一，平均高约50 cm，群落中有鱼藤、无根藤、老鼠簕、五爪金龙、牛筋草等混生。

2012年10月监测发现，在清理了大量的外来入侵植物，补种一些招鸟又美观的树种后，湿地植物共有62科，165种植物，比原来增加了2科3种，其中禾本科的种类最多，有21种；菊科也较多，有16种；大戟科10种，豆科13种，锦葵科7种，桑科6种；还有茜草科、旋花科、莎草科、夹竹桃科、红树科、含羞草科等4～5种、苋科2种；增加的分别为龙舌兰、黄花夹竹桃、夹竹桃、软质黄婵、猩猩草、美蕊花、木豆、紫花大翼豆、牛枝子、水黄皮、大红花、长柄山蚂蝗、洋金凤和野牡丹。减少的有凹头苋、刺苋、空心莲子草、青葙、尾穗苋、狗牙花、白酒草、赛葵和柽柳。植物的分布状况较上一年基本没有变化。

通过湿地植被修复，在现有植物的基础上，适度增加植物种类，完善湿地植物群落。补植鸟类喜欢的树种，为鸟类提供良好的栖息与觅食环境。植物配置时注意乔木、灌木、草本植物的选取及排布，形成错落有致的景观效果，并增加景观植物，在完善湿地生态环境的同时，兼顾提升湿地景观，满足游人的赏玩需求。湿地植物修复工程新种植乡土植物有夹竹桃、软枝黄婵、美蕊花、野牡丹等13种（表8-18，图8-40），对湿地的景观和多样性提升有较大的帮助。

表8-18 华侨城湿地修复后新增的植物种类

| 编号 | 中文种名 | 中文科名 | 科名 | 拉丁名 |
|---|---|---|---|---|
| 1 | 黄花夹竹桃 | 夹竹桃科 | Apocynaceae | *Thevetia peruviana* |
| 2 | 夹竹桃 | 夹竹桃科 | Apocynaceae | *Nerium oleander* |
| 3 | 软枝黄婵 | 夹竹桃科 | Apocynaceae | *Allamanda cathartica* |
| 4 | 猩猩草 | 大戟科 | Euphorbiaceae | *Euphorbia cyathophora* |
| 5 | 美蕊花 | 豆科 | Leguminosae | *Calliandra haematocephala* |
| 6 | 木豆 | 豆科 | Leguminosae | *Cajanus cajan* |
| 7 | 牛枝子 | 豆科 | Leguminosae | *Lespedeza potaninii* |
| 8 | 水黄皮 | 豆科 | Leguminosae | *Pongamia pinnata* |
| 9 | 木芙蓉 | 锦葵科 | Malvaceae | *Hibiscus mutabilis* |
| 10 | 大红花 | 锦葵科 | Malvaceae | *Hibiscus rosa-sinensis* |
| 11 | 长柄山蚂蝗 | 蝶形花科 | Papilionaceae | *Hylodesmum podocarpum* var. *oxyphyllum* |
| 12 | 洋金凤 | 苏木科 | Caesalpiniaceae | *Caesalpinia pulcherrima* |
| 13 | 野牡丹 | 野牡丹科 | Melastomataceae | *Melastoma malabathricum* |

图8-40 新增乡土景观植物

2013年监测数据显示，华侨城湿地共有维管植物73科220种。其中禾本科的种类最多，有22种；菊科也较多，有21种；大戟科11种，豆科18种，锦葵科8种，桑科8种，苋科7种，锦葵科、桑科、莎草科分别有6种，马鞭草科5种，含羞草科5种，夹竹桃科5种。比2012年调查（60科162种）多出13科58种。

从新增加种类方面看，主要是种植的园林植物，如：海南菜豆树、高山榕、大叶紫薇、朱蕉、水黄皮、鸡冠刺桐、凤凰木、腊肠树、黄花风铃木、火焰木、宽叶十万错、小驳骨、软枝黄婵、香蒲桃、木芙蓉、夹竹桃、大叶伞、苏铁、水石榕、银杏、鸢尾、红花羊蹄甲、大叶相思、美蕊花、灰莉、大红花、米仔兰、薜荔、云南黄素馨、散尾葵、老人葵、蒲葵、金叶假连翘、龙眼、银叶树、假苹婆、三叶崖爬藤、花叶良姜、姜、芒果（杧果）、车轮草、花叶芦竹、水蜡烛。

少部分为深圳常见的野生草本和藤本植物，如：海马齿苋、青葙、大叶仙茅、钻形紫菀、金纽扣、乳浆大戟、紫斑大戟、白茅、皱叶狗尾草、蔓草虫豆、紫花大翼豆、扁担杆、乌敛莓。

2011年生态修复工程时，新种植红树林$3 \times 10^4 m^2$，主要种植红树植物种类为秋茄、木榄、桐花树、老鼠勒、卤蕨、海漆。除此之外，还种植了常见的海岸盐生植物，如芦苇、水蔗草、羊角拗、木麻黄、乌桕等。

2010年实施生态修复工程前，海桑和无瓣海桑在华侨城湿地主要呈零星分布，其分布范围较广，几乎遍布整个湿地沿岸。2013—2014年监测显示，海桑和无瓣海桑在华侨城湿地的扩散面积和范围越来越大，从东区红树林的林缘开始沿湖北岸几乎都有幼苗分布，在湖中央为鸟类营造的滩涂上也有分布（图8-41）。这两种具有入侵潜力的树种，很可能对湿地的整个生态系统造成威胁，下一步应加大力度及时清除。

a. 东区海桑扩散

b. 红树林边缘海桑扩散

c. 沿湖岸边海桑的扩散

d. 滩涂上面海桑的扩散

图8-41　华侨城湿地海桑和无瓣海桑的分布扩散

2014年华侨城湿地共有维管植物80科265种。其中禾本科的种类最多，有26种；菊科也较多，有22种；豆科20种，大戟科13种，桑科10种，锦葵科、苋科、夹竹桃科分别有8种，旋花科、含羞草科、棕榈科分别有6种；马鞭草科、百合科、桃金娘科和爵床科各5种。

2014年比2013年调查（73科220种）多出7科45种，从新增加种类方面看，主要是种植的园林植物，如：翠芦莉、水鬼蕉、黄花夹竹桃、鸡蛋花、黄婵、绿萝、合果芋、花叶鹅掌柴、基及树、小叶榄仁、紫背万年青、水葱、杜鹃、黄金间碧竹、阴香、双荚决明、海南红豆、天门冬、金边虎尾兰、沿阶草、含笑、粉单竹、美丽异木棉、马占相思、垂叶榕、琴叶榕、旅人蕉、蝎尾蕉、蒲桃、番石榴、肾蕨、木樨（桂花）、鱼尾

葵、棕竹、龙船花、爬山虎。

少部分为深圳常见的野生草本和藤本植物，如：绿苋、加拿大飞篷、金腰箭、三裂叶薯、番薯、南瓜、通奶草、白苞猩猩草、细叶结缕草、弓果黍、苎麻。

此外，还新增加了1种具有入侵趋势的植物：加拿大飞篷。

到2014年年底，华侨城湿地的群落类型已非常丰富，乔木群落以园林绿地群落、银合欢群落和红树林群落为主。灌木层的植物较少，并且大多数的植物形成单优群落（表8-19）。

表8-19　华侨城湿地主要植被类型

| 植物群落名称 | 群落描述 |
|---|---|
| 黄风铃木＋大叶紫薇－夹竹桃＋散尾葵—台湾草群落 | 园林绿地，人工种植，高约7 m左右，郁闭度约0.6，其他植物还有双翼豆、凤凰木、水石榕、樟树、小白酒草、芒草、含羞草等 |
| 南洋楹＋秋枫－夹竹桃群落 | 园林绿地，人工种植 |
| 凤凰木＋红花羊蹄甲群落 | 园林绿地，人工种植，高约7 m左右，郁闭度约0.7，其他还有南洋楹、鱼尾葵、龙牙花、桃花心木、黄榕、海南蒲桃、软枝黄婵等 |
| 腊肠树＋黄槿＋秋枫群落 | 园林绿地，人工种植，高约8 m左右，郁闭度约0.8 |
| 桃花心木＋黄槿＋鸡冠刺桐群落 | 园林绿地，人工种植，高约8 m左右，郁闭度约0.7 |
| 水黄皮＋柳叶榕群落 | 园林绿地，人工种植，高约5 m左右，位于入口展览馆周边 |
| 蒲葵群落 | 园林绿地，人工种植，高约9 m，郁闭度约0.9，位于华侨城湿地西南角 |
| 五爪金龙＋薇甘菊群落 | 混生群落，伴有巴拉草 |
| 银合欢群落 | 单优群落，几乎遍布整个湖区岸边 |
| 大叶相思＋银合欢群落 | 群落分两层，乔木层和草本层，没有灌木层 |
| 秋茄-桐花树＋白骨壤群落 | 群落分两层，乔木层和灌木层，无地被层 |
| 秋茄-卤蕨群落 | 该群落面积约2000 $m^2$，外貌整齐，少许木榄；树高较为均一，树种组成较为单一，以秋茄为主，平均树高约18 m，胸径为17～45 cm；群落的郁闭度约85% |
| 木榄＋海漆－白骨壤群落 | 面积约为300 $m^2$。该群落集中在湖心岛的北岸，呈条形分布，长约30 m，宽约10 m；群落明显分为2层 |
| 无瓣海桑群落 | 分布于整个华侨城湿地，平均树高为2 m，胸径15～28 cm |
| 芦苇群落 | 单优群落，遍布整个湖区岸边 |
| 许树群落 | 分布于湖心岛的南岸，面积约400 $m^2$。群落外貌整齐，整体上较为均一，平均高约50 cm，群落中有鱼藤、无根藤、老鼠簕、五爪金龙、牛筋草等混生 |
| 芒草群落 | 单优群落 |

由图8-42可看出，经过2011年的生态修复后，特别是2013年和2014年进行入侵植物专项清除和持续管理后，2011—2014年华侨城湿地的植物种类呈逐年增加的趋势，尤其是2013年和2014年增加显著。说明进行过修复后的湿地内植物种类、数量和多样性增多，绿地植被类型更加丰富。修复工程中种植较多的园林植物，提高了植物的多样性和景观性，整个植物生态群落结构也在慢慢趋于稳定，地被、灌木和乔木配置基本合理，为鸟类的生活提供了适宜的环境。总的来说，华侨城湿地区域植物多样性增加，但是华侨城湿地还是一个较为脆弱的生态系统，受到人为干涉的因素较大，因此，还需进一步的修复与治理，特别是美洲蟛蜞菊和银合欢有加剧蔓延的趋势，会抑制和扼杀其他植物的生长，应加强清理，控制其蔓延的趋势，使湿地内植物的生长处在一个比较平衡合理的状态。

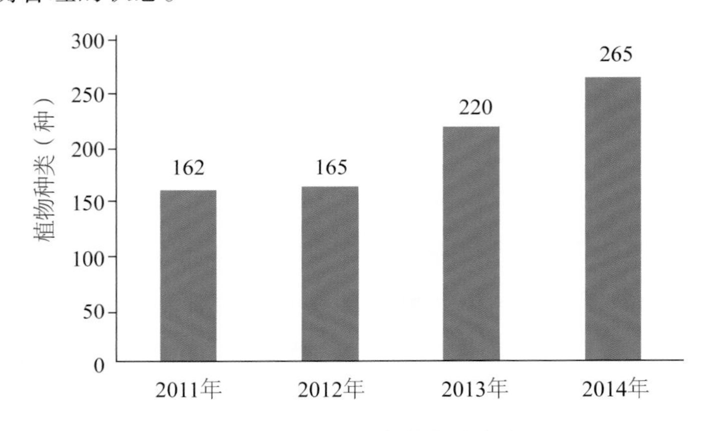


图8-42　2011—2014年植物种类变化

## 8.5.3　华侨城湿地及深圳湾浮游植物

在深圳湾福田红树林区及深圳华侨城湿地各设3～4个采样点进行浮游植物的调查，旨在了解浮游植物在红树林内的分布和生态作用，为评价红树林湿地生态系统恢复工程对浮游植物及红树林生态系统的影响提供理论依据。

### 8.5.3.1　深圳湾浮游植物群落结构特征

在深圳福田红树林保护区设4个监测站位，开展水体浮游植物群落的季节变化研究，4个站从东至西依次为沙嘴、凤塘河口、观鸟屋、海滨生态公园。第一个站为沙嘴，为一废弃码头，深圳河的淡水从此处输入；第二个部为凤塘河口，大量的生活和工业废水从此处排入邻近海区；第三个站为观鸟屋，处于红树林外缘；第四个站为海滨生态公园，滩涂上有人工种植的红树林。分别于1月（冬）、4月（春）、7月（夏）、10月（秋）进行现场采样。高潮时采集表层海水共1 L，用Lugol’s solution固定，静置，沉淀，逐步浓缩到50 mL。取0.1 mL于显微镜下，用浮游植物计数框进行种类鉴定和计数。

1）浮游植物的种类组成

深圳福田红树林保护区共鉴定到浮游植物5门54属147种，其中硅藻门40属122种，占总种类数的82.1%；蓝藻门5属5种，甲藻门4属4种，绿藻门4属15种，裸藻门1属1种（表8-24）。

2）浮游植物密度的季节变化

深圳福田红树林水体浮游植物密度的变化范围为$0.39 \times 10^5 \sim 7.8 \times 10^6$个/L，平均密度为$1.0 \times 10^6$个/L（图8-43）。沙嘴、生态公园、观鸟亭和凤塘河口4个站位细胞密度最高的月份均出现在7月，分别为$1.6 \times 10^6$个/L、$2.0 \times 10^6$个/L、$1.6 \times 10^6$个/L和$7.8 \times 10^6$个/L。4个站位中，平均密度从大到小依次为凤塘河口（$21.7 \times 10^5$个/L）、生态公园（$7.4 \times 10^5$个/L）、沙嘴（$6.5 \times 10^5$个/L）、观鸟亭（$4.4 \times 10^5$个/L）。

3）浮游植物优势种和种类数的季节变化

深圳福田红树林保护区水体浮游植物的优势种见表8-20。微型硅藻和耐污染种类在浮游植物群落中占有优势地位。骨条藻、小环藻和细小平裂藻是浮游植物的主要种类，菱形藻和舟形藻在少数季节成为优势种类。

4个站位鉴定到的总种类数具有一定的变化，从多到少分别为沙嘴（73种）、生态公园（61种）、凤塘河口（50种）、观鸟亭（48种）。

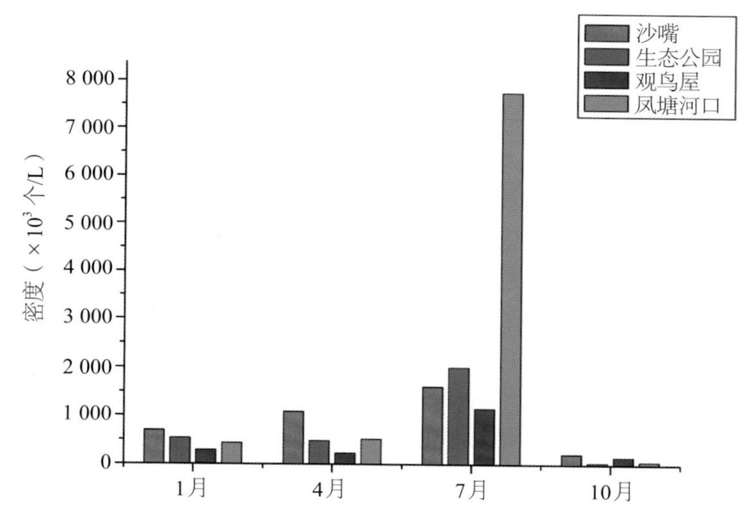


图8-43　福田红树林区水体浮游植物密度的季节变化

表8-20　深圳福田红树林水体浮游植物的优势种及其占细胞数的百分比

| 月份 | 沙嘴* | 凤塘河口* | 观鸟亭* | 生态公园* |
|---|---|---|---|---|
| 1 | 骨条藻（75.6%） | 披针菱形藻（92.0%） | 二分双色藻（95.2%） | 骨条藻（50.9%） |
| 4 | 舟形藻（23.4%）<br>小环藻（15.2%） | 海洋原甲藻（43.8%） | 小环藻（27.7%）<br>舟形藻（21.0%） | 颤藻（30.5%） |
| 7 | 细小平裂藻（38.2%）<br>海链藻（19.2%） | 骨条藻（52.3%） | 微小小环藻（25.9%）<br>条纹小环藻（14.2%） | 骨条藻（79.3%） |
| 10 | 骨条藻（68.3%） | 细小平裂藻（27.8%）<br>骨条藻（24.9%） | 热带骨条藻（28.0%） | 骨条藻（53.9%） |

*占总密度的百分率（%），其他非优势种之和未列出。

4）浮游植物群落结构分析

深圳福田红树林水体浮游植物群落多样性指数变化范围为0.060～3.392，平均多样性指数为1.431（表8-21）。多样性指数在春季最高，夏季、冬季和秋季较低。

表8-21　深圳福田红树林水体浮游植物多样性指数分析

| 月份 | 沙嘴 | 凤塘河口 | 观鸟亭 | 生态公园 |
|---|---|---|---|---|
| 1 | 1.891 | 0.590 | 0.060 | 2.827 |
| 4 | 3.392 | 2.520 | 3.361 | 3.175 |
| 7 | 2.975 | 2.499 | 3.130 | 1.000 |
| 10 | 1.665 | 2.830 | 3.005 | 2.252 |

5）福田红树林保护区浮游植物的生态作用和特征

浮游植物以硅藻门种类为主，分别占总种类数和密度的82.1%和75.3%。同时出现多种蓝藻、绿藻、裸藻等。有污染特征性的蓝藻门种类（细小平裂藻、颤藻）、裸藻门种类在水体中经常出现，并且在一些站位中密度较高，最高可达$8.8 \times 10^5$个/L（细小平裂藻）。

底栖性和附着性的硅藻在观鸟亭站位浮游植物中大量存在，约占总种类数的29.1%和总细胞密度的6.2%。观鸟亭站位处于红树林外缘，由于红树林阻挡，受林前冲刷的潮汐和风浪的影响，底栖硅藻极易悬浮于水体中，起到丰富浮游植物的作用。

淡水性的种类在浮游植物群落中经常出现，如平裂藻、颤藻、栅藻、裸藻等种类，说明水质属咸淡水性质，特别是在丰水季节。如在7月，沙嘴站位淡水种类占总种类数的26.9%，总细胞密度的60.5%，观鸟亭站位淡水种类分别占总种类数和总细胞密度的29.2%和30.4%，凤塘河口站位淡水种类分别占总种类数和总细胞密度的20%以上。

赤潮藻和耐污染特征的种类是浮游植物的主要成分。赤潮藻如威氏海链藻、骨条藻等在多个季节成为绝对优势种，耐污染的藻类如小环藻、颤藻、裸藻等在浮游植物中大量存在。浮游植物的密度在每个季度均达到富营养化的水平，并且有继续增加的趋势。

淡水性/半咸水性微型蓝藻门种类的细小平裂藻在7月与硅藻种类一起成为浮游植物的优势种，特别是在凤塘河口和沙嘴站位，细胞密度达到了$6.1 \times 10^5$个/L和$8.8 \times 10^5$个/L。该种类并非海产种类，而是一种入海的外源性淡水、半咸淡种类。由于该种类是淡水、半咸淡种类，入海后不能长久存活，更不可能增殖，其个体细小，如果不是以较高的细胞密度出现在水体中，一般情况下很难采集和监测到。因此可以推断，凡是出现该种的区域必然是入海污水所能达到的地方。监测的4个站位都发现了该种，并且大都成为优势种类。其细胞密度的分布依次从沙嘴、凤塘河口、生态公园、观鸟亭递减，说明其来源可能是来自于沙嘴和凤塘河口，随污水的排入而进入红树林区。在以往的研究中也有发现该属的其他种，但是如此高的密度和如此大的面积的出现在以往的研究中是没有报道过的。该种在红树林区的分布可能与污水入海的去向（可能影响的范围）和海水的交换情况等水文特点有关系。该属的其他种类在厦门西海域及邻近海域也有发现，杨清良等认为该种是厦门筼筜湖污水中浮游植物的特有种和优势种，随污水排入邻近海域。

与以前的监测比较，福田红树林区水体浮游植物群落朝着种类个体变小、种类数减少、密度增加、耐污染种类增加的方向变化，这反映了该红树林区水体富营养化程度高，水质恶化。

综上所述，深圳福田红树林保护区浮游植物以硅藻门种类为主，并有多种蓝藻、绿藻和裸藻等。大量的底栖和附着硅藻以及淡水性藻类是该红树林区浮游植物组成的特点。赤潮藻和耐污染的藻类在浮游植物群落中占有优势地位，外来性淡水的微型蓝藻平裂藻的分布对污水入海后的去向及在调查海区的海水交换状况方面有一定的指示作用。浮游植物的组成和结构反映了该红树林区水体富营养化程度高，水质恶化。

### 8.5.3.2 华侨城湿地浮游植物群落结构特征

2010年3月，对华侨城湿地生态系统做第一次浮游植物的本底调查，在华侨城湿地设置4个采样点。分别是：进水口，华侨城湿地中央，出水口和桥外（位置见图8-44）。2011年3月，对华侨城湿地做第二次浮游植物调查。因为华侨城湿地的清除淤泥工程接近尾声，围堰使得出水口被封堵，所以采样点调整为3个，分别是进水口，华侨城湿地湖心中央，出水口（原出水口位置）。

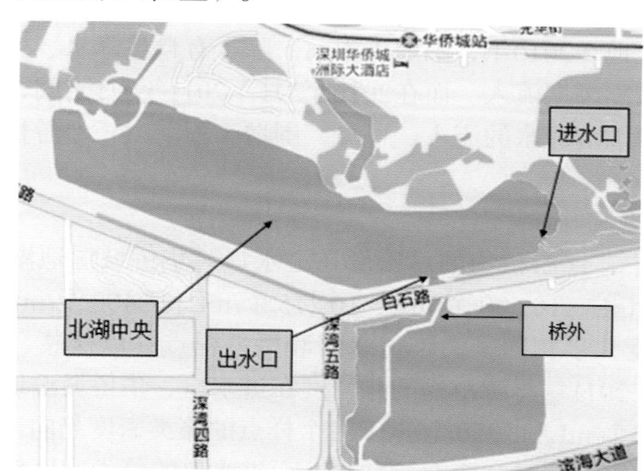


图8-44 采样点位置图（进水口，华侨城湿地中央，出水口和桥外）

1）样品的采集和处理

在上述4个采样点进行采样。定性样品用25号的浮游生物网采集，Lugol's碘液固定后进行浮游植物种类鉴定。定量样品用有机玻璃采水器采集表层水2 L，每个样品采两份，一份新鲜样品不经处理；另一份样品用碘液固定，随后带回实验室。

2）浮游植物的观察和分析

（1）藻细胞密度。使用血球计数板计数。将用Lugol's碘液固定的水样摇匀带回实验室，置1 L圆柱形沉降筒中静沉24～36 h后，用虹吸管小心吸出上清液，将剩下的20～25 mL浓缩液摇匀，移入30mL定量标本瓶中，然后用吸出的上清液少许冲洗沉降筒，移入上述30 mL的定量标本瓶中定容。将浓缩样摇匀，取0.1 mL于血球计数板中，小心盖上盖玻片，置10×40倍显微镜下对各种藻类进行鉴定及计数。一般每样计数两片（如果两片的数值与其平均值之差大于±15%，需进行第三片计数），换算出每升水样中所含藻类的细胞数量。

（2）叶绿素a测定。由采回的水样用CF/G滤膜进行抽滤，抽滤前先加入1～2滴的1%碳酸镁，防止酸化，所得滤膜用滤纸吸干水分，包于锡箔纸中，用于提取叶绿素。将由抽滤所得的滤膜剪碎后置于研钵中，加入提取液，将滤膜研碎至匀浆状，移入带刻度具塞的离心管，于暗处保存6～24 h，离心后将上清液移入试管并定容，分别在665 nm和750 nm处用分光光度计测吸光值*A*值，根据公式即可算出叶绿素a的含量。

（3）多样性指数的计算。Shannon-weaver多样性指数$H'=-\Sigma(n_i/N)\ln(n_i/N)$，式中，$n_i$为第$i$种的个体总数，$N$为所有物种的个体总数。

3）浮游植物种类组成

调查共鉴定到5门11属14种藻，其中硅藻门7种，绿藻门2种，蓝藻门2种，甲藻门1种，裸藻门1种。具体组成见表8-22。结果显示，华侨城湿地的浮游植物的种类数远远少于保护区所观察到的种类数，仅为保护区种类数的10%。2010年，硅藻占绝对优势，其中又以骨条藻、茧形藻和小环藻出现频率最高，其中骨条藻和小环藻在保护区也是优势种类。2011年，在样点调查所得藻的种类都较少，优势藻种都是色球藻。一般认为，在半咸水和海水环境中，硅藻是主要的优势种。在相对静止的淡水湖泊，优势种通常为蓝藻和绿藻。华侨城湿地在2010年，围堰工程前，除了有自然降水、生活污水排入以外，深圳湾的海水也会在高潮期流入。而在2010年3月至2011年3月之间，华侨城湿地进行了围堰工程，阻断了深圳湾海水的流入。可见，围堰工程前后，浮游植物的种类组成变化较大。

4）浮游植物密度和叶绿素a含量

2010年的调查中，浮游植物的总密度在进水口、华侨城湿地湖心中央、出水口和桥外分别是2 100 个/mL、10 500 个/mL、10 275 个/mL和5 400 个/mL，华侨城湿地中央和出水口的藻类密度几乎相同，大于进水口和桥外样点，以裸藻、骨条藻和小环藻为主（表8-22）。而在2011年浮游植物的总密度在进水口、华侨城湿地中央、出水口分别是5 250个/mL、5 025个/mL和3 250 个/mL，3个样点的藻类密度趋向于平衡，华侨城湿地中央和出水口样点的密度较2010年有所减少，而进水口的藻类密度较2010年有所上升。两次调查的结果均显示华侨城湿地浮游植物的密度远大于深圳湾水域的浮游植物的密度。叶绿素a含量的变化和浮游植物的密度变化趋势类似，华侨城湿地湖心中央和出水口样点较2010年有所减少，而进水口较2010年略有上升（表8-23）。

浮游植物的生长与水体中的营养状况密切相关，因此可根据浮游植物的生物量等来评价湖泊营养程度。藻类数量的分级标准为：贫营养，藻类个数小于300个/mL，叶绿素a含量小于4 μg/L；中营养，藻类个数300～1 000 个/mL，叶绿素a含量4～10 μg/L；富营养，藻类个数大于1 000 个/mL，叶绿素a含量大于10 μg/L。两次调查的浮游植物的数量均大于1 000 个/mL，如果按照藻类数量的分级标准，华侨城湿地属于富营养状态。然而依据叶绿素a含量判断，在2010年，华侨城湿地中央和出水口的水质已经达到了富营养化水平，进水口和桥外水质比其他两个采样点水质好，处于中营养水平，这可能与进水口上游污水的截流有关系。而在2011年，3个站点的叶绿素a含量也趋向于平衡，都处于中营养化水平。

表8-22　华侨城湿地浮游藻类的种类组成和密度

| 种名/指标 | 进水口（个/mL） | | 华侨城湿地中央（个/mL） | | 出水口（个/mL） | | 桥外（个/mL） | |
|---|---|---|---|---|---|---|---|---|
| | 2010年 | 2011年 | 2010年 | 2011年 | 2010年 | 2011年 | 2010年 | 2011年 |
| 尖头蓝藻 | 750 | / | 75 | / | 75 | / | / | / |
| 色球藻 | / | 3525 | / | 4500 | / | 2500 | / | / |
| 裸藻 | 600 | 750 | 4200 | / | 1875 | 150 | 600 | / |
| 衣藻 | / | / | 75 | / | 75 | / | / | / |
| 甲藻 | / | / | 150 | / | 300 | / | / | / |
| 骨条藻 | 225 | / | 150 | / | 75 | / | 1050 | / |
| 小球藻 | / | 825 | 2175 | / | 2850 | / | 1875 | / |
| 小环藻1 | / | / | 825 | / | 675 | 525 | 375 | / |
| 小环藻2 | 225 | / | 2325 | / | 3300 | / | 1125 | / |
| 茧形藻 | / | / | 225 | 375 | 375 | / | 150 | / |
| 舟形藻 | 150 | / | 150 | / | / | / | / | / |
| 新月菱形藻 | / | / | / | 150 | 675 | / | / | / |
| 曲舟藻 | / | / | 75 | / | / | / | / | / |
| 未知类 | 150 | 150 | 75 | / | / | 75 | 225 | / |
| 总密度 | 2100 | 5250 | 10500 | 5025 | 10275 | 3250 | 5400 | |

表8-23　华侨城湿地浮游植物的叶绿素a含量和多样性指数

| 指标 | 进水口（个/L） | | 华侨城湿地中央（个/L） | | 出水口（个/L） | | 桥外（个/L） | |
|---|---|---|---|---|---|---|---|---|
| | 2010年 | 2011年 | 2010年 | 2011年 | 2010年 | 2011年 | 2010年 | 2011年 |
| 叶绿素a含量(μg/L) | 3.95 | 5.58 | 10.60 | 6.20 | 11.86 | 3.65 | 8.50 | / |
| Shannon-weaver指数 | 1.58 | 0.94 | 1.63 | 0.40 | 1.72 | 0.73 | 1.67 | / |

5）物种多样性指数

多样性（Diversity）表示了群落结构的复杂程度，反映两方面的内容，一是群落内的种的数量（Richness）；二是各个种内包括的个体数的均等性（Equitability），即种数越多，而且各个种的个体数相等，多样性就越大。$H>3$，表示清洁；$2<H<3$，表示轻污染；$1<H<2$，表示中等污染；$0<H<1$，表示重污染；$H=0$，表示严重污染。2010年间，4个采样点的Shannon-weaver多样性指数（表8-23）在1.58～1.72之间，属于中度污染水体

向富营养化水体转化之间。而2011年的调查中，3个采样点的Shannon-weaver多样性指数在0.40～0.94之间，属于重度污染水体的指数范围。这与以叶绿素a含量来指示的水体情况相悖，可能是由于清淤工程对底泥和水体的搅动影响。在2011年的调查中，水体中仅有5个藻种，在3个取样点均是蓝藻的色球藻占绝对优势。

综上所述，2010年的本底调查发现，华侨城湿地的浮游植物以硅藻为主，优势藻种为富营养的指示种类裸藻和小环藻。由本底调查的数据显示，华侨城湿地中心和出水口水质已经达到富营养化水平，桥外和入水口处于中度污染水平。经过了一年的清淤工程，在2011年藻类的密度和种类明显减少，而导致各项浮游生物指标显示水体污染程度有加剧的趋势。如何修复侨城湿地生态系统，其水质整治是关键，在工程扰动即将结束，如何有效快速地恢复水体浮游植物的生物多样性和控制水体营养物质的排入将值得思考。但可以肯定的是未来有必要进一步加强对该区域水体浮游植物的检测。

表8-24　深圳湾水体浮游植物的种类组成和密度（$\times 10^3$个/L）

| | 沙嘴 | | | | 生态公园 | | | | 凤塘河口 | | | | 观鸟亭 | | | |
|---|---|---|---|---|---|---|---|---|---|---|---|---|---|---|---|---|
| | 1月 | 4月 | 7月 | 10月 | 1月 | 4月 | 7月 | 10月 | 1月 | 4月 | 7月 | 10月 | 1月 | 4月 | 7月 | 10月 |
| 硅藻门 | | | | | | | | | | | | | | | | |
| 橙红双肋藻 | | | | | | | | | | | | 0.7 | | | | |
| 翼茧形藻 | | | | | | | 5.0 | | | | | | | | 5.8 | |
| 咖啡形双眉藻 | | | 0.3 | 0.4 | | | | 0.6 | | | | | | 1.0 | | |
| 中肋双眉藻 | 0.3 | | | | | | | | | | | | | | | |
| 双眉藻 | | 1.2 | | | | | | | 13.6 | 2.5 | | | | | | |
| 易变双眉藻 | | | | | | | | 1.1 | | | | | | | | |
| 易变双眉藻眼状变种 | | | | | | | | | | | | | | | | 1.8 |
| 角毛藻 | | | | | | | | 1.1 | | 2.5 | | | | | | |
| 卵形藻 | 0.3 | | 0.3 | | 0.3 | 0.5 | | 0.6 | | 2.5 | | | | | 5.8 | |
| 有翼圆筛藻 | | | | 0.4 | | | | | | | | | | | | |
| 偏心圆筛藻 | | | | | | | | | | | 4.8 | | | | | |
| 线形圆筛藻 | | | | 0.4 | | | | | | | | | | | | |
| 圆筛藻 | | | | | 0.3 | | | | | | | | | | | |
| 梅里小环藻 | 18.7 | 378.5 | 27.0 | | 2.9 | 8.1 | 1272.5 | | 11.4 | 162.5 | 374.4 | | | 21.0 | 748.2 | 10.6 |
| 扭曲小环藻 | 0.3 | | | | | | | | | | | | | | 116.0 | |
| 小环藻 | | 0.6 | 0.5 | | | 1.2 | 295.0 | | 5.9 | 10.0 | 758.4 | | | 2.0 | 551.0 | |
| 条纹小环藻 | 0.3 | 1.7 | 1.5 | 1.5 | 3.6 | 2.8 | 95.0 | 2.3 | 6.6 | | 67.2 | 2.1 | 5.6 | 2.5 | 46.4 | 10.6 |
| 柱状小环藻 | | | | | | | 150.0 | | | | 52.8 | | | | | |
| 边缘桥弯藻 | | 0.6 | | | | 0.7 | | | | | | | | | | |
| 新月桥弯藻 | | 1.7 | | | | | | | | | | | | | | |
| 海氏窗纹藻 | 0.3 | | | | | | | | | | | | | | | |
| 克罗脆杆藻 | | 1.2 | | | | | | | | | | | | | | |
| 有角斑条藻 | 0.3 | | | | | | | | | | | | | | | |

续表8-24

| | 沙嘴 | | | | 生态公园 | | | | 凤塘河口 | | | | 观鸟亭 | | | |
|---|---|---|---|---|---|---|---|---|---|---|---|---|---|---|---|---|
| | 1月 | 4月 | 7月 | 10月 | 1月 | 4月 | 7月 | 10月 | 1月 | 4月 | 7月 | 10月 | 1月 | 4月 | 7月 | 10月 |
| 海生斑条藻 | 0.3 | | 0.3 | 1.1 | | 4.6 | 5.0 | 1.1 | | | | | | | 5.8 | |
| 萎软几内亚藻 | | 1.7 | | | 0.3 | | | | | | | | | | | |
| 尖布纹藻 | | | | | | 1.8 | | | | | | | | | | 0.9 |
| 尖布纹藻虫瘿变种 | | | | | | | | | | | 4.8 | | | | | |
| 扭布纹藻 | | 1.2 | | | | | | | | | 4.8 | | | | | |
| 结节布纹藻 | | | | 0.7 | | | | | | | | | | | 5.8 | 0.9 |
| 斜布纹藻 | | | | | | | | | | | 4.8 | | | 0.3 | | |
| 刀形布纹藻 | | | | 0.7 | | | | | | 2.5 | | | | | 5.8 | 2.6 |
| 影伸布纹藻 | | | | | | | | 3.4 | | | | | | | | |
| 斯氏布纹藻 | 0.3 | | | | 0.3 | 6.9 | | 1.1 | 8.8 | | 4.8 | | | | | 0.9 |
| 细弱布纹藻 | | | | | | | | 1.1 | | | | | | | | |
| 特里布纹藻 | | | | | | | | | | | | | | 0.3 | | |
| 澳立布纹藻 | | 0.3 | | | | | | | | | | | | | | |
| 楔形藻 | | | | | 0.3 | | | | | | | | | | | |
| 椭圆胸隔藻 | | 0.6 | | | | | | | | | | | | | | |
| 微小胸膈藻椭圆变种 | | | | | | | | | | | | | 1.1 | | | |
| 微小胸膈藻 | | | | | | | | 0.6 | | | | | | | | |
| 微小胸膈藻亚头状变种 | | | | | | | | 6.8 | | | | | | | | |
| 直链藻 | | | | | | | | | 0.9 | 27.5 | | | | 6.0 | | |
| 颗粒直链藻 | | | | 0.7 | | | | | | | | | | | 34.8 | |
| 念珠直链藻 | 0.5 | | | | | | | | | | | | | | | |
| 具槽直链藻 | 1.8 | | | | 1.6 | | | | | | | | | | | |
| 十字舟形藻 | | | | | | | | | 0.2 | 2.5 | | 12.8 | | | | |
| 福建舟形藻 | | | | | | | | | | | | | | 0.3 | | |
| 颗粒舟形藻 | 0.3 | | | | | | | | | | | | | | | |
| 琴状舟形藻 | 0.3 | | | | | | | | | | | | | | | |
| 舟形藻 | 0.5 | 12.2 | 0.5 | 12.0 | 1.3 | 19.3 | 30.0 | 10.1 | 55.7 | 52.5 | 62.4 | 2.1 | 9.0 | 1.5 | 34.8 | 7.9 |
| 系带舟形藻 | | | | | | | | | | | | | | | | 2.6 |
| 棍棒舟形藻印度变种 | | | | | | | | | | | | | | 0.3 | | |
| 盔状舟形藻 | | | | | | | | | | | | | | | | 8.8 |
| 直舟形藻 | | 0.3 | 0.3 | | | | | | | | | | | 0.3 | | |
| 膜状舟形藻 | | | | | | | | | | | | 2.8 | | | | |
| 柔软舟形藻 | | | | | | | | 4.5 | | | | 8.5 | | | | 5.3 |
| 小形舟形藻 | | | | 26.5 | | | | | | | | 11.3 | | | | 13.2 |
| 多枝舟形藻 | | | | | | | | | | | | | | 1.3 | | |
| 尖锥菱形藻 | | | | | | 0.9 | | | | | | | 1.1 | | | |

续表8-24

| | 沙嘴 | | | | 生态公园 | | | | 凤塘河口 | | | | 观鸟亭 | | | |
|---|---|---|---|---|---|---|---|---|---|---|---|---|---|---|---|---|
| | 1月 | 4月 | 7月 | 10月 | 1月 | 4月 | 7月 | 10月 | 1月 | 4月 | 7月 | 10月 | 1月 | 4月 | 7月 | 10月 |
| 双头菱形藻 | | | | | | | | | | | | 82.3 | | | | |
| 新月菱形藻 | | | | | | | | | | | | | 6.7 | | | |
| 缢缩菱形藻 | | 0.6 | | | | | | | | | | | 1.1 | 0.5 | | |
| 簇生菱形藻 | | | | | | | | | | | | | | | | 0.9 |
| 流水菱形藻 | | | | | | | | | | | | | | | | 0.9 |
| 碎片菱形藻 | | | | | | | | | | | | 0.7 | | | | 0.9 |
| 颗粒菱形藻 | | | | | | | | | | | | | | | | 3.5 |
| 标炽菱形藻 | 0.3 | | | | | | | | | | | | | | | |
| 长菱形藻 | 0.3 | | 0.3 | | | | 5.0 | 3.9 | | 2.5 | | | | 0.3 | 11.6 | |
| 弯端长菱形藻 | | | | | | | | 3.9 | | | | 25.5 | | | | 65.1 |
| 洛伦菱形藻 | | | | | 0.5 | | 5.0 | | | | | | 4.5 | 1.0 | | |
| 边缘菱形藻二裂变种 | | | | | | | | | | | | | 2.2 | | | 0.9 |
| 舟形菱形藻 | | | | | | | 5.0 | | | | | | | | | |
| 钝头菱形藻刀形变种 | 1.8 | | | | | | | | | | | | | | | 0.9 |
| 琴氏菱形藻微小变种 | | | | | 0.3 | | | | | | | | | | | |
| 琴式菱形藻 | | | | | | 0.9 | | | | | | | 4.5 | | | |
| 奇异菱形藻 | | | | 3.3 | | | | | | | | | | | | |
| 弯菱形藻 | | 0.6 | | | | | 5.0 | 1.1 | | | | | | | 5.8 | |
| 菱形藻 | 0.3 | 4.1 | 0.3 | | 1.6 | 3.7 | 25.0 | 3.4 | | | 38.4 | | 98.6 | 0.3 | 40.6 | |
| 纤细菱形藻 | | | | | | | | | | | | | | 0.3 | | |
| 膨胀菱形藻 | | | | | | | | | | 2.5 | | | | | | |
| 羽纹藻 | | | 0.3 | | 0.3 | | | | | | | | | | | |
| 艾希斜纹藻 | | | | 0.7 | | | | | | | | | | | | |
| 柔弱斜纹藻 | | | | 0.4 | | | | | | | | | | | | |
| 异纹斜纹藻 | | | | | | | | 2.3 | | | | | | | | |
| 飞马斜纹藻 | | | | | | | | | | | | | 1.1 | | | |
| 舟形斜纹藻微小变种 | | | | | | | | 0.6 | | | | | | | | |
| 舟形斜纹藻 | 0.3 | | | | | | | | 0.2 | | | | | | | |
| 海洋斜纹藻 | | | | | | | 5.0 | | | | | | | | | |
| 端嘴斜纹藻 | | | | | | | | | | | | | | | | 0.9 |
| 斜纹藻 | | | | | | | | | | | | | | | | 1.8 |
| 粗毛斜纹藻 | | | 0.3 | | | | 5.0 | | | | | | | | | |
| 鼓形伪短缝藻 | | | | | | | | | | | | | | 0.3 | | |
| 拟菱形藻 | | | | | | | | | | | 9.6 | | | | 5.8 | |
| 中肋骨条藻 | | | | | | | | | | 57.5 | | | | | | |

续表8-24

| | 沙嘴 | | | | 生态公园 | | | | 凤塘河口 | | | | 观鸟亭 | | | |
|---|---|---|---|---|---|---|---|---|---|---|---|---|---|---|---|---|
| | 1月 | 4月 | 7月 | 10月 | 1月 | 4月 | 7月 | 10月 | 1月 | 4月 | 7月 | 10月 | 1月 | 4月 | 7月 | 10月 |
| 骨条藻 | | 5.8 | 16.8 | 13.1 | 1.6 | 6.0 | 2255.0 | 1206.2 | 2.9 | 5.0 | 1430.4 | 480.1 | | 3.5 | 1044.0 | 61.6 |
| 双头辐节藻 | | | | | 0.3 | | | | | | | | | | | |
| 针杆藻 | | 0.3 | 0.3 | | | | | | | | | | | | | |
| 菱形海线藻 | | | | 0.4 | | | | | | | | | | | | |
| 海链藻sp1(8-10) | 1.6 | 333.5 | 81.8 | 94.9 | 3.9 | 8395.0 | 442.5 | | 16.5 | 490.0 | | | | 35.0 | | 895.8 |
| 海链藻spp. | | | 3.3 | | | 31.1 | | 44.5 | | | 408.0 | 1106.2 | | | 185.6 | |
| 威氏海链藻 | 179.4 | 156.6 | 42.3 | 2.2 | 46.3 | 117.3 | 170.0 | | 158.4 | 437.5 | 139.2 | 262.4 | 7.8 | 63.0 | 220.4 | |
| 佛氏海毛藻 | 0.3 | | | | 0.5 | | | | | | | | | | | |
| 粗纹藻 | 0.3 | | | | | | 5.0 | | | | 19.2 | | | | | |
| 甲藻门 | | | | | | | | | | | | | | | | |
| 梭角藻 | | | | | | | | | | | | | | | 5.8 | |
| 裸甲藻 | | | | | | | | 9.6 | | | | | | | | 0.9 |
| 原甲藻 | | | | | | | | | | 15.0 | | | | | 5.8 | |
| 反曲原甲藻 | 0.3 | | | | | | | | | | | | | | | |
| 未知种 | | 0.6 | 0.8 | | 0.3 | | | | 7.0 | 10.0 | | | | | | |
| 绿藻门 | | | | | | | | | | | | | | | | |
| 河生集星藻 | | | | 6.5 | | | 40.0 | | | | 86.4 | | | | 46.4 | |
| 小桩藻 | | | | | | | | | | | 4.8 | | | | 5.8 | |
| 四足十字藻 | | | | 0.4 | | | 65.0 | | | | 38.4 | | | | 63.8 | |
| 纺锤藻 | | | | | | | | | | | 19.2 | | | | | |
| 齿牙栅藻 | | | 0.8 | | | | | | | | 19.2 | | | | | |
| 二形栅藻 | | | | | | | 40.0 | | | | 120.0 | | | | | |
| 爪哇栅藻 | | | | | | | | | | | | | | | 23.2 | |
| 椭圆栅藻 | | | | 1.5 | | | 20.0 | | | | | | | | | |
| 四尾栅藻 | | 2.3 | 2.0 | | | | 50.0 | | | | 129.6 | | | | 69.6 | |
| 栅藻 | | | 7.8 | 13.8 | | | | | | | 384.0 | | | | 174.0 | 3.5 |
| 月牙藻 | | | | | | | 5.0 | | | | 19.2 | 0.7 | | | 5.8 | |
| 二角盘星藻 | | | | 5.8 | | | 5.0 | | | | 9.6 | | | | 5.8 | |
| 绿藻未知种 | | | 0.8 | | | 179.4 | | | | | | | | | 203.0 | |
| 蓝藻门 | | | | | | | | | | | | | | | | |
| 细小平裂藻 | | | | 160.0 | | | 800.0 | 49.0 | | | 3609.6 | 249.6 | | | 997.6 | 7.0 |
| 颤藻 | | | 0.3 | 0.4 | | | 5.0 | 2.3 | | | 1.4 | 0.4 | | | 23.2 | 0.4 |
| 未知种 | | | 6.3 | 16.4 | | | 40.0 | | | | 69.1 | 2.8 | | | 707.6 | |
| 螺旋藻 | | | | | | | | | | | 768.0 | | | | 5.8 | |
| 裸藻门 | | | | | | | | | | | | | | | | |
| 裸藻 | | 26.1 | 0.8 | 52.0 | | 8.1 | 10.0 | 10.7 | 26.4 | 132.5 | 14.4 | 83.0 | | 1.0 | 23.2 | 1.8 |
| 扁圆囊裸藻 | | 17.4 | | | | 5.8 | | | | 565.0 | | | | | | |

## 8.6 修复前后华侨城湿地浮游动物的变化

浮游动物的种类组成极为复杂，包括无脊椎动物的大部分门类以及部分脊索动物，许多无脊椎动物（特别是多毛类、贝类和十足类）的幼虫、鱼卵及仔稚鱼也属于阶段性的浮游动物，致使浮游动物的种类组成更加复杂化。本次调查采集到的浮游动物门类同样较多，有原生动物的肉足虫和纤毛虫，假体腔动物的轮虫，环节动物门多毛类幼体，软体动物贝类面盘幼虫和担轮幼虫，节肢动物门的枝角类、桡足类、蔓足类和短尾类幼虫。

### 8.6.1 华侨城湿地浮游动物生态调查与评价

#### 8.6.1.1 浮游动物群落的种类组成及种类数

如表8-25所示，在华侨城湿地水体中共鉴定出浮游动物55种，种类数最多的是纤毛虫，有21种；轮虫次之，为13种；桡足类为10种，肉足虫5种，枝角类1种。另外还检测到多毛类、软体动物面盘幼虫、蔓足类藤壶幼虫及短尾类幼虫等浮游幼虫。

表8-25 各采样点浮游动物种类组成

| 采样时间 | 2010年3月 | | 2011年3月 | | 2011年9月 | | | 2011年12月 | | | 2012年4月 | | | 2012年8月 | | |
|---|---|---|---|---|---|---|---|---|---|---|---|---|---|---|---|---|
| 浮游动物种类组成 | 进水口 | 湖中心 | 进水口 | 湖中心 | 进水口 | 湖中心 | 出水口 | 进水口 | 湖中心 | 出水口 | 进水口 | 湖中心 | 出水口 | 进水口 | 湖中心 | 出水口 |
| 肉足虫 | | | | | | | | | | | | | | | | |
| 普通表壳虫 *Arcella vulgris* | 1 | | 1 | 1 | | | | | | 1 | | | | | | |
| 半圆表壳虫 *Arcella hemisphaerica* | 1 | | | | | | | | | | | | | | | |
| 针棘匣壳虫 *Centropyxis aculeata* | 1 | | | | | | | | | | | | | | | |
| 尖顶砂壳虫 *Difflugia acuminata* | | | | | | | | | | 1 | | | | | | |
| 褐砂壳虫 *Difflugia avellana* | | | 1 | | | | | | | | | | | | | |
| 纤毛虫 | | | | | | | | | | | | | | | | |
| 猎裂口虫 *Apoamphileptus meleagris* | | | | 1 | | | | | | | | | | | | |
| 三角齿管虫 *Chlamydodon triquetrus* | | | 1 | | | | | 1 | | | | | | | | |
| 珍珠映毛虫 *Cinetochilum margaritaceum* | | | | | | | | | | | | 1 | | | | |
| 杯形靴纤虫 *Cothurnia calix* | | | | | 1 | | | | | | | | | | | |
| 瓜形膜袋虫 *Cyclidium citrullus* | | | 1 | | | | | 1 | | | | | | | | |

续表8-25

| 采样时间 | 2010年3月 | | 2011年3月 | | 2011年9月 | | | 2011年12月 | | | 2012年4月 | | | 2012年8月 | | |
|---|---|---|---|---|---|---|---|---|---|---|---|---|---|---|---|---|
| 浮游动物种类组成 | 进水口 | 湖中心 | 进水口 | 湖中心 | 进水口 | 湖中心 | 出水口 | 进水口 | 湖中心 | 出水口 | 进水口 | 湖中心 | 出水口 | 进水口 | 湖中心 | 出水口 |
| 双环栉毛虫 *Didinium nasuium* | | | 1 | 1 | 1 | | | | | | 1 | 1 | 1 | 1 | 1 | 1 |
| 单环栉毛虫 *Didinium balbianii* | | | | 1 | 1 | 1 | | | | | | 1 | | 1 | | |
| 偏体虫 *Dysteria* sp. | | | 1 | | | | | | | | | | | | | |
| 累枝虫 *Epistylis* sp. | | | | | 1 | 1 | 1 | | | 1 | | | | | | |
| 游仆虫 *Euplotes* sp. | | | | | | | | | | | 1 | | | | | |
| 钟形网纹虫 *Favella companula* | | | | | | | | | | | | | | | 1 | |
| 红中缢虫 *Mesodinium rubrum* | | 1 | 1 | 1 | 1 | 1 | 1 | 1 | 1 | 1 | 1 | 1 | 1 | | | |
| 蚤状中缢虫 *Mesodinium pulex* | | | | | | | | | 1 | | | | | | | |
| 尾草履虫 *Paramecium caudatum* | 1 | 1 | | | | | | | 1 | 1 | | | | | | |
| 绿急游虫 *Strombidium viride* | | 1 | 1 | 1 | | | 1 | | | | 1 | 1 | | | 1 | 1 |
| 球急游虫*Strombidium globosaneum* | | | | | | | | 1 | 1 | 1 | 1 | | | 1 | 1 | 1 |
| 锥形急游虫 *Strombidium conicum* | | | 1 | 1 | | | | | | 1 | 1 | 1 | 1 | 1 | | |
| 拟铃虫 *Tintinlopsis meunieri* | | | | | 1 | | | 1 | 1 | 1 | | | | | | |
| 拟铃虫*Tintinlopsis* sp. | | | | | | | | | | | 1 | | | | | |
| 钟虫*Vorticella* sp. | | | | 1 | | | | 1 | | | | | | | | |
| 聚缩虫 *Zoothamnium* sp. | | | 1 | | | | | | | | | | | | | |
| 轮虫 *Roteria* | | | | | | | | | | | | | | | | |
| 前节晶囊轮虫 *Asplachna priodonta* | | 1 | | | 1 | 1 | 1 | | | | | | | | | |
| 萼花臂尾轮虫 *Brachionus calyciflorus* | | | | 1 | | | | | | | | | | | | |
| 壶状臂尾轮虫 *Brachionus urceus* | | 1 | | | 1 | 1 | 1 | | | | 1 | | | 1 | | |
| 剪形臂尾轮虫 *Brachionus forficula* | 1 | | | | | | | | | | | 1 | | | | |

续表8-25

| 采样时间 | 2010年3月 | | 2011年3月 | | 2011年9月 | | | 2011年12月 | | | 2012年4月 | | | 2012年8月 | | |
|---|---|---|---|---|---|---|---|---|---|---|---|---|---|---|---|---|
| 浮游动物种类组成 | 进水口 | 湖中心 | 进水口 | 湖中心 | 进水口 | 湖中心 | 出水口 | 进水口 | 湖中心 | 出水口 | 进水口 | 湖中心 | 出水口 | 进水口 | 湖中心 | 出水口 |
| 矩形臂尾轮虫 *Brachionus leydigi* | | 1 | | | | | | | | | | | | | | |
| 裂足臂尾轮虫 *Brachionus diversicornis* | 1 | 1 | | | | | | | | | | | | | | |
| 镰形臂尾轮虫 *Brachionus forcatus* | | | | | | | 1 | | | | | | | | | |
| 钩状狭甲轮虫 *Colurella uncinala* | | | 1 | | | | | | | | | | | | | |
| 螺形龟甲轮虫 *Keratella cochlearis* | | | 1 | | | | | | | | | | | | | |
| 曲腿龟甲轮虫 *Keratella valga* | 1 | | | 1 | | | 1 | | 1 | 1 | | 1 | 1 | | | |
| 囊形单趾轮虫 *Monostyla bulla* | | | | | | | | | | | | 1 | 1 | | | |
| 单趾轮虫 *Monostyla* sp. | | | | | | | | | | | 1 | | | | | |
| 转轮虫 *Roteria* sp. | | | 1 | | | | | | | | | | | | | |
| 枝角类 | | | | | | | | | | | | | | | | |
| 尖额溞*Alona* sp. | | | | | | | | | | | | | 1 | | | |
| 桡足类 | | | | | | | | | | | | | | | | |
| 中华哲水蚤 *Calanus sinicus* | | 1 | 1 | 1 | 1 | 1 | 1 | 1 | 1 | 1 | | | 1 | | 1 | 1 |
| 微刺哲水蚤 *Canthocalanus paupe* | | | | | | | | 1 | 1 | 1 | | | | | | |
| 哲水蚤*Calanus* sp. | | 1 | | | | | | | | 1 | | | | | | |
| 近闻剑水蚤 *Cyclops vicinus* | | | | | 1 | 1 | 1 | | | | | | | | | |
| 亚强真哲水蚤 *Eucalanus subcrassus* | | | | | | | | | | 1 | | | | | | |
| 真哲水蚤 *Eucalanus* sp. | | | | | 1 | 1 | 1 | | 1 | | | | | | | |
| 伪长腹剑水蚤 *Oithona fallax* | | | | | 1 | | | | | | | | | | | |
| 透明温剑水蚤 *Thermocyclops hyalinus* | | 1 | | | 1 | | | | | | | | | | | |
| 歪水蚤 *Tortanus* sp. | | | | | | | | | | 1 | | | | | | |
| 分叉小猛水蚤 *Tisbe furcata* | | | | | | | | | | | 1 | | 1 | | | |

续表8-25

| 采样时间 | 2010年3月 | | 2011年3月 | | 2011年9月 | | | 2011年12月 | | | 2012年4月 | | | 2012年8月 | | |
|---|---|---|---|---|---|---|---|---|---|---|---|---|---|---|---|---|
| 浮游动物种类组成 | 进水口 | 湖中心 | 进水口 | 湖中心 | 进水口 | 湖中心 | 出水口 | 进水口 | 湖中心 | 出水口 | 进水口 | 湖中心 | 出水口 | 进水口 | 湖中心 | 出水口 |
| 桡足幼体 *Copepodities* | 1 | | 1 | 1 | | | 1 | | | | | | 1 | | | |
| 桡足类无节幼体 *Nauplli* | 1 | 1 | 1 | 1 | 1 | 1 | 1 | 1 | 1 | 1 | 1 | | 1 | 1 | 1 | 1 |
| 各类浮游幼虫 | | | | | | | | | | | | | | | | |
| 蔓足类藤壶幼虫 | | | 1 | 1 | 1 | | | | 1 | 1 | 1 | | 1 | | | |
| 多毛类幼体 | | | 1 | | 1 | | 1 | 1 | | | 1 | | 1 | | 1 | |
| 短尾类蚤状幼体 | | 1 | 1 | | | | | | | | | | | | | |
| 担轮幼虫 | | | | | | | | | | | | | | | | |
| 贝类面盘幼虫 | | | 1 | 1 | 1 | 1 | 1 | | 1 | 1 | 1 | 1 | 1 | 1 | 1 | 1 |

如表8-26所示，在进水口采集到浮游动物41种，在湖中心采集到浮游动物33种，在出水口采集到浮游动物27种。3个采样点的浮游动物物种自进水口至湖中心至出水口种类数逐渐减少。进水口的肉足虫、纤毛虫和轮虫种类数都较湖中心和出水口高。华侨城湿地出水口桡足类种类数较进水口和湖中心高，并采集到枝角类1种。

进水口和湖中心的浮游动物物种相似性指数为0.541和0.5，湖中心和出水口的浮游动物物种相似性指数为0.621和0.5，皆为中等相似，而进水口和出水口物种相似性指数为0.478和0.5，为中等不相似。进水口在修复完成之前，有地表径流和周围城市居民生活污水汇入，因此淡水生活环境的纤毛虫、轮虫和剑水蚤种类出现较多。湖中心为敞水区，水体较进水口深，因此底栖或周丛生活的肉足虫类、缘毛类、转轮虫、猛水蚤种类出现较少，浮游动物种类数较进水口少。出水口在修复工作基本完成，水体与华侨城湿地相通之后才开始采样，水体同样深于进水口，检测到较少的肉足虫类以及淡水生活的纤毛虫和轮虫种类。

表8-26　各采样点浮游动物种类数

| 采样点 | 肉足虫 | 纤毛虫 | 轮虫 | 枝角类 | 桡足类 | 各类浮游幼虫 | 合计 |
|---|---|---|---|---|---|---|---|
| 华侨城湿地进水口 | 4 | 17 | 9 | 0 | 7 | 4 | 41 |
| 华侨城湿地中心 | 1 | 14 | 8 | 0 | 6 | 4 | 33 |
| 华侨城湿地出水口 | 2 | 8 | 5 | 1 | 8 | 3 | 27 |

如表8-27和图8-45所示，在华侨城湿地进水口，各次采样采集到的浮游动物种类数在7～20种之间，以2011年3月最多。在华侨城湿地中心采集到的浮游动物种类数在8～15种之间，2012年8月的种类数最少，2011年3月的种类数最多。在华侨城湿地出水口采集到的浮游动物种类数在10～17种之间，2012年8月的种类数最少，2011年12月的种类数最多。总体来讲，华侨城湿地各个采样点的各次采样采集到的浮游动物的种类数都不多。2012年8月，受台风影响，华侨城湿地各个采样点采集到的浮游动物都是最少的。

表8-27　各采样点各次采样中浮游动物种类数

| 采样点 | 浮游动物 | 2010年3月 | 2011年3月 | 2011年9月 | 2011年12月 | 2012年4月 | 2012年8月 |
| --- | --- | --- | --- | --- | --- | --- | --- |
| 华侨城湿地进水口 | 肉足虫 | 3 | 2 | 0 | 0 | 0 | 0 |
| | 纤毛虫 | 1 | 8 | 6 | 6 | 7 | 4 |
| | 轮虫 | 3 | 3 | 2 | 0 | 2 | 1 |
| | 枝角类 | 0 | 0 | 0 | 0 | 0 | 0 |
| | 桡足类 | 2 | 3 | 6 | 3 | 2 | 1 |
| | 各类浮游幼虫 | 0 | 4 | 3 | 1 | 3 | 1 |
| | 合计 | 9 | 20 | 17 | 10 | 14 | 7 |
| 华侨城湿地中心 | 肉足虫 | 0 | 1 | 0 | 0 | 0 | 0 |
| | 纤毛虫 | 1 | 7 | 3 | 5 | 6 | 4 |
| | 轮虫 | 4 | 2 | 2 | 1 | 3 | 0 |
| | 枝角类 | 0 | 0 | 0 | 0 | 0 | 0 |
| | 桡足类 | 4 | 3 | 4 | 4 | 0 | 2 |
| | 各类浮游幼虫 | 1 | 2 | 1 | 2 | 1 | 2 |
| | 合计 | 12 | 15 | 10 | 12 | 10 | 8 |
| 华侨城湿地出水口 | 肉足虫 | — | — | 0 | 2 | 0 | 0 |
| | 纤毛虫 | — | — | 3 | 6 | 3 | 3 |
| | 轮虫 | — | — | 4 | 1 | 2 | 4 |
| | 枝角类 | — | — | 0 | 0 | 1 | 0 |
| | 桡足类 | — | — | 5 | 6 | 4 | 2 |
| | 各类浮游幼虫 | — | — | 2 | 2 | 3 | 1 |
| | 合计 | — | — | 14 | 17 | 13 | 10 |

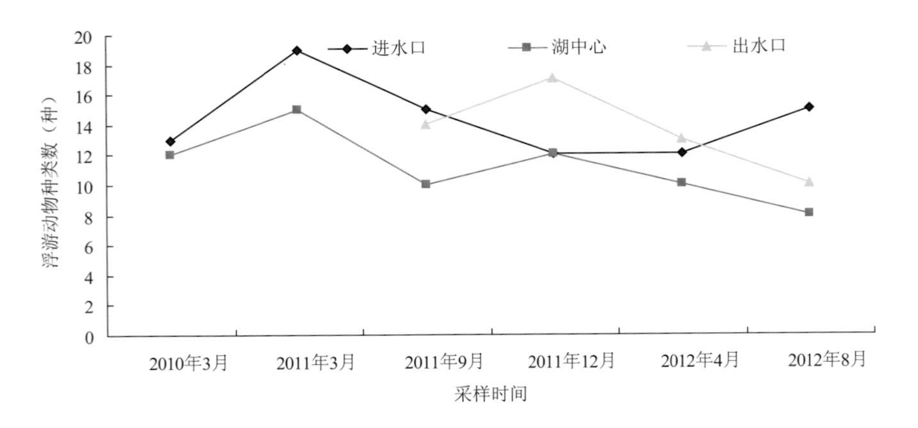


图8-45　各个采样点的浮游动物种类数

#### 8.6.1.2 浮游动物密度

如表8-28和图8-46、图8-47所示，各个采样点浮游原生动物数量主要由纤毛虫组成，浮游后生动物则主要由桡足类和各类浮游幼虫组成，肉足虫和枝角类在各个采样点数量较少或没有采集到。在2010年3月，湖中心采样点的轮虫密度较高。

表8-28 各采样点浮游动物密度(ind./L)

| 采样点 | 浮游动物 | 2010年3月 | 2011年3月 | 2011年9月 | 2011年12月 | 2012年4月 | 2012年8月 |
|---|---|---|---|---|---|---|---|
| 华侨城湿地进水口 | 肉足虫 | 9 | 69 | 0 | 0 | 0 | 0 |
| | 纤毛虫 | 6 | 3 312 | 7 500 | 10 020 | 5 625 | 2 700 |
| | 原生动物合计 | 15 | 3 381 | 7 500 | 10 020 | 5 625 | 2 700 |
| | 轮虫 | 7 | 3 | 16 | 0 | 3 | 1 |
| | 枝角类 | 0 | 0 | 0 | 0 | 0 | 0 |
| | 桡足类 | 8 | 27 | 96 | 31 | 11 | 1 |
| | 各类浮游幼虫 | 0 | 70 | 13 | 1 | 34 | 1 |
| 华侨城湿地湖中心 | 肉足虫 | 0 | 30 | 0 | 0 | 0 | 0 |
| | 纤毛虫 | 180 | 5 985 | 5 250 | 14 700 | 7 000 | 688 |
| | 原生动物合计 | 180 | 6 015 | 5 250 | 14 700 | 7 000 | 688 |
| | 轮虫 | 1 252 | 3 | 222 | 1 | 1 | 0 |
| | 枝角类 | 0 | 0 | 0 | 0 | 0 | 0 |
| | 桡足类 | 187 | 66 | 51 | 66 | 10 | 3 |
| | 各类浮游幼虫 | 28 | 6 | 10 | 3 | 16 | 4 |
| | 后生动物合计 | 1 467 | 75 | 283 | 70 | 27 | 7 |
| 华侨城湿地出水口 | 肉足虫 | — | — | 0 | 240 | 0 | 0 |
| | 纤毛虫 | — | — | 8 650 | 15 960 | 14 750 | 2 875 |
| | 原生动物合计 | — | — | 8 650 | 16 200 | 14 750 | 2 875 |
| | 轮虫 | — | — | 96 | 1 | 1 | 0 |
| | 枝角类 | — | — | 0 | 0 | 1 | 0 |
| | 桡足类 | — | — | 40 | 79 | 10 | 3 |
| | 各类浮游幼虫 | — | — | 14 | 5 | 30 | 1 |
| | 后生动物合计 | — | — | 150 | 85 | 42 | 4 |

各个采样点浮游原生动物都是以2011年12月的密度为最高，随后逐渐下降。而后生浮游动物的密度都是在2011年9月后呈逐渐下降趋势。

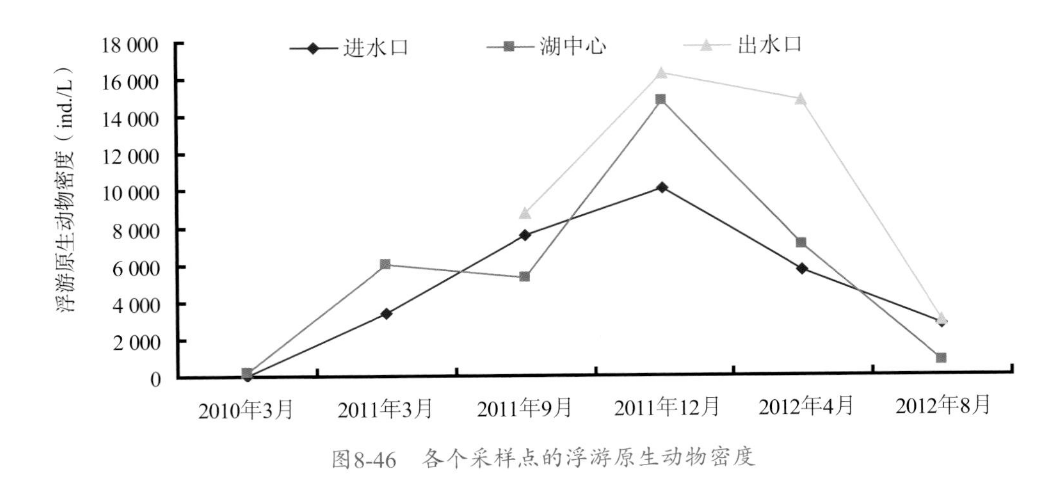


图8-46　各个采样点的浮游原生动物密度

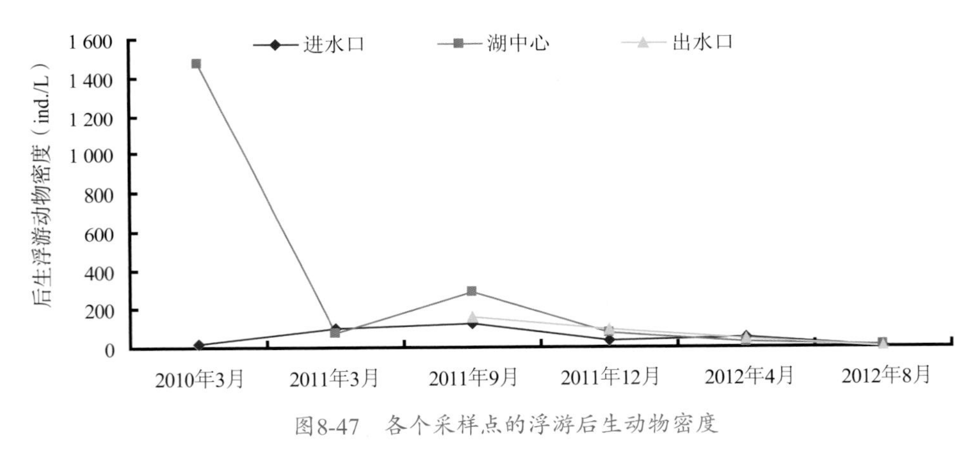


图8-47　各个采样点的浮游后生动物密度

### 8.6.1.3　华侨城湿地浮游动物优势种

如表8-29所示，华侨城湿地水体原生动物优势种组成以海洋赤潮种红中缢虫*Mesodinium rubrum*出现的次数最多，且只是在2012年8月采样中没有成为优势种。双环栉毛虫*Didinium nasuium*和急游虫属的纤毛虫成为优势种的次数也较多。

后生浮游动物优势种组成中，桡足类无节幼体出现次数最多。壶状臂尾轮虫*Brachionus urceus*在2011年9月的各个采样点都是优势种。贝类面盘幼虫在2012年4月的各个采样点都是第一优势种。

表8-29　各水体大中型浮游动物优势种（类群）及其优势度

| 采样点 | 时间 | 原生动物种类 | 优势度 | 后生动物种类 | 优势度 |
|---|---|---|---|---|---|
| 华侨城湿地进水口 | 2011-03 | 绿急游虫 *Strombidium viride*<br>锥形急游虫 *Strombidium conicum* | 0.868<br>0.080 | 蔓足类藤壶幼虫<br>桡足类无节幼体 | 0.64<br>0.24 |
| | 2011-09 | 双环栉毛虫 *Didinium nasuium*<br>拟铃虫 *Tintinlopsis meunieri* | 0.55<br>0.35 | 桡足类无节幼体<br>壶状臂尾轮虫 *Brachionus urceus* | 0.556<br>0.126 |
| | 2011-12 | 球形急游虫 *Strombidium globosaneum*<br>红中缢虫 *Mesodinium rubrum* | 0.719<br>0.269 | 桡足类无节幼体 | 0.936 |
| | 2012-04 | 红中缢虫 *Mesodinium rubrum*<br>双环栉毛虫 *Didinium nasuium* | 0.511<br>0.333 | 贝类面盘幼虫<br>桡足类无节幼体 | 0.378<br>0.351 |
| | 2012-08 | 球形急游虫 *Strombidium globosaneum*<br>锥形急游虫 *Strombidium conicum* | 0.556<br>0.333 | | |
| 华侨城湿地湖中心 | 2010-03 | 绿急游虫*Strombidium viride* | 0.722 | 壶状臂尾轮虫 *Brachionus urceus*<br>桡足类无节幼体<br>中华哲水蚤 *Calanus sinicus* | 0.867<br>0.099<br>0.020 |
| | 2011-03 | 红中缢虫 *Mesodinium rubrum*<br>绿急游虫 *Strombidium viride* | 0.752<br>0.201 | 桡足类无节幼体 | 0.811 |
| 华侨城湿地出水口 | 2011-09 | | | 壶状臂尾轮虫 *Brachionus urceus*<br>桡足类无节幼体 | 0.781<br>0.118 |
| | 2011-12 | 红中缢虫 *Mesodinium rubrum*<br>球形急游虫 *Strombidium globosaneum* | 0.510<br>0.489 | 桡足类无节幼体 | 0.909 |
| | 2012-04 | 红中缢虫 *Mesodinium rubrum*<br>双环栉毛虫 *Didinium nasuium* | 0.714<br>0.214 | 贝类面盘幼虫 | 0.909 |
| | 2012-08 | 双环栉毛虫 *Didinium nasuium*<br>球形急游虫 *Strombidium globosaneum* | 0.545<br>0.364 | 桡足类无节幼体 | 0.385 |
| | 2011-09 | 红中缢虫 *Mesodinium rubrum*<br>绿急游虫 *Strombidium viride* | 0.782<br>0.217 | 壶状臂尾轮虫 *Brachionus urceus*<br>桡足类无节幼体 | 0.625<br>0.201 |
| | 2011-12 | 球形急游虫 *Strombidium globosaneum*<br>红中缢虫 *Mesodinium rubrum* | 0.702<br>0.298 | 桡足类无节幼体 | 0.833 |
| | 2012-04 | 红中缢虫 *Mesodinium rubrum*<br>双环栉毛虫 *Didinium nasuium* | 0.593<br>0.398 | 贝类面盘幼虫<br>桡足类无节幼体 | 0.474<br>0.286 |
| | 2012-08 | 双环栉毛虫 *Didinium nasuium*<br>锥形急游虫 *Strombidium conicum*<br>绿急游虫 *Strombidium viride* | 0.391<br>0.348<br>0.261 | 桡足类无节幼体 | 0.714 |

#### 8.6.1.4 浮游动物群落多样性

总体来讲，如表8-30所示，在各次采样中，3个采样点的浮游动物群落生物多样性指数总体都不高。华侨城湿地进水口和湖中心的物种多样性指数在清淤、修复之后都有所上升。

表8-30 浮游动物群落生物多样性指数

| 采样点 | 指数 | 2010-03 | 2011-03 | 2011-09 | 2011-12 | 2012-04 | 2012-08 |
|---|---|---|---|---|---|---|---|
| 华侨城湿地进水口 | 丰富度*d* | 1.59 | 2.368 | 2.428 | 2.529 | 1.485 | 2.016 |
| | 香农—威纳指数*H'* | 1.214 | 1.253 | 1.335 | 1.814 | 0.876 | 1.312 |
| | 均匀度*J'* | 0.679 | 0.504 | 0.521 | 0.707 | 0.381 | 0.528 |
| 华侨城湿地湖中心 | 丰富度*d* | 1.097 | 1.114 | 1.682 | 2.889 | 2.207 | 1.859 |
| | 香农—威纳指数*H'* | 0.648 | 0.68 | 0.695 | 0.997 | 1.654 | 1.181 |
| | 均匀度*J'* | 0.295 | 0.379 | 0.302 | 0.352 | 0.718 | 0.538 |
| 华侨城湿地出水口 | 丰富度*d* | — | — | 1.676 | 1.949 | 1.477 | 1.251 |
| | 香农—威纳指数*H'* | — | — | 1.552 | 1.586 | 1.263 | 1.162 |
| | 均匀度*J'* | — | — | 0.745 | 0.885 | 0.785 | 0.838 |

### 8.6.2 分析与评估

#### 8.6.2.1 华侨城浮游动物地理分布特征

本次调查采集到的浮游动物门类相对较多，有原生动物门的肉足虫和纤毛虫，假体腔动物的轮虫，环节动物门多毛类幼体，节肢动物门的枝角类、桡足类和贝类面盘幼虫、多毛类幼体、蔓足类藤壶幼虫和短尾类幼虫。

本次调查检测到的26种原生动物，其中肉足虫5种，纤毛虫21种，这些种类都是世界性广布种，广泛分布于中国和世界上的各地水体中。该水体由于既接受海湾来水补水，又有陆源水体随地表径流流入或渗入湖中，水体盐度不高，因此淡水和海洋常见种类较多，如表壳虫*Arcella* spp.、珍珠映毛虫*Cinetochilum margaritaceum*、尾草履虫*Paramecium caudatum*、绿急游虫*Strombidium viride*和蚤状中缢虫*Mesodinium pulex*等是淡水常见种；而钟形网纹虫*Favella companula*、球急游虫*Strombidium globosaneum*、锥形急游虫*Strombidium conicum*、红中缢虫*Mesodinium rubrum*和拟铃虫属*Tintinlopsis* spp.等种类则是海洋常见种。其中红中缢虫*Mesodinium rubrum*是海洋赤潮种类，在环境适合时会大量暴发，形成赤潮。

本次调查采集到的轮虫种类数与长江口和深圳湾的结果相似，只有13种，这也与该水体有一定的盐度、不适合轮虫生存有关。本次调查的13种轮虫中，以臂尾轮虫属最多，有6种，龟甲轮虫属和单趾轮虫属都是2种，另外还有前节晶囊轮虫*Asplachna priodonta*、转轮虫*Roteriaroteria*和钩状狭甲轮虫*Colurella uncinala*，上述这些轮虫都是热

带亚热带地区的淡水常见种。

枝角类隶属于节肢动物门（Arthropoda），甲壳动物纲（Crustacea），鳃足亚纲（Branehiopoda），双甲目（Diplostraea），枝角亚目（Cladoeera）。据统计，全世界总计有枝角类11科，约65属440种。与轮虫相似，绝大部分枝角类生活在淡水水体中，只有少数种类生活在咸淡水或海水中。本次在华侨城湿地调查只采集到1种枝角类——尖额溞*Alona* sp.，且数量较少，这同样与该水体具有一定盐度，不适合枝角类生存有关。

本次调查共检测到桡足类10种，其中哲水蚤6种，剑水蚤3种，猛水蚤1种。中华哲水蚤*Calanus sinicus*和亚强真哲水蚤*Eucalanus subcrassus*是小型海洋桡足类，食性为滤食型，其生活环境为淡水或半咸水，主要分布于我国近海，数量较大，为优势种。近闻剑水蚤*Cyclops vicinus*和透明温剑水蚤*Thermocyclops hyalinus*生活环境为淡水，热带亚热带水体较为常见。伪长腹剑水蚤*Oithona fallax*生活环境为淡水或半咸水，在珠江口比较常见。分叉小猛水蚤*Tisbe furcata*则是常见的底栖桡足类。

本次调查中，多毛类、贝类面盘幼虫、短尾类蚤状幼体和蔓足类藤壶幼虫在华侨城湿地都有检出，贝类面盘幼虫在2012年4月的各个采样点数量都是最多的，是第一优势种，这可能与贝类的繁殖季节有关。

#### 8.6.2.2 浮游动物群落结构特征

在修复前，华侨城湿地进水口为一条小溪，除与深圳湾相通外，还接纳沿岸的生活污水和雨水。在修复后，华侨城湿地进水口用于接受深圳湾补水。本次调查中，在修复前，华侨城湿地进水口浮游动物种类数只有8种，浮游动物密度只有15 ind./L。在浮游动物物种组成中，肉足虫种类数相对湖中心多（3种），且都是淡水有壳肉足虫类，纤毛虫类（尾草履虫*Paramecium caudatum*）和3种轮虫（剪形臂尾轮虫 *Brachionus forficula*、裂足臂尾轮虫*Brachionus diversicornis*及曲腿龟甲轮虫*Keratella valga*）都是有机质丰富的淡水水体常见种。随着截污、清淤和修复工作的进行，进水口水体透明度逐渐增加，浮游动物种类数和密度增加，一些海洋种类和浮游幼虫开始出现并成为优势种，如红中缢虫*Mesodinium rubrum*、锥形急游虫*Strombidium conicum*和蔓足类藤壶幼虫。在清淤、修复工作完成后，浮游动物的种类和密度开始下降，生物多样性指数有所上升。

华侨城湿地湖中心水深约1.2 m，在修复前的2010年3月，湖中心水体透明度只有10 cm，但检测到的浮游动物物种和密度要较进水口高（分别为12种和1647 ind./L），且优势种优势度特别高，如壶状臂尾轮虫*Brachionus urceus*密度达1272 ind./L。华侨城湿地中心的3种纤毛虫中，尾草履虫*Paramecium caudatum*和绿急游虫*Strombidium viride*为淡水水体常见种，红中缢虫*Mesodinium rubrum*是海洋赤潮种类。3种桡足类中，既有咸淡水种（中华哲水蚤），也有淡水种（透明温剑水蚤）。在华侨城湿地湖中心，还检测到多毛类和短尾类河口区浮游动物幼虫。华侨城湿地水体有一定盐度，因此，该水体中既有一些淡水的种类，也有一些只出现在咸淡水或海水中的种类。随着清淤和修复工作的进行，华侨城湿地中心水体透明度同样逐渐增高，浮游动物种类和浮游原生动物密度有所增加，但后生浮游动物密度迅速减少。在随后的清淤、修复工作过程中，浮游动物的种类保持在8～12种之间，浮游原生动物在2012年的12月达到顶峰后开始下降，后生浮游动物密度在2011年9月由于采集到较多数量的壶状臂尾轮虫而密度较高，但随后也逐渐下降。浮游动物生物多样性指数总体有所上升。

在华侨城湿地修复工作完成后，华侨城湿地通过出水口与南湖相通。本次调查中，华侨城湿地出水口水体浮游动物种类在10～17种之间，浮游原生动物密度同样在2011年12月达到顶峰后逐渐下降，而后生浮游动物的密度自采样开始后即逐渐下降。

#### 8.6.2.3 浮游动物生态现状分析和评价

本次研究中，在修复的前期，华侨城湿地进水口的普通表壳虫*Arcella vulgris*、针棘匣壳虫*Centropyxis aculeata*、剪形臂尾轮虫*Brachionus forficula*、裂足臂尾轮虫*Brachionus diversicornis*及曲腿龟甲轮虫*Keratella valga*都是寡污-β中污带指示种类，尾草履虫为β-α中污带污染指示种类。在华侨城湿地湖中心，β-α中污带污染指示种壶状臂尾轮虫*Brachionus urceus*密度非常大，纤毛虫红中缢虫*Mesodinium rubrum*是赤潮种类；尾草履虫*Paramecium caudatum*和绿急游虫*Strombidium viride*都是β-α中污带污染指示种类。因此，从浮游动物种类组成及优势种来看，在修复的前期，华侨城湿地进水口和湖中心水体已经有较大程度的污染。随着修复工作的进行，在各个采样点检测到的浮游动物的种类逐渐减少，嗜污性种类的优势度如壶状臂尾轮虫*Brachionus urceus*逐渐降低，一些种类如尾草履虫*Paramecium caudatum*较少检测到。

本次调查中，在修复前期，华侨城湿地湖中心的后生浮游动物密度特别高，达1467 ind./L，其中轮虫密度达1252 ind./L。因此从浮游动物密度角度来讲，华侨城湿地湖中心水体已经达到富营养型水平。在修复工作完成后，浮游动物密度逐渐减小，在2012年4月后生浮游动物的密度为27～48 ind./L，远小于修复前的密度水平。2012年8月，华侨城湿地中心的后生浮游动物的密度只有3～7 ind./L，水体透明度达到120 cm，表明华侨城湿地水质在经过修复后有较大程度的改善。

### 8.6.3 评估

（1）在华侨城湿地水体共鉴定出浮游动物55种，纤毛虫种类数最多（21种）；轮虫次之（13种），桡足类为10种，肉足虫5种，枝角类1种。另外还检测到多毛类、软体动物面盘幼虫、蔓足类藤壶幼虫及短尾类幼虫等浮游幼虫。

（2）在进水口采集到浮游动物41种，在湖中心采集到浮游动物33种，在出水口采集到浮游动物27种。进水口和湖中心的浮游动物物种相似性指数为0.541和0.5，湖中心和出水口的浮游动物物种相似性指数为0.621和0.5，皆为中等相似，而进水口和出水口物种相似性指数为0.478和0.5，为中等不相似。华侨城湿地各个采样点各次采样采集到的浮游动物的种类数总体都不多。在2012年8月，受台风影响，在华侨城湿地中心和出水口采集到的浮游动物都是最少的。

（3）各个采样点浮游原生动物数量主要由纤毛虫组成，后生浮游动物则主要由桡足类和各类浮游幼虫组成，肉足虫和枝角类在各个采样点数量较少或没有采集到。随着清淤和修复工作的进行，华侨城湿地水体透明度同样逐渐增高，浮游动物种类和浮游原生动物密度有所增加后逐渐减少，后生浮游动物迅速减少。在2012年8月，受台风影响，各个采样点采集到的浮游动物种类和数量都较少。

（4）华侨城湿地水体原生动物优势种主要由红中缢虫*Mesodinium rubrum*、双环栉毛虫*Didinium nasuium*和急游虫属组成。多细胞后生浮游动物优势种组成则是以桡足类

无节幼体、壶状臂尾轮虫*Brachionus urceus*和贝类面盘幼虫为主。

（5）总体来讲，在修复之前，3个采样点的浮游动物群落生物多样性指数总体都不高。在修复工作完成后，华侨城湿地进水口和湖中心的浮游动物物种多样性指数都有所上升，水质有较大程度的改善。

## 8.7 修复前后华侨城湿地底栖动物的变化

对华侨城湿地修复过程中大型底栖动物的种类组成、数量分布、丰富度指数、多样性指数、均匀度指数、优势度指数等指标进行测定分析，可以了解该湿地大型底栖动物物种多样性现状，为该湿地生物多样性保护与对策提供必要的参数，对滨海湿地生态系统生态动力学研究及修复提供一定的理论依据和资料参考。

### 8.7.1 底栖动物生态调查方法

#### 8.7.1.1 采样点与样品采集

采样点如下：a. 华侨城湿地滩涂，b. 华侨城湿地进水口，c. 华侨城湿地秋茄红树林区， d. 华侨城湿地芦苇区，e. 华侨城湿地中央采样点，f. 华侨城湿地出水口（修复完成与南湖通水后采样）。

定量样品采集用1/16 $m^2$改良彼得生挖泥器采集底泥，每个点采集3次，在现场用孔径为40目的分样筛将沉积物样品中的泥沙冲洗掉，所获大型底栖动物标本及残渣全部转移至样品瓶，用10%福尔马林溶液现场固定，贴上标签（写明地点、编号、日期），带回实验室。

#### 8.7.1.2 底栖动物的鉴定

在实验室用解剖镜将底栖动物分检出，标本鉴定至尽可能低的分类单元，然后计数和称重，用70%乙醇保存标本。底栖动物换算成单位面积密度和生物量。计数时，每个采样点所得的底栖动物按不同种类准确地统计个体数，在标本已有损坏的情况下，一般只统计头部，不统计零散的腹部、附肢。样品在室内称重时，先将样品表面的水分吸干，再用电子秤（精度为0.001）分别称重。最后将所有的样品均换算成密度（ind./$m^2$）和生物量（mg/$m^2$）。

#### 8.7.1.3 数据分析

1）Berger-Parker优势度指数

$Y=N_{max}/N_T$，其中$N_{max}$为优势种群数量，$N_T$为全部种的种群数量。

2）采用Jacard相似系数

$$Is_j(\%)=\frac{c}{a+b-c}$$

式中，$Is_j$为相似系数，$a$为样品A中种的总数，$b$为样品B中种的总数，$c$为两个样品共同种数。$J$值在0 ~ 0.25范围内为极不相似，在0.25 ~ 0.5范围内为中等不相似，在0.5 ~ 0.75范围内为中等相似，在0.75 ~ 1.0范围内为极为相似。

3）单变量分析

使用PRIMER v6.0软件包进行单变量分析，包括物种丰富度指数$d$（Margalef's

index）、香农-威纳多样性指数$H'$（Shannon-wiener diversity）和均匀性指数$J'$（Pielou's evenness）。

物种丰富性指数$d$（Margalef's index）：

$$d=(S-1)/\ln N$$

式中：$d$为物种的丰富度指数；$S$为种类总数；$N$为所有物种的数量；

香农-威纳多样性指数$H'$（Shannon-wiener diversity）：

$$H'=-\sum(P_i \cdot \ln P_i)$$

式中：$H'$为样品的信息含量，即群落的多样性指数；$P_i$为群落中属于第$i$种个体的比例，若总个体数为$N$，第$i$种个体数为$n_i$，则$P_i=n_i/N$。

均匀性指数$J'$（Pielou's evenness）：

均匀度指数是通过估计理论上的最大香农—威纳指数（$H'_{max}$），然后以实际测得的$H'$对$H'_{max}$的比率来获得，其计算公式为：

$$J'=H'/H'_{max}$$

## 8.7.2 底栖生物现状调查结果

### 8.7.2.1 底栖生物种类组成和分布

调查中共鉴定出43种底栖无脊椎动物，其中环节动物门多毛类种类11种，占种类总数的25.58%。软体动物门22种，占种类总数的51.16%；软体动物中，腹足类有13种，占种类总数的30.23%；双壳类9种，占种类总数的20.93%。甲壳动物9种，占种类总数的20.93%，另有舌虾虎鱼*Glossogobius giuris*1种。

如表8-31所示，在华侨城湿地各个采样点，以湖中央底栖动物种类最多，进水口次之，秋茄红树林和滩涂种类较少。软体动物门腹足类在每个采样点都有采集到，且种类数相对较多。除滩涂外，多毛类在各个采样点的种类数也相对较多。甲壳类在各个采样点都能采集到。双壳类只是在进水口、出水口和湖中央采集到，在芦苇区、秋茄区和滩涂都没有采集到。舌虾虎鱼*Glossogobius giuris*在湖中央和芦苇区有采集到。

表8-31　各采样点底栖动物种类数

| 底栖动物＼采样点 | 华侨城湿地进水口 | 华侨城湿地中央 | 华侨城湿地芦苇区 | 秋茄区、红树林区 | 滩涂 | 华侨城湿地出水口 |
|---|---|---|---|---|---|---|
| 多毛类 | 7 | 8 | 4 | 2 | 0 | 4 |
| 腹足类 | 5 | 8 | 7 | 2 | 4 | 4 |
| 双壳类 | 5 | 5 | 0 | 0 | 0 | 4 |
| 甲壳类 | 2 | 2 | 2 | 3 | 3 | 1 |
| 昆虫幼虫 | 0 | 1 | 2 | 1 | 0 | 0 |
| 鱼类 | 0 | 1 | 0 | 0 | 0 | 0 |
| 合计 | 19 | 25 | 15 | 8 | 7 | 13 |

如表8-32所示，在修复开始前，受污染影响，华侨城湿地中央只检测到1种活体底栖动物，在进水口没有检测到活体底栖动物，只采集到一些软体动物空壳。在随后修复的过程中，华侨城湿地中央和进水口底栖动物种类数逐渐增加，在2011年12月达到最大值，其中多毛类种类数增加最多，随后有所下降。受水位下降影响，在修复过程中，芦苇区和秋茄区每次采集到的底栖动物种类数有所减少，主要是多毛类和腹足类种类减少。

表8-32　各采样点各次采样中底栖动物种类数

| 采样点 | 底栖动物 | 2010年3月 | 2011年3月 | 2011年9月 | 2011年12月 | 2012年4月 | 2012年8月 |
|---|---|---|---|---|---|---|---|
| 华侨城湿地中央 | 多毛类 | 0 | 3 | 5 | 6 | 3 | 2 |
| | 腹足类 | 1 | 2 | 3 | 4 | 2 | 3 |
| | 双壳类 | 0 | 0 | 1 | 2 | 1 | 2 |
| | 甲壳类 | 0 | 1 | 1 | 0 | 1 | 0 |
| | 昆虫幼虫 | 0 | 0 | 0 | 1 | 1 | 0 |
| | 鱼类 | 0 | 0 | 1 | 0 | 0 | 0 |
| | 合计 | 1 | 6 | 11 | 13 | 8 | 7 |
| 华侨城湿地进水口 | 多毛类 | 0 | 2 | 0 | 6 | 2 | 3 |
| | 腹足类 | 0 | 3 | 1 | 5 | 1 | 3 |
| | 双壳类 | 0 | 0 | 0 | 3 | 3 | 1 |
| | 甲壳类 | 0 | 1 | 0 | 1 | 1 | 0 |
| | 合计 | 0 | 6 | 1 | 15 | 7 | 7 |
| 华侨城湿地芦苇区 | 多毛类 | 3 | 0 | 1 | 0 | 0 | 0 |
| | 腹足类 | 4 | 1 | 1 | 3 | 2 | 3 |
| | 甲壳类 | 0 | 2 | 1 | 0 | 0 | 0 |
| | 昆虫幼虫 | 0 | 2 | 0 | 0 | 0 | 0 |
| | 鱼类 | 0 | 0 | 0 | 0 | 1 | 0 |
| | 合计 | 7 | 5 | 3 | 3 | 3 | 3 |
| 秋茄区、红树林区 | 多毛类 | 1 | 0 | 0 | 0 | 1 | 0 |
| | 腹足类 | 2 | 1 | 0 | 0 | 0 | 0 |
| | 甲壳类 | 1 | 0 | 1 | 1 | 0 | 1 |
| | 昆虫幼虫 | 0 | 0 | 0 | 0 | 1 | 0 |
| | 合计 | 4 | 1 | 1 | 1 | 2 | 1 |
| 华侨城湿地出水口 | 多毛类 | | | | | 4 | |
| | 腹足类 | — | — | — | — | 4 | — |
| | 双壳类 | — | — | — | — | 4 | — |
| | 甲壳类 | — | — | — | — | 1 | — |
| | 合计 | — | — | — | — | 13 | — |

如表8-33所示，华侨城湿地中央与进水口之间物种相似性指数大于0.5，为中等相似，其余各个采样点之间的物种相似性指数都小于0.25，为极不相似。

表8-33　各采样断面之间浮游动物种类相似性系数

| | 进水口 | 红树林 | 芦苇湿地 |
|---|---|---|---|
| 华侨城湿地中央 | 0.517 | 0.10 | 0.206 |
| 芦苇区 | 0.167 | 0.20 | |
| 红树林区 | 0.038 | | |

### 8.7.2.2　底栖生物密度、生物量和优势种

如表8-34所示，华侨城湿地进水口和湖中央底栖动物在开始修复时密度较低，随着修复的进行，其密度有逐渐增加的趋势，在2011年12月，在进水口采集到大量的斜肋齿蜷*Sermyla riqueti*、瘤拟黑螺*Melanoides tuberculata*和波纹杓蛤*Myonera caduca*，底栖动物密度达到顶峰。芦苇区和秋茄红树林区在开始修复时底栖动物密度较高，但是随着修复的进行，水位下降，底栖动物密度大幅度下降，在修复完成后的2012年8月，芦苇区由于采集到数量较多的瘤拟黑螺*Melanoides tuberculata*和斜肋齿蜷*Sermyla riqueti*，其密度较大。出水口附近底栖动物密度较高。

如表8-35所示，在开始修复前，华侨城湿地中央底栖动物生物量较低，随着修复的进行，底栖动物生物量有较大幅度的增长，在修复完成后，由于采集到较多数量的沙筛贝*Mytilopsis sallei*，其底栖动物生物量达到顶峰。进水口底栖动物生物量在开始修复时，其生物量同样较低，在随后的修复过程中，一些物种如斜肋齿蜷*Sermyla riqueti*、瘤拟黑螺*Melanoides tuberculata*、波纹杓蛤*Myonera caduca*和沙筛贝 *Mytilopsis sallei*大量出现，使得其底栖动物生物量大量增加。在修复前和修复过程中，芦苇区底栖动物生物量有所波动，但总体保持在不高的水平，在修复完成后的2012年8月，由于采集到较多数量的斜肋齿蜷*Sermyla riqueti*、瘤拟黑螺*Melanoides tuberculata*，其生物量总体相对较高。在整个调查过程中，秋茄红树林区底栖动物生物量维持在较低水平。

表8-34　各采样点底栖动物密度（ind./$m^2$）

| 采样点 | 底栖动物 | 2010年3月 | 2011年3月 | 2011年9月 | 2011年12月 | 2012年4月 | 2012年8月 |
|---|---|---|---|---|---|---|---|
| 进水口 | 多毛类 | 0 | 106.7 | 0 | 704 | 773.3 | 16 |
| | 腹足类 | 0 | 53.3 | 10.7 | 6688 | 218.7 | 245.3 |
| | 双壳类 | 0 | 0 | 0 | 2789.3 | 58.7 | 1802.7 |
| | 甲壳类 | 0 | 16 | 0 | 5.3 | 32 | 0 |
| | 合计 | 0 | 176 | 10.7 | 10187 | 1082.7 | 2064 |

续表8-34

| 采样点 | 底栖动物 | 2010年3月 | 2011年3月 | 2011年9月 | 2011年12月 | 2012年4月 | 2012年8月 |
|---|---|---|---|---|---|---|---|
| 湖中央 | 多毛类 | 0 | 410.7 | 293.3 | 730.7 | 384 | 69.3 |
| | 腹足类 | 10. 7 | 21.3 | 32 | 277.3 | 176 | 26.7 |
| | 双壳类 | 0 | 0 | 293.3 | 144 | 10.7 | 2117.3 |
| | 甲壳类 | 0 | 0 | 5.3 | 0 | 42.7 | 0 |
| | 昆虫幼虫 | 0 | 0 | 0 | 74.7 | 5.3 | 0 |
| | 鱼类 | 0 | 0 | 5.3 | 0 | 0 | 0 |
| | 合计 | 10.67 | 432 | 629.3 | 1226.7 | 618.7 | 2213.3 |
| 芦苇区 | 多毛类 | 16 | 0 | 5.3 | 0 | 0 | 0 |
| | 腹足类 | 650.7 | 21.3 | 32 | 64 | 21.33 | 693.3 |
| | 甲壳类 | 0 | 10.7 | 5.3 | 0 | 0 | 0 |
| | 昆虫幼虫 | 0 | 10.7 | 0 | 0 | 0 | 0 |
| | 鱼类 | 0 | 0 | 0 | 0 | 5. | 0 |
| | 合计 | 666.7 | 42.7 | 42.7 | 64 | 26.7 | 693.3 |
| 红树林区 | 多毛类 | 90.7 | 0 | 0 | 0 | 21.3 | 0 |
| | 腹足类 | 298.7 | 10.7 | 0 | 0 | 0 | 0 |
| | 甲壳类 | 10.7 | 0 | 5.3 | 282.7 | 117.3 | 37.3 |
| | 昆虫幼虫 | 0 | 0 | 0 | 0 | 5.3 | 0 |
| | 合计 | 400 | 10.7 | 5.3 | 282.7 | 144 | 37.3 |
| 出水口 | 多毛类 | — | — | — | — | 1285.3 | — |
| | 腹足类 | — | — | — | — | 474.7 | — |
| | 双壳类 | — | — | — | — | 64 | — |
| | 甲壳类 | — | — | — | — | 32 | — |
| | 合计 | — | — | — | — | 1856 | — |

### 表8-35　各采样点底栖动物生物量（g/m$^2$）

| 采样点 | 底栖动物 | 2010年3月 | 2011年3月 | 2011年9月 | 2011年12月 | 2012年4月 | 2012年8月 |
|---|---|---|---|---|---|---|---|
| 进水口 | 多毛类 | 0 | 0.413 | 0 | 7.9733 | 10.347 | 0.122 |
| | 腹足类 | 0 | 1.333 | 0.2 | 978.533 | 0.8 | 1.744 |
| | 双壳类 | 0 | 0 | 0 | 32.060 | 7.211 | 1021.9 |
| | 甲壳类 | 0 | 2.88 | 0 | 0.96 | 0.16 | 18.733 |
| | 合计 | 0 | 4.627 | 0.2 | 1019.526 | 18.517 | 1042.519 |

续表8-35

| 采样点 | 底栖动物 | 2010年3月 | 2011年3月 | 2011年9月 | 2011年12月 | 2012年4月 | 2012年8月 |
|---|---|---|---|---|---|---|---|
| 湖中央 | 多毛类 | 0 | 5.853 | 1.4 | 7.182 | 3.725 | 0.701 |
| | 腹足类 | 0.084 | 0.528 | 0.313 | 4.303 | 1.451 | 3.297 |
| | 双壳类 | 0 | 0 | 6.667 | 3.6 | 0.533 | 1181.707 |
| | 甲壳类 | 0 | 0.96 | 0.053 | 0 | 0.213 | 0 |
| | 昆虫幼虫 | 0 | 0 | 0 | 0.0747 | 0.267 | 0 |
| | 鱼类 | 0 | 0 | 0.107 | 0 | 0 | 0 |
| | 合计 | 0.084 | 7.34 | 8.539 | 15.160 | 6.189 | 1185.705 |
| 芦苇区 | 多毛类 | 0.2 | 0 | 0.267 | 0 | 0 | 0 |
| | 腹足类 | 1.471 | 0.4 | 0.6 | 1.893 | 1.527 | 109.837 |
| | 甲壳类 | 0.2 | 2.613 | 21.333 | 0 | 0 | 0 |
| | 昆虫幼虫 | 0 | 0.112 | 0 | 0 | 0 | 0 |
| | 鱼类 | 0 | 0 | 0 | 0 | 0.112 | 0 |
| | 合计 | 1.871 | 3.125 | 22.2 | 1.893 | 1.639 | 109.837 |
| 红树林区 | 多毛类 | 0.91 | 0 | 0 | 0 | 0.267 | 0 |
| | 腹足类 | 0.772 | 0.2 | 0 | 0 | 0 | 0 |
| | 甲壳类 | 0.3 | 0.213 | 0.085 | 4.496 | 1.867 | 0.592 |
| | 昆虫幼虫 | 0 | 0 | 0 | 0 | 0.005 | 0 |
| | 合计 | 1.982 | 0.413 | 0.0848 | 4.496 | 2.139 | 0.592 |
| 出水口 | 多毛类 | — | — | — | — | 12.104 | — |
| | 腹足类 | — | — | — | — | 5.949 | — |
| | 双壳类 | — | — | — | — | 2.288 | — |
| | 甲壳类 | — | — | — | — | 0.16 | — |
| | 合计 | — | — | — | — | 20.501 | — |

如表8-36所示，在修复过程中，进水口和湖中央底栖动物优势种存在演替，在较早阶段以小型底栖动物如多毛类的小头虫*Capitella capitata*、尖刺樱虫*Potamilla acuminate*和腹足类德氏狭口螺*Stenothyra divalis*为主，随后为稍大型的腹足类如斜肋齿蜷*Sermyla riqueti*、瘤拟黑螺*Melanoides tuberculata*、微小螺*Elachisina* sp.及双壳类波纹杓蛤*Myonera caduca*、皱纹杓蛤*Myonera corrugate*和多毛类的羽须鳃沙蚕*Dendronereis pinnaticirris*，在修复完成后，双壳类沙筛贝*Mytilopsis sallei*在数量和生物量方面都占绝对优势。芦苇区底栖动物优势种主要为短拟沼螺*Assiminea brevicula*、德氏狭口螺*Stenothyra divalis*、瘤拟黑螺*Melanoides tuberculata*、斜肋齿蜷*Sermyla riqueti*和字纹弓蟹*Varuna litterata*。出水口底栖动物优势种多毛类的刺樱虫*Potamilla acuminate*优势度较大。

表8-36 各采样点底栖动物密度优势种及其优势度

| 采样点 | 采样时间 | 密度优势种 | 生物量优势种 |
| --- | --- | --- | --- |
| 进水口 | 2011-03 | 小头虫*Capitella capitata* 0.455，德氏狭口螺*Stenothyra divalis* 0.242 | 高峰星藤壶*Striatobalanus amaryllis* 0.622，德氏狭口螺*Stenothyra divalis* 0.173 |
| | 2011-12 | 斜肋齿蜷 *Sermyla riqueti* 0.393，瘤拟黑螺 *Melanoides tuberculata* 0.230，波纹杓蛤 *Myonera caduca* 0.262，尖刺樱虫 *Potamilla acuminate* 0.052 | 斜肋齿蜷 *Sermyla riqueti* 0.603，瘤拟黑螺 *Melanoides tuberculata* 0.353，波纹杓蛤 *Myonera caduca* 0.028 |
| | 2012-04 | 尖刺樱虫 *Potamilla acuminate* 0.493，羽须鳃沙蚕 *Dendronereis pinnaticirris* 0.222，微小螺 *Elachisina* sp.0.202，皱纹杓蛤 *Myonera corrugate* 0.039 | 沙筛贝 *Mytilopsis sallei* 0.323，羽须鳃沙蚕 *Dendronereis pinnaticirris* 0.288，尖刺樱虫 *Potamilla acuminate* 0.271 |
| | 2012-08 | 沙筛贝 *Mytilopsis sallei* 0.873，微小螺 *Elachisina* sp.0.091 | 沙筛贝 *Mytilopsis sallei* 0.994 |
| 湖中央 | 2011-03 | 尖刺樱虫 *Potamilla acuminate* 0.732，小头虫*Capitella capitata* 0.122 | 尖刺樱虫 *Potamilla acuminate* 0.727，高峰星藤壶*Striatobalanus amaryllis* 0.131 |
| | 2011-09 | 波纹杓蛤*Myonera caduca* 0.466，尖刺樱虫*Potamilla acuminate* 0.212，羽须鳃沙蚕*Dendronereis pinnaticirris* 0.212 | 波纹杓蛤*Myonera caduca* 0.781，羽须鳃沙蚕*Dendronereis pinnaticirris* 0.131 |
| | 2011-12 | 尖刺樱虫*Potamilla acuminate* 0.513，微小螺 *Elachisina* sp.0.20，皱纹杓蛤 *Myonera corrugate* 0.113 | 尖刺樱虫 *Potamilla acuminate* 0.390，斜肋齿蜷 *Sermyla riqueti* 0.216，布纹蚶 *Barbatia decussate* 0.141，皱纹杓蛤 *Myonera corrugate* 0.097 |
| | 2012-04 | 尖刺樱虫*Potamilla acuminate* 0.560，微小螺 *Elachisina* sp.0.276 | 尖刺樱虫 *Potamilla acuminate* 0.527，斜肋齿蜷 *Sermyla riqueti* 0.132，微小螺 *Elachisina* sp.0.102 |
| | 2012-08 | 沙筛贝 *Mytilopsis sallei* 0.935，尖刺樱虫*Potamilla acuminate*0.025 | 沙筛贝 *Mytilopsis sallei* 0.989 |
| 芦苇区 | 2010-03 | 短拟沼螺 *Assiminea brevicula* 0.8，扁玉螺*Neverita didyma* 0.12 | 短拟沼螺 *Assiminea brevicula* 0.670，扁玉螺*Neverita didyma* 0.151，字纹弓蟹 *Varuna litterata* 0.121 |
| | 2011-09 | 德氏狭口螺*Stenothyra divalis* 0.667 | 字纹弓蟹*Varuna litterata* 0.961 |
| | 2011-12 | 德氏狭口螺*Stenothyra divalis* 0.769 | |
| | 2012-08 | 瘤拟黑螺 *Melanoides tuberculata* 0.769，斜肋齿蜷 *Sermyla riqueti* 0.208 | 瘤拟黑螺 *Melanoides tuberculata* 0.748，斜肋齿蜷 *Sermyla riqueti* 0.201 |
| 出水口 | 2012-04 | 尖刺樱虫*Potamilla acuminate* 0.603，微小螺 *Elachisina* sp.0.244，羽须鳃沙蚕 *Dendronereis pinnaticirris* 0.052 | 尖刺樱虫*Potamilla acuminate* 0.514，微小螺 *Elachisina* sp.0.082 |

8.7.2.3 底栖动物群落生物多样性

如表8-37所示，在修复前和修复开始的阶段，进水口和湖中央底栖动物生物多样性指数很低，随着修复的进行，其生物多样性指数有所增加，但在完成修复后，由于一些物种如沙筛贝*Mytilopsis sallei*大量繁殖，其生物多样性仍然不高。芦苇区和秋茄红树林底栖动物生物多样性指数在整个调查过程中都较低。

表8-37 底栖动物群落生物多样性指数

| 采样点 | 指数 | 2010年3月 | 2011年3月 | 2011年9月 | 2011年12月 | 2012年4月 | 2012年8月 |
|---|---|---|---|---|---|---|---|
| 进水口 | 丰富度 $d$ | — | 1.43 | — | 1.985 | 1.129 | 1.007 |
| | 香农-威纳指数 $H'$ | — | 1.418 | — | 1.505 | 1.309 | 0.492 |
| | 均匀度 $J'$ | — | 0.791 | — | 0.543 | 0.673 | 0.253 |
| 湖中央 | 丰富度 $d$ | — | 1.135 | 1.897 | 2.207 | 1.473 | 0.995 |
| | 香农-威纳指数 $H'$ | — | 0.924 | 1.393 | 1.55 | 1.222 | 0.336 |
| | 均匀度 $J'$ | — | 0.516 | 0.605 | 0.604 | 0.588 | 0.173 |
| 芦苇区 | 丰富度 $d$ | 1.243 | 1.924 | 0.962 | 0.780 | 1.243 | 0.411 |
| | 香农-威纳指数 $H'$ | 0.744 | 1.386 | 0.736 | 0.687 | 0.950 | 0.615 |
| | 均匀度 $J'$ | 0.382 | 0.861 | 0.670 | 0.625 | 0.865 | 0.56 |
| 秋茄红树林 | 丰富度 $d$ | 0.695 | — | — | — | 0.607 | — |
| | 香农-威纳指数 $H'$ | 0.718 | — | — | — | 0.572 | — |
| | 均匀度 $J'$ | 0.518 | — | — | — | 0.521 | — |
| 出水口 | 丰富度 $d$ | — | — | — | — | 2.048 | |
| | 香农-威纳指数 $H'$ | — | — | — | — | 1.294 | |
| | 均匀度 $J'$ | — | — | — | — | 0.540 | |

## 8.7.3 华侨城湿地底栖动物群落结构特征

本次调查检出的43种底栖动物中，软体动物22种，占种类总数的51.16%，与其他门类相比，在种类数上占优势。在各个采样点上，软体动物门的种类数在2～13种之间，除秋茄红树林采样点外，在其余采样点，其种类数是最多的。在进水口和湖中央，在修复开始阶段，底栖动物密度和生物量主要由腹足类和多毛类组成，在修复完成后，由于沙筛贝的大量繁殖，双壳类数量占到绝对优势。在出水口，底栖动物密度和生物量以多毛类和腹足类为主。在芦苇区，腹足类密度在各次采样中均最高；在生物量方面，除在2011年3月和2011年9月采集到个体相对较大的褶痕相手蟹和字纹弓蟹*Varuna litterata*，因而甲壳类生物量占优外，腹足类生物量在其余采样时段都占优势。在秋茄红树林，在修复开始阶段，多毛类和腹足类密度和生物量都高于其他类群，随着修复的进行，水位下降，多毛类和腹足类数量和生物量减少，底栖动物密度和生物量主要由甲壳类组成。本次调查中，除华侨城湿地中央与进水口之间物种相似性指数大于0.5，为中等相似外，其

余各个采样点之间的物种相似性指数都小于0.25，为极不相似。各个采样点底栖动物密度和生物量优势种组成也不同。各个采样点之间环境、底质差异是导致底栖动物群落结构不同的主要原因。

### 8.7.4 鱼类变化

鱼类多样性增加明显。鱼类种数和密度明显增加，据监测，2012年比2007年增加3种鱼；鱼类密度增加34.5%，主要是控制了非法捕捞后，鱼类数量明显增加。

### 8.7.5 湿地修复对底栖生物影响的评估

近几十年来，伴随着深圳经济的飞速发展，人为干扰的加剧，与深圳湾其他滨海湿地一样，华侨城湿地环境同样遭到人类较大程度的扰动。因此，在进行生态修复时，搞清整个生态系统中生物群落结构演替规律及其相互关系是必要的。

底栖动物是滨海湿地鸟类的主要食物来源，有关湿地底栖动物和鸟类之间的相互关系国内外有一些研究报道。如美国马萨诸塞州滩涂底栖动物在秋季候鸟迁徙季节的 6周内减少了36%～90%，在冬季，鸟类捕食的底栖动物占其食物总量的14%～90%。在南非Dutch Wadden Sea湿地，由于鸟类的取食，底栖动物减少20%～25%。Scheiffarth和Nehls研究了Wedden海两岸潮间带的鸟类和底栖动物的食物关系，发现大约15%～25%的底栖动物为鸟类所食。在葡萄牙的塔霍河口，鸟类每天的食物消耗量达1 755 kg，其中鸥类捕食强度占一半以上，鸻鹬类和鸭类消耗15%～20%，鸬鹚和鹭类等鸟类低于7%，鸟类对底栖动物的消耗占底栖动物生产量的12%，其中被取食的底栖动物部分中有90%以上为12种主要鸟类所食，而且鸟类食性比较特化，75%以上为特定的1～2种食物；在冬季，浅沟蛤*Scrobicularia plana*占鸟类食物的45%左右。在香港米埔红树林自然保护区，1994年泥滩上有机碳的生产量为27.8 t，而同期鸟类消耗量达16.9 t，说明深圳湾鸟类有50%以上食物来源于底栖动物。对鸟类环境容纳量也有研究报道，如上海九段沙湿地2005年春季底栖动物生物总量为4 541.20 kg，秋季为2 279.64 kg，按鸻形目鸟类有效栖息生境计算，春季鸟类可利用食物资源量为3 429.03 kg，秋季为1 700.92 kg。九段沙湿地迁徙季节理论上可维持的鸻形目鸟类最大数量约为春季350万只，秋季175万只。按有效生境计算，春季约为260万只，秋季约为130万只。考虑到食物摄食率的影响，九段沙湿地实际可容纳约13万～26万只鸟。高潮位期有效栖息地的缺乏可能是限制鸟类数量达到估计上限的主要原因。在华侨城湿地开始修复前，各采样点底栖动物种类数的排序往往大到小为芦苇区、红树林、进水口滩涂、华侨城湿地中央、进水口，在修复完成之后，各个采样点底栖动物种类数的排序从大到小为华侨城湿地出水口、华侨城湿地中央、进水口、芦苇区。芦苇区和秋茄红树林湿地底栖动物则由开始修复前的7种和4种下降为修复后的3种和1种，修复后水位下降是导致芦苇区和秋茄红树林湿地底栖动物种类数下降的原因。在开始修复前，各个采样点底栖动物密度方面的排序由大到小为芦苇区、进水口附近滩涂、秋茄红树林、华侨城湿地中央、进水口，修复完成后的排序由大到小为华侨城湿地中央、进水口、出水口、芦苇区、秋茄红树林。在修复前，各个采样点底栖动物生物量排序由大到小为秋茄红树林、芦苇区、进水口滩涂、华侨城湿地中央、进水口，红树林湿地由于采集到个体稍大的较多数量的蚕和字纹弓蟹，在芦苇区，同样采集到一些个体稍大的短拟沼螺、扁玉螺和字纹弓蟹，因而这两个采样点的生物量较高。修复完成后的排序由大到小为华侨城湿地中央、进水口、芦苇区、出水口、红树林。从以上结果可以看出，在修复之前，华侨城湿地进水口滩涂底栖动物种类数虽然不多，但个体较大；华侨城湿地进水口和华侨城湿地中央由于水体透明度低、底部缺氧，没有或者很少检出活体底栖动物，表明在修复前，华侨城湿地的秋茄红树林、芦苇区和滩涂等浅水区域食物相对丰富，应是鸟类取食底栖动物的主要场所，而水稍深的华侨城湿地中央，小型底栖动物种类和数量都很贫乏，并不是鸟类理想的取食场所。在修复完成之后，由于水位下降，秋茄红树林湿地底栖动物种类和数量都大幅度下降，能为涉禽类提供的食物减少，而进水口、湖中央、出水口等采样点底栖动物种类数和生物量大量增加，特别是一些个体稍大的腹足类如斜肋齿蜷*Sermyla riqueti*、瘤拟黑螺*Melanoides tuberculata*、双壳类如沙筛贝*Mytilopsis sallei*、杓蛤*Myoneras* spp.、多毛类如羽须鳃沙蚕*Dendronereis pinnaticirris*成为优势种，可以为涉禽类提供食物，这些场所也成为涉禽类较好的摄食场所。

## 8.8 修复前后华侨城湿地鸟类的变化

深圳湾鸟类在水鸟处于比较稳定的情况下，鸟的种类总体呈上升趋势，主要得益于近年来所开展的生态修复工作，尤其在凤塘河口和华侨城湿地表现得比较突出。2010—2011年间，华侨城湿地实施全面整治、修复工作。整治修复的终极目标是恢复并提升华侨城湿地的生态价值，在营造景观美的同时，通过增加环境多样性提升物种多样性，并以鸟类多样性作为最终评价指标。通过华侨城湿地沿岸植被的科学配置，增加了林鸟栖息环境的多样性；通过不同深浅的滩涂营造，为鹭科鸟类、鸻鹬类提供停栖觅食场地。

监测数据表明，改造后的华侨城湿地生物多样性得到显著提高，其景观美学及城市生态学价值均得到大大提升。华侨城湿地是深圳湾鸟类多样性最丰富的地区之一，尤其是小型鸻鹬类和林鸟，是湿地环境多样性的综合体现。华侨城湿地经过环境整治，无论是鸟类的种类组成还是个体数量，总体上呈现上升趋势。尤其以涉禽最显著。

通过对湿地环境的综合治理，使湿地出现了更多的裸地和浅滩，为小型鸻鹬类提供了栖息场所，这是整个深圳湾所欠缺的，为深圳湾鸟类多样性的提升创造了环境和物质条件。在清除湿地沿岸植被中外来入侵种的同时，对地被、灌丛层和乔木层做了一定的合理配置，增加了浆果、坚果和蜜源植物，为林鸟提供了一定的食源；同时植物群落布局及疏密层次合理，为鸟类营造了宜居环境，保证了林鸟多样性的提升。

### 8.8.1 2007—2010 年鸟类变化

#### 8.8.1.1 2007—2010年鸟类种类的动态变化

华侨城湿地原为深圳湾海滨红树林湿地的一部分，被分割成湖以后，保留了大面积红树林和泥质滩涂，湖岸形成复杂多样的植被群落，是深圳湾水鸟和林鸟的主要栖息地之一，因此，2007—2010年间，由深圳观鸟协会对湿地内鸟类进行定期监测，主要监测鸟类种类组成和数量分布，旨在从生态学角度分析华侨城湿地现状和未来的变化趋势，为湿地的可持续发展和生态保护策略提供基础资料和数据支持。

2007—2010年4年调查结果累计共记录鸟类12目36科101种（隶属13目，40科），约占深圳所记录鸟类的50%，到2014年总共监测到鸟类135种，隶属14目，41科（表8-38和附录2），鸟类种类增加了34种，增长率达到33.66%，鸟类数量也有明显增加。

表8-38　华侨城湿地鸟类的目、科、种的组成

| 目 | 科 | 种 | 占总种数的百分比(%) |
|---|---|---|---|
| 鸊鷉目 | 1 | 2 | 1.48 |
| 鹈形目 | 1 | 1 | 0.74 |
| 雁形目 | 1 | 6 | 4.44 |
| 鹳形目 | 2 | 11 | 8.14 |
| 隼形目 | 3 | 4 | 2.96 |
| 鹤形目 | 1 | 3 | 2.22 |
| 鸻形目 | 7 | 35 | 25.92 |
| 鸽形目 | 1 | 2 | 1.48 |
| 鹃形目 | 1 | 4 | 2.96 |
| 鸮形目 | 1 | 1 | 0.74 |
| 雨燕目 | 1 | 2 | 1.48 |
| 佛法僧目 | 1 | 4 | 2.96 |
| 雀形目 | 19 | 59 | 43.70 |
| 鴷形目 | 1 | 1 | 0.74 |

由鸟类的种类组成可以看出华侨城湿地鸟类主要由鸻型目和雀形目的鸟类组成，这两个目的鸟类有94种，占鸟类总种数的69.63%。其中属于水鸟的有鸊鷉目、鹈形目、雁形目、鹳形目、鹤形目、鸻形目6个目58种，占鸟类总数的42.96%。水鸟主要由鸻型目鸟类组成，非水鸟种类则主要由雀形目鸟类组成。

华侨城湿地鸟种数在2007—2010年生态改造前处于65～75种之间窄幅波动，除2008年鸟种数略少外，其他年份基本相当，在所记录的鸟类中，有3个优势科，分别是鹬科、鸻科和鹭科，分别为19种、9种、7种，但在生态类群方面，涉禽种类呈现上升趋势，游禽呈减少趋势，其他各生态类群变化不大。在涉禽方面，小型鸻鹬类上升趋势显著。滨鹬类和阔嘴鹬共记录8种，鸻科鸟类共记录7 种，2007年和2008 年均没有阔嘴鹬，记录滨鹬类3 种，鸻科鸟类4 种；2009年开始有阔嘴鹬记录，记录滨鹬类6种，鸻科鸟类4种；2010 年有阔嘴鹬记录，记录滨鹬类7种，鸻科鸟类6种。游禽方面，2007—2009 年均记录到小鸊鷉、普通鸬鹚、白眉鸭、绿翅鸭、琵嘴鸭、赤颈鸭和针尾鸭，2010年则仅记录到小鸊鷉、普通鸬鹚和绿翅鸭（表8-39）。

表8-39　2007—2010年华侨城湿地鸟类各生态类群组成

| 年度 | 组成（种） | 数量（只） | 涉禽（种） | 涉禽量（只） | 游禽（种） | 游禽量（只） | 非水鸟（种） | 非水鸟量（只） |
|---|---|---|---|---|---|---|---|---|
| 2007 | 77 | 6945 | 30<br>39.0% | 5498<br>79.2% | 7<br>9.1% | 554<br>8.0% | 40<br>51.9% | 902<br>13.0% |
| 2008 | 67 | 7051 | 24<br>35.8% | 3309<br>46.9 | 8<br>11.9% | 2602<br>36.9% | 35<br>52.2% | 1140<br>16.2% |
| 2009 | 75 | 8726 | 31<br>41.3% | 7270<br>83.3% | 7<br>9.3% | 745<br>8.5% | 37<br>49.3% | 711<br>8.1% |
| 2010 | 75 | 27557 | 35<br>46.7% | 26209<br>95.1% | 3<br>4% | 404<br>1.5% | 37<br>49.3% | 944<br>3.4% |

华侨城湿地与深圳湾潮间带在水鸟栖居方面具有时空互补性。高潮位时，原先活跃在潮间带滩涂的鸟类，尤其是涉禽，以青脚鹬、金斑鸻为代表，成群飞至华侨城湿地停栖、觅食；退潮后，这些鸟类再飞回潮间带滩涂。

2007—2010年间华侨城湿地水鸟具有以下特点：

①鸭科只有7种，少于深圳湾另外3个监测点，且没有记录到潜鸭类。

②鹭科10种，是深圳湾4个监测点中最多的区域，其中栗苇鳽 *Ixobrychus cinnamomeus*和草鹭*Ardea purpurea*是华侨城湿地独有的，华侨城湿地拥有大面积的芦苇等挺水植物环境，为栗苇鳽和草鹭提供了生境。

③在深圳湾4个监测点中，华侨城湿地记录的鸻形目鸟类最多，共34种，其中彩鹬*Rostratula benghalensis*、凤头麦鸡*Vanellus vanellus*、剑鸻*Charadrius hiaticula*、小滨鹬*Calidris minuta*仅记录于华侨城湿地。

④华侨城湿地小型滨鹬鸟最丰富。5年的监测调查共观测到滨鹬鸟23种，远多于凤塘河口的9种，下沙鱼塘的15种，红树林生态公园的4种。

华侨城湿地水鸟的多样性和独特性与其独特的地理区位和优越的环境条件密切相关。华侨城湿地是深圳湾潮间带滩涂区域水鸟在高潮位期临时停歇点；其多样化的环境，尤其是丰富的挺水植物、裸滩和浅滩，适于各种体型和不同生态习性涉禽来此栖息；有适于鸬鹚、鸊鷉和野鸭类生活的深水区，但深水区水位不深，故没有潜鸭类。

### 8.8.1.2　2007—2010年鸟类数量的动态变化

图8-48显示，2007—2010年，华侨城湿地鸟类数量总体上呈上升趋势。由于夏季鸟类总体上呈下降趋势，因此该上升趋势的成因主要是冬候鸟和过境鸟的大量迁入所导致，尤其是小型鸻鹬类成大群在华侨城湿地出现，2010年环颈鸻记录到14 005只，黑腹滨鹬记录到5 020只，红颈滨鹬记录到3 692只，3种之和达到22 717只，远远超过其他3年华侨城湿地记录鸟类数量。

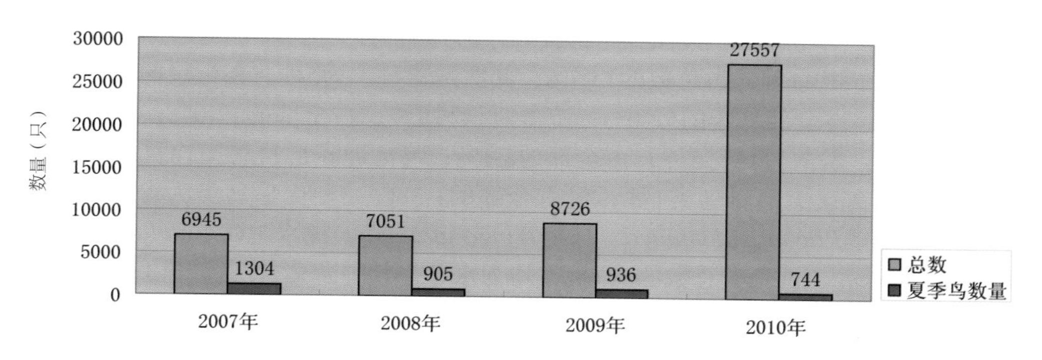


图8-48　2007—2010年华侨城湿地鸟类数量的变化趋势

在华侨城湿地所记录到的涉禽和游禽中，种群数量呈上升趋势的鸟类包括大白鹭、苍鹭、环颈鸻、黑腹滨鹬、红颈滨鹬、长趾滨鹬等；而种群数量呈现显著下降趋势的鸟类包括黑翅长脚鹬、林鹬、黑水鸡、赤颈鸭、琵嘴鸭、针尾鸭等。

表8-39和图8-49显示，在2007—2010年所调查的华侨城湿地鸟类中，涉禽无论是物种数量和种群数量均呈上升趋势，游禽趋于下降，非水鸟类则基本持平。

2010年华侨城湿地记录的鸟类数量呈现爆发式提升（图8-48），主要是清淤期间华侨城湿地的水被放干，湖底泥滩大面积裸露干涸，吸引了大量环颈鸻、红颈滨鹬、黑腹滨鹬、弯嘴滨鹬等小型滨鸟，仅环颈鸻当年记录超过10 000只，所以鸟类个体数量得到大幅提升。

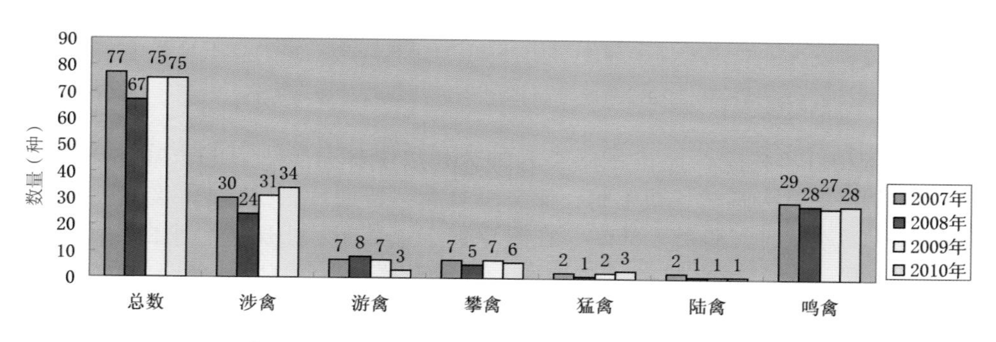


图8-49　2007—2010年鸟类各生态类群数量的变化

## 8.8.2　2011—2014 年鸟类的变化

2011年生态改造完成后，鸟种数显著得到提升，但记录的鸟个体数量却显著减少了。监测共记录鸟类12目34科共88 种(附表1)，有两个优势科，为鹬科和鹭科；鹬科最多，为9种，占总数的10.22%；鹭科8种，占总数的9.09%；水鸟有6目11科36种，占全部鸟类的40.9%。7种优势鸟类分别是普通鸬鹚、琵嘴鸭、小白鹭、黑水鸡、金斑鸻、青脚鹬、林鹬，全部为水鸟。黄斑苇鳽、草鹭、灰尾漂鹬、凤头麦鸡等水鸟都是首次出现在华侨城湿地。与2010年相比，2011年鸟类种类增加17种，说明改造后的华侨城湿地环境多样性得到大幅提升，同时因为原有的滩涂、浅水区等环境规模减小，对涉禽的容纳量降低，因此，鸟种数增多，鸟数量减少。

2012年期间，华侨城湿地共记录鸟类10目20科共75种，有2个优势科，为鹬科和鹭科。鹬科最丰富，共11种，占总数的14.7%；其次是鹭科，为5种。在记录的75种中，水鸟6目10科39种，占全部鸟类的52.0%；游禽4目4科9种，占全部的12.0%；涉禽30种，占全部的40.0%；攀禽2目3科5种，占全部的8.1%；鸣禽即雀形目鸟类14科28种，占全部的37.3%；陆禽仅鸽形目鸟类1种，仅占全部的1.3%。5种优势鸟类为青脚鹬*Tringa nebularia*，金斑鸻*Pluvialis dominica*，林鹬*Tringa glareola*，黑水鸡*Gallinulachloropus*，琵嘴鸭*Anasclypeata*，占鸟类总数的64.6%，均为水鸟，其中游禽2种，涉禽3种。

由图8-50所示，2012年除2月和5月外，华侨城湿地鸟类种数一直保持较稳定水平，8月最高，达31种；5月份最低，只有5种。这与鸟类的迁徙有关，5月大部分冬候鸟都飞回北方，只剩部分留鸟及夏候鸟，所以种类数急剧下降。

图8-50 2012年华侨城湿地鸟类种数的月动态变化

2012年与2011年相比，无论是鸟类的种类和数量都有了明显的下降，鸟类种类减少26种，减少的是凤头鸊鷉、栗苇鳽、鹗、黑耳鸢、普通鵟、白腹鹞、红隼、骨顶鸡、凤头麦鸡、铁嘴沙鸻、红脚鹬、鹤鹬、白腰草鹬、红嘴鸥、山斑鸠、小白腰雨燕、灰鹡鸰、黄鹡鸰、黑卷尾、丝光椋鸟、灰椋鸟、红嘴蓝雀、大嘴乌鸦、北红尾鸲、橙头地鸫、棕扇尾莺、褐柳莺、黄眉柳莺、黄腰柳莺、叉尾太阳鸟、树麻雀；同时比2011年增加的有青脚滨鹬、黑腹滨鹬、蒙古沙鸻、灰尾漂鹬和苇黄鳽。仔细分析，2012年水鸟的种类与2011年相比没有明显变化，只是数量有所下降，说明林鸟的种类和数量减少的最多，可能是因为2012年期间，由于湿地未进行持续的生态修复及裸滩的维护，导致裸滩杂草丛生，而湿地水位长期处于不合理的状态，使裸滩被长期淹没而较少显露出来，从而导致水鸟栖息环境的减少。因此，在越冬期过去、冬候鸟返回之后，及时清除裸滩上的杂草并合理控制湿地水位是湿地水鸟多样性及数量增加的最佳办法。由于入侵植物重新开始蔓延，对华侨城湿地沿岸植被及红树林群落造成严重危害，湿地的林鸟栖息与觅食环境受到威胁，林鸟多样性明显变少。

2013年调查记录到鸟类12目34科104种（附表1），其中水鸟（含鸊鷉目、鹈形目、鹳形目、雁形目、鹤形目、鸻形目鸟类）44种，非水鸟（含隼形目、鸽形目、鹃形目、雨燕目、佛法僧目、雀形目鸟类）60种。全年多样性指数（Shannon-Winener）平均为4.2317。

从目看，雀形目鸟类最多，全年共记录49种，占总数的47.1%；鸻形目鸟类有25种，占总数的24.0%；鹳形目鸟类有11种，占总数的10.6%；雁形目鸟类有4种；隼形目、鹃形目、佛法僧目鸟类分别有3种；鹤形目鸟类2种；鸊鷉目、鹈形目、鸽形目、雨燕目鸟类各1种。

从科看，鹬科鸟类最多，为17种；鹭科鸟类10种；莺科鸟类8种；鹎科鸟类6种；鸻科鸟类5种；鸭科、鹡鸰科、椋鸟科、鸦科、鹟科鸟类各4种；杜鹃科、翠鸟科、鸫科、扇尾莺科鸟类各3种；鹰科、秧鸡科、反嘴鹬科、燕科、伯劳科、梅花雀科鸟类各2种；鸊鷉科、鸬鹚科、鹗科、鹮科、彩鹬科、鸠鸽科、雨燕科、山椒鸟科、卷尾科、画眉科、绣眼鸟科、山雀科、花蜜鸟科、雀科鸟类各1种。

以月为单位对华侨城湿地鸟类的种类和数量进行统计，全年中6月的鸟类多样性最低，4月、10月迁徙季节的鸟类多样性最高（图8-51）。调查的所有月份，非水鸟多样性都比水鸟多样性高（图8-52）。

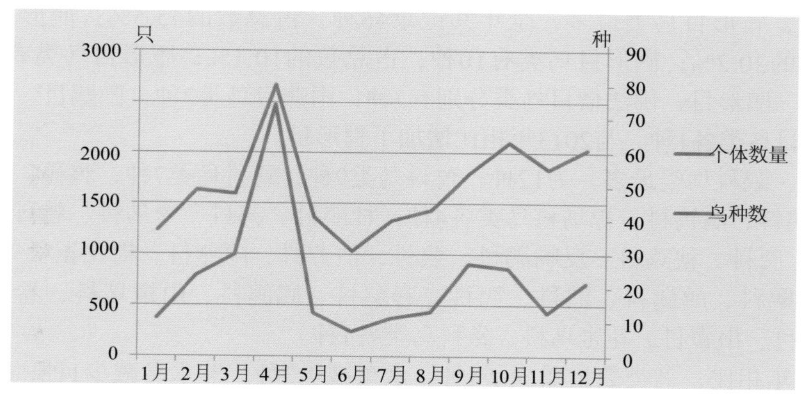


图8-51　2013年深圳华侨城湿地鸟类多样性的时间变化

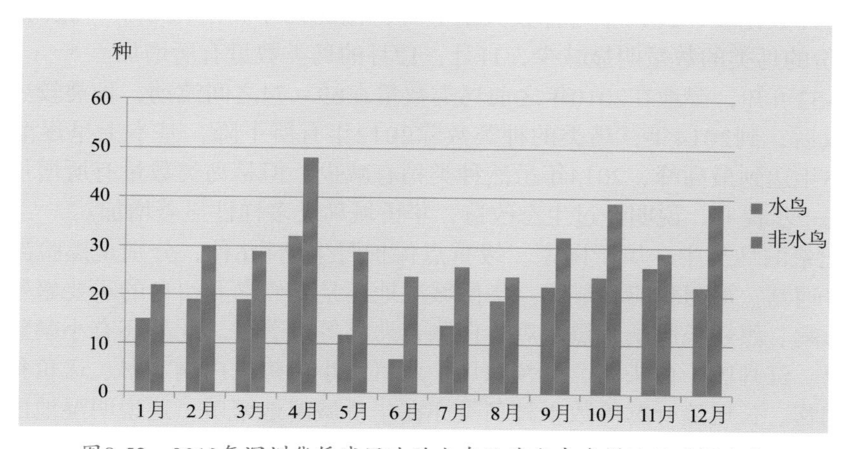


图8-52　2013年深圳华侨城湿地的水鸟及非水鸟多样性的时间变化

由以上数据可知，2013年所记录鸟种数亦较2007—2012年每年记录的鸟种数高。种类和数量较2012 年都有大幅度的增加，其中鸟类种类增加了42种。增加的种类分别绿鹭、普通鵟、黑耳鸢、黑水鸡、灰头麦鸡、铁嘴沙鸻、小杓鹬、针尾沙锥、红脚鹬、鹤鹬、白腰草鹬、红腹滨鹬、红颈滨鹬、长趾滨鹬、尖尾滨鹬、流苏鹬、红嘴鸥、八声杜鹃、小白腰雨燕、黄头鹡鸰、黄鹡鸰、暗灰鹃鵙、红尾伯劳、黑卷尾、丝光椋鸟、灰椋鸟、灰喜鹊、红胁蓝尾鸲、大嘴乌鸦、灰背鸫、灰纹鹟、北灰鹟、鸲姬鹟、红喉姬鹟、北红尾鸲、棕扇尾莺、东方大苇莺、褐柳莺、黄眉柳莺、黄腰柳莺、极北柳莺、暗绿柳莺、叉尾太阳鸟、树麻雀；但是未见到环颈鸻和灰尾漂鹬。2013年主要增加的鸟类是林鸟，是由于2013年华侨城湿地在清除外来入侵种的同时，对地被、灌丛层和乔木层做了一定的合理配置，增加了浆果、坚果和蜜源植物，为林鸟提供了一定的食源；同时植物群落布局及疏密层次合理，为鸟类营造宜居环境，保证了林鸟多样性的提升。

2014年鸟类监测共记录鸟类13目35科100种（附录1），其中水鸟（含鸊鷉目、鹈形目、鹳形目、雁形目、鹤形目、鸻形目鸟类）41种，非水鸟（含隼形目、鸽形目、鹃形目、雨燕目、佛法僧目、雀形目、䴕形目鸟类）59种。全年非水鸟类的数量和种类要多于水鸟类。

从目看，雀形目鸟类最多，全年共记录46种，占总数的45.5%；鸻形目鸟类有20种，占总数的20.2%；鹳形目鸟类有10种，占总数的10.1%；雁形目鸟类有5种；鹤形目、隼形目、鹃形目、佛法僧目鸟类分别有3种；雨燕目鸟类2种；鸊鷉目、鹈形目、鸽形目、䴕形目鸟类各1种，与2013年相比增加了䴕形目。

从科看，鹬科鸟类最多，为12种；鹭科鸟类9种；莺科鸟类7种；鸦科、鸭科、鸫科鸟类5种；鸻科、鹡鸰科、椋鸟科鸟类各4种；杜鹃科、鹟科、翠鸟科、鹎科、扇尾莺科鸟类各3种；鹰科、秧鸡科、反嘴鹬科、燕科、伯劳科、雨燕科、梅花雀科鸟类各2种；游隼科、鸊鷉科、鸬鹚科、鹗科、鹗科、彩鹬科、鸠鸽科、山椒鸟科、卷尾科、画眉科、绣眼鸟科、山雀科、花蜜鸟科、雀科鸟类各1种。

与2013年相比，鸟类数量减少了4种，水鸟减少3种，非水鸟减少1种，增加了两种从未在湿地内出现过的鸟类——凤头潜鸭和蚁䴕，与2012年前深圳观鸟协会在华侨城湿地记录的鸟种数比较，2014年鸟种数大幅上升，比2012年高出13.8%。与2013年相比，2014年4月份的鸟类的数量明显减少，11月，12月的鸟类数量有所增加。

由图8-53可知，湿地在2010年之前鸟类数量在69～74之间波动，种类较少。在2011年修复完成后，到2014年，鸟类的种类数除2012年有所下降，基本上呈逐渐增多的趋势，在2013年达到最高峰，2014年虽然种类稍有减少，但是鸟类数量有所增加，鸟类多样性得到进一步提升，说明经过生态改造，华侨城鸟类多样性显著增加。

在所记录的鸟类中，属于国家二级重点保护野生动物6种，分别是黑脸琵鹭、鹗、黑耳鸢、普通鵟、褐翅鸦鹃和雕鸮。华侨城湿地还是夏候鸟和留鸟的重要繁殖地，以褐翅鸦鹃、彩鹬、黑翅长脚鹬、黑水鸡、白胸苦恶鸟等最著名。此外还有小鸊鷉、噪鹃、白喉红臀鹎、红耳鹎、白头鹎、黑领椋鸟、八哥、小白鹭、白胸翡翠、斑鱼狗、棕背伯劳、黄腹鹪莺、长尾缝叶莺等数十种鸟类亦在华侨城湿地繁殖。这说明湿地内水鸟物种和数量都较多，夏季的鸟类数量较少，种类主要为林鸟；在冬季，候鸟迁飞至此，鸻鹬类、野鸭类等成群栖息在湿地内，冬候鸟（旅鸟）占绝对优势，说明华侨城湿地在冬候鸟迁徙路线和越冬地方面起着重要作用。

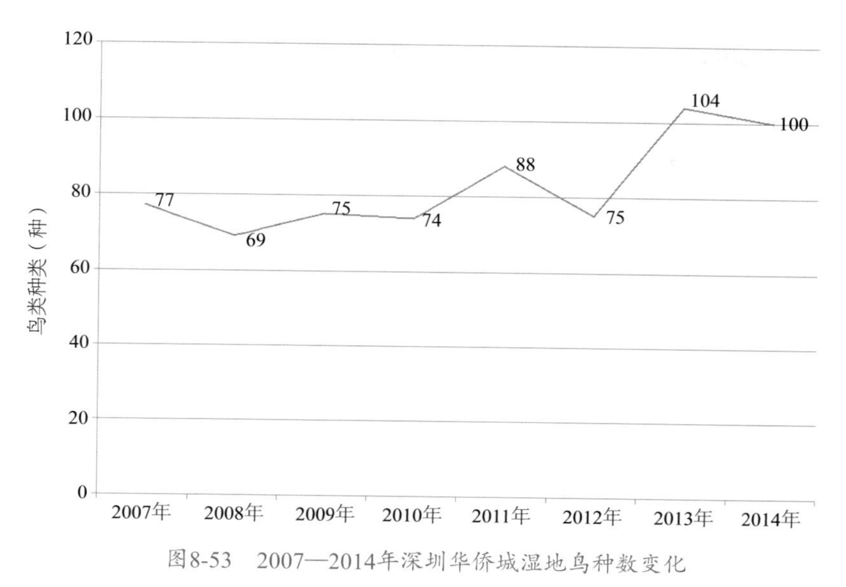


图8-53　2007—2014年深圳华侨城湿地鸟种数变化

### 8.8.3 生态修复后鸟类变化的评估

从监测数据分析可得出结论，改造后的华侨城湿地生物多样性得到显著提高，其在景观美学及城市生态学价值均得到大大提升。目前，华侨城湿地是深圳湾鸟类多样性最丰富的地区之一，尤其是小型鸻鹬类和林鸟，是湿地环境多样性的综合体现。华侨城湿地经过环境整治，无论是鸟类的种类组成还是个体数量，总体上呈现上升趋势，尤其以涉禽最显著。

修复后的华侨城湿地还是夏候鸟和留鸟的重要繁殖地。以褐翅鸦鹃、彩鹬、黑翅长脚鹬、黑水鸡、白胸苦恶鸟等最著名。此外还有小䴙䴘、噪鹃、白喉红臀鹎、红耳鹎、白头鹎、黑领椋鸟、八哥、小白鹭、白胸翡翠、斑鱼狗、棕背伯劳、黄腹鹪莺、长尾缝叶莺等数十种鸟类亦在华侨城湿地繁殖。

## 8.9 华侨城湿地生态修复的总体评价

深圳湾鸟类在水鸟处于比较稳定的情况下，鸟类种类总体呈上升趋势，这主要得益于近年来所开展的生态修复工作，尤其在凤塘河口和华侨城湿地表现得比较突出（刘莉娜等, 2013; Lina liu, et al. 2014）。

2010年起，华侨城湿地实施全面整治、修复工作。整治修复的终极目标是恢复并提升华侨城湿地的生态价值，在营造景观美的同时，通过增加环境多样性提升物种多样性，并以鸟类多样性作为最终评价指标。通过华侨城湿地沿岸植被的科学配置，增加了林鸟栖息环境的多样性；通过不同深浅的滩涂营造，为鹭科鸟类、鸻鹬类提供停栖觅食场地。

首先，清除外来入侵植物和红火蚁，改造湖岸植被。在清除外来入侵植物后，补种乡土植物，合理控制乔木间距以及乔木、灌丛和地被关系；引入浆果类植物、坚果类植物、显花植物、芦苇以及其他可为鸟类提供种子食物的禾本科植物，以吸引食果鸟类、访花鸟类、食虫鸟类以及以种子为食的小型雀形目鸟类。

其次，对华侨城湿地进行清淤工作，在清除含有大量污染的淤泥之后，根据华侨城湿地涉禽的历史资料以及深圳湾涉禽种类，在湖面布局一定数量不同大小的泥质裸滩，在湖心岛周边亦建造一定面积的裸滩。在湖面增设木桩，以供普通鸬鹚、翠鸟科鸟类站立之用。

改造后的华侨城湿地，鸟类多样性得到进一步提升，2013—2014年的监测共记录鸟类超过100种，黄苇鳽、草鹭、灰尾漂鹬、凤头麦鸡等水鸟都是首次出现在华侨城湿地。生态改造的效果得到了初步体现，随着华侨城湿地生态系统的不断自我完善，鸟类多样性还将进一步提升。

华侨城湿地与深圳湾潮间带在水鸟栖居方面具有时空互补性。高潮位时，原来活跃在潮间带滩涂的鸟类，尤其是涉禽，以青脚鹬、金斑鸻为代表，成群飞至华侨城湿地停栖、觅食；退潮后，这些鸟类再飞回潮间带滩涂。

华侨城湿地是深圳非水鸟鸟类最丰富的地区。华侨城湿地经过科学改造，清除了外来入侵物种，提升了本土植物多样性、植被和景观多样性；乔木疏密合理，与地被和灌木科学配搭，加之严格管理，人为干扰少，林鸟多样性得到大幅提升。2007—2014年监测共记录的非水鸟种类，远高于深圳湾相似生境（如凤塘河口、下沙鱼塘和红树林生态公园等）的非水鸟种数。

华侨城湿地还是夏候鸟和留鸟的重要繁殖地。以褐翅鸦鹃、彩鹬、黑翅长脚鹬、黑水鸡、白胸苦恶鸟等最著名。此外还有小䴙䴘、噪鹃、白喉红臀鹎、红耳鹎、白头鹎、黑领椋鸟、八哥、小白鹭、白胸翡翠、斑鱼狗、棕背伯劳、黄腹鹪莺、长尾缝叶莺等数十种鸟类亦在华侨城湿地繁殖。

监测数据表明，改造后的华侨城湿地生物多样性得到显著提高，其在景观美学及城市生态学价值均得到大大提升。

# 第9章 华侨城湿地管理模式

华侨城湿地定位于生态保护、公众教育等公益性的、非营利性的精品型滨海湿地，依托华侨城湿地修复后的稳定生态系统和生物资源，华侨城湿地在深圳市人居环境委员会的指导下，结合专业机构、高校及相关教育部门的建议，认真研究及分析自身的自然生态资源，搭建具有滨海湿地特色的环保宣教体系，用它独有的魅力串联起城市发展和环境保护的步伐，成为营造宜居生态城市的纽带；并通过与教育机构、专业协会、各级政府的合作与联动，建成国家一流的滨海湿地保护基地和生态科普教育基地，开展最贴近公众和市民的常年环保互动，进一步提升深圳城市建设和市民生活的生态含义，成为深圳城市滨海生态博物馆。

## 9.1 我国湿地保护现状

### 9.1.1 开发模式单一

湿地公园和湿地自然保护区是我国开展湿地保护的重要形式，建立之初是为了借助观赏游憩、科普教育等活动让人们认识湿地、热爱湿地、建立湿地保护意识。然而，目前我国湿地旅游以观光游览为主，缺少统筹规划，没有充分发挥湿地旅游的多重功能。

### 9.1.2 主题不明确，知名度较低

我国拥有丰富的湿地资源，但由于对自身优势的认识不足，旅游项目设计单一、形式简单相似，内容缺乏新颖性，没有真正体现不同类型湿地的独特之处，这都大大降低了湿地旅游的吸引力。

### 9.1.3 开发过程中生态破坏严重

能否提高经营管理者的经济收益和周边社区居民的经济收入成为衡量旅游项目是否继续发展的重要指标。在利益的驱动下，为吸引更多游客，湿地管理者不惜对湿地旅游资源过度开发，进行不科学的区域规划，随意添加建筑物、娱乐设施等，过度的人为干扰严重破坏湿地的生态平衡，一旦湿地生态受破坏，湿地旅游随之失去吸引力，旅游收益减少，投资者和管理者为了经济利益，进一步对湿地资源开发，形成“湿地旅游开发—破坏湿地资源—湿地旅游开发”的恶性循环。

## 9.2 湿地保护主要模式

### 9.2.1 湿地公园

湿地公园是目前开展湿地保护的重要形式之一。根据国家林业局（2005）的定义：湿地公园是以具有显著或特殊生态、文化、美学和生物多样性价值的湿地景观为主体，有一定规模和范围，以保护生态系统完整性、维护湿地生态过程和生态服务功能为核

心，兼顾湿地生态系统服务功能展示、科普宣教和湿地合理利用示范，蕴涵一定文化或美学价值，可供人们进行科学研究和生态旅游，予以特殊保护和管理的湿地区域。湿地公园与一般的城市公园不同，它是兼有物种及其栖息保护、生态旅游和生态教育功能的湿地景观区域。至2009年年底，我国已建成国家级湿地公园为100处，省级湿地公园为100处，每平方千米湿地公园的生态经济总价值达到745万元（崔璐，2010）。

### 9.2.2 湿地自然保护区

自然保护区往往是一些珍贵、稀有的动、植物的集中分布区，候鸟繁殖、越冬或迁徙的停歇地。建立自然保护区对具有典型性或特殊性的生态系统维护、对保留自然本底、贮备物种、拯救濒危物种发挥着不可取代的作用。顾名思义，自然保护区的核心是自然保护，维持区域的特有物种资源及其生态环境是其首要任务，而观赏游憩、科普教育等活动的开展不是自然保护区承担的必要功能。为了更好地发挥湿地的多种功能，许多湿地自然保护区和湿地公园联系起来，湿地公园一般位于湿地自然保护区的实验区上（图9-1），是开展生态旅游和湿地教育的场所。例如香港湿地公园就建立在米埔湿地保护区的实验区内，发挥着自然保育、旅游、教育和休闲旅游等多种功能（表9-1）。

表9-1　普通城市公园、湿地公园和湿地自然保护区的比较

| | 普通城市公园 | 湿地公园 | 湿地自然保护区 |
|---|---|---|---|
| 群落 | 以观赏植物为主，多为人工群落 | 以自然群落为主，适当引入野生物种 | 自然群落，原本野生物种为主 |
| 功能 | 娱乐休闲、生态效应 | 生态效应、自然科普、休闲娱乐 | 生态效应、保护濒危物种、科学研究 |
| 特点 | 美观、整洁、统一 | 自然、野趣 | 自然、原始 |
| 稳定性 | 以人工维护为主，生态系统脆弱，抗逆性不强 | 以自我维持为主，生态系统保持良好动态循环，抗逆性好 | 自我维持，遵循生态系统的动态平衡，几乎没有人为干预 |
| 管理 | 开放式管理，以景观为目标，需要人工清理，投入大 | 以开放式或半开放式管理为主，以生态系统良性循环为目标 | 以封闭管理为主，以湿地自然保护为目的，保持湿地原有面貌 |

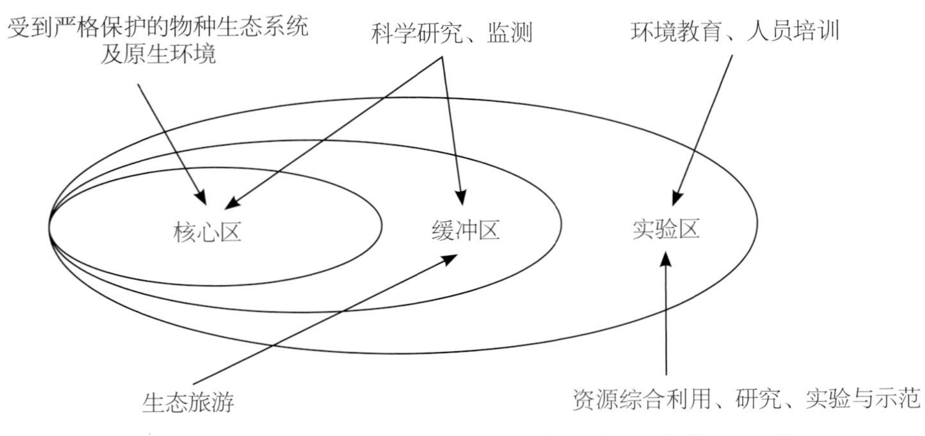


图9-1　湿地自然保护区的空间模式示意图（王立龙等，2010）

## 9.3 湿地管理案例

### 9.3.1 伦敦湿地中心

英国伦敦湿地中心（London Wetland Center）位于伦敦市西南部，是一个在城市边缘创造丰富的生物多样性的生态环境，以连接城市人们和自然环境为目的的成功的景观模式（卜菁华和王洋，2005；陈江妹等，2011）。湿地中心共占地42.5 $hm^2$，原是废弃的水库。1995年，水库的拥有者泰晤士水务公司与野禽及湿地基金会［The Wildfowl & Wetlands Trust（WWT）］合作，将水库转换成湿地自然保护中心和环境教育中心。如今，伦敦湿地中心已经成为物种保护的胜地，每年吸引栖息鸟类超过180种，成为业余乃至职业观鸟者的课堂，吸引着世界各地的研究机构和游人前来感受自然最原生的魅力，被誉为“展示在未来的世纪里人类与自然如何和谐共处的一个理想模式”（图9-2）。

图9-2　伦敦湿地中心

伦敦湿地中心最成功的经验是实现了泰晤士水务公司、野禽及湿地基金会与伯克利地产的多方合作，通过“以地养地”达到经济平衡：沃特家族以极低的租金将水库地块租赁给野禽及湿地基金会；在政府允许下，出让周边少量土地给地产商，在从卖房所得中拨出部分款项作为湿地中心的启动资金；另外，WWT提供了500万英镑来共同完成这个项目。

湿地中心运行以来，不仅为伦敦居民提供了一个远离城市喧嚣的游憩场所，改善了都市的景观环境，并且泰晤士水务公司、水禽及湿地信托基金获得同业的尊敬和认同，伯克利房地产公司也获得可观的经济收益，实现了三方共赢的局面。

### 9.3.2 香港米埔自然保护区

香港米埔保护区占地约380 $hm^2$，拥有香港最大的红树林，约占香港红树林总面积的42%，生长着香港8种红树中的7种，至今还保留着华南地区仅存的传统基围虾塘（吕咏和陈克林，2006）。经过多年的科学经营，米埔保护区充分发挥了自然保育、生态旅游、教育和市民休闲娱乐等多种截然不同的功能，实现了湿地资源保护和可持续发展的有效结合（图9-3）。

米埔保护区运行以来，一直强调公众参与和环境教育，每年举办“香港观鸟大赛”等具有保护区特色的活动。这些活动不仅使公众从中获得环境教育，还为保护区筹得运作经费，二者相辅相成。另外，保护区积极联系大企业赞助保护区的培训课程。例如香

港上海汇丰银行有限公司，从1998年起每年都赞助组织湿地管理研讨班，为中国内地及亚洲一些国家或地区的湿地保护区管理层提供培训课程。通过湿地管理研讨班不仅扩大了米埔保护区的知名度，还建立了良好的湿地管理和保护经验、技术和知识的交流平台（秦卫华等，2010）。

图9-3　香港米埔自然保护区

## 9.3.3　杭州西溪国家湿地公园

杭州西溪国家湿地公园是国内唯一的集城市湿地、农耕湿地和文化湿地于一体的国家湿地公园。西溪湿地自古就是杭州的著名风景区，由于近年杭州城西大规模的商住区开发，湿地受到严重破坏：毁塘造房，水网沼泽、芦荡田园被填埋，造成原本的生态平衡被打破、湿地功能丧失退化。其中仅蒋村商住区，人工填埋的面积就达4 $km^2$（卜菁华和王洋，2005）。在当地政府和有关专家的高度关注下，通过搬迁、河道清淤、完善管理制度、房屋整修、控制游客数量等多种措施，对西溪湿地的水体、地貌、动植物资源、民俗风情、历史文化等进行科学的保护和恢复，在保护和利用之间找到最佳平衡点，实现保护和利用的“双赢”。

西溪湿地包括生态保护培育区、民俗文化游览区、秋雪庵保护区、曲水庵保护区和湿地自然景观保护区五个功能区（图9-4，图9-5）。其中湿地生态保护培育区实行完全封闭管理，以维持具有湿地多样性的原始湿地沼泽地。其他区域通过门票销售等手段控制入内人数，以减少人为干扰。西溪湿地的最大特色是在保护优先、生态优先的原则下，保留了当地柿基鱼塘、桑基鱼塘等农耕劳作生产方式以及文化积累，并把这些融入到水乡自然景观和村落民俗景观当中，体现了城市文化、农耕文化、历史文化与自然湿地文化的和谐统一。

图9-4　西溪国家湿地公园景观

图9-5　西溪国家湿地公园民俗文化游览区

## 9.4 华侨城湿地管理模式探究

根据华侨城湿地地理位置和生态功能的特殊性，它的开发模式紧紧围绕“人与自然和谐发展”这一主题。借鉴香港米埔自然保护区、澳大利亚黄金海岸“Couran Cove Island Resort”、日本的钏路湿地国立公园等国际上的成功经验，深圳华侨城集团把华侨城湿地定位为一个以滨海湿地文化为主题，集生态保护、科普教育、生态监测及鸟类观赏于一体的城市中央滨海生态博物馆。

华侨城湿地的运营是以保护区的要求为标准，采用半封闭管理的方式，通过预约制严格控制进入华侨城湿地的访客数量，并且只能在规定的范围进行参观。这种方式能有效控制单位时间内华侨城湿地的参观人数，减少游人对鸟类的惊扰及给环境带来的压力。

### 9.4.1 半封闭管理模式

目前国内外城市湿地的运营方式主要有三种：①封闭管理。以资源保护为主旨，不对外开放，避免一切人为干扰的管理方式。②直接经营。风险可控性较低的方式，处理不妥会引来巨大的负面影响。③半封闭管理。通过人数控制、分段入园等方式进行有限度的开放，这种方式是大多数湿地公园及湿地自然保护区采用的方式。

### 9.4.2 容量控制

旅游环境容量指一定时期和范围内，在不损害旅游目的地的自然人文环境、社会经济发展以及确保旅游者旅游感受质量的前提下，旅游地接待旅游人数的最大值。每一个旅游目的地对于旅游活动都有一定的承载力，如果长期超载运行，必然会造成对旅游资源和环境的负面影响。

根据国家旅游局对旅游环境容量的计算标准，鉴于华侨城湿地的景观布局特点，其有效可游览区域为沿湿地周边的环道，因此可利用线路推算法对环境容量进行计算。湿地开放区域的环道长约2.5 km，线路推算法中一般风景旅游区域的游人取合理间距为5~10 m，鉴于华侨城湿地对鸟类栖息的保护需要，在此选择其上限10 m，游客人均日周转率为1~ 1.5，因此其游线日空间容量（人次/日）为：

游线日空间容量= 游线长度/游客合理间距 × 人均日周转率

=2500/10 × 1~1.5

=250 ~ 375（人次/日）

以上数据取中间值，因此，确定进入华侨城湿地的游客数量每日不应超过300人，并且只对规定的范围内进行开放（如游人与湖中鸟类的距离应有所限制等）。同一时间在华侨城湿地的总人数不超100人，可分批进入，每批不超过50人，一天不超过6批，上午和下午各进3批。全天进入华侨城湿地人数不超过300人。

### 9.4.3 预约制的准入制度

采用预约制控制进入华侨城湿地人员，控制进入的区域。

采用网上申请预约，有限开放模式，即香港米埔模式。其目的有以下三点。

（1）能有效控制单位时间的参观人数，减少人对鸟类的惊扰和给环境带来的压力；

（2）增强人们的保护意识。人们对预约模式的理解，也是一项很好的自然保护教育；

（3）吸引更多的人热爱公益性资源并接受环境教育，同时要理解并珍惜手中的资源。

### 9.4.4 无经济收益的运营方式

华侨城集团作为国资委直属的中央企业，始终坚持“生态保护大于天”的发展理念，主动承担企业的社会责任，先后投资逾2亿元对华侨城湿地进行系列修复和提升后免费向公众开放，并持续性地开展维护管理和生态环保宣教工作，为公众提供了一个学习环保知识、提升生态意识的场所，作为一个纯公益、纯科普教育性质的项目，华侨城湿地不收取任何费用，不产生任何经济收益。这是对当前以政府为主导开展环境保护工作的有力补充，并开创了由企业出资修复、管理城市自然资源的生态建设新模式。

### 9.4.5 管理体制创新

总体可以概括为以下五点。

1）创新的管理模式

华侨城湿地依托“保护性修复”的生态理念和丰富多样的生态资源，融湿地体验、生态培训和科普教育于一体，按照“保护、提升、亲近、传递”的工作理念，是严格控制游客数量、预约进入、免费向公众开放的城市公益性休憩空间。

2）完善的环保教育体系

华侨城湿地面向普通公众、大学、中学、小学等不同层次、年龄段的受众，编制有针对性的课程内容，定期向社会的各阶层开展全方位的生态环保科普宣教活动（图9-6）。

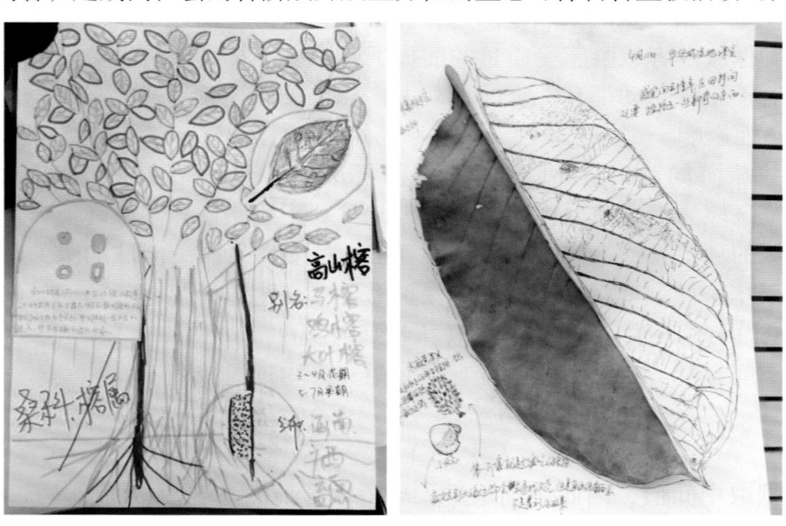


图9-6　自然教育活动作品

3）多元化宣传推广模式

华侨城湿地开展多种宣传推广活动，包括年度大型生态环保公益活动、常年亲子科普互动、主题公益科普展览等形式，增加公众对生态环保的关注，唤起大众的生态环保意识。

4）特色生态文化的传承

华侨城湿地的北岸线曾是深圳湾的天然海岸线，在北岸共有3处在20世纪四五十年代修建的原边防哨所岗亭（图9-7），如今，虽然这些岗亭早已丧失了最初的防御功能，但我们仍通过简单的修缮，不仅将其作为珍贵的历史见证保存了下来，还将其中一处瞭望塔改造成华侨城湿地的观鸟屋，成为湿地内一道特别的风景。

图9-7　华侨城湿地保留的边防哨所岗亭

5）深圳市首个自然学校

采用“在大自然中学习自然”的体验式教学模式进行生态环境保护科普，在深圳市以至全国属于首家，具有良好的创新性和示范性。

尽管已经有米埔自然保护区、伦敦湿地中心等由非政府部门实施的成功案例，但目前我国湿地保护区和湿地公园绝大多数由林业、环保、农业等各政府相关部门在经营管理。华侨城湿地由华侨城集团进行代管，这种完全由企业管理且不直接经营利用的湿地管理体制在我国实属首例（表9-2）。

**表9-2　华侨城湿地管理体制与其他两类湿地经营管理的比较**

| | 香港米埔自然保护区 | 杭州西溪国家湿地公园 | 华侨城湿地 |
|---|---|---|---|
| 湿地类型 | 滨海湿地 | 城中次生湿地 | 滨海湿地 |
| 保护对象 | 红树林资源<br>鸟类资源 | 淡水湿地资源<br>湿地动物多样性<br>历史文化资源 | 红树林资源<br>鸟类资源 |
| 文化气息 | 海洋文化 | 农耕文化、历史民俗文化 | 海洋文化 |
| 经营管理者 | 世界自然基金会（NGO） | 政府 | 华侨城集团 |
| 经济收益 | 政府补助<br>门票收入<br>纪念品和基围鱼虾销售<br>外界募捐 | 门票及农耕文化<br>民俗文化体验等收入 | 无 |
| 管理方式 | 分区管理、预约制申请进入 | 根据生态保护区和不同景区的旅游环境容量采取有限进入政策 | 半封闭式、预约制管理 |
| 品牌定位 | 国际湿地的保护和环境教育 | 集城市湿地、农耕湿地、文化湿地于一体的城市湿地公园 | 城市滨海生态博物馆 |

华侨城集团是跨区域、跨行业经营的大型企业，实力雄厚、经营方式灵活，华侨城集团秉承“生态环保大于天”、“环境就是核心竞争力”建设发展理念，“与环境和谐共生”的不断实践，在对华侨城湿地的管理与保护工作中的优势将更突显。

与香港米埔自然保护区、杭州西溪国家湿地公园相比较，华侨城湿地是唯一一个由企业独立管理的湿地，而其他两者分别由非政府组织（NGO）和政府部门进行管理；和杭州西溪国家湿地公园不同，华侨城湿地与香港米埔自然保护区同属拥有红树林和鸟类资源的滨海湿地，但不同的是米埔保护区是分区管理（核心区为不受人类干扰的自然生境，禁止游客进入，生物多样性管理区只可进行保护教育和培训，进行严格管理；公众参观区可预约申请进入；资源善用区进行可持续湿地资源利用如鱼虾养殖等）的自然保护区，而华侨城湿地则是以自然保育和环境教育为宗旨，采取预约制管理，并限制进入人数，目标是成为融湿地体验、生态培训、科普教育于一体的野生鸟类的乐园、生物多样性的保护基地和国内一流的科普教育基地。

## 9.5 合作伙伴

在环保宣教方面，华侨城湿地积极搭接政府各部门、高校及行业组织、专业协会及深圳市义工联等社会公益力量，共同推进环保意识的传播和普及。2012年6月至2013年11月，华侨城湿地先后与香港城市大学深圳研究院、中山大学生命科学学院、暨南大学深圳旅游学院、深圳大学生命科学学院、北京大学汇丰商学院绿色经济研究中心建立“科研教学基地”。在2013年与世界自然基金会（WWF）开展华侨城湿地宣教基地展厅策划、鸻鹬类及黑脸琵鹭卫星跟踪等两大项目的合作。并与湿地国际、绿色江河、深圳市生态学会等行业内专业组织进行宣传、活动等方面的联动和推广。

1）深圳市义工联

截止到2015年，深圳市义工联环保组已在华侨城湿地服务了2年。华侨城湿地定期对义工伙伴进行专业知识培训，使我们的义工不仅仅是简单的服务，还能够对公众进行生态环保方面的宣传教育，极大提升了华侨城湿地的专业性。截至2015年12月，义工服务范围覆盖园区及展厅，义工服务团队人数达到162人，服务超过5880人次，服务时间总数已超过35380小时。

2）华侨城湿地环保志愿教师

华侨城湿地在深圳市人居环境委员会的引导下于2014年1月成为深圳首个自然学校，而这样的公益性学校的可持续运行，一支常年担任自然学校的环保志愿者教师队伍必不可少。环保志愿教师都是从社会招募而来的热爱公益事业、具有不同专业背景的志愿者（图9-8）。他们的年龄跨度非常大，上至白发斑斑的老人，下至在校大学生。他们的职业也各不相同，在职大学老师、医生、政府职员、金

图9-8 华侨城湿地自然学校环保志愿教师

融白领等。来自各个领域的专家为志愿者们传授红树林滨海湿地保护、湿地鸟类及栖息地生态、湿地环境互动活动设计、公益服务纪律与乐趣、自然解说的原理及技巧等知识，让大家更深入了解自然学校的目的和意义。

华侨城湿地自然学校于2013年12月17日开始招募第一期环保志愿教师，目前已培训了三期环保志愿教师，第四期在2015年10—11月进行招募。华侨城湿地自然学校自2014年1月援建以来不断努力壮大教学队伍，华侨城湿地自然学校环保志愿教师要经过2个月系统的培训、至少1个月的实践积累并且顺利通过个人考核、小组考核及笔试才能正式毕业。经过3个月的系统培训后的志愿者，将经过实习和考核后，才能正式成为华侨城湿地自然学校环保志愿教师的一员。截至2015年12月，共开展培训52次，已超过1320人次参与培训。第一期环保志愿教师毕业17人，第二期环保志愿教师10人于2015年12月正式毕业。

## 9.6 华侨城湿地的项目经验

### 9.6.1 华侨城湿地的成功修复是其发展的前提条件

华侨城集团本着“先治理后建设”的原则，历时5年、斥资逾2亿元，通过截污治污、生态净化、湿地植物配置、恢复潮间带生境、营造适应鸟类栖息生境、治理入侵生物等多种生态修复手段，改善了湿地水质，维护了滨海湿地生态系统的稳定性。

“华侨城湿地项目”先后启动了500 m长的小沙河出海口段污水截排、1.45 km的生态围堰修建、3.3 km的铁板网围墙修建、6.3 km的外引水、$20.6 \times 10^4$ m$^2$的清淤还湖等工程，并通过补种16万株红树植物、清除$11 \times 10^4$ m$^2$范围内的外来入侵植物等举措，恢复了$3 \times 10^4$ m$^2$的湿地面积和$15 \times 10^4$ m$^2$的陆地植被，并将华侨城湿地栖息鸟类种类数量恢复到100种以上，总数超过3000只，包括黑脸琵鹭等10种国家级保护鸟、7种中国濒危鸟、8种广东省重点保护鸟类。通过华侨城一系列的有效举措，成功地重现了华侨城湿地的生机与活力，以其原生态的环境资源、优美的植被景观重新成为城市中心的“天然绿肺”。

1）生态景观改善

在湿地原有的野生植物基础上，华侨城湿地的植被系统划分为五大功能区：植被核心保护区、植被重点保护区、植被加强区、植被恢复区和红树林保护区。根据各功能区的植被特点，分别构建了红树林生态系统、水陆两栖湿地生态系统、湖心岛常绿阔叶林系统以及水生植物生态系统。形成陆地乔木林—矮灌林—红树林（包括半红树植物）—湿地草本—挺水植物的层次梯度景观。在植物物种选择上，增加了浆果植物、蜜源植物、观赏植物，如构树、苦楝树、樟树、刺桐、野牡丹、枫香等；在滩涂营造上，根据潮水高低的幅度，设置了不同大小、形状的滩涂，为鸟类营造了宜居环境，保证了林鸟物种多样性的提高。

华侨城湿地的成功修复重新恢复了东部红树林的秀美景观，重新为鸟类提供了充足的食物、适合的生境和栖息地。园道旁生长着各类高大乔木和灌丛，海岸线上的海雀稗、芦苇等水生草本植物茂盛生长，在碧蓝水面的衬托下，显得格外青翠和鲜嫩（图9-9，图9-10）。裸滩边水中的白鹭正来回踱步觅食，时而仰天长啸，时而低头沉思；芦苇荡中的水鸟妈妈正衔食而来，去哺育它的幼鸟。华侨城湿地重新呈现出红树绵延、碧波荡漾、白鹭低飞、鸟鸣鱼欢的自然生态美景。

图9-9　华侨城湿地东区滩涂秀美景观

图9-10　华侨城湿地芦苇荡

2）生物多样性增加

华侨城湿地的成功修复，为鸟类、鱼类提供了丰富的食物和良好的生存繁衍空间，对物种保存和保护物种多样性发挥着重要作用。同时，对调节气候、促淤造陆、降解污染物，美化周边环境等方面也起到积极作用。

华侨城湿地是深圳湾鸟类多样性最高的区域。修复后的华侨城湿地生境复杂性增强，特别是沿湖植被类型丰富后，重新为鸟类提供了充足的食物和适合的生境，使其成为深圳湾鸟类重要的栖息地。每到沿海滩涂被潮水淹没时，有大量涉禽鸟类飞抵北湖栖居，预计涉禽种类超过60种，其中黑脸琵鹭的数量将稳中有增。国家二级重点保护野生鸟类褐翅鸦鹃、鹰鸮、领角鸮和雕鸮等林鸟，在深圳湾林鸟种类保持优势。不少鸟种在华侨城湿

地呈现群聚现象。华侨城湿地成为深圳湾繁殖鸟的重要繁殖地，包括彩鹬、黑翅长脚鹬、小白鹭、牛背鹭、池鹭、夜鹭、黑水鸡、小䴙䴘、长尾缝叶莺、黑领椋鸟、白头鹎、白喉红臀鹎、红耳鹎、暗绿绣眼鸟等夏候鸟和当地留鸟（图9-11）。

图9-11　华侨城湿地牛背鹭

3）知名度与社会影响力提高

2011年8月，包括华侨城湿地在内的“欢乐海岸”项目获得了国家旅游局、国家环境保护部联合授予的“国家生态旅游示范区”的称号，成为全国保护生态环境、推动旅游业可持续发展的典范。与此同时，国家海洋局授予华侨城湿地“国家海洋行业公益性科研专项滨海湿地生态修复示范区”的称号，国家海洋局、深圳市海洋局联合授予华侨城湿地“国家级滨海湿地修复示范项目”的称号并颁发牌匾，肯定了华侨城湿地在滨海湿地修复、管理体制等领域的创新和成绩。华侨城湿地也成为全国首个获此殊荣的项目。

作为管理者的华侨城集团秉承“环境就是核心竞争力”建设发展理念，“人与环境和谐共生”的不断实践，使作为中国唯一地处现代化大都市腹地的滨海红树林湿地——$68.5 \times 10^4\ m^2$的华侨城湿地向人们完美呈现深圳全新“生态名片”的独特魅力。

### 9.6.2　社会影响力是企业的重要资产

企业的价值不仅仅是自身财富的多少，还包括它的社会价值。良好的社会认可度和信誉是巨大的无形资产，这种巨大的无形资产会为企业的发展带来长时期的推动效应。“华侨城湿地项目”不仅能够有效保护宝贵的滨海红树林湿地，还填补了深圳都市生态旅游项目的空白，丰富了深圳高端文化产业的内涵，提升了深圳的滨海城市形象。

## 9.7　华侨城湿地管理模式的创新与发展

与非政府组织（NGO）管理的香港米埔自然保护区等以及由政府相关部门经营管理的绝大多数我国湿地保护区和湿地公园不同，华侨城湿地由华侨城集团进行代管，开创了完全由企业管理，且不直接经营的湿地管理体制，这在全国还属首创。

1）充分发挥了湿地生态修复、环境保护产生的经济、社会与生态效益

华侨城湿地是深圳特区的一处生态宝库，同时也是城市经济价值提升的助推剂。湿地景色秀美、空气清新，野生植物千姿百态，野生动物种类丰富，是人类旅游、观光、休闲的良好场所。湿地对区域环境、气候有着较大的影响，湿地在净化水质、固土保肥、调蓄洪水和维持生物多样性方面都具有明显的作用。

华侨城湿地可作为深圳城市和企业形象的标志性景观，不仅可以提升城市品位，而且通过有限地向公众开放，让人们了解湿地、认识湿地，并走向科学的大课堂和博物馆，具有独特的社会效益（田婷婷等，2012）。所有的旅游活动都要以保护湿地生态系统为中心，并且与科研机构长期合作，实时实地地对湿地环境进行检测，为湿地的良性发展奠定了坚实的基础。

2）以公益性为原则，打造国内一流的公益性科普教育平台

环境教育是一个终身的学习过程。通过亲身体验，让公众意识到环境问题的重要性，投入到环境保护队伍当中，是环境教育的重要途径，而自然生态系统则是对社会公众开展环境教育的最理想场所之一。华侨城湿地的开发管理打破了直接利用湿地动植物或生态功能等有形资源获得经济效益的做法，这种方式本身就是一个合理利用自然资源、善待自然的最佳教材。利用生态修复示范地带来的一系列社会效应，华侨城湿地从修复开始已经向公众传达着湿地生态保护的信息。正式开放后，白鹭齐飞的美丽的湿地风光将进一步加深公众对湿地保护的理解，从而更有效地保护华侨城湿地的红树林生长、鸟类居住环境。

为了更好地实践华侨城的生态理想，实现最贴近公众和市民的常年环保互动，积极推进市民环保意识的提升，除了对区域生态环境的修复改造，华侨城湿地内更因地制宜设置了生态教育基地及湿地监测站等生态设施，并为参观者修建可供步行和骑行的林荫小道、栈桥和观鸟屋，集生态观光与环保教育功能于一体。

同时，华侨城与专业机构和环保组织在湿地保护、水质监测、鸟类观测、维持物种多样性及环保互动等方面建立广泛的合作关系。华侨城湿地成功开展了“中国城市湿地守护者招募计划”、“湿地初体验”等系列活动，通过志愿者的招募，不仅为华侨城湿地集聚资源，同时也提升公众的环保意识和责任感。“中国城市湿地守护者招募计划”以生态环保为主旨，以深圳全新的“生态名片”华侨城湿地为主体，面向全社会招募华侨城湿地的守护志愿者，让更多的人关注和参与到生态环保的工作中来，并在生态专家的带领下进行生态教育培训、绿色环保实践、生态管理经验交流等系列工作，将生态环保的理念更广、更深地传播和升华。

华侨城湿地将成为湿地生态系统及生物多样性的重要研究基地及科普教育、教学实习的理想场所，也为特区市民提供了一处休憩、观光、旅游等多种服务功能的休闲场所，同时又可以进行环保、科普、保护自然资源的教育，提高全民环保意识。

# 第10章 华侨城湿地生态修复的效益评价

华侨城湿地经过改造和修复，目前拥有泥滩、沙砾浅滩、芦苇、湖心岛、灌丛等多种生境类型，适宜不同生态类型的鸟类在此栖息，是深圳湾鸟类重要的繁殖地，是维持和保证深圳湾鸟类多样性不可或缺的重要组成部分。修复后的华侨城湿地具有维持生物多样性等重要的生态效益，再配置科普教育设施，华侨城湿地可以开展诸如自然课堂、湿地常识、物种多样性、生态现象等系列专题教育，是观鸟、观鱼、观虫、观自然的理想场所，是中小学、大专院校等开展教学和科学研究的实验基地。因此，华侨城湿地是面向公众进行生态保护和自然科普教育的优质资源和良好平台。

## 10.1　滨海湿地效益分析

湿地在自然界三大生态系统中生物多样性最丰富、生态功能最高，被誉为“地球之肾”。每年全球湿地提供的环境服务价值达4.9亿美元，占全球生态系统服务价值的14.7%，超过了全球湿地面积所占比例的两倍还多（崔璐，2010）。与陆地和海洋生态系统相比，每公顷湿地生态系统每年创造的价值达到4000～14 000美元，远远高于陆地和海洋（表10-1）（陈桂珠等，2006）。

表10-1　不同生态系统每年提供的经济效益

| 生态系统类型 | | 经济效益（美元/hm$^2$） |
| --- | --- | --- |
| 湿地 | 泥炭沼泽 | 14785 |
| | 湖泊河流 | 8495 |
| | 海岸带 | 4052 |
| 陆地 | 热带雨林 | 2007 |
| | 草地 | 232 |
| | 其他森林 | 302 |
| | 农田 | 92 |
| 海洋 | | 252 |

滨海湿地地处海洋与陆地的交汇地带，接受海陆各种物质的补给，大量悬浮物和营养盐在此沉降，咸淡水在这里混合交汇，使它成为特殊的自然综合体。我国共有海岸带面积$28.57 \times 10^4$ km$^2$，其中潮间带滩涂面积$2.17 \times 10^4$ km$^2$，滨海湿地面积$5.95 \times 10^4$ km$^2$。至2005年我国已有9处滨海湿地被列入国际重要湿地名录，36处滨海湿地被列入中国重要湿地名录（陈增奇等，2005）。

滨海湿地不仅能提供丰富的土地、盐业、生物、旅游等资源，还具有调节气候、调节水文、净化污染、为生物提供栖息地等巨大的环境调节、生态效益多种功能。

### 10.1.1 滨海湿地生态效益

1）提供多样生境，维持生物多样性

河口带来的大量悬浮物和营养盐在滨海湿地汇集沉淀，给生物种群的栖息和繁衍提供了良好的自然生态环境。因此，滨海湿地通常具有丰富的生物资源。依赖湿地生存、繁衍的野生动物极为丰富，其中有许多是珍稀特有的物种。天然的湿地环境为鸟类、鱼类提供丰富的食物和良好的生存繁衍空间，对物种保存和保护物种多样性发挥着重要作用。湿地是重要的遗传基因库，对维持野生物种种群的存续、筛选和改良均具有重要意义（杨竞寸等，1999；陈增奇等，2005）。据统计，我国国家一级保护鸟类约有一半生活在湿地中（崔璐，2010）。

2）调节大气，保持空气清新

滨海湿地尤其是植被覆盖率较高的滨海湿地对大气的调节具有重要意义，主要表现在植被通过吸收$CO_2$、释放$O_2$实现对大气组分的调节，这对控制$CO_2$上升和全球气候变暖都具有重大意义（王明明等，2011）。

3）调蓄洪水，防止自然灾害

湿地在控制洪水、调节河川径流、补给地下水和维持区域水平衡中发挥着重要作用，是蓄水防洪的天然“海绵”。我国降水的季节分配和年度分配不均匀，通过天然和人工湿地的调节，储存来自降雨、河流过多的水量，从而避免发生洪水灾害，保证工农业生产有稳定的水源供给。

4）降解污染物

进入水体生态系统的许多有毒有害物都是吸附在沉积物的表面或含在黏土的分子内。在许多湿地中，较慢的水流速度有助于沉积物的下沉，也有助于与沉积物结合在一起的有毒有害物的储存与转化。湿地中的许多水生植物，包括挺水、浮水和沉水植物，它们能够在其组织中富集重金属的浓度比周围水中浓度高出10万倍以上。水浮莲、香蒲和芦苇都已被成功地用来处理污水（杨永兴等，1993）。

5）滞留营养物

营养物通常来自径流带来的生活污水、农用肥和工业排放物，当营养物随沉积物沉降后，通过湿地植物吸收，经化学和生物学过程转换而被储存起来，不能保证湿地植物吸收的营养物就可以从水中排除，因为营养物可能随植物的腐烂而再次释放到水中。然而，从湿地中收获生物量，如收割芦苇用于造纸和捕获鱼类，这意味着营养物质以有用的形式从该系统中排除出来。无机磷和氮是通过湿地的生物化学过程被排除、储存或转移的最重要的营养物质。

6）保护海岸线及控制侵蚀

滨海湿地可防止或减轻海水对海岸线、河口湾的侵蚀。其作用主要有：植物根系及堆积的植物体对基地的稳固作用；削减海潮和波浪的冲力；沉降沉积物，如红树林防浪护岸是通过消浪、缓流和促淤来实现的。

7）防风减灾

湿地植被可使建筑物、作物或天然植被免遭强风的破坏。中国东南沿海台风盛行，因此红树林对防风护堤的作用相当明显，东南亚海啸已经证实红树林具有抵御海啸、抗浪减灾的功能。

### 10.1.2 滨海湿地的经济效益

（1）提供丰富的动植物产品。湿地提供的莲、藕、菱、芡及浅海水域的一些鱼、虾、贝、藻类等是富有营养的副食品。有些湿地动植物还可入药。有许多动植物还是发展轻工业的重要原材料，如芦苇就是重要的造纸原料。

（2）提供水资源。水是人类不可缺少的生态要素，湿地是人类发展工、农业生产用水和城市生活用水的主要来源。

（3）提供矿物资源。湿地中有各种矿砂和盐类资源。我国一些重要油田，大都分布在湿地区域，湿地的地下油气资源开发利用在国民经济中的意义重大。

（4）提供能源。湿地中的泥炭和林草可作为缺乏燃料地区的燃料。

### 10.1.3 滨海湿地的社会效益

（1）湿地具有自然观光、旅游、娱乐等美学方面的功能。我国有许多重要的旅游风景区都分布在湿地区域。滨海的沙滩、海水是重要的旅游资源。

（2）教育与科研价值。湿地生态系统、多样的动植物群落、濒危物种等，在科研中都有重要地位，它们为教育和科学研究提供了对象、材料和试验基地。一些湿地中保留着过去和现在的生物、地理等方面演化进程的信息，在研究环境演化、古地理方面有着重要价值。

然而，随着经济的快速发展和人口的急剧膨胀，湿地面临盲目开垦、资源过度利用、景观演变不平衡、生物群落结构改变、泥沙淤积日益严重和开发利用管理混乱等一系列问题。据不完全统计，至今中国沿海地区累计丧失滨海滩涂湿地面积约 $119\times10^4\ hm^2$，城乡工矿占用湿地面积约$100\times10^4\ hm^2$，两项相当于沿海湿地总面积的50%（陆健健，2004）。湿地的价值及重要性受到各国政府、国际自然保护组织以及部分企业的高度关注，在重视与积极推进重建与恢复工作的同时，政府、国际自然保护组织以及企业通力合作，根据不同湿地规模、地理环境与特点，充分发挥湿地生态系统的生态服务功能、社会价值及人文与美学价值，尝试了各具特色的保护模式，从而真正体现湿地生态系统的生态价值、社会价值和经济价值。

## 10.2 华侨城湿地效益评价

### 10.2.1 生态效益

#### 10.2.1.1 维持生物多样性

湿地是濒危鸟类、迁徙候鸟以及其他野生动物的重要栖息繁殖地。华侨城湿地是深圳湾鸟类多样性最高的区域，占深圳湾鸟类种数的80%以上，其中留鸟43种，候鸟106种，涉及游禽、涉禽、攀禽、猛禽、陆禽和鸣禽六大类别，其中不乏黑脸琵鹭、褐翅鸦鹃、鹰鸮、领角鸮和雕鸮等珍稀鸟类。

修复后的华侨城湿地，在清除和管理好入侵植物后，建立了“岸绿、景美、生态、安全”的人与自然、人与生物之间和谐共生的生态环境，增加植被与生境的多样性，本土植物种类大幅增加，植物配置更加复杂多样，乔木疏密合理，与地被和灌木科学配搭，加之严格管理，人为干扰少，林鸟多样性得到大幅提升。由于滩涂的营造，水鸟种类数也有所增加。2012年以后相继有黄苇鳽、草鹭、灰尾漂鹬、凤头麦鸡等水鸟首次出现在华侨城湿地。

#### 10.2.1.2 营养物质积累与循环

红树植物群落的生产力固定C，结合H和吸收N的能力较强，红树林每年从水体和土壤吸收大量动物难以利用的C、H、N元素，并将这些元素的大部分归到水体中供动植物再利用。据文献资料计算：深圳湾50年生天然红树林群落C、H、N元素现存量分别为141 17.7 g/m$^2$，144 6.4 g/m$^2$和158.5 g/m$^2$，群落年净固定C 798.51 g/m$^2$，结合H 86.31 g/m$^2$和吸收N 12.33 g/m$^2$。由于华侨城湿地红树林与深圳湾红树林生态系统的同源性，华侨城湿地红树林在元素循环方面的功能对深圳湾红树林生态系统和整个近海海岸生态系统意义重大。

#### 10.2.1.3 调节区域气候

生态系统通过固定大气中的$CO_2$而减缓地球的温室效应：在区域尺度上，生态系统可通过植物的蒸腾作用直接调节区域性的气候；在更小的空间尺度上，森林类型和状况决定林中的小气候。华侨城湿地位于城市腹地，四周为现代建筑群，湿地内丰富的植物群落，对$CO_2$的吸收及$O_2$的释放具有不可替代的作用。

#### 10.2.1.4 净化深圳湾水体环境

红树林生态系统是一个由“红树林—细菌—藻类—浮游动物—鱼虾蟹贝类”等生物群落构成的多级净化系统。林下的多种微生物能分解排入林内污水中的有机物、吸收有毒的重金属，释放出来的营养物质供给该生态系统内各种生物吸收，或毒物被植物吸收后固定在不易被动物取食的部位，从而达到净化海洋环境的作用。实验表明，木榄、秋茄和桐花树等红树植物的根系，能大量富集放射性$^{90}$Sr，尤其桐花树幼苗所吸收的放射性$^{90}$Sr有97.7%集中在根部。华侨城湿地与深圳湾水体相通，湿地内的红树对深圳湾水域的净化起一定积极作用。通过对红树林的修复，可以降低华侨城湿地水体的污染，减弱海水的富营养化，使海水水质得到净化，使海水中的鱼、虾等海洋生物与底栖动物增加，为海鸟提供充足的食物来源。

### 10.2.2 经济效益

滨海湿地是极为特殊的自然生态系统，拥有独特的资源优势和环境优势，具有自然观光、旅游、娱乐等美学方面的功能。滨海湿地旅游是海岸生态旅游的重要内容之一。

华侨城湿地给游客所带来的感性美学享受，为海岸带观光游览增添了崭新的内容，成为热带、亚热带海岸线上的旅游亮点和海岸景观最美的自然艺术奇葩。华侨城湿地处于河海交汇处，景观空间开阔，景色独特，奇根异花，胎生果实，虾蟹鹭鸟、自然滩涂、珍稀鸟群等自然景色与世界之窗、民俗村、锦绣中华主题公园相映生辉。尤其是每

年候鸟迁徙的高峰期，整个华侨城片区呈现群鸟纷飞、白鹭盘旋、城区鸟鸣啾啾的秀、奇、趣的城市风光，这样美丽的城市景观极具观赏价值。同时，发挥深圳滨海湿地和红树林特色，在提高区域环境和人居环境质量的同时，对周边地区价值的提高起到正面的推动作用，将连带各种产业的发展，使经济发展受益。

华侨城湿地改善生态促进旅游，再用旅游促进生态保护，形成良性互动循环。生态旅游的健康发展既可以带来经济效益又可以促进环境效益。作为不可多得的海洋生态旅游资源，华侨城湿地还具有传播环境保护知识、教育、科学研究等多方面的功能。游客们在漫步堤岸、欣赏大自然美景的同时，进一步激发热爱大自然，保护野生动植物资源和生态环境的热情，增强保护自然的意识和责任感（图10-1 ~ 图10-4）。

图10-1　华侨城湿地的芦苇景观

图10-2　华侨城湿地的水鸟

图10-3　华侨城湿地的鸟群

图10-4　华侨城湿地的植被

### 10.2.3　社会效益

华侨城湿地作为新型滨海生态旅游业和科普教育的平台，开拓丰富了民众的文化生活，陶冶人们的性情，培养人们的环保意识和审美情趣，提高城市的生活质量，促进精神文明建设；通过湿地生态环境的改造和红树林种植，并增加如观鸟屋、亲水栈道等设施，形成休闲、亲水、休憩等多种功能，增加城市公共活动空间；华侨城湿地已经成为市民保护大自然环境意识教育的代表性场所。

通过华侨城湿地这个平台，充分利用华基金、WWF等NGO组织开设自然学校、培训义工和科普志愿者，通过生态修复成果——华侨城湿地展览馆，加强民众对滨海湿地相关自然科学知识及滨海湿地生态价值的了解，以寓教于乐的方式，增加了民众的海洋生态文化知识，宣传生态保护及人与自然和谐共存的理念。

## 10.3 环境对华侨城湿地生物多样性的影响

### 10.3.1 物种多样性丰度及其变化原因分析

华侨城湿地由于人为污染及外来入侵种的危害，其生物多样性较低，尤其体现在植物、底栖动物、鸟类以及藻类物种多样性等方面。

由于填海造成潮水上涨高度受限，潮水不能到达该湿地的东北区域，致使该区域退化为陆地，大量陆地先锋树种进入，外来入侵植物成为了优势种群，红树植物生态位被入侵植物侵占而致死，物种群落结构发生实质性的变化，间接地影响到了鸟类的栖息和觅食，鸟类物种多样性下降。

由于华侨城湿地的水质受到上游小沙河及生活污水的影响，导致了底栖动物物种多样性和浮游动物物种多样性的减少。通过分析其多样性指数评估认为湿地污染程度与沉积环境有关。藻类的物种多样性的降低主要与水的盐度相关。2010年，硅藻占绝对优势，其中又以骨条藻、茧形藻和小环藻出现频率最高，而2011年，在样点调查所得藻的种类较少，优势藻种都是色球藻。一般认为，在半咸水和海水环境中，硅藻是主要的优势种，在相对静止的淡水湖泊，优势种通常为蓝藻和绿藻。这主要是由于华侨城湿地在2010年围堰工程前，深圳湾的海水也会在涨潮的高潮期流入。而在2010年3月至2011年2月之间，华侨城湿地进行了围堰工程，阻断了深圳湾海水的流入，影响了浮游植物的种类组成。

### 10.3.2 华侨城湿地环境多样性与水鸟数量关系模拟分析

为了建立鸟类数目与环境因子模型，在观察鸟类数目的同时对湿地内水面面积、滩涂面积、红树林面积和陆地植被面积4个环境因子进行评估。其中，水面面积为湿地内水体面积；滩涂面积为湿地内最高水位线与最低水位线之间的淤泥和软泥区域；红树林面积为湿地内红树林区域的面积；陆地植被面积为湿地内各种植被（包括树木、花草）所占面积。环境因子数据如图10-5所示。然后，在湿地范围内，将鸟类数目与环境因子结合，进行多元线性回归，建立模型，根据模型选择适合鸟类栖息的最佳环境因子。

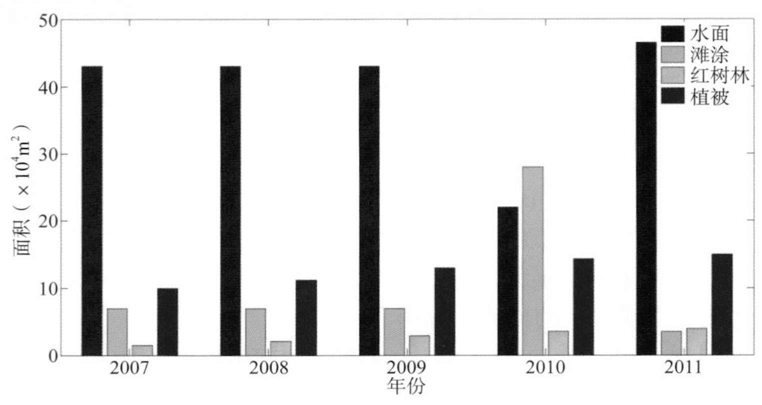


图10-5 每次测定时环境因子（滩涂、红树林、植被和水面）参数

多元线性回归分析是多元回归分析中一种比较重要的分析方法。它主要研究的是一个因变量与多个自变量之间的回归分析问题（即根据因变量与多个自变量的实际观测值，建立因变量对多个自变量的多元回归方程）。设有$n$组实际观测数据（即有$n$组因变量$y$与自变量$x_1$，$x_2$，…，$x_m$）：

| 序号＼变量 | $y$ | $x_1$ | $x_2$ | … | $x_m$ |
|---|---|---|---|---|---|
| 1 | $y_1$ | $x_{11}$ | $x_{21}$ | … | $x_{m1}$ |
| 2 | $y_2$ | $x_{12}$ | $x_{22}$ | … | $x_{m2}$ |
| ⋮ | ⋮ | ⋮ | ⋮ | ⋮ | ⋮ |
| $n$ | $y_n$ | $x_{1n}$ | $x_{2n}$ | … | $x_{mn}$ |

假定因变量$y$与自变量$x_1$，$x_2$，…，$x_m$间存在线性关系，并且其关系式为：

$$y_i=\beta_0+\beta_1 x_{1i}+\beta_2 x_{2i}+\cdots+\beta_m x_{mi}+\varepsilon_i \qquad i=1,2,\cdots,n \tag{10.1}$$

式中，$x_1$，$x_2$，…，$x_m$为一组观测的自变量；$y$为相应观测的因变量，并且随$x_1$，$x_2$，…，$x_m$变化而变化；$\varepsilon_i$为相互独立且服从正态分布的随机变量。我们可以根据实际观测值对$\beta_0$，$\beta_1$，$\beta_2$，…，$\beta_m$以及$\varepsilon_i$进行估计。设$y$对$x_1$，$x_2$，…，$x_m$的多元线性回归方程为：

$$\hat{y}=b_0+b_1x_1+b_2x_2+\cdots+b_mx_m \tag{10.2}$$

式中，$b_0$，$b_1$，$b_2$，…，$b_m$为$\beta_0$，$\beta_1$，$\beta_2$，…，$\beta_m$的最小二乘估计值，即$b_0$，$b_1$，$b_2$，…，$b_m$应使因变量$y$与回归估计值$\hat{y}$的偏差平方和最小。

令
$$Q=\sum_{i=1}^{n}(y_i-\hat{y}_i)^2=\sum_{i=1}^{n}(y_i-b_0-b_1x_{1i}-b_2x_{2i}-\cdots-b_mx_{mi})^2 \tag{10.3}$$

则，$Q$为关于$b_0$，$b_1$，$b_2$，…，$b_m$的$m$+1元函数，并且若使$Q$达到最小，则应有：

$$\frac{\partial Q}{\partial b_0}=-2\sum_{i=1}^{n}(y_i-b_0-b_1x_{1i}-b_2x_{2i}-\cdots-b_mx_{mi})=0 \tag{10.4}$$

$$\vdots$$

$$\frac{\partial Q}{\partial b_j}=-2\sum_{i=1}^{n}x_{ji}(y_i-b_0-b_1x_{1i}-b_2x_{2i}-\cdots-b_mx_{mi})=0 \tag{10.5}$$

（$i$=1，2，…，$m$）

经整理可得：

$$\begin{cases} nb_0+(\Sigma x_1)b_1+(\Sigma x_2)b_2+\cdots+(\Sigma x_m)b_m=\Sigma y \\ (\Sigma x_1)b_0+(\Sigma x_1^2)b_1+(\Sigma x_1x_2)b_2+\cdots+(\Sigma x_1x_m)b_m=\Sigma x_1y \\ (\Sigma x_2)b_0+(\Sigma x_2x_1)b_1+(\Sigma x_2^2)b_2+\cdots+(\Sigma x_2x_m)b_m=\Sigma x_2y \\ \qquad\vdots \qquad\qquad \vdots \qquad\qquad \vdots \\ (\Sigma x_m)b_0+(\Sigma x_mx_1)b_1+(\Sigma x_mx_2)b_2+\cdots+(\Sigma x_m^2)b_m=\Sigma x_my \end{cases} \tag{10.6}$$

由式（10.6）可得：

$$b_0 = \bar{y} - b_1\bar{x}_1 - b_2\bar{x}_2 - \cdots - b_m\bar{x}_m \qquad (10.7)$$

即，$b_0 = \bar{y} - \sum_{i=1}^{m} b_i\bar{x}_i$，其中，$\bar{y} = \frac{1}{n}\sum_{j=1}^{n} y_j$，$\bar{x}_i = \frac{1}{n}\sum_{j=1}^{n} x_{ij}$。若记 $SS_i = \sum_{j=1}^{n}(x_{ij} - \bar{x}_i)^2$，$SS_y = \sum_{j=1}^{n}(y_j - \bar{y})^2$，$SP_{ik} = \sum_{j=1}^{n}(x_{ij} - \bar{x}_i)(x_{kj} - \bar{x}_k) = SP_{ki}$ 和 $SP_{io} = \sum_{j=1}^{n}(x_{ij} - \bar{x}_i)(y_j - \bar{y})$，并且其中，$i$、$k$=1，2，…，$m$；$i \neq k$。将式（10.7）分别代入式（10.6）中的后$m$方程组，并且解正规方程组：

$$\begin{cases} SS_1 b_1 + SP_{12} b_2 + \cdots + SP_{1m} b_m = SP_{10} \\ SP_{21} b_1 + SS_2 b_2 + \cdots + SP_{2m} b_m = SP_{20} \\ \quad\vdots \qquad\qquad \vdots \qquad\qquad \vdots \\ SP_{m1} b_1 + SP_{m2} b_2 + \cdots + SS_m b_m = SP_{m0} \end{cases} \qquad (10.8)$$

即可得到回归系数$b_1$，$b_2$，…，$b_m$，进而可得$m$元线性回归方程。$m$元线性回归方程对应的图形为$m$+1维空间的一个平面（又称为回归平面）。$b_0$称为回归常数项。$b_i$（$i$=1，2，…，$m$）称为因变量$y$对自变量$x_i$的偏回归系数，表示除自变量$x_i$以外的其余$m$−1个自变量都固定不变时，自变量$x_i$每变化一个单位，因变量$y$平均变化的单位数值。确切地说，当$b_i>0$时，自变量$x_i$每增加一个单位，因变量$y$平均增加$b_i$个单位；当$b_i<0$时，自变量$x_i$每增加一个单位，因变量$y$平均减少$b_i$个单位。

基于以上原理，我们采用Matlab软件包，对鸟类总数目与环境因子之间的关系进行了多元线性回归分析，模型如方程式（10.9）所示：

$$Y = 8041.1 - 7395.9WA + 1.0324TA - 4678.5MA + 4869.8VA \qquad (10.9)$$

$$RMSE = 43.725 \quad R^2 = 0.99985 \quad F = 2333.8 \quad p = 0.015215$$

式中，$WA$表示水面面积，$TA$表示滩涂面积，$MA$表示红树林面积，$VA$表示陆地植被面积。该模型的均方根差（$RMSE$）为43.725，相关系数的平方（$R^2$）为0.99985，$F$统计值为2333.8，$p$值为0.015215，表明该模型具有很好的统计显著性。基于该模型预测的鸟类数目与实际数目关系如图10-6所示。

从该方程中各项的系数可以看出，鸟类的总数目与水面面积和红树林面积成负相关，也即较小的水面面积和红树林面积有助于提高涉禽鸟类的总数目；鸟类总数目与滩涂面积和陆地植被面积成正相关，也即较大的滩涂和陆地植被面积有助于提高鸟类的总数目。由于在我们观察的鸟类总数目中，涉禽类占80%～90%，因此这些由公式总结的规律与实际情况一致。只有通过环境改造，提高湿地中滩涂面积和陆地植被的面积，才能提高湿地中鸟类的总数目。

根据建立的模型，综合考虑湿地的生物多样性、科学性以及休闲娱乐等因素，建议将水面面积改造为$43 \times 10^4$ m$^2$，滩涂面积改造为$7 \times 10^4$ m$^2$，红树林和陆地植被面积分别改造为$2 \times 10^4$ m$^2$和$16 \times 10^4$ m$^2$。届时，根据模型可以预测湿地中鸟类的总数目最大值将达到15 000只左右。

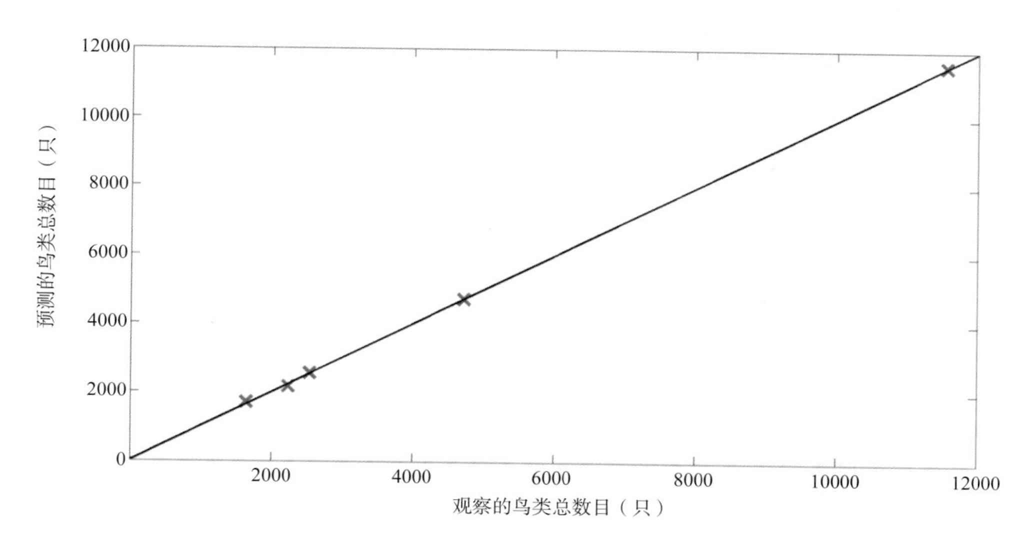


图10-6　观察的鸟类总数目与预测的鸟类总数目之间的关系

# 10.4　华侨城湿地的价值增值

## 10.4.1　科学研究的价值

香港城市大学自20世纪80年代开始，一直在深圳湾从事红树林滨海湿地生态研究工作，特别关注深圳经济快速增长期间，深圳湾湿地受到的巨大压力和扰动。华侨城湿地自1996年形成以来，香港城市大学密切关注其保护、发展和利用方式，对这块湿地修复和保护充满了期待。2009年9月，承担国家海洋公益性行业科研专项滨海湿地生态系统修复技术研究及应用示范后，适逢华侨城集团开始对华侨城湿地进行修复和整治，将华侨城集团修复湿地的工作与香港城市大学深圳研究院承担的研究项目结合，充分利用研究成果指导湿地修复过程，密切监测修复效果，修正修复进程的非生态偏差，服务于更好地保障华侨城湿地功能最大化、效益最大化、区域影响力最大化目标的实现。

## 10.4.2　华侨城湿地的价值增值

作为深圳湾滨海湿地生态系统的重要组成部分，华侨城湿地碧波荡漾的水面、茂密丰盛的芦苇丛、郁郁葱葱的红树林以及漫步滩涂的各类珍稀鸟类，已成为深圳特区一道靓丽的风景线，成为现代都市“人与自然和谐共存”的典范。

红树林是生长在热带、亚热带隐蔽潮间带的独特植物群落，具有防浪护岸、维持海岸生物多样性和渔业资源、净化水质、调节区域性水平衡和美化环境等重要的生态功能。华侨城湿地的红树林与福田红树林自然保护区、香港米埔自然保护区共同组成完整的深圳湾红树林湿地生态系统，成为候鸟从西伯利亚至澳大利亚南迁北徙的“歇脚地”，为鸟类、鱼类提供丰富的食物和良好的生存繁衍空间，对保存物种和保护物种多样性发挥着重要作用（图10-7，图10-8）。

图10-7　华侨城湿地的红树林景观

图10-8　华侨城湿地的红树林

# 参考文献


安树青. 2003. 湿地生态工程——湿地资源利用与保护的优化模式. 北京：化学工业出版社.

卜菁华, 王洋. 2005. 伦敦湿地公园运作模式与设计概念. 华中建筑, 23(2):103–105.

蔡立哲, 林鹏, 刘俊杰. 2000. 深圳河口泥滩三种大型多毛类的数量动态及其环境分析. 海洋学报, 22(3):97–103.

蔡立哲, 周时强, 林鹏. 1998. 深圳湾福田潮间带泥滩大型底栖动物群落生态特点//郎志卿, 林鹏, 陆健健. 中国湿地研究和保护. 上海：华东师范大学出版社.

蔡立哲. 2010. 湿地底栖动物资源保护研究——以深圳湾为例. 泉州师范学院学报（自然科学）, 28(6):1–4.

曹则贤. 2003. 城市（道路）建设应规划生物通道. 中国科学院物理研究所.

潮洛蒙, 李小凌, 俞孔坚. 2003. 城市湿地的生态功能. 城市问题, (3):9–12.

陈封怀. 1991. 广东植物志（第三卷）. 广州：广东科技出版社.

陈桂珠, 彭友贵, 吴乾钊, 等. 2006. 广州南沙地区湿地生态系统研究. 广州：中山大学出版社.

陈化鹏, 高中信, 李先敏. 1992. 沾河林区夏季森林鸟类群落结构研究. 东北林业大学学报, 20(6): 49–55.

陈江妹, 陈仉英, 肖胜, 等. 2011. 国内外城市湿地公园游憩价值开发典型案例分析. 中国园艺文摘, 4:90–93.

陈清华. 2011. 生态道路下穿式生物通道设计研究. 道路工程, 4:20–22.

陈声明, 吴伟祥, 王永维, 等. 2008. 生态保护与生物修复. 北京：科学出版社.

陈水华, 丁平, 郑光美, 等. 2002. 岛屿栖息地鸟类群落的丰富度及其影响因子. 生态学报, 22(2): 141–149.

陈增奇, 陈飞星, 李占玲, 等. 2005. 滨海湿地生态经济的综合评价模型. 海洋学研究, 23(3):47–54.

陈长平, 高亚辉, 林鹏. 2005. 深圳福田红树林保护区浮游植物群落的季节变化及其生态学研究. 厦门大学学报, 44:11–15.

陈志展, 蔡荣坤. 2011. 公路对野生动物影响和保护措施研究. 广东交通职业技术学院学报, 10(2):21–25.

初丽霞. 2003. 循环经济发展模式及其政策措施研究. 济南：山东师范大学.

楚国忠, 郑光美. 1993. 鸟类栖息地研究的取样调查方法. 动物学杂志, 28(6):47–52.

崔璐. 2010. 国内外湿地保护及湿地公园建设现状. 山西林业科技, 39(4):51–52.

崔志兴, 钱国桢, 祝龙彪, 等. 1985. 鸻形目鸟类的食性研究. 动物学研究, 6(4):43–51.

丁丽, 徐建益, 陈家宽, 等. 2011. 崇明东滩互花米草生态控制与鸟类栖息地优化. 人民长江, 42(增刊)(II):122–125.

范航清, 何斌源. 2001. 北仑河口的红树林及其生态恢复原则. 广西科学, 8(3):210–214.

范航清. 2000. 红树林——海岸环保卫士. 南宁：广西科学技术出版社.

范俊芳, 文友华. 2007. 南昌艾溪湖滨水鸟类栖息地的景观设计. 湖南农业大学学报, (12): 64–67.

房用. 2004. 黄河三角洲湿地生态系统保育及恢复技术研究展望. 水土保持研究, 11(2):183–186.

付鹏, 张宇, 吴晓民, 等. 2011. 青藏铁路野生动物通道有效性分析. 环境科学与管理, 36(2):98–102.

傅娇艳, 丁振华. 2007. 湿地生态系统服务、功能和价值评价研究进展. 应用生态学报, 18(3): 681–686.

甘宏协, 胡华斌. 2008. 基于野牛生境选择的生物多样性保护廊道设计：来自西双版纳的案例.

生态学杂志, 27(12):2153–2158.
龚艳. 2005. 景区循环型旅游的初步研究. 长沙：湖南师范大学.
郭怀成, 孙延枫. 2002. 滇池水体富营养化特征分析及控制对策探讨. 地理科学进展, 21(5):500–506.
郭长城, 王国祥, 喻国华. 2006. 利用水生植物净化水体中的悬浮泥沙. 环境工程, 24(6): 31–32.
国家林业局. 2000. 中国湿地保护行动计划. 北京：中国林业出版社.
国家林业局. 2007. 中华人民共和国林业行业标准——自然保护区名词术语LY/T1685-2007. 北京：中国标准出版社.
胡嘉琪. 2002. 中国植物志（第七十卷）. 北京：科学出版社.
华东水利学院. 1982. 水工设计手册———泄水与过坝建筑物. 北京：水利电力出版社.
黄培祐. 1998. 生物多样性与生态系统的结构与功能初探. //面向21世纪的中国生物多样性保护——第三届全国生物多样性保护与持续利用研讨会论文集, 354–359.
黄向青, 张顺枝, 霍振海. 2005. 深圳大鹏湾、珠江口海水有害重金属分布特征. 海洋湖沼通报, 38(04):38–44.
黄玉瑶. 2001. 内陆水域污染生态学——原理与应用. 北京：科学出版社.
汲玉河, 吕宪国, 杨青, 等. 2006. 三江平原湿地植物物种空间分异规律的探讨. 生态环境, 15(4):781–786.
江亭桂, 王国祥, 郭长城, 等. 2009. 水生高等植物对水中悬浮固体去除效果的研究. 环境科学与技术, 32(1):48–51.
蒋冬荣, 廖江彦, 王丹, 等. 2007. 入侵生物红火蚁的危害及其防控措施. 广西农学报, 20(5):44–46.
金靖博, 陆月皎, 孙德军. 2008. 恢复生态学及其在林区矿山植被修复中的应用. 林业勘查设计, (2):44–45.
金相灿，屠清瑛. 1990. 湖泊富营养化调查规范（第二版）. 北京：中国环境科学出版社.
雷昆, 张明祥. 2005. 中国的湿地资源及其保护建议. 湿地科学, (2):81–85.
雷霆, 崔国发, 陈建伟, 等. 2006. 北京市湿地维管束植物多样性及优先保护级别划分. 生态学报, 26(6):1675–1684.
李艳, 胡先琼. 2008. 浅谈深圳市河流截污系统中限流方式的运用. 中国农村水利水电, 6:109–112.
李洪远, 孟伟庆. 2005. 滨海湿地环境演变与生态恢复. 北京：化学工业出版社.
李继峰. 2006. 城市湿地的生态修复. 南阳师范学院学报, 5(12):65–67.
李明传. 2007. 水环境生态修复国内外研究进展. 中国水利（前沿）, 11:25–27.
李秋霞, 黄玉源, 雷泽湘. 2007. 深圳湾的综合效益及人为造成地理、环境变化的影响分析. 现代商贸工业, 19(5):13–16.
李勇. 2011. 湿地的生境修复及景观规划设计——以潍坊市白浪河湿地公园为例. 中国园林, 17–20.
李玉强, 邢韶华, 崔国发. 2010. 生物廊道的研究进展. 世界林业研究, 25(2):49–54.
李振宇, 解焱. 2002. 中国外来入侵种. 北京：中国林业出版社.
李正玲, 陈明勇, 吴兆录. 2009. 生物保护廊道研究进展. 生态学杂志, 28(3):523–528.
梁威, 吴振斌, 詹发萃, 等. 2004. 人工湿地植物根据微生物与净化效果的季节变化. 湖泊科学, 16(4):312–317.
梁威, 吴振斌, 周巧红, 等. 2002. 复合垂直流构建湿地基质微生物类群及酶活性的空间分布. 云南环境科学, 21(1):5–8.
林鹏. 1997. 中国红树林生态系统. 北京：科学出版社.
林鹏. 1984. 红树林. 北京：海洋出版社.
林清贤. 2003. 闽南沿海红树林区鸟类及其与大型底栖动物相关关系研究. 厦门：厦门大学.
林业部. 湿地保护与合理利用指南. 北京：中国林业出版社, 1994.
刘冬莲, 黄运珍, 李秀丽, 等. 2008. 红火蚁的危害与综合防控措施. 安徽农学通报, 14(11):238.

刘立杰. 2010. 黄河三角洲湿地大型底栖动物时空变化规律及其功能群研究. 泰安：山东农业大学.
刘莉娜, 陈里娥, 韦萍萍, 等. 2013. 深圳福田红树林自然保护区的生态问题及修复对策研究. 海洋技术. 32(2):125–132.
刘兴土. 2005. 东北湿地. 北京：科学出版社.
刘玉, 陈桂珠. 1997. 深圳福田红树林区藻类群落结构和生态学研究. 中山大学学报（自然科学版）, 36(1):102–106.
刘治平. 1991. 秋茄和木榄的海上育苗研究. 生态科学, (1):72–76.
卢群, 曾小康, 石俊慧, 等. 2014. 深圳湾福田红树林群落研究. 生态学报, 34(16):4662–4671.
卢群, 曾小康, 石俊慧, 等. 2013. 深圳湾福田红树林砍伐后萌生更新的初步研究. 广西师范大学(自然科学版), 31(2):107–112.
陆健健, 张利权. 世界与中国湿地及其保护现状. 上海市湿地利用和保护研讨会论文.
陆祎玮, 唐思贤, 史慧玲, 等. 2007. 上海城市绿地冬季鸟类群落特征与生境的关系. 动物学杂志, 42(5):125–130.
罗澍, 黄远峰, 黄毅华, 等. 2000. 深圳湾滨海道路的生态建设. 环境与开发, 15(2):9–10.
吕咏, 陈克林. 2006. 国内外湿地保护与利用案例分析及其对镜湖国家湿地公园生态旅游的启示. 湿地科学, 4(4):268–273.
马振兴. 1998. 天津滨海湿地生态系统及其资源特征. 农业环境与发展, 17(2):145–150.
欧阳志云, 王如松, 赵景柱. 1999. 生态系统服务功能及其生态经济价值评价. 应用生态学报, 10(5):635–640.
裴恩乐, 袁晓, 夏述忠, 等. 2011. 南汇滩涂湿地物种栖息地营造及湿地动态保育对策研究. 上海：上海市野生动植物保护管理站.
秦卫华, 邱启文, 张晔, 等. 2010. 香港米埔自然保护区的管理和保护. 湿地科学与管理, 6(1): 34–37.
丘耀文, 张干, 郭玲利, 等. 2009. 深圳湾海域多溴联苯醚（PBDEs）生物累积及其高分辨沉积记录. 海洋与湖沼, 40(3):261–267.
任海, 彭少麟. 2002. 恢复生态学导论. 北京：科学出版社.
任海. 2009. 深圳湾滨海红树林修复工程生态系统服务功能价值预期评估报告. 广州：华南植物园.
任海, 刘庆, 李凌浩. 2001. 恢复生态学导论. 北京：科学出版社.
深圳经济特区总体规划简介. 1986. 城市规划, (6):9–14.
深圳市规划国土局. 1997. 深圳市城市总体规划( 1996—2010) . 深圳：深圳市人民政府.
沈韫芬, 章宗涉, 龚循矩, 等. 1990. 微型生物监测新技术. 北京：中国建筑工业出版社.
宋德敬, 姜辉, 关长涛, 等. 2008. 老龙口水利枢纽工程中鱼道的设计研究. 海洋水产研究, 29(1):92–97.
宋红, 陈晓玲. 2004. 基于遥感影像的深圳湾填海造地的初步研究. 湖北大学学报（自然科学版）, (3): 259–263.
孙刚, 盛连喜, 周道玮. 1999. 生态系统服务及其保护策略. 应用生态学报, 10(3):365–368.
谭丽凤, 杨昌尚. 2012. 柳州城市公园不同生境冬季鸟类的群落特征. 安徽农业科学, 40(11): 6565–6567.
田广红, 陈蕾伊, 彭少麟, 等. 2010. 外来红树植物无瓣海桑的入侵生态特征. 生态环境学报, 19(12):3014–3020.
田婷婷, 昝启杰, 谭凤仪, 等. 2012. 基于循环经济的湿地利用模式——以华侨城湿地为例. 湿地科学与管理, 8(2):37–40.
田勇, 贺丹晨, 陈丽娟. 2012. 湿地鸟类栖息地环境营造的研究——以西昌邛海湿地为例. 中南林业科技大学学报. 32(8):71–75.

涂志英, 袁喜, 韩京成, 等. 2011. 鱼类游泳能力研究进展. 长江流域资源与环境, 20(7):59–65.
万敏, 陈华, 刘成. 2005. 让动物自由自在地通行——加拿大班夫国家公园的生物通道设计. 中国园林, (11)17–21.
王琳, 陈上群. 2001. 深圳湾自然条件特征及治理应注意的问题. 人民珠江, (6):4–7.
王伯荪, 廖宝文, 王勇军, 等. 2002. 深圳湾红树林生态系统及其持续发展. 北京：科学出版社.
王伯荪. 1996. 植物群落学实验手册. 广州：广东高等教育出版社.
王春平. 2009. 生物通道应用与规划设计. 上海：同济大学.
王芳, 王瑞江, 庄平弟, 等. 2009. 广东外来入侵植物现状和防治策略. 生态学杂志, 28(2):2088–2093.
王凤娟, 胡子全, 赵海泉. 2007. 以浮游植物评价巢湖东半湖水质污染与富营养化. 环境污染与防治, 10:1–9.
王浩, 汪辉, 王胜永, 等. 2008. 城市湿地公园规划. 南京：东南大学出版社.
王红春, 胡堂春. 2010. 郑州黄河湿地自然保护区植被恢复原则与模式的研究. 林业资源管理, 1:79–83.
王宏艳, 刘长昆, 赵云朋, 等. 2007. 江河水库大坝生物通道设计. 水利建设与管理, 6:33–36.
王立龙, 陆林, 唐勇, 等. 2010. 中国国家级湿地公园运行现状、区域分布格局与类型划分. 生态学报, 30(9):2406–2415.
王明明, 张思冲, 宫晓磊, 等. 2011. 大庆城区湿地空气调节功能价值估算. 中国农学通报, 27(32): 196–199.
王寿兵, 阮晓峰, 胡欢, 等. 2007. 不同观赏植物在城市河道污水中的生长试验. 中国环境科学, 27(2):204–207.
王太明, 房用, 蹇兆忠, 等. 2001. 山东省湿地现状存在问题及研究趋势. 山东林业科技, 6:32–34.
王文卿, 王瑁. 2007. 中国红树林. 北京：科学出版社.
王雨, 雷安平, 谭凤仪, 等. 2007. 深圳福田红树林区浮游藻类时空分布的研究. 厦门大学学报, 46:176–180.
王云才. 2007. 景观生态规划原理. 北京：中国建筑工业出版社.
魏湘岳, 朱靖. 1989. 北京城市及近郊区环境结构对鸟类的影响. 生态学报, 9(4):285–289.
吴翠, 唐万鹏, 史玉虎, 等. 2008. 长湖湿地生态价值评价. 湖北林业科技, (1):45–47.
吴迪, 岳峰, 罗祖奎, 等. 2011. 上海大莲湖湖滨带湿地的生态修复. 生态学报, 31(11):2999–3008.
吴振斌, 贺锋, 付贵萍, 等. 2002. 深圳湾浮游生物和底栖动物现状调查研究. 海洋科学, 26(8):58–63.
吴振斌, 王亚芬, 周巧红, 等. 2006. 利用磷脂脂肪酸表征人工湿地微生物群落结构. 中国环境科学, 26(6):737–741.
吴中亨, 蔡俊欣.1989. 红树人工幼林生长初报. 广东林业科技, (3):29–30.
邢福武, 余明恩. 2000. 深圳野生植物. 北京：中国林业出版社.
徐琳, 胡锋, 焦加国,等. 2011. 北美国家的湿地恢复及对中国太湖恢复的启示. 环境科学导刊, 30(6):1–4.
鄢帮有. 2004. 鄱阳湖湿地生态系统服务功能价值评估. 生态学杂志, 26(3):61–68.
严玉平, 钱海燕, 周杨明, 等. 2010. 鄱阳湖双退区受损湿地植被恢复对水质的影响. 生态环境学报, 19(9):2136–2141.
杨竞寸, 吴玲, 王伯新. 1999. 沿海滩涂湿地生物多样性保护和利用的思考. 中国农业资源与区划, 20(1):27–30.
杨静, 施竹凤, 高东, 等. 2011. 生物多样性控制作物病害研究进展. 遗传, 34(11):1390–1398.
杨清良, 张水浸. 1993, 厦门港赤潮发生区发现的一种筼筜湖污水指示藻 //国家海洋局第三海洋研究所厦门港赤潮调查研究论文集. 北京：海洋出版社.
杨琼, 谭凤仪, 吴苑玲, 等. 2014. 不同林龄海桑林和无瓣海桑林根际微生物特征. 生态学杂志, 33(2):296–302.

杨永华, 姚健, 华晓梅. 2000. 农药污染对土壤微生物群落功能多样性的影响. 生态学杂志, 20:23–25.
杨永兴, 刘兴土, 韩顺正. 1993. 三江平原沼泽区稻–苇–鱼复合生态系统效益研究. 地理科学, 13(1):41–48.
杨永兴. 2002. 从魁北克2000—世纪湿地大事件活动看21世纪国际湿地科学研究的热点与前沿. 地理科学, 22(2):150–155.
叶功福, 范少辉, 等. 2005. 泉州湾红树林湿地人工生态恢复的研究. 湿地科学, 3(1):8–12.
殷康前, 倪晋仁. 1998. 湿地研究综述. 生态学报, 18(5):539–546.
余建英, 何旭宏. 2003. 数据统计分析与SPSS应用. 北京：人民邮电出版社.
昝启杰, 李鸣光. 2010. 薇甘菊防治实用技术. 北京：科学出版社.
昝启杰, 谭凤仪, 李喻春. 2013. 滨海湿地生态系统修复技术研究——以深圳湾为例. 北京：海洋出版社.
昝启杰, 许会敏, 谭凤仪, 等. 2013. 深圳华侨城湿地物种多样性及其保护研究. 湿地科学与管理, 9(3):56–60.
张才学, 周凯, 孙省利, 等. 2010. 深圳湾浮游动物的群落结构及季节变化. 生态环境学报, 19(11): 2686–2692.
张春霞, 林群. 2000. 发展生态旅游是保护和利用红树林资源. 生态经济, 7:34–35.
张磊, 王慈民, 乔国壮. 2001. 河南省湿地保护与可持续利用. 河南林业科技, 21(2):25–27.
张乔民, 隋淑珍. 2001. 中国红树林湿地资源及其保护. 自然资源学报, 16(1):32.
张维昊, 张锡辉. 2003. 内陆水环境修复技术进展. 上海环境科学, 22(11):811–816.
张文辉, 刘国彬. 2009. 黄土高原地区植被生态修复策略与对策. 中国水土保持科学, 7(3) :114–118.
张宇, 马建章. 2010. 退化湿地生态系统恢复初探. 野生动物, 31(1):49–52.
张正旺, 郑光美. 1999. 鸟类栖息地选择研究进展//中国动物学会. 中国动物科学研究. 北京：中国林业出版社.
章家恩, 徐琪. 1999. 恢复生态学研究的一些基本问题探讨. 应用生态学报, 10(1):109–113.
赵洪峰, 高学斌, 雷富民, 等. 2005. 中国受胁鸟类的分布与现状分析. 生物多样性, 13(1):12–19.
赵学敏. 2005. 湿地:人与自然和谐共存的家园. 北京：中国林业出版社.
郑德璋, 李玫, 等. 2003. 中国红树林恢复和发展研究进展. 广东林业科技, 19(1):10–14.
郑玉华, 王桂芹, 徐洲锋. 2010. 四方湖自然保护区湿地植物概况. 安徽农学通报, 16(7):43–46.
郑文教, 林鹏, 薛雄志, 等. 1995. 广西红海榄红树林C、H、N的动态研究. 应用生态学报, 6(1):17–22.
中国科学院植物研究所. 1994. 中国高等植物图鉴（第四册）. 北京：科学出版社.
周启星, 魏树和, 张倩茹. 2005. 生态修复. 北京：中国环境科学出版社.
周巧红, 姜丽娟, 张丽萍, 等. 2010. 汉阳两湖泊底泥酶活性和脂肪酸垂直分布特征. 环境科学与技术, 33:1–4.
周巧红, 吴振斌, 付贵萍, 等. 2005. 人工湿地基质中酶活性和细菌重现群的时空动态特征. 环境科学, 26(3):108–112.
朱高儒, 许学工. 2011. 填海造陆的环境效应研究进展. 生态环境学报, 20(4):761–766.
朱伟, 张兰芳, 操家顺, 等. 水污染对菹草及伊乐藻生长的影响. 水资源保护, 22(3):36–39.
左平, 宋长春, 钦佩. 2005. 从第七届国际湿地会议看全球湿地研究热点及进展. 湿地科学, 3(1): 66–73.
Adler T. 1996. Botanical clean up crews: Using plants to tackle polluted water and soil. Science News, 150(3):42.
Andreassen HP, Halle S, Ims RA. 1996. Optimal width of movement corridors for root voles: not too narrow, not too wide. Journal of Applied Ecology, 33( 1): 63–70.
Ashwath N, Bowley N. 2001. Restoration of mangroves on Salt Falts: Lessons from 8 years of Trials

and Errors. International Symposium on Mangroves. Abstract Book, Tokyo.
Banijbatana D. 1957. Mangroveforest in Thailand. Proceedings of the 9th Pacific Science Congress. Bangkok, 22–34.
Barbier EB, Koch EW, Silliman BR, et al. 2008. Coastal ecosystem-based management with nonlinear ecological functions and values. Science, 319:321–323.
Bardgett R D, Hobbs P J and Frostegård Å. 1996. Changes in soil fungal: bacterial ratios following reductions in the intensity of management of an upland grassland. Bio. Fertil. Soils, 22:261–264.
BELL MC. 1973. Fisheries Handbook of Engineering Requirements and Biologi-calCriteria. Portland：Fisheries Engineering Research Program.
Block WB, Rennan LA. 1993. The habitat concept in ornithology theory and application. Current Ornithology, 11:35–91.
Cai Lizhe , LIN Junda, LI Hongmei. 2001. Macroinfauna communities in organic-rich mudflat at Shenzhen and Hong Kong, China. Bulletin of Marine Science, 69(3): 1129–1138.
Chapin III F S, Walker B H, Hobbs R J., et al. 1997. Biotic control over the functioning of ecosystems. Science, 277:500–504.
Chen GC, Tam NFY, Ye Y. 2010. Summer fluxes of atmospheric greenhouse gases $N_2O$, $CH_4$ and $CO_2$ from mangrove soil in South China. Science of the Total Environment, 408:2761–2767.
Daily GC,eds. 1997. Nature's Services:Societal Dependence on Natural Ecosystems. Island Press, Washington D. C.
Damschen EI, Haddad NM, Orrock JL, et al. 2006. Corridors increase plant species richness at large scales. Science, 313:1284–1286.
Davenport T. 1999. The federal clean lakes program works. Wat Sci Tech, 39(3):149–156.
Duggan C, Green JD, Shiel R J. 2001. Distribution of rotifers in North Island, New Zealand, and their potential use as bioindicators of lake trophic state. Hydrobiologia, 446/447:155–164.
Fang C W, Radosevich M, Fuhrmann. 2001. Characterization of rhizosphere community structure in five similar grass species using FAME and BIOLOG analysis. Soil Biol. Biochem, 33:679–682.
Ferenc J. 2000. A reliability-theory approach to corridor design. Ecological Modeling, 128:211–220.
Fernando C H. A guide to tropical freshwater zooplankton. 2002. The Netherlands Leiden: Backhuys publishers.
Frostegård Å, Bååth E. 1996. The use of phospholipid fatty acid analysis to estimate bacterial and fungal biomass in soil. Biol. Fertil. Soils, 22:59–65.
Frostegård A, Bååth E, Tunlid A. 1993. Shifts in the structure of soil microbial communities in limed forests as revealed by phospholipid fatty acid analysis. Soil Biol Biochem, 25:723–730.
Frostegård Å, Tunlid A, Bååth E. 1993. Phospholipid fatty acid composition, biomass,and activity of microbial communities from two soil types experimentally exposed to different heavy metals. Appl. Environ. Microb, 59:3605–3617.
Grinnell J. 1917. Field tests of theories concerning distributional control. Amer. Nat., 51:115–128.
Haddad NM, Bowne DR, Cunningham A, et al. 2003. Corridor use by diverse taxa. Ecology, 84: 609–615.
Hansen MJ, Peck JW, Schorfhaar RG, et al. 1995. Lake Trout (Salvelinus namaycush) Populations in Lake Superior and Their Restoration in 1959-1993. Journal of Great Lakes Research, 21(S1).
Hu xiao zhen. 2002. Ecological engineering techniques for lake restoration in Japan. Individual Training.
Huang ZG, Li PR. 1983. Geomorphology in Shenzhen. Guangzhou: Guangzhou Science and Teconology Press, 3–60.
Jocelyn Kaiser. 2001. Building a case for biological corridors. Science, 293:2199.

Joshua JT, Douglas JL, Nick MH, et al. 2002. Corridors affect plants, animals, and their interactions infragmented landscapes. Ecology, 99(10): 12923–12926.

Kourtev P S,Ehrenfeld J G,Haggblom M. 2002. Exotic plant species alter the microbial community strusture and function in the soil. Ecology, 83:3152–3166.

Kourtev P S,Ehrenfeld J G,Haggblom M. 2003. Experimental analysis of the effect of exotic plant species alter the microbial community structure and function in the soil. Soil Biol. Biochem, 35:895–905.

Kupfer JA, Malanson GP. 1993. Structure and composition of ariparian forest edge. Physical Geography, 14:154–170.

Lee S Y. 1998. The ecological role of grapsid crabs in mangrove ecosystems: implications for conservation. Marineand Freshwater Research, 49:335–343.

Li M S, Lee S Y. 1998. Carbon dynamics of Deep Bay, eastern pearl River Estuary，China. I: A mass balance budget and implications for shore bird conservation. Marine ecology progress Series, 172:73–87.

Lina Liu, Fenglan Li, Nora F Y Tam, et al. 2014. Long-term differences in annual litter production between alien (Sonneratia apetala) and native (Kandelia obovata) mangrove species in Futian, Shenzhen, China. Marine Pollution Bulletin, 85:747–753.

Macvntyre S, et al. 1995. Plant life-history attributes their relationship to disturbance response in herbaceous vegetation. Journal of Ecology, 83:31–43.

Mark Rees. 1995. Community structure in sand dune amcuals is seed weight a key quantity? Journal of Ecology, 83:857–862.

Masero JA. 2003. Assessing alternative anthropogenic habitats for conserving waterbirds: Salinas as buffer areas against the impact of natural habitat loss for shorebirds. Biodiversity and Conservation, 12(6):1157–1173.

Merriam G, Lanoue A. 1990. Corridors use by small mammals: field measurement for three experimental types of peromyscus leucopus. Landscape Ecology, 4:123–131.

Millennium Ecosystem Assessment. 2005. Ecosystems and Human Wellbe-ing: Biodiversity Synthesis. World Resources Institute, Washington, DC: Island Press:2–4.

Nat Acad Press，Washington D C. 1992. Restoration of aquatic ecosystem.US National Research Council.

Natuhara Y, Kitano M, Goto K, et al. 2005. Creation and adaptive management of a wild bird habitat on reclaimed land in Osaka Port. Landscape and Urban Planning, 70:283–290.

Organization for Economic Co-Operation and Development (OECD). 1982. Eutrophication of Waters, Monitoring, Assessment and Control. Paris: OECD.

Ralf Buckey. 1994. A Framework for Ecotourism. Annals of Tourism Research, 21(3):661–664.

Ren Yong. 2007. The circular economy in China. J Mater Cycles Waste Manag, 9:121–129.

Richardson D M, Allsopp N D Antonio C M, et al. 2000. Plant invasions the role of mutualisms. Biol. Rev., 75:65–93.

Ritchie N J, Schutter M E, Dick R P. 2000. Use of length heterogeneity-PCR and fame to characterize microbial communities in soil. Appl. Environ. Microb, 66:1668–1675.

Rouget M, Cowling WM, Lobmard AT, et a1. 2006. Designing large scale conservation corridors for pattern and process. Conservation Biology, 20(2):549–561.

Schinner F, Öhlinger R, Kandeler E, et al. 1996. Methods in soil biology. Springer, Berlin, Heidelberg, New York.

Schutter M E,Dick R P. 2000. Comparison of fatty acid methyl ester (FAME) methods for characterizing microbial communities. Soil Science Society of America Journal, 64:1659–1668.

Sinsabaugh R L, Antibus R K, Linkins A E, et al. 1993. Wood decomposition: nitrogen and phosphorus dynamics in relation to extracellular enzyme activity. Ecology, 74:1586–1593.

Steven GW. 2008:受损自然生境修复学. 赵忠，王朝辉，赵淳，等译. 北京：科学出版社，1–16.

Sub-Global Assessment Selection Working Group of the Millennium Ecosystem Assessment. 2001. Millennium Ecosystem Assessment Sub-Global Component: Purpose, Structure and Protocols. http:www.millenniumassessment.org.

Taft OW, Colwell MA, Isola CR, et al. 2002. Waterbird responses to experimental drawdown: implications for the multispecies management of wetland mosaics. Journal of Applied Ecology, 39:987–1001.

Tam NFY, Wong YS, Lan CY, et al. 1998. Litter production and decomposition in a subtropical mangrove swamp receiving wastewater. J Exp Mar Biol Ecol, 226:1–8.

Terrados J, Thampanya U，Srichai N. 1997. The Effect of increased sediment accretion on the survival and growth of Rhizophora apiculata seedlings. Estuarine, Coastal and Shelf Science, 45(5):697–701.

Tilghman NG. 1987. Characteristics of urban woodlands affecting breeding bird diversity and abundance. Landscape and Urban Planning, 14:481–495.

Weber TP, Houston AI, Ens BJ. 1999. Consequences of habitat loss at migratory stopover sites: A theoretical investigation. Journal of Avian Biology, 30(4):416–426.

Wei-hua Li,Cong-bang Zhang,Hong-bo Jiang, et al. 2006. Changes in soil microbial community associated with invasion of the exotic weed, Mikania micrantha H. B. K. Plant and Soil, 281:307–322.

Xinxin You,Chao Bian,Qijie Zan, et al. 2014. Mudskipper genomes provide insights into the terrestrial adaptation of amphibious fishes. Nature Communications, 5:1–8.

Xu HM, Tam NF, Zan QJ, et al. 2014. Effects of salinity on anatomical features and physiology of a semi-mangrove plant Myoporum bontioides.Mar Pollut Bull, 85(2):738–746.

Yang Q, Lei A P, Li F L, et al. 2014. Structure and function of soil microbial community in artificially planted Sonneratia apetala and S. caseolaris forests at different stand ages in Shenzhen Bay, China. Marine Pollution Bulletin, 85(2):754–763.

Zelles L, Bai Q Y, Beck T, et al. 1992. Signature fatty acids in phospholipids and lipopolysaccharides as in dicators of microbial biomass and community structure in agricultural soils. Soil Biol. Biochem, 24:317–323.

Zelles L, Bai Q Y, Rackwitz R, et al. 1995. Determination of phospholipid and lipopolysaccharide-derived fatty acids as an estimate of microbial biomass and community structures in soils.Biol. Fertil.Soils, 19:115–123.

Zelles L. 1999. Fatty acid patterns of phospholipids and lipopolisaccharides in the characterisation of microbial communities a review Biol. Fertil. Soils, 29:111–129.

# 附录1 华侨城湿地鸟类名录

| | 2007年 | 2008年 | 2009年 | 2010年 | 2011年 | 2012年 | 2013年 | 2014年 |
|---|---|---|---|---|---|---|---|---|
| I 鸊鷉目Podicipediformes | | | | | | | | |
| (一) 鸊鷉科 Podicipedidae | | | | | | | | |
| 1.小鸊鷉 *Tachybaptus ruficollis* | + | + | + | + | + | + | + | + |
| 2.凤头鸊鷉 *Podiceps cristatus* | | + | | | + | | | |
| II 鹈形目 Pelecaniformes | | | | | | | | |
| (二) 鸬鹚科 Phalacrocoracidae | | | | | | | | |
| 3.普通鸬鹚 *Phalacrocorax carbo* | + | + | + | + | + | + | + | + |
| III 雁形目 Anseriformes | | | | | | | | |
| (三) 鸭科 Anatidae | | | | | | | | |
| 4.白眉鸭 *Anas querquedula* | + | + | + | | + | + | + | |
| 5.绿翅鸭 *Anas crecca* | + | + | + | + | + | + | + | + |
| 6.赤颈鸭 *Anas penelope* | + | + | + | + | + | + | + | + |
| 7.琵嘴鸭 *Anas clypeata* | + | + | + | + | + | + | + | + |
| 8.针尾鸭 *Anas acuta* | + | + | + | | | | | + |
| 9.凤头潜鸭 *Aythya fuligula* | | | | | | | | + |
| IV 鹳形目 Ciconiiformes | | | | | | | | |
| (四) 鹭科 Ardeidae | | | | | | | | |
| 10.大白鹭 *Casmerodius albus* | + | + | + | | + | + | + | + |
| 11.苍鹭 *Ardea cinerea* | + | + | + | + | + | + | + | + |
| 12.中白鹭 *Mesophoyx intermedia* | + | + | + | + | + | + | + | + |
| 13.小白鹭 *Egretta garzetta* | + | + | + | + | + | + | + | + |
| 14.草鹭 *Ardea purpurea* | | | | | | + | + | |
| 15.池鹭 *Ardeola bacchus* | + | + | + | + | + | + | + | + |
| 16.牛背鹭 *Bubulcus ibis* | + | + | + | + | + | + | + | + |
| 17.夜鹭 *Nycticorax nycticorax* | + | + | + | + | + | + | + | + |
| 18.绿鹭 *Butorides striatus* | | | | | | | + | + |
| 19.黄苇鳽 *Ixobrychus sinensis* | | | | | | + | + | + |
| 20.栗苇鳽 *Ixobrychus cinnamomeus* | | | | | + | | | |
| (五) 鹮科 Threskiornithidae | | | | | | | | |
| 21.黑脸琵鹭 *Platalea minor* | + | + | + | + | + | + | + | + |
| V 隼形目 Falconiformes | | | | | | | | |
| (六) 鹗科 Pandionidae | | | | | | | | |
| 22.鹗 *Pandion haliaetus* | | + | | | + | + | + | |
| (七) 鹰科 Accipitridae | | | | | | | | |

续附录1

| | 2007年 | 2008年 | 2009年 | 2010年 | 2011年 | 2012年 | 2013年 | 2014年 |
|---|---|---|---|---|---|---|---|---|
| 23.黑耳鸢 *Milvus lineatus* | + | | + | + | + | | + | + |
| 24.白腹鹞 *Circus spilonotus* | | | | | + | | | |
| 25.普通鵟 *Buteo buteo* | + | + | + | + | + | + | + | + |
| (八) 隼科 Falconidae | | | | | | | | |
| 26.游隼 *Falco peregrinus* | | | | | | | | + |
| 27.红隼 *Falco tinnunculus* | | | | | + | | | |
| VI 鹤形目 Gruiformes | | | | | | | | |
| (九) 秧鸡科 Rallidae | | | | | | | | |
| 28.黑水鸡 *Gallinula chloropus* | + | + | + | + | + | + | + | + |
| 29.骨顶鸡 *Fulica atra* | + | + | + | + | + | + | + | + |
| 30.白胸苦恶鸟 *Amaurornis phoenicurus* | + | + | + | + | + | + | + | + |
| VII 鸻形目 Charadriiformes | | | | | | | | |
| (十) 水雉科Jacanidae | | | | | | | | |
| 31.水雉 Hydrophasianus chirurgus | | | | | | | | + |
| (十一) 鸻科 Charadriidae | | | | | | | | |
| 32.灰头麦鸡 *Vanellus cinereus* | | | | | + | + | + | + |
| 33.凤头麦鸡 *Vanellus vanellus* | | | | | + | | | |
| 34.灰斑鸻 *Pluvialis squatarola* | | | | + | | | | |
| 35.金斑鸻 *Pluvialis dominica* | | + | + | + | + | + | + | + |
| 36.环颈鸻 *Charadrius alexandrinus* | + | + | + | + | + | + | | |
| 37.金眶鸻 *Charadrius dubius* | + | + | + | + | + | + | + | + |
| 38.剑鸻 *Charadrius hiaticula* | + | | | | | | | |
| 39.蒙古沙鸻 *Charadrius mongolus* | | | | + | | + | + | |
| 40.铁嘴沙鸻 *Charadrius leschenaultii* | + | + | + | + | + | + | + | + |
| (十二) 鹬科 Scolopacidae | | | | | | | | |
| 41.小杓鹬*Numenius minutus* | | | | | | | + | |
| 42.针尾沙锥*Gallinago stenura* | | | | | | | + | + |
| 43.扇尾沙锥 *Gallinago gallinago* | + | + | + | + | + | + | + | + |
| 44.黑尾塍鹬 *Limosa limosa* | + | | | | | | | |
| 45.青脚鹬 *Tringa nebularia* | + | + | + | + | + | + | + | |
| 46.红脚鹬 *Tringa tetanus* | | + | | | + | + | + | + |
| 47.鹤鹬 *Tringa erythropus* | | | | + | + | + | + | + |
| 48.林鹬 *Tringa glareola* | + | + | + | + | + | + | + | + |
| 49.泽鹬 *Tringa stagnatilis* | + | | + | + | + | + | + | + |

续附录1

| | 2007年 | 2008年 | 2009年 | 2010年 | 2011年 | 2012年 | 2013年 | 2014年 |
|---|---|---|---|---|---|---|---|---|
| 50.白腰草鹬 *Tringa ochropus* | + | | | + | + | | + | + |
| 51.矶鹬 *Actitis hypoleucos* | + | + | + | + | + | + | + | + |
| 52.灰尾漂鹬 *Heteroscelus brevipes* | | | | | | + | | |
| 53.流苏鹬 *Philomachus pugnax* | + | + | + | | | | | |
| 54.阔嘴鹬 *Limicola falcinellus* | | | + | + | | | + | |
| 55.尖尾滨鹬 *Calidris acuminata* | | | | + | | | + | + |
| 56.红颈滨鹬 *Calidris ruficollis* | + | + | + | + | | | + | + |
| 57.长趾滨鹬 *Calidris subminuta* | + | + | + | + | | | + | + |
| 58.红腹滨鹬 *Calidris canutus* | | | | | | | + | |
| 59.黑腹滨鹬 *Calidris alpine* | | | + | + | | + | | |
| 60.弯嘴滨鹬 *Calidris ferruginea* | | | + | + | + | + | + | + |
| 61.青脚滨鹬 *Calidris temminckii* | + | + | + | + | + | + | + | |
| 62.小滨鹬 *Calidris minuta* | | | + | + | | | | |
| 63.大滨鹬 *Calidris tenuirostris* | | | | | | + | | |
| (十三) 燕鸻科 Glareolidae | | | | | | | | |
| 64.普通燕鸻 *Glareola maldivarum* | + | | + | | | | | |
| (十四) 反嘴鹬科 Recurvirostridae | | | | | | | | |
| 65.反嘴鹬 *Recurvirostra avosetta* | + | + | + | + | + | + | + | + |
| 66.黑翅长脚鹬 *Himantopus himantopus* | + | + | + | + | + | + | + | + |
| (十五) 彩鹬科 Rostratulidae | | | | | | | | |
| 67.彩鹬 *Rostratula benghalensis* | + | | + | | + | + | + | + |
| (十六) 鸥科 Laridae | | | | | | | | |
| 68.红嘴鸥 *Larus ridibundus* | + | + | | + | + | | | |
| VIII 鸽形目Columbiformes | | | | | | | | |
| (十七) 鸠鸽科 Columbidae | | | | | | | | |
| 69.山斑鸠 *Streptopelia orientalis* | + | | | | + | | | |
| 70.珠颈斑鸠 *Streptopelia chinensis* | + | + | + | + | + | + | + | + |
| IX 鹃形目 Cuculiformes | | | | | | | | |
| (十八) 杜鹃科 Cuculidae | | | | | | | | |
| 71.褐翅鸦鹃 *Centropus sinensis* | + | + | + | + | + | + | + | + |
| 72.噪鹃 *Eudynamys scolopacea* | + | + | + | + | + | + | + | + |
| 73.鹰鹃 *Hierococcyx sparverioides* | | | + | | | | | |
| 74.八声杜鹃 *Cacomantis merulinus* | + | | | | | | + | + |
| X 鸮形目 Strigiformes | | | | | | | | |
| (十九) 鸱鸮科 Strigidae | | | | | | | | |

续附录1

| | 2007年 | 2008年 | 2009年 | 2010年 | 2011年 | 2012年 | 2013年 | 2014年 |
|---|---|---|---|---|---|---|---|---|
| 75.雕鸮 *Bubo bubo* | | | | + | | | | |
| XI 雨燕目 Apodiformes | | | | | | | | |
| (二十) 雨燕科 Apodidae | | | | | | | | |
| 76.白腰雨燕*Apus pacificus* | | | | | | | | + |
| 77.小白腰雨燕 *Apus affinis* | | | | | + | | + | + |
| XII 佛法僧目 Coraciiformes | | | | | | | | |
| (二十一) 翠鸟科 Alcedinidae | | | | | | | | |
| 78.普通翠鸟 *Alcedo atthis* | + | + | + | + | + | + | + | + |
| 79.白胸翡翠 *Halcyon smyrnensis* | + | + | + | + | + | + | + | + |
| 80.蓝翡翠 *Halcyon pileata* | + | | + | + | | | | + |
| 81.斑鱼狗 *Ceryle rudis* | + | + | + | + | + | + | + | + |
| XIII 雀形目 Passeriformes | | | | | | | | |
| (二十二) 燕科 Hirundinidae | | | | | | | | |
| 82.家燕 *Hirundo rustica* | + | + | + | + | + | + | + | + |
| 83.金腰燕*Hirundo daurica* | | | | | | | + | |
| (二十三) 鹡鸰科 Motacillidae | | | | | | | | |
| 84.白鹡鸰 *Motacilla alba* | + | + | + | + | + | + | + | + |
| 85.灰鹡鸰 *Motacilla cinerea* | | | | + | + | | | + |
| 86.黄鹡鸰 *Motacilla flava* | + | + | + | | + | | + | + |
| 87.黄头鹡鸰 *Motacilla citreola* | | | | | | | + | |
| 88.树鹨 *Anthus hodgsoni* | + | + | + | + | + | + | + | + |
| (二十四) 山椒鸟科Campephagidae | | | | | | | | |
| 89.暗灰鹃鵙 *Coracinamelaschistos* | | | | | | | + | |
| (二十五) 鹎科 Pycnonotidae | | | | | | | | |
| 90.白头鹎 *Pycnonotus sinensis* | + | + | + | + | + | + | + | + |
| 91.红耳鹎 *Pycnonotus jocosus* | + | + | + | + | + | + | + | + |
| 92.白喉红臀鹎 *Pycnonotus aurigaster* | + | + | | + | + | + | + | + |
| (二十六) 伯劳科 Laniidae | | | | | | | | |
| 93.红尾伯劳*Lanius cristatus* | | | | | | | + | + |
| 94.棕背伯劳 *Lanius schach* | + | + | + | + | + | + | + | + |
| (二十七) 卷尾科 Dicruridae | | | | | | | | |
| 95.黑卷尾 *Dicrurus macrocercus* | + | + | + | + | + | | + | |
| (二十八) 椋鸟科 Sturnidae | | | | | | | | |
| 96.八哥 *Acridotheres cristatellus* | + | + | + | + | + | + | + | + |
| 97.黑领椋鸟 *Sturnus nigricollis* | + | + | + | + | + | + | + | + |

续附录1

| | 2007年 | 2008年 | 2009年 | 2010年 | 2011年 | 2012年 | 2013年 | 2014年 |
|---|---|---|---|---|---|---|---|---|
| 98.丝光椋鸟 *Sturnus sericeus* | | + | + | + | + | | + | + |
| 99.灰椋鸟 *Sturnus cineraceus* | | | + | + | + | + | + | + |
| (二十九) 鸦科 Corvidae | | | | | | | | |
| 100.喜鹊 *Pica pica* | + | + | + | + | + | + | + | + |
| 101.灰喜鹊*Cyanopica cyana* | | | | | | | + | + |
| 102.红嘴蓝鹊 *Urocissa erythrorhyncha* | | | + | | + | | | + |
| 103.白颈鸦 *Corvus torquatus* | + | + | + | + | + | + | + | + |
| 104.大嘴乌鸦 *Corvus macrorhynchos* | | + | | | + | | + | + |
| (三十) 鸫科 Turdidae | | | | | | | | |
| 105.红胁蓝尾鸲 *Tarsiger cyanurus* | | | | | | | + | |
| 106.北红尾鸲 *Phoenicurus auroreus* | + | + | + | | + | + | + | + |
| 107.灰背鸫 *Turdus hortulorum* | | | | + | | | + | + |
| 108.橙头地鸫 *Zoothera citrina* | | | | | + | | | |
| 109.鹊鸲 *Copsychus saularis* | + | + | + | + | + | + | + | + |
| 110.乌鸫 *Turdus merula* | | + | | | + | + | + | + |
| 111.黑喉石䳭 *Saxicola torquata* | + | + | + | + | + | + | + | + |
| (三十一) 鹟科 Muscicapidae | | | | | | | | |
| 112.灰纹鹟 *Muscicapa griseisticta* | | | | | | | | |
| 113.北灰鹟 *Muscicapa dauurica* | | | | | | | + | + |
| 114.鸲姬鹟 *Ficedulamugimaki* | | | | | | | + | |
| 115.白颊噪鹛 *Garrulax sannio* | | | | | | | | + |
| 116.红喉姬鹟 *Ficedula parva* | | | | | | | + | + |
| (三十二) 扇尾莺科 Cisticolidae | | | | | | | | |
| 117.黄腹鹪莺 *Prinia flaviventris* | + | + | + | + | + | + | + | + |
| 118.纯色鹪莺 *Prinia inornata* | + | + | + | + | + | + | + | + |
| 119.棕扇尾莺 *Cisticola juncidis* | + | | | | + | | + | + |
| (三十三) 莺科 Sylviidae | | | | | | | | |
| 120.东方大苇莺 *Acrocephalus orientalis* | | | + | | | + | + | + |
| 121.长尾缝叶莺 *Orthotomus sutorius* | + | | + | | + | + | + | + |
| 122.淡脚柳莺 *Phylloscopus tenellipes* | | | | | | | + | |
| 123.褐柳莺 *Phylloscopus fuscatus* | + | | | + | + | + | + | + |
| 124.黄眉柳莺 *Phylloscopus inornatus* | | | + | | + | | + | + |

续附录1

| | 2007年 | 2008年 | 2009年 | 2010年 | 2011年 | 2012年 | 2013年 | 2014年 |
|---|---|---|---|---|---|---|---|---|
| 125.黄腰柳莺 *Phylloscopus proregulus* | | | | | + | | + | + |
| 126.日本树莺 *Cettia diphone* | | | | | | | | + |
| 127.黑眉苇莺 *Acrocephalus bistrigiceps* | | | | | | | | + |
| 128.冠纹柳莺 *Phylloscopus reguloides* | | | | | | + | | |
| 129.极北柳莺*Phylloscopus borealis* | | | | | | | + | |
| 130.暗绿柳莺*Phylloscopus trochiloides* | | | | | | | + | |
| (三十四) 画眉科 Timaliidae | | | | | | | | |
| 131.黑脸噪鹛 *Garrulax perspicillatus* | | + | | | + | + | + | + |
| (三十五) 山雀科 Paridae | | | | | | | | |
| 132.大山雀 *Parus major* | + | | + | | + | + | + | + |
| 133.中华攀雀*Remiz consobrinus* | | | | | | | | + |
| (三十六) 绣眼鸟科 Zosteropidae | | | | | | | | |
| 134.暗绿绣眼鸟 *Zosterops japonicus* | + | + | + | + | + | + | + | + |
| (三十七) 花蜜鸟科Nectariniidae | | | | | | | | |
| 135.叉尾太阳鸟 *Aethopyga christinae* | | | | | + | | + | + |
| (三十八) 梅花雀科 Estrildidae | | | | | | | | |
| 136.白腰文鸟 *Lonchura striata* | + | + | | | + | + | + | + |
| 137.斑文鸟 *Lonchura punctulata* | + | + | + | + | + | + | + | + |
| (三十九) 雀科 Passeridae | | | | | | | | |
| 138.理氏鹨 *Anthus richardi* | | | | | | | | + |
| 139.树麻雀 *Passer montanus* | + | + | + | + | + | | + | + |
| (四十) 鹀科 Emberizidae | | | | | | | | |
| 140.灰头鹀 *Emberiza spodocephala* | | | + | | | | | + |
| XIV 䴕形目 Piciformes | | | | | | | | |
| (四十一) 啄木鸟科 Picidae | | | | | | | | |
| 141.蚁䴕 *Jynx torquilla* | | | | | | | | + |
| 种类合计 | 75 | 65 | 75 | 71 | 88 | 75 | 104 | 100 |

# 附录 2　华侨城湿地植物名录

| 中文科名 | 中文属名 | 中文种名 | 拉丁名（种名） | 备注 |
|---|---|---|---|---|
| 芭蕉科 | 芭蕉属 | 香蕉 | *Musa nana* | |
| 芭蕉科 | 旅人蕉属 | 旅人蕉 | *Ravenala madagascariensis* | |
| 芭蕉科 | 蝎尾蕉属 | 蝎尾蕉 | *Heliconia metallica* | |
| 百合科 | 文殊兰属 | 文殊兰 | *Crinum asiaticum* | |
| 百合科 | 天门冬属 | 天门冬 | *Asparagus cochinchinensis* | |
| 百合科 | 沿阶草属 | 沿阶草 | *Ophiopogon bodinieri* | |
| 车前科 | 车前属 | 车前 | *Plantago asiatica* | |
| 柽柳科 | 柽柳属 | 柽柳 | *Tamarix chinensis* | |
| 唇形科 | 水蜡烛属 | 水蜡烛 | *Dysophylla yatabeana* | |
| 酢浆草科 | 酢浆草属 | 黄花酢浆草 | *Oxalis pes-caprae* | |
| 大戟科 | 大戟属 | 乳浆大戟 | *Euphorbia esula* | |
| 大戟科 | 大戟属 | 紫斑大戟 | *Euphorbia hyssopifolia* | |
| 大戟科 | 大戟属 | 通奶草 | *Euphorbia hypericifolia* | |
| 大戟科 | 大戟属 | 白苞猩猩草 | *Euphorbia heterophylla* | |
| 大戟科 | 大戟属 | 飞扬草 | *Euphorbia hirta* | |
| 大戟科 | 重阳木属 | 秋枫 | *Bischofia javanica* | |
| 大戟科 | 黑面神属 | 黑面神 | *Breynia fruticosa* | |
| 大戟科 | 土蜜树属 | 土蜜树 | *Bridelia tomentosa* | |
| 大戟科 | 海漆属 | 海漆 | *Excoecaria agallocha* | 真红树 |
| 大戟科 | 算盘子属 | 香港算盘子 | *Glochidiom hongkongeuse* | |
| 大戟科 | 血桐属 | 血桐 | *Macaranga tanarius* | |
| 大戟科 | 叶下珠属 | 叶下珠 | *Phyllanthus urinaria* | |
| 大戟科 | 乌桕属 | 乌桕 | *Sapium sebiferum* | |
| 蝶形花科 | 田菁属 | 田菁 | *Sesbania cannabina* | |
| 蝶形花科 | 刺桐属 | 刺桐 | *Erythrina variegata* | |
| 蝶形花科 | 长柄山蚂蝗属 | 长柄山蚂蝗 | *Hylodesmum podocarpum* var. *oxyphyllum* | |
| 豆科 | 链荚豆属 | 链荚豆 | *Alysicarpus vaginalis* | |
| 豆科 | 羊蹄甲属 | 红花羊蹄甲 | *Bauhinia blakeana* | |
| 豆科 | 木豆属 | 蔓草虫豆 | *Cajanus scarabaeoides* | |
| 豆科 | 木豆属 | 木豆 | *Cajanus cajan* | |
| 豆科 | 木豆属 | 木豆 | *Cajanus cajan* | |
| 豆科 | 朱樱花属 | 美蕊花 | *Calliandra haematocephala* | |

续附录2

| 中文科名 | 属名 | 中文种名 | 拉丁名（种名） | 备注 |
| --- | --- | --- | --- | --- |
| 豆科 | 刀豆属 | 海刀豆 | *Canavalia maritima* | |
| 豆科 | 决明属 | 腊肠树 | *Cassia fistula* | |
| 豆科 | 决明属 | 黄槐 | *Cassia surattensis* | |
| 豆科 | 决明属 | 双荚决明 | *Cassia bicapsularis* | |
| 豆科 | 猪屎豆属 | 猪屎豆 | *Crotalaria pallida* | |
| 豆科 | 凤凰木属 | 凤凰木 | *Delonix regia* | |
| 豆科 | 鱼藤属 | 鱼藤 | *Derris trifoliata* | |
| 豆科 | 刺桐属 | 鸡冠刺桐 | *Erythrina crista-galli* | |
| 豆科 | 扁豆属 | 扁豆 | *Lablab purpureus* | |
| 豆科 | 银合欢属 | 银合欢 | *Leucaena leucocephala* | |
| 豆科 | 含羞草属 | 簕仔树 | *Mimosa sepiaria* | |
| 豆科 | 水黄皮属 | 水黄皮 | *Pongamia pinnata* | 半红树 |
| 豆科 | 灰毛豆属 | 灰毛豆 | *Tephrosia candida* | |
| 豆科 | 葛属 | 三裂叶野葛 | *Pueraria phaseoloides* | |
| 豆科 | 云实属 | 洋金凤 | *Caesalpinia pulcherrima* | |
| 豆科 | 红豆属 | 海南红豆 | *Ormosia pinnata* | |
| 豆科 | 豇豆属 | 紫花大翼豆 | *Macroptilium atropureum* | |
| 杜鹃科 | 杜鹃属 | 杜鹃 | *Rhododendron simsii* | |
| 杜英科 | 杜英属 | 水石榕 | *Elaeocarpus hainanensis* | |
| 椴树科 | 扁担杆属 | 扁担杆 | *Grewia biloba* | |
| 椴树科 | 破布叶属 | 布渣叶 | *Microcos paniculata* | |
| 防己科 | 木防己属 | 木防己 | *Cocculus orbiculatus* | |
| 防己科 | 千金藤属 | 粪箕笃 | *Stephania longa* | |
| 番杏科 | 海马齿属 | 海马齿苋 | *Sesuvium portulacastrum* | |
| 薯蓣科 | 薯蓣属 | 薯蓣 | *Dioscorea opposita* | |
| 浮萍科 | 浮萍属 | 浮萍 | *Lemna minor* | |
| 含羞草科 | 金合欢属 | 台湾相思 | *Acacia confusa* | |
| 含羞草科 | 金合欢属 | 大叶相思 | *Acacia auriculaeformis* | |
| 含羞草科 | 金合欢属 | 马占相思 | *Acacia mangium* | |
| 含羞草科 | 合欢属 | 南洋楹 | *Albizia falcataria* | |
| 含羞草科 | 含羞草属 | 无刺含羞草 | *Mimosa invisa* var. *inermis* | |
| 含羞草科 | 含羞草属 | 含羞草 | *Mimosa pudica* | |
| 海桑科 | 海桑属 | 无瓣海桑 | *Sonneratia apetala* | 真红树 |
| 海桑科 | 海桑属 | 海桑 | *Sonneratia caseolaris* | 真红树 |

续附录2

| 中文科名 | 属名 | 中文种名 | 拉丁名（种名） | 备注 |
|---|---|---|---|---|
| 禾本科 | 结缕草属 | 细叶结缕草 | *Zoysia tenuifolia* | |
| 禾本科 | 弓果黍属 | 弓果黍 | *Cyrtococcum patens* | |
| 禾本科 | 簕竹属 | 粉单竹 | *Bambusa chungii* | |
| 禾本科 | 簕竹属 | 黄金间碧竹 | *Bambusa vulgaris* cv. *Vittata* | |
| 禾本科 | 穇属 | 牛筋草 | *Acrachne indica* | |
| 禾本科 | 水蔗草属 | 水蔗草 | *Apluda mutica* | |
| 禾本科 | 芦竹属 | 花叶芦竹 | *Arundo donax Linn.* var. *versicolor* | |
| 禾本科 | 孔颖草属 | 臭根子草 | *Bothriochloa intermedia* | |
| 禾本科 | 臂形草属 | 巴拉草 | *Brachiaria mutica* | |
| 禾本科 | 虎尾草属 | 虎尾草 | *Chloris virgata* | |
| 禾本科 | 狗牙根属 | 狗牙根 | *Cynodondactylon* | |
| 禾本科 | 龙爪茅属 | 龙爪茅 | *Dactylocteninm acgyptium* | |
| 禾本科 | 蛇舌草属 | 伞房花耳草 | *Hedyotis corymbosa* | |
| 禾本科 | 白茅属 | 白茅 | *Imperata cylindrica* | |
| 禾本科 | 鸭嘴草属 | 纤毛鸭嘴草 | *Ishaemum indicum* | |
| 禾本科 | 芒属 | 芒草 | *Miscanthus sinemis* | |
| 禾本科 | 类芦属 | 类芦 | *Neyraudia reynaudiana* | |
| 禾本科 | 雀稗属 | 两耳草 | *Paspalum conjugatum* | |
| 禾本科 | 雀稗属 | 双穗雀稗 | *Paspalum distichum* | |
| 禾本科 | 雀稗属 | 雀稗 | *Paspalum scrobiculatum* | |
| 禾本科 | 狼尾草属 | 象草 | *Pennisefum purpureum* | |
| 禾本科 | 狼尾草属 | 狼尾草 | *Pennisetum alopecuroides* | |
| 禾本科 | 芦苇属 | 芦苇 | *Phragmites australis* | |
| 禾本科 | 狗尾草属 | 皱叶狗尾草 | *Setaria plicata* | |
| 禾本科 | 鼠尾栗属 | 鼠尾粟 | *Sporobolus fertilis* | |
| 禾本科 | 马唐属 | 长花马唐 | *Digitaria longiflora* | |
| 禾本科 | 马唐属 | 马唐 | *Digitaria sanguinalis* | |
| 红树科 | 木榄属 | 木榄 | *Bruguiera gymnoihiza* | 真红树 |
| 红树科 | 秋茄属 | 秋茄 | *Kandelia candel* | 真红树 |
| 葫芦科 | 南瓜属 | 南瓜 | *Cucurbita moschata* | |
| 夹竹桃科 | 黄婵属 | 软枝黄婵 | *Allemanda cathartica* | |
| 夹竹桃科 | 黄婵属 | 黄婵 | *Allemanda neriifolia* | |
| 夹竹桃科 | 狗牙花属 | 狗牙花 | *Ervatamia divaricata* | |
| 夹竹桃科 | 夹竹桃属 | 红花夹竹桃 | *Nerium indicum* | |
| 夹竹桃科 | 夹竹桃属 | 黄花夹竹桃 | *Thevetia peruviana* | |

续附录2

| 中文科名 | 属名 | 中文种名 | 拉丁名（种名） | 备注 |
|---|---|---|---|---|
| 夹竹桃科 | 羊角拗属 | 羊角拗 | *Strophanthus divaricatus* | |
| 夹竹桃科 | 鸡蛋花属 | 鸡蛋花 | *Plumeria rubra* cv. *Acutifolia* | |
| 夹竹桃科 | 盆架树属 | 盆架树 | *Winchia calophylla* | |
| 夹竹桃科 | 络石属 | 络石 | *Trachelospermum jasminoides* | |
| 锦葵科 | 木槿属 | 木芙蓉 | *Hibiscus mutabilis* | |
| 锦葵科 | 木槿属 | 大红花 | *Hibiscus rosa-sinensis* | |
| 锦葵科 | 木槿属 | 黄槿 | *Hibiscus tiliaceus* | 半红树 |
| 锦葵科 | 赛葵属 | 赛葵 | *Malvastrum coromandelium* | |
| 锦葵科 | 黄花捻属 | 黄花稔 | *Sida acuta* | |
| 锦葵科 | 肖槿属 | 杨叶肖槿 | *Thespesia populnea* | 半红树 |
| 锦葵科 | 梵天花属 | 地桃花 | *Urena lobata* | |
| 锦葵科 | 梵天花属 | 肖梵天花 | *Urena lobata* | |
| 菊科 | 藿香蓟属 | 胜红蓟 | *Ageratum conyzoides* | |
| 菊科 | 蒿属 | 艾 | *Artemisia argyi* | |
| 菊科 | 紫菀属 | 钻叶紫菀 | *Aster subulatus* | |
| 菊科 | 鬼针草属 | 白花鬼针草 | *Bidens alba* | |
| 菊科 | 鬼针草属 | 三叶鬼针草 | *Bidens pilosa* | |
| 菊科 | 白酒草属 | 白酒草 | *Conyza japonica* | |
| 菊科 | 鳢肠属 | 鳢肠 | *Eclipta prostrata* | |
| 菊科 | 一点红属 | 一点红 | *Emilia sonchifolia* | |
| 菊科 | 鼠曲草属 | 多茎鼠麹草 | *Gnaphalium  polycaulon* | |
| 菊科 | 泥胡菜属 | 泥胡菜 | *Hemistepta lyrata* | |
| 菊科 | 菊苣属 | 苦荬菜 | *Ixeris sonchifolia* | |
| 菊科 | 假泽兰属 | 薇甘菊 | *Mikania micrantha* | |
| 菊科 | 泽兰属 | 假臭草 | *Praxelis clematidea* | |
| 菊科 | 千日菊属 | 金纽扣 | *Spilanthes acmella* | |
| 菊科 | 斑鸠菊属 | 夜香牛 | *Vernonia cinerea* | |
| 菊科 | 斑鸠菊属 | 茄叶斑鸠菊 | *Vernonia solanifolia* | |
| 菊科 | 蟛蜞菊属 | 双花蟛蜞菊 | *Wedelia biflora* | |
| 菊科 | 蟛蜞菊属 | 蟛蜞菊 | *Wedelia chinensis* | |
| 菊科 | 蟛蜞菊属 | 美洲蟛蜞菊 | *Wedelia trilobata* | |
| 菊科 | 黄鹌菜属 | 黄鹌菜 | *Youngia japonica* | |
| 菊科 | 飞蓬属 | 加拿大飞蓬 | *Erigeron canadensis* | |
| 菊科 | 金腰箭属 | 金腰箭 | *Synedrella nodiflora* | |
| 爵床科 | 老鼠簕属 | 老鼠簕 | *Acanthus ilicifolius* | 真红树 |

续附录2

| 中文科名 | 属名 | 中文种名 | 拉丁名（种名） | 备注 |
|---|---|---|---|---|
| 爵床科 | 十万错属 | 宽叶十万错 | *Asystasia gangetica* | |
| 爵床科 | 假杜鹃属 | 假杜鹃 | *Barleria cristata* | |
| 爵床科 | 洋爵床属 | 小驳骨 | *Gendarussa vulgaris* | |
| 爵床科 | 单药花属 | 翠芦莉 | *Aphelandra Ruellia* | |
| 楝科 | 米仔兰属 | 米仔兰 | *Aglaia odorata* | |
| 楝科 | 楝属 | 苦楝 | *Melia azedarach* | |
| 楝科 | 桃花心木属 | 桃花心木 | *Swietenia mahagoni* | |
| 姜科 | 山姜属 | 花叶良姜 | *Alpinia zerumbet* cv. *Variegata* | |
| 姜科 | 姜属 | 姜 | *Zingiber officinale* | |
| 苦木科 | 鸦胆子属 | 鸦胆子 | *Brucea javanica* | |
| 兰科 | 线柱兰属 | 线柱兰 | *Zeuxine strateumatica* | |
| 藜科 | 藜属 | 灰绿藜 | *Chenopodium glaucum* | |
| 蓼科 | 蓼属 | 水蓼 | *Polygonum hydropiper* | |
| 柳叶菜科 | 丁香蓼属 | 草龙 | *Jussiaea linifolia* | |
| 龙舌兰科 | 朱蕉属 | 朱蕉 | *Cordyline fruticosa* | |
| 龙舌兰科 | 虎尾兰属 | 金边虎尾兰 | *Sansevieria trifasciata* var. *laurentii* | |
| 龙舌兰科 | 龙舌兰属 | 龙舌兰 | *Agave americana* | |
| 卤蕨科 | 卤蕨属 | 卤蕨 | *Acrostichum aureurm* | 真红树 |
| 马鞭草科 | 白骨壤属 | 白骨壤 | *Avicennia marina* | 真红树 |
| 马鞭草科 | 赪桐属 | 许树 | *Clerodendrum inerme* | |
| 马鞭草科 | 假连翘属 | 金叶假连翘 | *Duranta erecta* | |
| 马鞭草科 | 马樱丹属 | 马缨丹 | *Lantana camara* | |
| 马鞭草科 | 假马鞭属 | 假败酱 | *Stachytarpheta jamaicensis* | |
| 马齿苋科 | 马齿苋属 | 马齿苋 | *Portulaca oleracea* | |
| 马钱科 | 灰莉属 | 灰莉 | *Fagraea ceilanica* | |
| 木兰科 | 含笑属 | 含笑 | *Michelia figo* | |
| 木麻黄科 | 木麻黄属 | 木麻黄 | *Casuarina equisetifolia* | |
| 木棉科 | 木棉属 | 木棉 | *Bombax malabaricum* | |
| 木棉科 | 吉贝属 | 美丽异木棉 | *Ceiba speciosa* | |
| 木犀科 | 素馨属 | 云南黄素馨 | *Jasminum mesnyi Hance* | |
| 木犀科 | 梣属 | 小蜡树 | *Fraxinus mariesi* | |
| 木犀科 | 木犀属 | 木犀（桂花） | *Osmanthus fragrans* | |
| 葡萄科 | 乌蔹莓属 | 乌敛莓 | *Cayratia japonica* | |
| 葡萄科 | 崖爬藤属 | 三叶崖爬藤 | *Tetrastigma hemsleyanum* | |
| 葡萄科 | 崖爬藤属 | 扁担藤 | *Tetrastigma planicaule* | |

续附录2

| 中文科名 | 属名 | 中文种名 | 拉丁名（种名） | 备注 |
|---|---|---|---|---|
| 葡萄科 | 爬山虎属 | 地锦（爬山虎） | *Parthenocissus tricuspidat* | |
| 漆树科 | 杧果属 | 芒果（杧果） | *Mangifera indica* | |
| 漆树科 | 盐肤木属 | 盐肤木 | *Rhus chinensis* | |
| 茜草科 | 耳草属 | 白花舌蛇草 | *Hedyotis diffusa* | |
| 茜草科 | 鸡矢藤属 | 鸡屎藤 | *Paederia scandens* | |
| 茜草科 | 龙船花属 | 龙船花 | *Ixora chinensis* | |
| 千屈菜科 | 紫薇属 | 大叶紫薇 | *Lagerstroemia speciosa* | |
| 蔷薇科 | 木瓜属 | 木瓜 | *Chaenomeles sinensis* | |
| 茄科 | 辣椒属 | 辣椒 | *Capsicum frutescens* | |
| 茄科 | 茄属 | 少花龙葵 | *Solallum nigrum* | |
| 茄科 | 茄属 | 水茄 | *Solanum torvum* | |
| 茄科 | 茄属 | 刺天茄 | *Solanum indicum* | |
| 伞形科 | 积雪草属 | 崩大碗 | *Centella asiatica* | |
| 伞形科 | 芫荽属 | 芫荽 | *Coriandrum sativum* | |
| 桑科 | 榕属 | 高山榕 | *Ficus altissima .* | |
| 桑科 | 榕属 | 柳叶榕 | *Ficus benjamina* | |
| 桑科 | 榕属 | 印度橡胶榕 | *Ficus elastica* | |
| 桑科 | 榕属 | 对叶榕 | *Ficus hispida* | |
| 桑科 | 榕属 | 小叶榕 | *Ficus microcarpa* | |
| 桑科 | 榕属 | 小叶榕 | *Ficus microcarpa* var. *pusillifolia* | |
| 桑科 | 榕属 | 垂叶榕 | *Ficus benjamina* | |
| 桑科 | 榕属 | 琴叶榕 | *Ficus pandurata* | |
| 桑科 | 榕属 | 薜荔 | *Ficus pumila* | |
| 桑科 | 榕属 | 大叶榕 | *Ficus virens* | |
| 山柚子科 | 山柑藤属 | 山柑藤 | *Cansjera rheedii* | |
| 肾蕨科 | 肾蕨属 | 肾蕨 | *Nephrolepis auriculata* | |
| 使君子科 | 诃子属 | 小叶榄仁 | *Erminalia mantaly* | |
| 石蒜科 | 仙茅属 | 大叶仙茅 | *Curculigo capitulata* | |
| 石蒜科 | 水鬼蕉属 | 水鬼蕉 | *Hymenocallis littoralis* | |
| 石竹科 | 繁缕属 | 繁缕 | *Stellaria media* | |
| 十字花科 | 碎米荠属 | 碎米荠 | *Cardamine hirsuta* | |
| 鼠李科 | 马甲子属 | 马甲子 | *Paliurus ramosissimus* | |
| 苏铁科 | 苏铁属 | 苏铁 | *Cycas revoluta* | |
| 莎草科 | 莎草属 | 车轮草（风车草） | *Cyperus alternifolius* subsp. *flabelliformis* | |
| 莎草科 | 莎草属 | 扁穗莎草 | *Cyperus compressus* | |

续附录2

| 中文科名 | 属名 | 中文种名 | 拉丁名（种名） | 备注 |
|---|---|---|---|---|
| 莎草科 | 莎草属 | 短叶茳芏 | *Cyperus malaccensis Lam.*var. *brevifoliu* | |
| 莎草科 | 莎草属 | 碎米莎草 | *Cyperus microiria* | |
| 莎草科 | 飘拂草属 | 独穗飘拂草 | *Fimbristylis monostachya* | |
| 莎草科 | 砖子苗属 | 密穗砖子苗 | *Mariscus compactus* | |
| 莎草科 | 藨草属 | 水葱 | *Scirpus validus* | |
| 桃金娘科 | 红千层属 | 红千层 | *Callistemon rigidus* | |
| 桃金娘科 | 蒲桃属 | 海南蒲桃 | *Syzygium cuminii* | |
| 桃金娘科 | 蒲桃属 | 香蒲桃 | *Syzygium odoratum* | |
| 桃金娘科 | 蒲桃属 | 蒲桃 | *Syzygium jambos* | |
| 桃金娘科 | 番石榴属 | 番石榴 | *Psidium guajava* | |
| 天南星科 | 海芋属 | 海芋 | *Alocasia macrorrhiza* | |
| 天南星科 | 水芋属 | 水芋 | *Eomecon chionantha* | |
| 天南星科 | 麒麟叶属 | 绿萝 | *Epipremnum aureum* | |
| 天南星科 | 合果芋属 | 合果芋 | *Syngonium podophyllum* | |
| 无患子科 | 龙眼属 | 龙眼 | *Dimocarpus longan* | |
| 无患子科 | 倒地铃属 | 倒地铃 | *Cardiospermum halicacabum* | |
| 无患子科 | 荔枝属 | 荔枝 | *Litchi chinensis* | |
| 五加科 | 鹅掌柴属 | 大叶伞 | *Schefflera actinophylla* | |
| 五加科 | 鹅掌柴属 | 花叶鹅掌柴 | *Schefflera odorata* cv. *variegata* | |
| 梧桐科 | 银叶树属 | 银叶树 | *Heritiera littoralis* | 半红树 |
| 梧桐科 | 苹婆属 | 假苹婆 | *Sterculia lanceolata* | |
| 西番莲科 | 西番莲属 | 龙珠果 | *Passiflora foetida* | |
| 苋科 | 牛膝属 | 土牛膝 | *Achyranthes aspera* | |
| 苋科 | 莲子草属 | 空心莲子草 | *Alternanthera philoxeroides* | |
| 苋科 | 莲子草属 | 虾钳菜 | *Alternanthera sessilis* | |
| 苋科 | 苋属 | 凹头苋 | *Amaranthus lividus* | |
| 苋科 | 苋属 | 尾穗苋 | *Amaranthus caudatus* | |
| 苋科 | 苋属 | 刺苋 | *Amaranthus spinosus* | |
| 苋科 | 苋属 | 绿苋 | *Amaranthus viridis* | |
| 苋科 | 青葙属 | 青葙 | *Celosia argentea* | |
| 旋花科 | 菟丝子属 | 菟丝子 | *Cuscuta chinensis* | |
| 旋花科 | 甘薯属 | 空心菜 | *Ipomoea aquatica* | |
| 旋花科 | 牵牛属 | 牵牛 | *Pharbitis nil* | |
| 旋花科 | 番薯属 | 五爪金龙 | *Ipomoea cairica* | |
| 旋花科 | 番薯属 | 三裂叶薯 | *Ipomoea triloba* | |

续附录2

| 中文科名 | 属名 | 中文种名 | 拉丁名（种名） | 备注 |
|---|---|---|---|---|
| 旋花科 | 番薯属 | 番薯 | *Ipomoea batatas* | |
| 玄参科 | 假马齿苋属 | 假马齿苋 | *Bacopa monnieri* | |
| 玄参科 | 野甘草属 | 野甘草 | *Scoparia dulcis* | |
| 荨麻科 | 苎麻属 | 苎麻 | *Boehmeria nivea* | |
| 鸭跖草科 | 鸭跖草属 | 鸭跖草 | *Commelina communis* | |
| 鸭跖草科 | 水竹叶属 | 水竹叶 | *Murdannia triguetra* | |
| 鸭跖草科 | 紫露草属 | 紫背万年青 | *Rhoeo discolor* | |
| 野牡丹科 | 野牡丹属 | 野牡丹 | *Melastoma malabathricum* | |
| 银杏科 | 银杏属 | 银杏 | *Ginkgo biloba* | |
| 榆科 | 朴属 | 朴树 | *Celtis sinesis* | |
| 雨久花科 | 凤眼莲属 | 水葫芦 | *Eichhornia crassipes* | |
| 鸢尾科 | 鸢尾属 | 鸢尾 | *Iris tectorum* | |
| 芸香科 | 酒饼簕属 | 酒饼簕 | *Atalantia buxifolia* | |
| 芸香科 | 九里香属 | 九里香 | *Murraya paniculata* | |
| 芸香科 | 西番莲属 | 鸡蛋果 | *Passiflora edulis* | |
| 樟科 | 樟属 | 黄樟 | *Cinnamomum porrestum* | |
| 樟科 | 木姜子属 | 潺槁 | *Litsea glutinosa* | |
| 樟科 | 樟属 | 阴香 | *Cinnamomum burmanni* | |
| 紫草科 | 基及树属 | 基及树（福建茶） | *Carmona microphylla* | |
| 紫金牛科 | 桐花树属 | 桐花树 | *Aegiceras corniculatum* | 真红树 |
| 紫茉莉科 | 叶子花属 | 叶子花 | *Bougainvillea spectabilis* | |
| 紫葳科 | 吊灯树属 | 吊瓜树 | *Kigelia africana* | |
| 紫葳科 | 菜豆树属 | 海南菜豆树 | *Radermachera hainanensis* | |
| 紫葳科 | 火焰木属 | 火焰木 | *Spathodea campanulata Beauv.* | |
| 紫葳科 | 风铃木属 | 黄花风铃木 | *Tabebuia chrysantha* | |
| 棕榈科 | 散尾葵属 | 散尾葵 | *Chrysalidocarpus lutescens* | |
| 棕榈科 | 丝葵属 | 老人葵 | *Washingtonia filifera* | |
| 棕榈科 | 蒲葵属 | 蒲葵 | *Livistona chinensis* | |
| 棕榈科 | 王棕属 | 大王椰子 | *Roystonea regia* | |
| 棕榈科 | 鱼尾葵属 | 鱼尾葵 | *Caryota ochlandra* | |
| 棕榈科 | 棕竹属 | 棕竹 | *Rhapis excelsa* | |

# 附录3 华侨城湿地主要植物图片

秋茄 *Kandelia candel*

桐花树 *Aegiceras corniculatum*

木榄 *Bruguiera gymnoihiza*

白骨壤 *Avicennia marina*

海桑 *Sonneratia caseolaris*

无瓣海桑 *Sonneratia apetala*

卤蕨 *Acrostichum aureurm*

老鼠簕 *Acanthus ilicifolius*

黄槿 *Hibiscus tiliaceus*

海漆 *Excoecaria agallocha*

许树 *Clerodendrum inerme*

鱼藤 *Derris trifoliata*

海刀豆 *Canavalia maritima*

木棉 *Gossampinus malabarica*

苦楝 *Melia azedarach*

血桐 *Macaranga tanarius*

秋枫 *Bischofia javanica*

小叶朴 *Celtis bungeana*

潺槁 *Litsea glutinosa*

海雀稗 *Paspalum vaginatum*

假马齿苋 *Bacopa monnieri*

鸭跖草 *Commelina communis*

海芋 *Alocasia macrorrhiza*

香蒲 *Typha orientalis*

芦苇 *Phragmites australis*

类芦 *Neyraudia reynaudiana*

叶子花 *Bougainvill caspectabi*

美蕊花 *Calliandra haematocephala*

鸢尾 *Iris tectorum*

文殊兰 *Crinum asiaticum*

朱槿 *Hibiscus rosa-sinensis*

簕仔树 *Mimosa bimucronata*

银合欢 *Leucaena leucocephala*

龙珠果 *Passiflora foetida*

飞扬草 *Euphorbia hirta*

薇甘菊 *Mikania micrantha*

五爪金龙 *Ipomoea cairica*

白花鬼针草 *Bidens pilosa var. radiata*

巴拉草 *Para grass*

含羞草 *Mimosa pudica*

马樱丹 *Lantana camara*

钻形紫菀 *Aster subulatus*

水葫芦 *Eichhornia crassipes*

美洲蟛蜞菊 *Wedelia trilobata*

胜红蓟 *Ageratum conyzoides*

青葙 *Celosia argentea*

水茄 *Solanum torvum*

红毛草 *Rhynchelytrum repens*

两耳草 *Paspalum conjugatum*

铺地黍 *Panicum repens*

田菁 *Sesbania cannabina*

赛葵 *Malvastrum coromandelium*

假臭草 *Praxelis clematidea*

湖心岛上的鸟巢

湖心岛上的苦楝群落

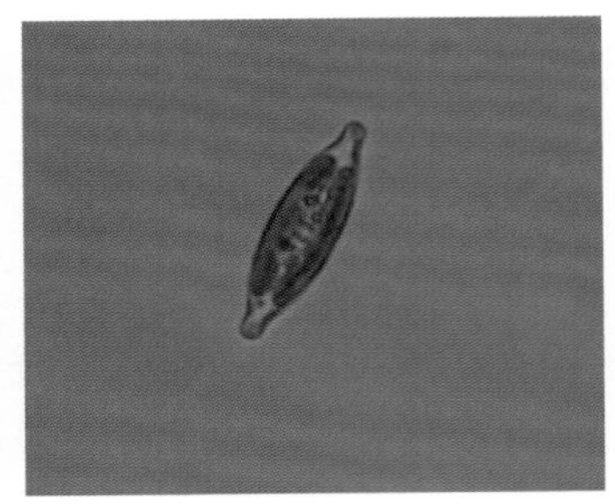

舟形藻属 *Navicula*

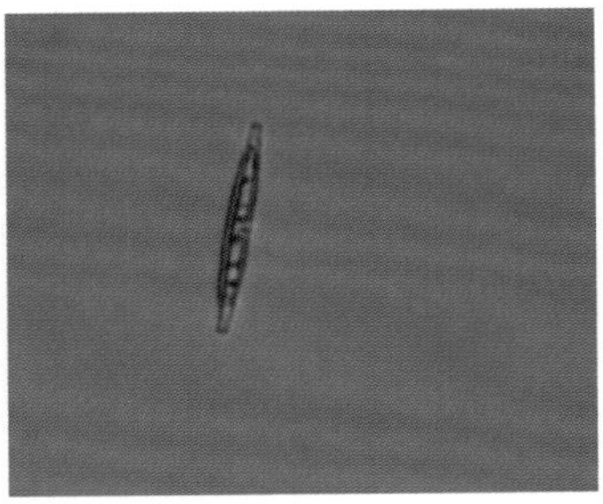

菱形藻属 *Nitzschia*

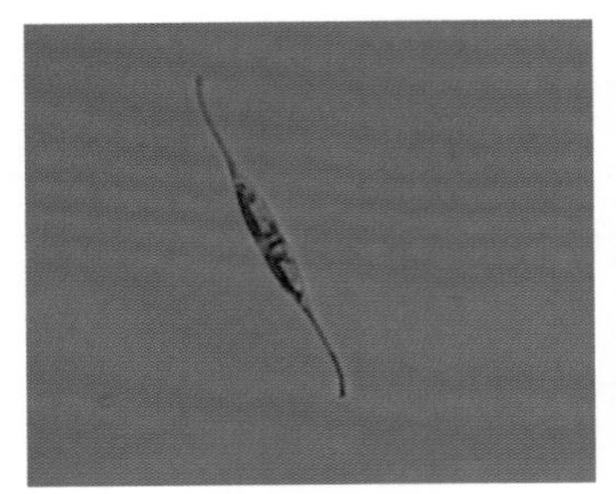

新月菱形藻 *Nitzschia closterium*

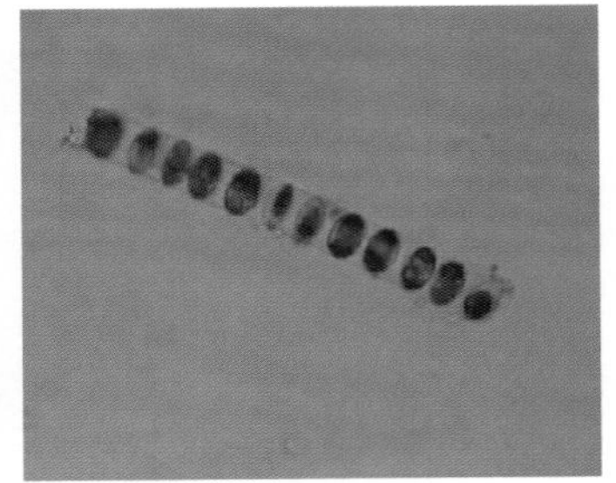

中肋骨条藻 *Skeletonema costatum*

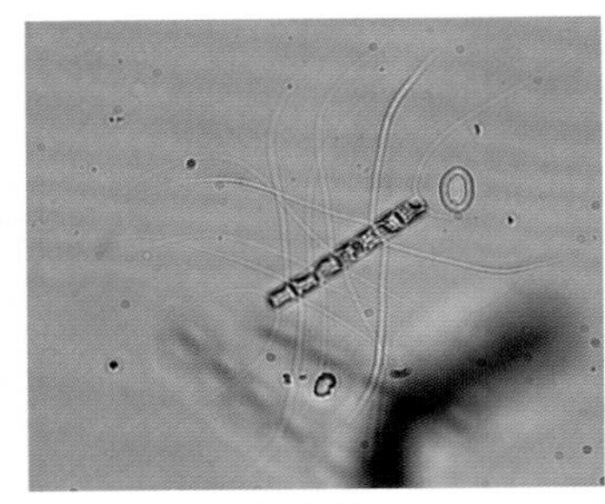

角毛藻1

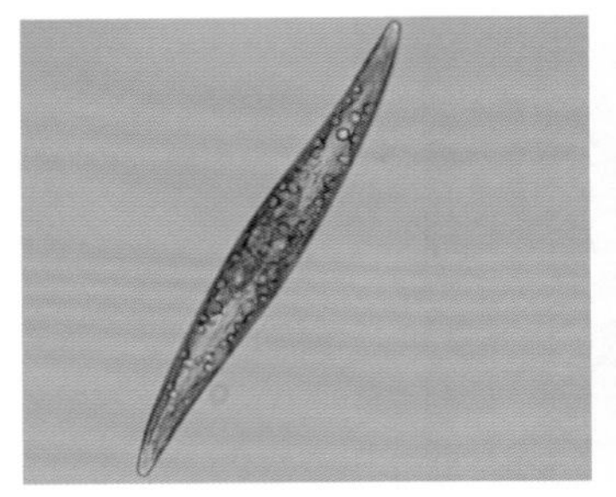

曲舟藻属 *Pleurosigma*

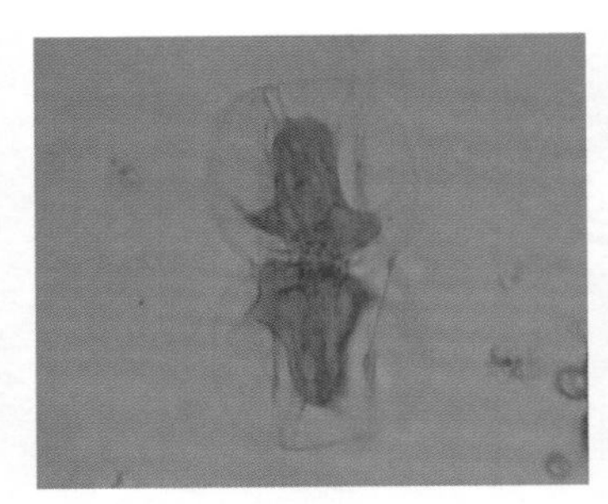

翼茧形藻 *Amphiprora alata*

小环藻 *Cyclotella* sp.

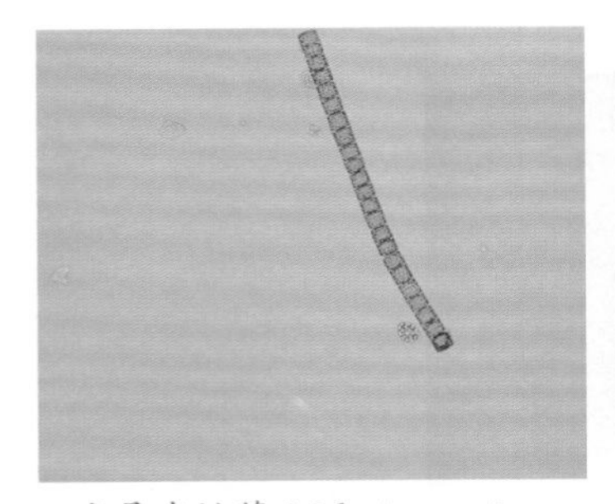

变异直链藻 *Melosira varians*

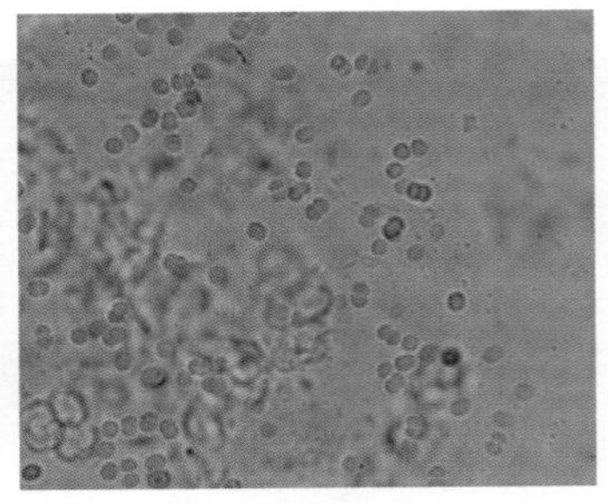

色球藻 *Chroococcus* sp.

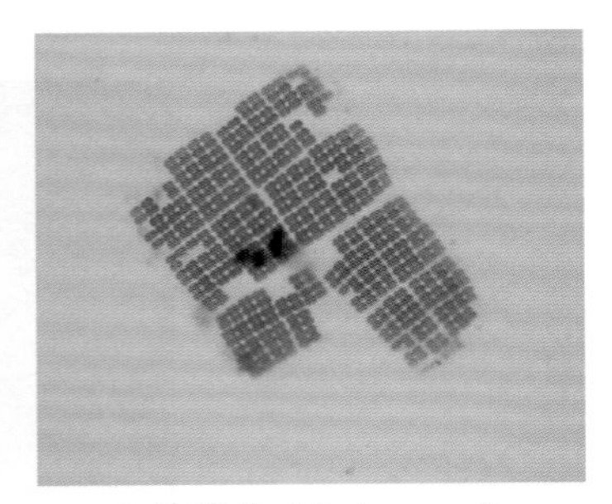

平裂藻属 *Merismopedia*

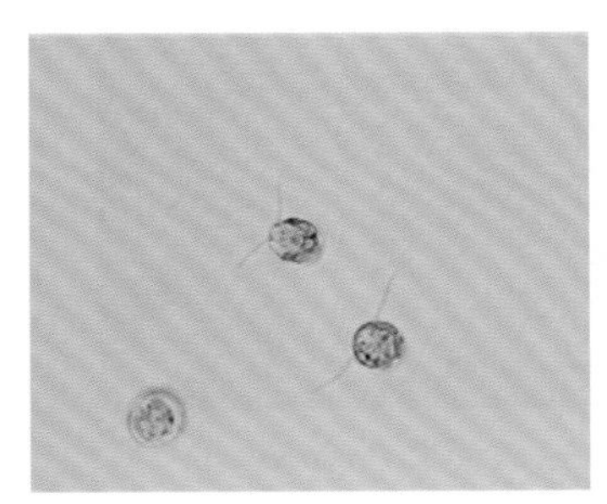

衣藻 *Chlamydomonas*

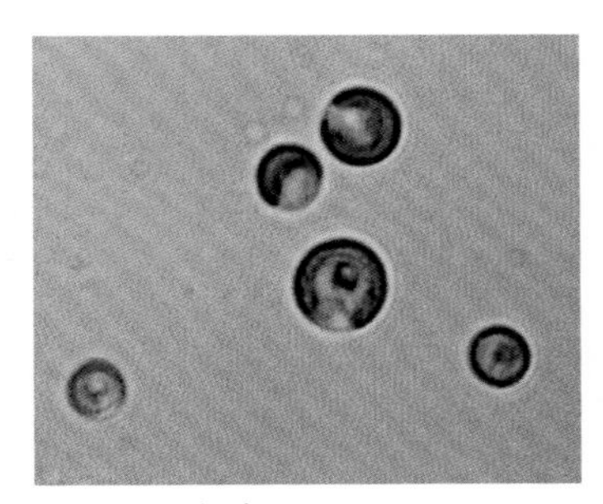

小球藻 *Chlorella* sp.

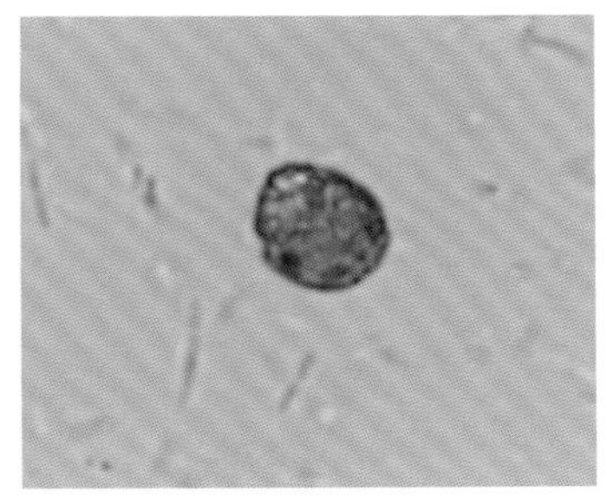

甲藻 *Peridinium* sp.

甲藻 *Peridinium* sp.

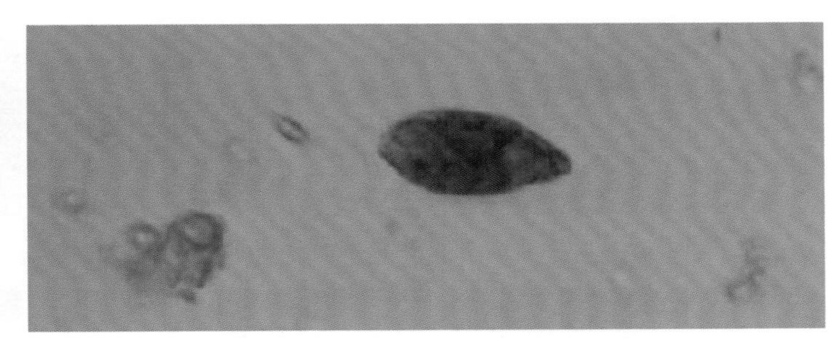

鱼形裸藻 *Euglena pisciformis*

## 附录4 华侨城湿地浮游动物和底栖动物图片

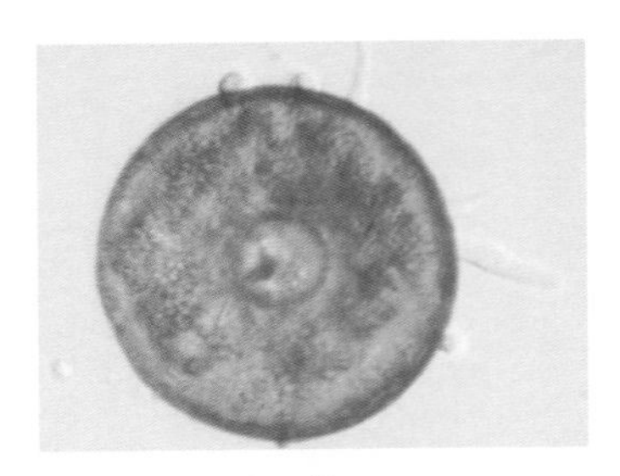

*Arcella* sp.

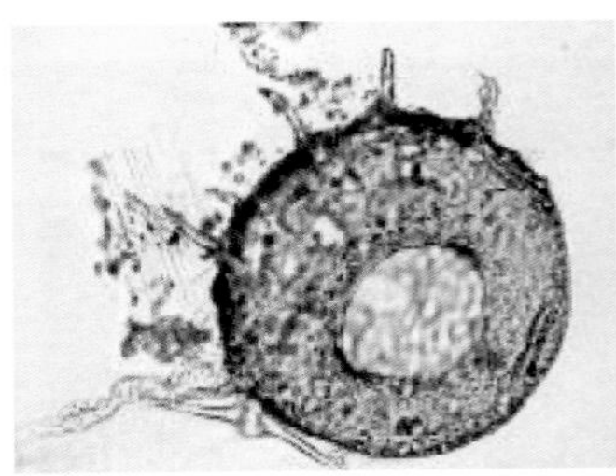

针棘匣壳虫 *Centropyxis aculeate*

前管虫 *Prorodon* sp.

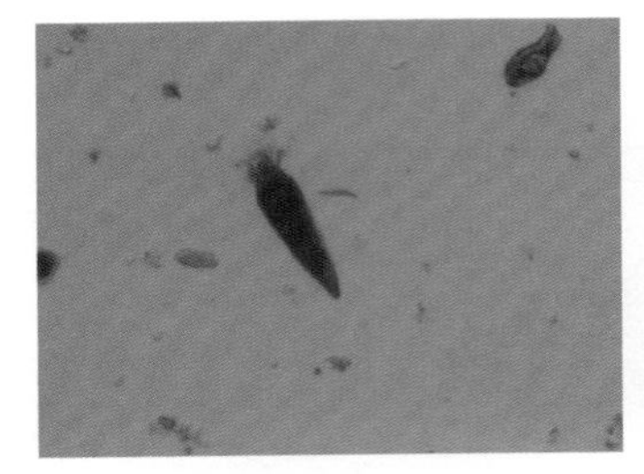

急游虫 *Strombidium* sp.

弯叶拟铃壳虫 *Tintinnopsis lobiancoi*

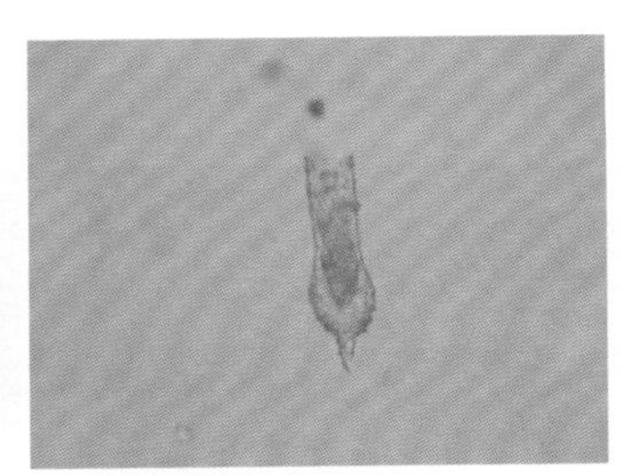

拟铃虫 *Tintinnopsis* sp.

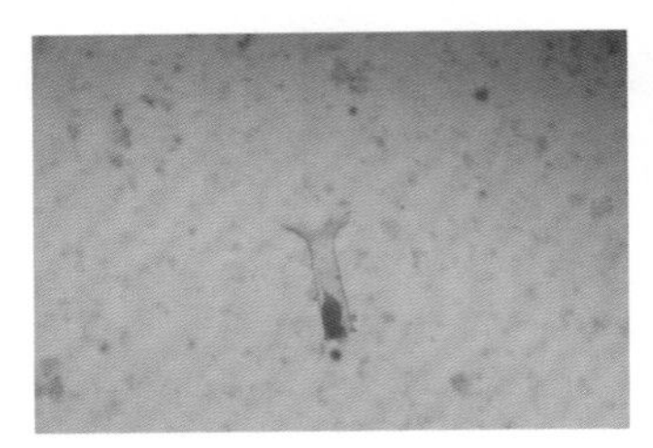

布氏拟铃虫 *Tintinnopsis bütschlii*

拟铃虫 *Tintinnopsis* sp.

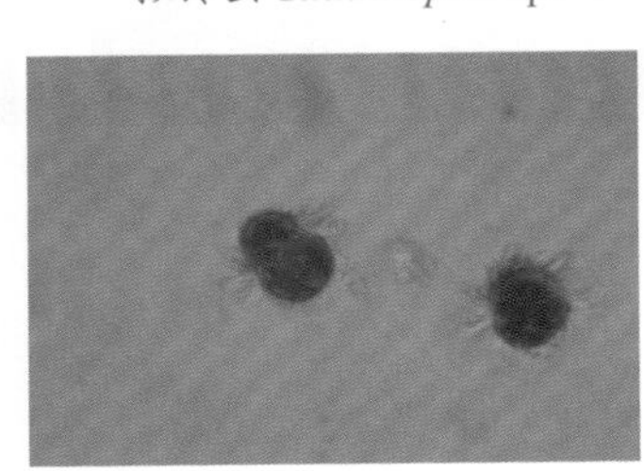

红中缢虫 *Mesodinium rubrum*

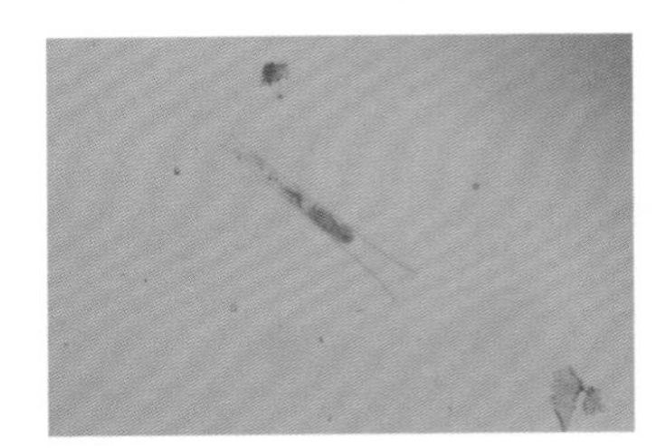

杆状真铃虫 *Eutintinnus stramentus*

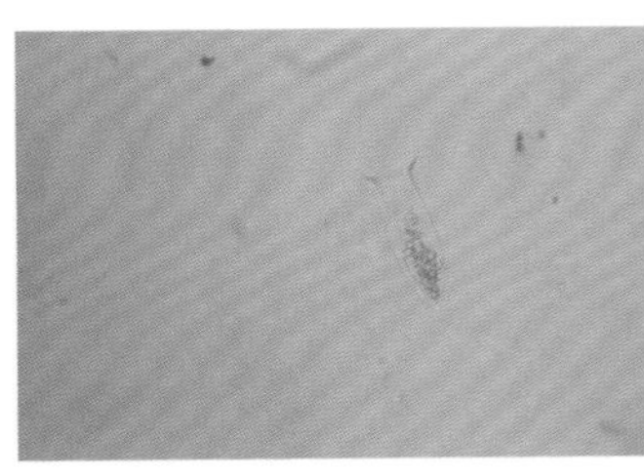

尖底类瓮虫 *Amphorellopsis acuta*

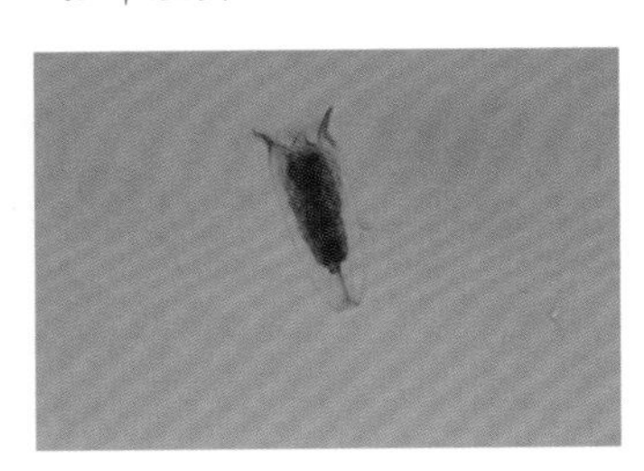

四线瓮状虫 *Amphorella quadrilineata*

网状网袋虫 *Dictyocysta reticulate*

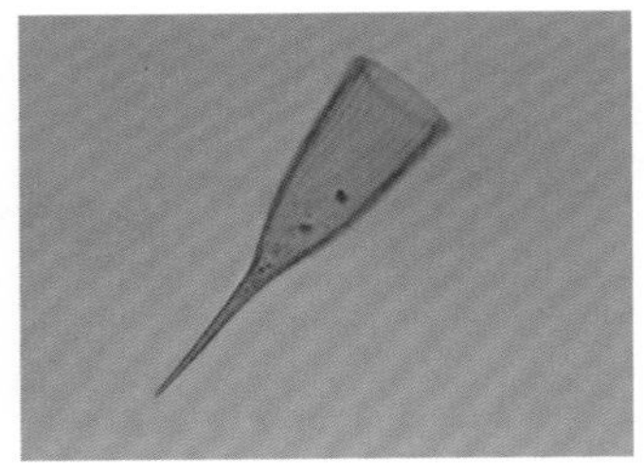

三亚条纹虫 *Rhabdonella sanyahensis*

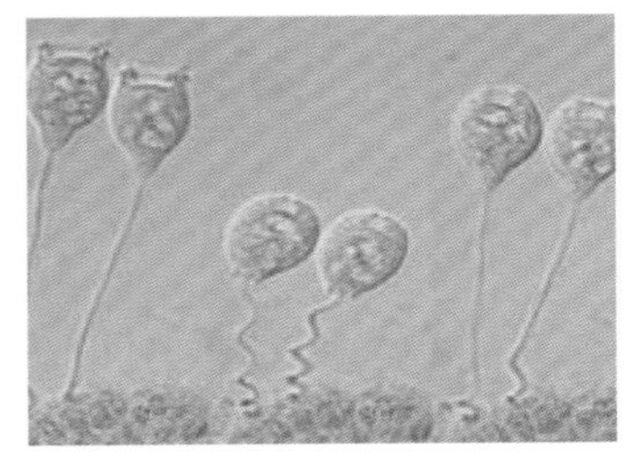

钟虫 *Vorticella* sp.

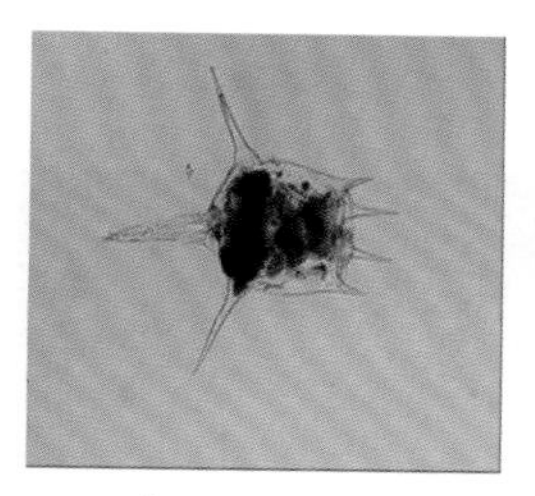

萼花臂尾轮虫 *Brachionus calyciflorus*

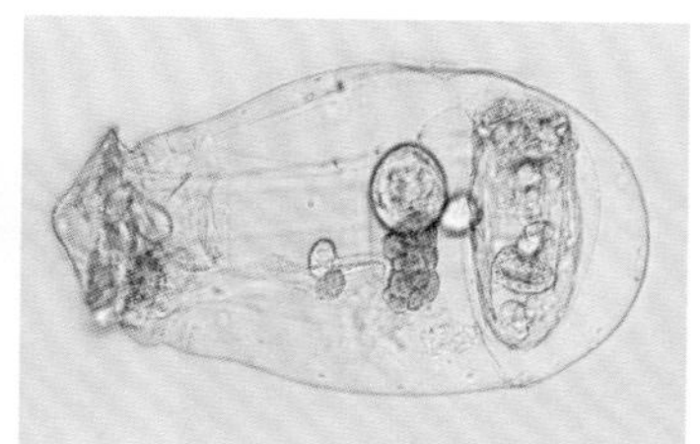

前节晶囊轮虫 *Asplanchna priodonta*

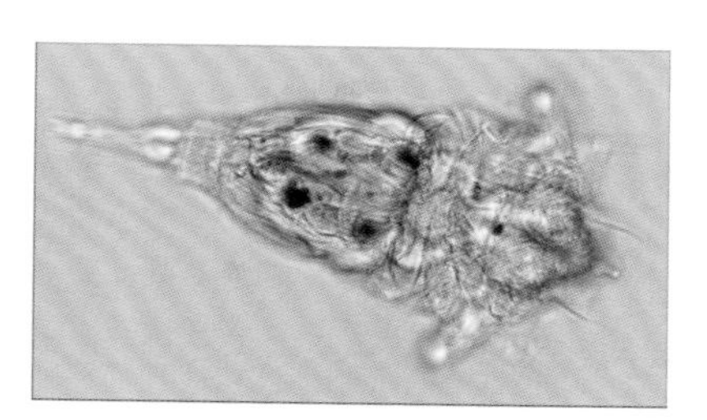

疣毛轮虫 *Synchaeta* sp.

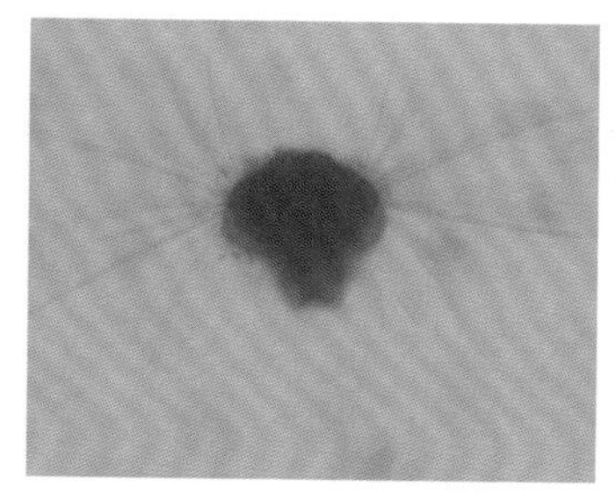

多毛类幼体1 *Polychaete larva1*

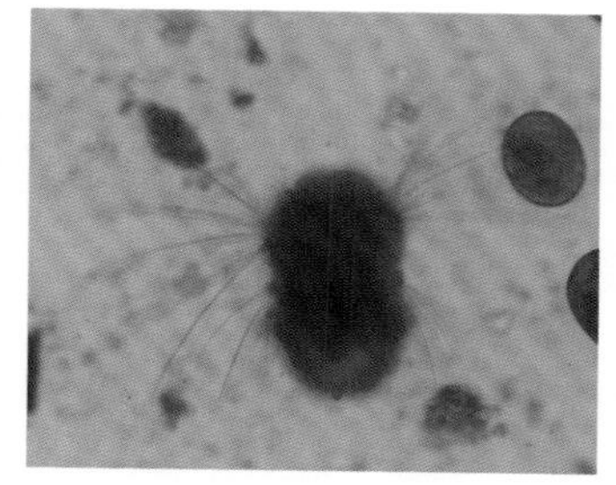

多毛类幼体2 *Polychaete larva2*

多毛类幼体3 *Polychaete larva3*

猛水蚤

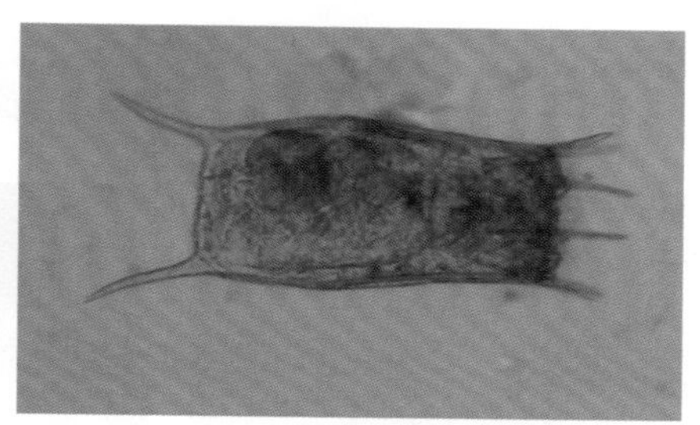

矩形龟甲轮虫 *Keratella quadrata*

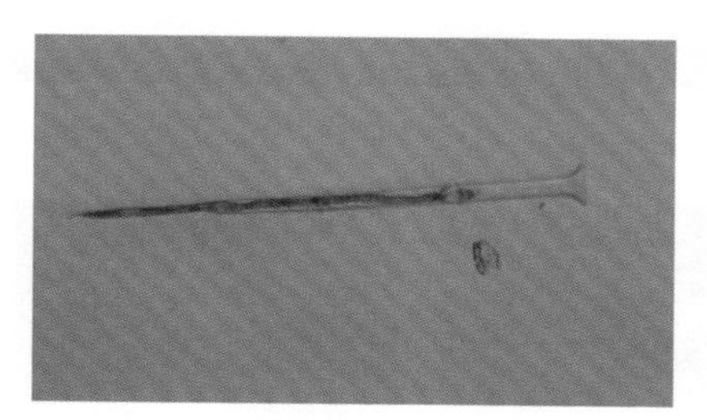

细长号角虫 *Salpingella attenuate*

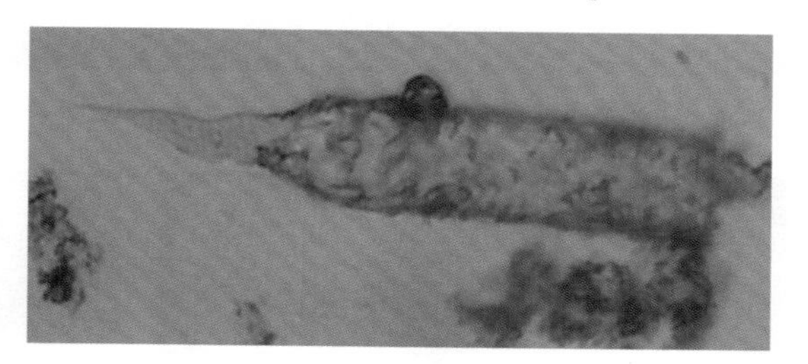

根突拟铃虫 *Tintinnopsis radix*

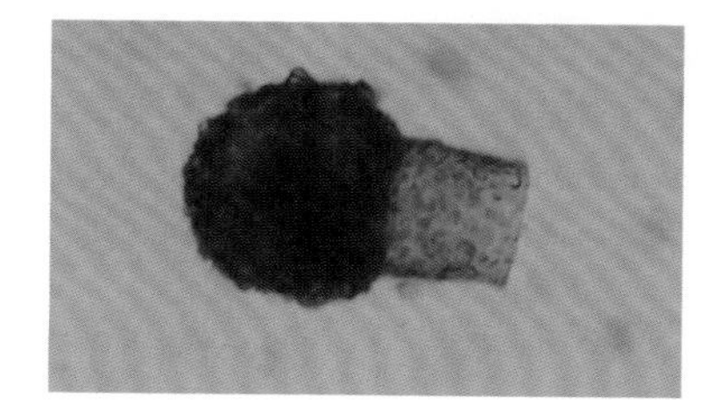

酒瓶类铃虫 *Codonellopsis morchella*

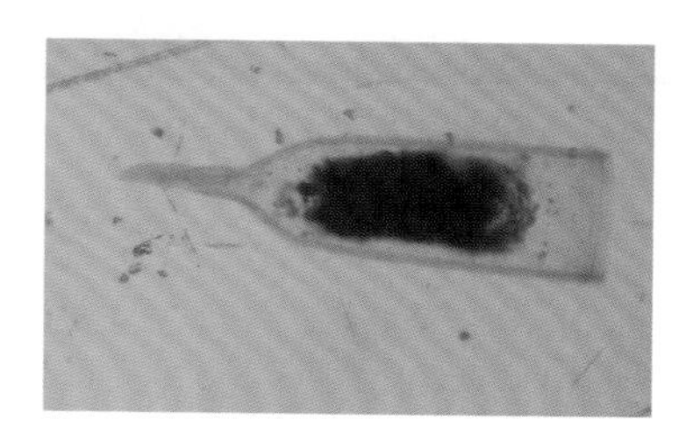

钟形网纹虫 *Favella campanula*

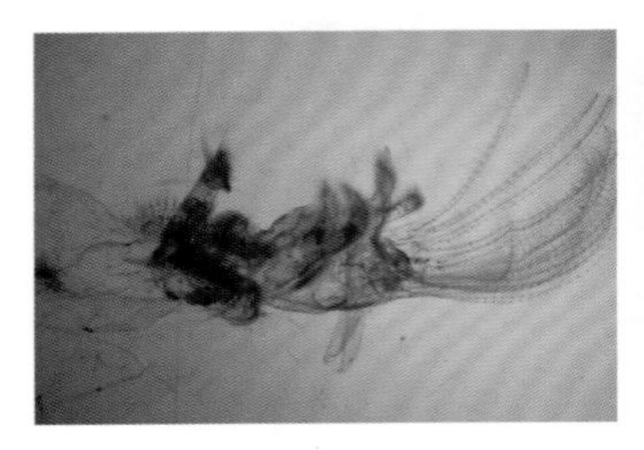
新海百合 *Metacrinus* sp.

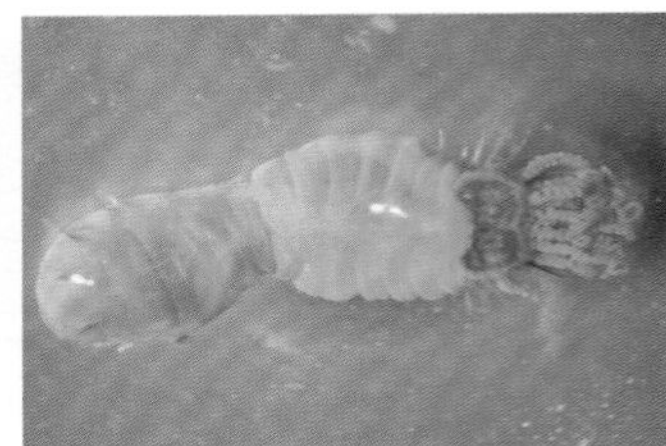
不倒翁虫 *Sternaspis scutata*

多齿围沙蚕 *Perinereis nuntia*

长吻沙蚕 *Glycera chirori*

中国耳螺 *Ellobium chinensis*

紫游螺 *Dostis violacea*

布纹蚶 *Barbatia decussate*

四角蛤蜊 *Mactra quadrangularis*

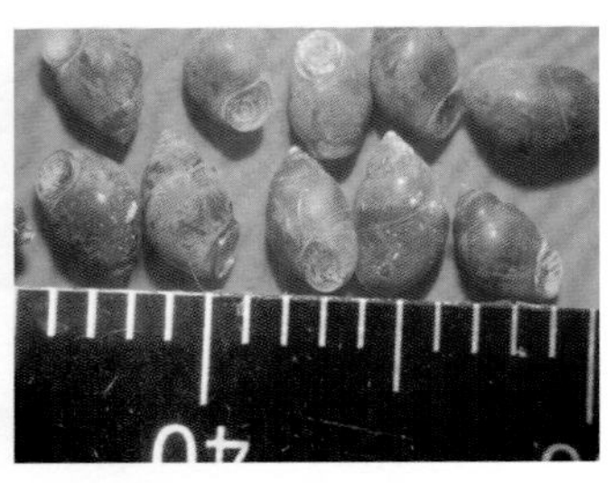
光滑狭口螺 *Stenothyra glabra*

光滑河篮*Potamocorbula laevis*

焦河篮蛤
*Potamocorbula ustulata*

中国绿螂
*Glauconome chinensis*

花斑锥螺 *Turritella* sp.

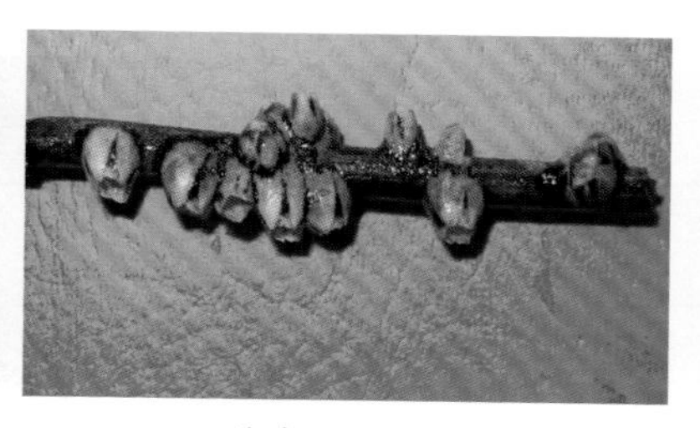

藤壶 *Balanus*

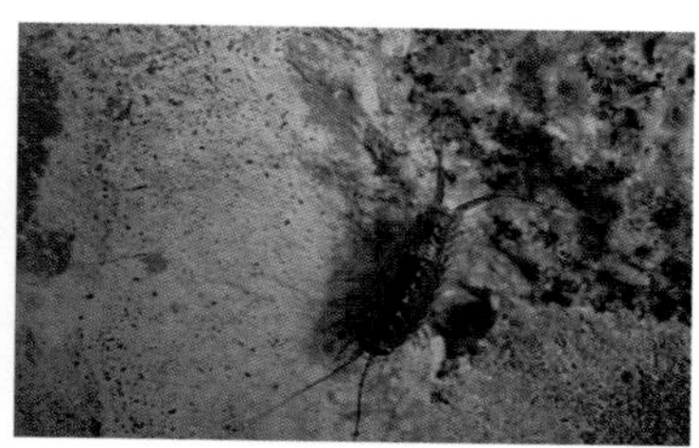

海蟑螂 *Ligia exotica*

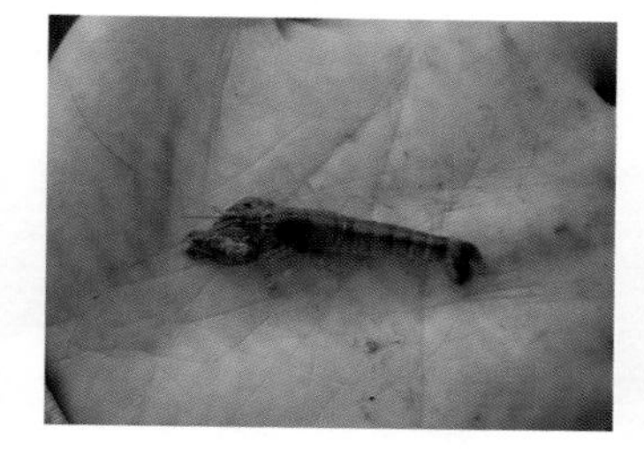

鼓虾 *Alpheus* sp.

锯缘青蟹 *Scylla serrata*

秉氏厚蟹 *Helice pingi*

谭氏泥蟹 *Ilyoplax deschampsi*

字纹弓蟹 *Varuna litterata*

双齿近相手蟹 *Perisesarma bidens*

无齿螳臂相手蟹 *Chiromantes dehaani*

# 附录5 华侨城湿地鸟类图片

白喉红臀鹎 *Pycnonotus aurigaster*

白肩雕 *Aquila heliacal*

白胸翡翠 *Halcyon smyrnensis*

白腰草鹬 *Tringa ochropus*

白腰文鸟 *Lonchura striata*

斑文鸟 *Lonchura punctulata*

北红尾鸲 *Phoenicurus auroreus*

彩鹬 *Rostratula benghalensis*

苍鹭 *Ardea cinerea*

叉尾太阳鸟 *Aethopyga christinae*

池鹭 *Ardeola bacchus*

赤颈鸭 *Anas Penelope*

大山雀 *Parus major*

反嘴鹬 *Recurvirostra avosetta*

褐翅鸦鹃 *Centropus sinensis*

黑翅长脚鹬 *Himantopus himantopus*

黑耳鸢 *Milvus lineatus*

黑脸琵鹭 *Platalea minor*

黑脸噪鹛 *Garrulax perspicillatus*

红耳鹎 *Pycnonotus jocosus*

红脚鹬 *Tringa tetanus*

红颈滨鹬 *Calidris ruficollis*

灰背鸫 *Turdus hortulorum*

灰椋鸟 *Sturnus cineraceus*

矶鹬 *Actitis hypoleucos*

金斑鸻 *Pluvialis fulva*

阔嘴鹬 *Limicola falcinellus*

林鹬 *Tringa glareola*

流苏鹬 *Philomachus pugnax*

蒙古沙鸻 *Charadrius mongolus*

琵嘴鸭 *Anas clypeata*

普通鸬鹚 *Phalacrocorax carbo*

青脚鹬 *Tringa nebularia*

鹊鸲 *Copsychus saularis*

扇尾沙锥 *Gallinago gallinago*

铁嘴沙鸻 *Charadrius leschenaultii*

弯嘴滨鹬 *Calidris ferruginea*

乌鸫 *Turdus merula*

喜鹊 *Pica pica*

小䴙䴘 *Tachybaptus ruficollis*

小白鹭 *Egretta garzetta*

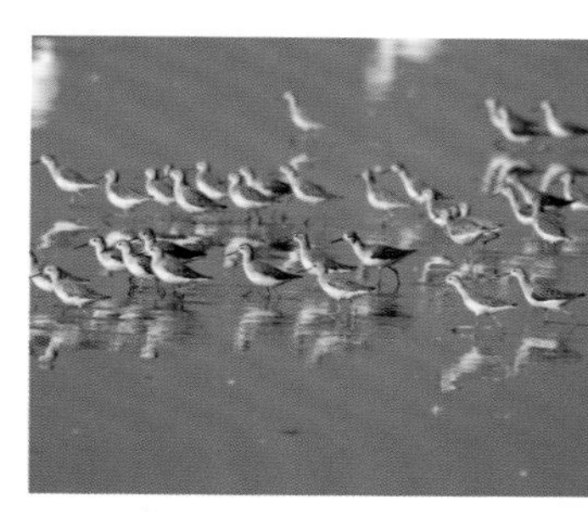

泽鹬 *Tringa stagnatilis*

长尾缝叶莺 *Orthotomus sutorius*

针尾鸭 *Anas acuta*

珠颈斑鸠 *Streptopelia chinensis*

棕背伯劳 *Lanius schach*